ELOGIOS A *UMA MENTE LIV*

"Em todos os anos que dediquei ao estudo do crescimento pessoal, a Terapia de Aceitação e Compromisso se mostrou uma das ferramentas mais úteis que já encontrei. Neste livro, o Dr. Hayes discorre sobre o assunto com profundidade e clareza incomparáveis."

— Mark Manson, autor do best-seller do *New York Times A Sutil Arte de Ligar o F*da-se*

"Em nossa sociedade dominada pela crise, a flexibilidade psicológica nunca foi tão necessária. Ao transcender abordagens comportamentais superficiais e ineficazes, o Dr. Steven Hayes apresenta uma metodologia de habilidades para a libertação emocional, que nos possibilita passar da autolimitação para a autoconsciência e a autoafirmação."

— Dr. Gabor Maté, autor de *When the Body Says No: Exploring the Stress-Disease Connection*

"Podemos viver evitando os pensamentos e os sentimentos que nos causam desconforto. Porém Steve Hayes se tornou referência em sua área de atuação ao compreender que os aspectos que nos causam desconforto são aqueles com os quais nos importamos. Ao aprender como utilizar a flexibilidade psicológica, podemos nos direcionar àquilo que nos incomoda e ter uma vida rica e significativa. *Uma Mente Livre* é um livro compassivo, útil e confiável, que nos mostra uma maneira poderosa de ter uma vida plena."

— Dra. Susan David, autora de *Agilidade Emocional*

"O segredo para a evolução da consciência é cultivar uma mente flexível — aberta, presente, fortalecida e alinhada com valores profundos. Steven Hayes nos ensina como alcançar esse objetivo com maestria. Este livro aborda seis habilidades psicológicas que, segundo a pesquisa clínica, além de todos os outros fatores, promovem a flexibilidade e possibilitam uma vida mais feliz e saudável. Ao longo da leitura desta obra esclarecedora, você perceberá que essas habilidades são apreensíveis e imediatas. Juntas, elas formam o caminho para a liberdade interior."

— Dra. Tara Brach, autora de *Radical Acceptance* e *True Refuge*

"*Uma Mente Livre* é uma excelente introdução à abordagem psicológica que foi responsável por mudar muitas vidas por meio do foco nos valores. As ideias e os conselhos apresentados nos ajudam a realmente compreender o que importa e, assim, viver com maior liberdade, coragem e contentamento."

— Dra. Kelly McGonigal, autora de *Os Desafios à Força de Vontade* e *The Upside of Stress*

"Steven Hayes possui habilidades extraordinárias: é um psicólogo, pesquisador e teórico genial; um médico compassivo e um escritor maravilhosamente talentoso. *Uma Mente Livre* está repleto de insights e informações valiosas que podem mudar nossa forma de lidar com o sofrimento como indivíduos e sociedade. É uma leitura envolvente e reveladora."

— Dra. Martha Beck, autora de *Finding Your Own North Star*

"O Dr. Steven C. Hayes é um dos maiores pensadores, teóricos e médicos ainda vivos. Ele tem contribuído significativamente com a área da psicologia e é famoso por ter criado a Terapia de Aceitação e Compromisso (ACT), um tratamento que se tornou a principal abordagem para vários problemas psicológicos. Esta obra conta uma história muito pessoal sobre a origem e o desenvolvimento desse modelo de terapia comportamental. Dr. Hayes escreve para um público amplo e é capaz de transformar a ciência e a complexidade clínica desse tratamento em princípios orientadores práticos. Eles não se aplicam apenas ao sofrimento psicológico, mas também às doenças físicas, aos relacionamentos, às empresas, às sociedades e às culturas. *Uma Mente Livre* é autêntico, compassivo e extremamente perspicaz. Ao libertar mentes, este livro transformará vidas."

— Dr. Stefan G. Hofmann, professor de Psicologia da Universidade de Boston

"Neste livro extremamente acessível, Steven Hayes indica caminhos para que nos conectemos com nossos valores mais profundos e busquemos o que realmente importa. Repleto de compaixão, sabedoria e métodos práticos de mudança, *Uma Mente Livre* é um guia inovador sobre como superar obstáculos, julgamentos, hábitos e preconceitos que geralmente impedem uma vida gratificante."

— Richard M. Ryan, professor no Institute for Positive Psychology and Education da Universidade Católica Australiana e codesenvolvedor da Teoria da Autodeterminação

"Muitas de nossas tendências comportamentais inatas se adaptaram incrivelmente bem ao mundo em que evoluíram cinquenta anos atrás. Mas o caos se instaura quando nossos impulsos primitivos nos controlam de modo impassível, em vez de os controlarmos flexivelmente. Hayes combina precisão científica com sensibilidade poética ao nos libertar para sermos mais afetuosos e plenamente humanos. Este é um excelente livro de autoajuda para aqueles que jamais se imaginariam lendo algo desse tipo."

— Allen Frances, professor emérito e ex-presidente do Departamento de Psiquiatria da Universidade Duke, coordenador da força-tarefa do DSM-IV e autor de *Voltando ao Normal*

"Steve Hayes é um pensador e realizador genial, e este livro evidencia a incontestabilidade desse fato. Esta obra reúne pesquisa e longa experiência prática em um guia acessível, pessoal e construtivo para que pensemos em nossas vidas de maneira fundamentalmente mais benéfica."

— Kelly D. Brownell, PhD, diretor do World Food Policy Center e Robert L. Flowers, professor de Políticas Públicas da Universidade Duke

"Steven C. Hayes é o B. F. Skinner do mundo atual — um grande intelectual, apaixonado por conhecimentos básicos e aplicações práticas. Em *Uma Mente Livre*, podemos conhecê-lo como pessoa e aplicar sua sabedoria à nossa própria vida."

— David Sloan Wilson, presidente do Evolution Institute e autor de *This View of Life: Completing the Darwinian Revolution*

"Com base em um conhecimento amplo e profundo da ciência psicológica avançada e em uma apreciação abrangente das sabedorias filosóficas e religiosas, Steven C. Hayes, um dos principais psicólogos do mundo, fornece uma solução para o enigma da dificuldade e do sofrimento humano. Todas as pessoas que vivenciam a ansiedade, a depressão ou a dor e se esforçam para alcançar o bem-estar emocional devem se atentar às revelações surpreendentes deste livro perfeitamente escrito e fácil de ler."

— David H. Barlow, professor emérito de Psicologia e Psiquiatria, fundador e diretor emérito do Centro de Ansiedade e Transtornos Relacionados da Universidade de Boston

Uma Mente Livre

Uma Mente Livre

Como se Direcionar ao que Realmente Importa

LIVRE-SE DE PENSAMENTOS E SENTIMENTOS NEGATIVOS

Dr. Steven C. Hayes

ALTA BOOKS
GRUPO EDITORIAL
Rio de Janeiro, 2023

Uma Mente Livre

ISBN: 978-85-5081-451-3

Impresso no Brasil — 1ª Edição, 2023 — Edição revisada conforme o Acordo Ortográfico da Língua Portuguesa de 2009.

Dados Internacionais de Catalogação na Publicação (CIP) de acordo com ISBD

H417m Hayes, Dr. Steven C.

Uma mente livre: como se direcionar ao que realmente importa / Dr. Steven C. Hayes ; traduzido por Ana Gabriela. – Rio de Janeiro : Alta Books, 2023.
448 p. ; 16cm x 23cm.

Tradução: A Liberated Mind
Inclui índice.
ISBN: 978-85-5081-451-3

1. Autoajuda. I. Gabriela, Ana. II. Título.

2022-1190 CDD 158.1
CDU 159.947

Elaborado por Odilio Hilario Moreira Junior - CRB-8/9949

Índice para catálogo sistemático:
1. Autoajuda 158.1
2. Autoajuda 159.947

Produção Editorial
Editora Alta Books

Diretor Editorial
Anderson Vieira
anderson.vieira@altabooks.com.br

Editor
José Ruggeri
j.ruggeri@altabooks.com.br

Gerência Comercial
Claudio Lima
claudio@altabooks.com.br

Gerência Marketing
Andréa Guatiello
marketing@altabooks.com.br

Coordenação Comercial
Thiago Biaggi

Coordenação de Eventos
Viviane Paiva
comercial@altabooks.com.br

Coordenação ADM/Finc.
Solange Souza

Direitos Autorais
Raquel Porto
rights@altabooks.com.br

Assistente Editorial
Caroline David

Produtores Editoriais
Illysabelle Trajano
Maria de Lourdes Borges
Paulo Gomes
Thales Silva
Thiê Alves

Equipe Comercial
Adenir Gomes
Ana Carolina Marinho
Ana Claudia Lima
Daiana Costa
Everson Sete
Kaique Luiz
Luana Santos
Maira Conceição
Natasha Sales

Equipe Editorial
Ana Clara Tambasco
Andreza Moraes
Arthur Candreva
Beatriz de Assis
Beatriz Frohe
Betânia Santos
Brenda Rodrigues
Erick Brandão
Elton Manhães
Fernanda Teixeira
Gabriela Paiva
Henrique Waldez
Karolayne Alves
Kelry Oliveira
Lorrahn Candido
Luana Maura
Marcelli Ferreira
Mariana Portugal
Matheus Mello
Milena Soares
Patricia Silvestre
Viviane Corrêa
Yasmin Sayonara

Marketing Editorial
Amanda Mucci
Guilherme Nunes
Livia Carvalho
Pedro Guimarães
Thiago Brito

Atuaram na edição desta obra:

Tradução
Ana Gabriela

Copidesque
Jana Araujo

Revisão Gramatical
Thamiris Leiroza
Hellen Suzuki

Diagramação
Luisa Maria Gomes

Editora **afiliada à:** abdr ASSOCIAÇÃO BRASILEIRA DE DIREITOS REPROGRÁFICOS — ASSOCIADO CBL Câmara Brasileira do Livro

ALTA BOOKS GRUPO EDITORIAL

Rua Viúva Cláudio, 291 — Bairro Industrial do Jacaré
CEP: 20.970-031 — Rio de Janeiro (RJ)
Tels.: (21) 3278-8069 / 3278-8419
www.altabooks.com.br — altabooks@altabooks.com.br
Ouvidoria: ouvidoria@altabooks.com.br

Esta obra é dedicada à memória de
John Cloud: jornalista, excêntrico, eloquente, amigo.
Você acreditou em mim e neste livro, o que
me deu forças todos os dias em que trabalhei nele.
O mundo exige que jornalistas façam coisas muito
difíceis sem compreender seu custo.
Descanse em paz, meu amigo. Descanse em paz.

SUMÁRIO

Parte Três

AGRADECIMENTOS

Comecei a pensar sobre esta obra logo depois que meu primeiro livro de autoajuda, *Get Out of Your Mind and Into Your Life* ["Liberte-se de Sua Mente e Aproveite a Vida", em tradução livre], se tornou popular em 2006. Esbocei uma proposta, mas ela era incomum e foi rejeitada. Sou um estudioso por formação e personalidade, e mesmo entre os psicólogos é um pouco irônico o fato de que eu possa ser incompreensível. O projeto só avançou alguns anos depois, quando Linda Loewenthal entrou em contato e se tornou minha agente. Ela trouxe a combinação necessária de apoio, estímulo, sabedoria, habilidade, paciência e zelo que, até 2011, havia feito o projeto se tornar realidade. Sua confiança em mim e seu feedback incondicionalmente sincero me deram forças e me impulsionaram.

O falecido John Cloud, jornalista da revista *Time* que me tornou conhecido com um artigo que deu início ao sucesso de *Get Out of Your Mind*, ajudou a elaborar a primeira proposta bem desenvolvida e os rascunhos de alguns capítulos. Dediquei este livro a ele porque, em um universo paralelo, eu e John escrevemos toda esta obra juntos, como inicialmente era esperado por mim. Ele era um escritor genial e tinha uma alma profunda. Espero que seu espírito esteja refletido neste livro.

Spencer Smith, escritor profissional e coautor de *Get Out of Your Mind*, também ajudou a elaborar a proposta. Spencer é o que meus parentes judeus chamariam de mensch — alguém respeitável, gentil, confiável, ético e honesto. Tenho sorte de poder chamá-lo de amigo e colega.

Emily Loose foi minha editora de conteúdo. Incrivelmente capaz, sensata e persistente, ela permitiu deliberadamente que as ideias deste livro fizessem parte de sua vida, a fim de que sua intuição desempenhasse um papel no processo de desenvolvimento. Senti-me honrado, comovido e impressionado com essa abordagem — Emily é simplesmente a melhor.

Caroline Sutton, da Penguin/Avery, contribuiu com opiniões pertinentes sobre o texto em pontos críticos dos processos de desenvolvimento.

Todos os meus filhos já adultos (Camille, Charlie e Esther) foram excelentes ouvintes e contribuíram de forma específica, desde os desenhos de Esther às ideias de título propostas por Camille.

Minha esposa, Jacque, me apoiou por todos esses anos e intermináveis reescritas necessárias para dar vida a este livro. Viagens, entrevistas, imersões no processo de escrita, pesquisa — todas as responsabilidades que recaíram sobre seus ombros. Jamais poderei retribuir esses gestos e meus olhos se enchem de lágrimas por reconhecer e lembrar-me disso. Jacque também forneceu contribuições essenciais às novas ideias neste livro à medida que eram analisadas individualmente em longas discussões que atrasavam nosso sono. Em especial, ela me incentivou a examinar mais atentamente o contexto social e as questões de privilégio, que são fundamentais para o segmento deste trabalho. Obrigado, meu amor.

Meus alunos de doutorado dos últimos anos me ajudaram com debates sobre detalhes da teoria ACT, incluindo Brandon Sanford, Fred Chin, Cory Stanton e Patrick Smith. Praticamente todos os meus 48 alunos que já são doutores integram a história de fundo de partes específicas deste livro. Mencionei apenas alguns deles ao longo do texto e nas notas finais, mas, de qualquer forma, todos estão presentes de maneiras que somente eu e eles saberemos especificamente e com as quais o leitor se beneficiará. Obrigado, pessoal. (Isso não significa que vocês podem revelar a outras pessoas nosso aperto de mão comportamental secreto.)

Greg Stikeleather e Till Gross me ajudaram a considerar várias opções de título. Hank Robb e Inge Skeans gentilmente auxiliaram na identificação e na revisão de frases truncadas.

A seção sobre mentira, no Capítulo 4, foi originalmente escrita para um livro que eu e Guy Ritchie consideramos escrever como parte de um filme que ele estava desenvolvendo sobre o impacto do ego. O projeto do livro não avançou (espero que o filme seja lançado algum dia — é uma obra poderosa), mas foi Guy quem me fez perceber a relação profunda entre o Eu conceitualizado e a mentira. A clareza de sua visão teve um impacto duradouro, e eu gostaria de agradecê-lo por seus insights.

Também gostaria de agradecer aos clientes que transformaram o trabalho de ACT com suas próprias vidas. Algumas de suas histórias são mencionadas anonimamente neste livro, enquanto outras estão presentes de forma indireta devido à maneira que sua dor e coragem fundamentaram a abordagem. Por exemplo, grande parte das metáforas utilizadas para explicar a ACT veio de clientes; elas não foram criações minhas ou de qualquer outro profissional. Algum dia, todos nós seremos esquecidos, mas talvez, quem sabe, nossa coragem contribua com a cultura de uma forma que repercutirá por muito tempo. Eis uma consumação ardentemente desejável.

Quero agradecer imensamente a toda comunidade de Ciência Comportamental Contextual (CBS). É um incrível grupo de médicos, professores, pesquisadores, filósofos, especialistas em políticas, evolucionistas, behavioristas, cognitivistas, cientistas de prevenção, enfermeiros, mentores, psicólogos e assistentes sociais (eu poderia continuar) em todo o mundo. Contei algumas de suas histórias individuais neste livro, mas o leitor deve saber que, por trás de cada nome e nota de rodapé relevante para a ACT, a Teoria das Molduras Relacionais (RFT) e a CBS, há um ser humano dedicado. Conheço muitos deles, talvez a maioria, e são pessoas que se preocupam profundamente em trabalhar juntas para criar uma psicologia mais digna do desafio da condição humana. Nesta obra, tentei dar voz a suas ideias e aspirações. Posso ter incitado esse trabalho, mas sou apenas cofundador ou codesenvolvedor porque, em 1999, quando ele foi reunido em formato de livro, a competência de Kirk Strosahl e Kelly Wilson foi necessária. Aprimorar a abordagem para pesquisas e prática exigiu centenas de profissionais e pesquisadores, principalmente quando ela foi introduzida na comunidade mundial. Somos seres humanos melhores quando nos unimos e, a cada passo dessa jornada, meus colegas me deram força com seus valores, sua visão e sua amizade.

Assim como repetirei ao final deste livro: a vida é uma escolha entre o amor e o medo. Os seres humanos que me amam — amigos, familiares e colegas — me ajudaram a escolher o amor. Não há presente melhor. Obrigado.

— Steven C. Hayes, Reno, Nevada

NOTA DO AUTOR

Este livro está repleto de referências, mas, para não distrair o leitor, elas foram apresentadas nas notas finais. Se houver menção a um estudo, fato ou sugestão de leitura que você queira conferir, basta olhar na parte final. No entanto, as notas são "cegas", ou seja, ao longo do texto, não identifico as referências, considerações ou fontes utilizadas, apenas o faço ao final; assim, quando quiser mais informações, é lá que você deve olhar primeiro. Para não desacelerar o ritmo de leitura mencionando nomes que possam não interessar ao leitor, as citações e créditos estão localizados nas notas finais, e não no corpo do texto. Também utilizo expressões como "meus colegas" ou "minha equipe" para me referir às pessoas envolvidas na tradição laboratorial ou que fazem parte da comunidade científica de ciência comportamental contextual. Para leitores universitários, essa pode parecer uma atitude autocentrada, mas é necessária para auxiliar o leitor em livros desse tipo. Tudo o que posso fazer é pedir compreensão e sugerir que confiram as notas finais.

Ademais, menciono meu site com certa frequência (https://www.stevenchayes.com [conteúdo em inglês]), no qual há testes e listas de fontes que você pode acessar. No entanto, fazer essa menção a todo momento pode deixar a leitura cansativa, então, na edição final, retirei boa parte delas. Em alguns desses casos, redigi uma nota final.

Há também muitas informações pertinentes no site da Associação para a Ciência Comportamental Contextual (ACBS), um grupo mais focado no desenvolvimento do trabalho sobre o qual escrevo neste livro — http://www.contextualscience.org [conteúdo em inglês]. Alguns dos conteúdos disponibilizados nesse site requerem cadastro, mas novos membros são bem-vindos e as adesões são acessíveis.

Por fim, várias fontes estão disponíveis online gratuitamente, tais como o canal da ACT no YouTube; as TED talks com base em ACT (é possível acessar meus dois TED talks pelos links: http://bit.ly/StevesFirstTED e http://bit.ly/Steves SecondTED); grupos de Facebook; discussões sobre ACT abertas ao público (no Yahoo Groups pelo link https://groups.yahoo.com/neo/groups/ACT_for_the_Public/info) etc. [todas em inglês] — uma pesquisa criteriosa na internet mostrará esses resultados.

Parte Um

Capítulo 1

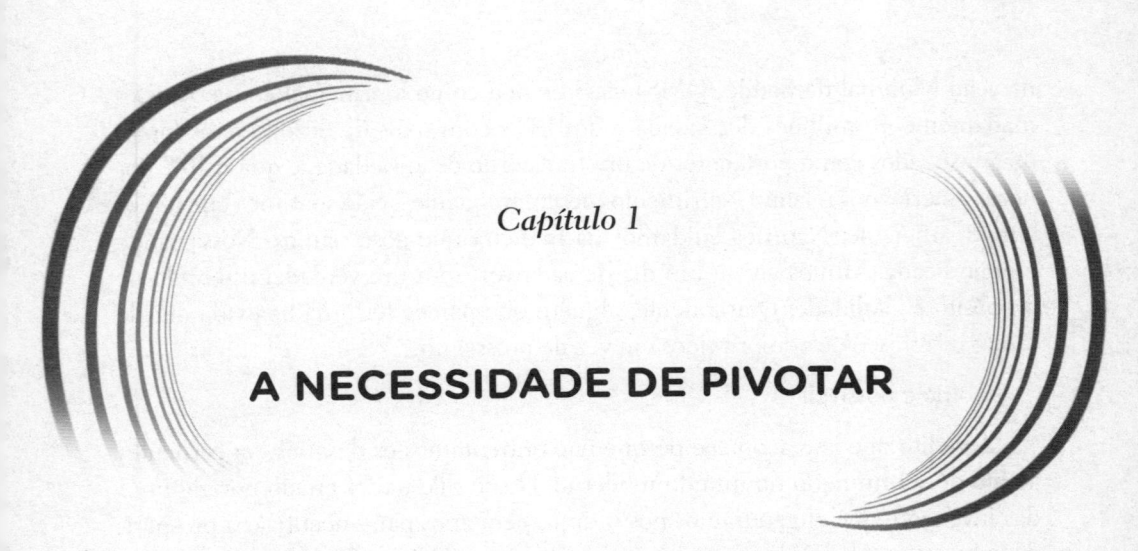

A NECESSIDADE DE PIVOTAR

A vida deveria estar ficando mais fácil, mas não está. É um paradoxo do mundo moderno. No exato momento em que a ciência e a tecnologia nos proporcionam longevidade, saúde e interação social inimagináveis, muitos se esforçam para viver vidas pacíficas e significativas, repletas de amor e colaboração.

Não há dúvida de que fizemos um progresso incrível nos últimos cinquenta anos. Esse computador no seu bolso chamado celular é 120 milhões de vezes mais poderoso do que o computador de bordo da Apollo 11 — a primeira nave espacial tripulada a pousar na Lua. O progresso nas tecnologias em saúde tem sido semelhante. Há cinquenta anos, a leucemia matou 86% das crianças que a tinham — agora, mata menos da metade disso. Nos últimos 25 anos, a mortalidade infantil, a mortalidade materna e as mortes por malária diminuíram de 40% a 50%. Se a saúde e a integridade físicas fossem o problema e você pudesse escolher apenas quando vir ao mundo, mas não com quem, sua melhor opção seria o momento atual.

A ciência comportamental é outra questão. Sim, estamos vivendo mais. Porém, é difícil afirmar que nossas vidas são mais felizes e bem-sucedidas.

Temos informações mais precisas do que nunca sobre doenças causadas, em grande parte, pelo estilo de vida. No entanto, apesar de bilhões de dólares investidos em pesquisas, os sistemas de saúde enfrentam dificuldades com as taxas substancialmente crescentes de obesidade, diabetes e dor crônica. O transtorno mental está rapidamente se *agravando*, e não diminuindo. Em 1990, a depressão foi a quarta principal causa de problemas de saúde e incapacidade a nível mundial, depois de infecções respiratórias, doenças diarreicas e condições pré-natais. Em 2000, ocupou o terceiro lugar; em 2010, ficou em segundo; e, em 2017, a Organização Mundial da Saúde (OMS) classificou-a como a principal causa. Aproximadamente 40 milhões dos cidadãos dos EUA com mais de dezoito anos foram diagnosticados como portadores de um transtorno de ansiedade, e quase 10% dos norte-americanos relatam "sofrimento mental frequente". Não sentimos que temos tempo suficiente. Não nos cuidamos da maneira que gostaríamos. Nossa saúde é prejudicada. Muitos vivem um dia de cada vez, sem um verdadeiro sentido de propósito e vitalidade. Diariamente, alguém que parece ter uma boa vida decide tomar um frasco de comprimidos em vez de prosseguir.

Como é possível?

Acredito que isso acontece porque não enfrentamos os desafios concernentes ao ato de ser humano no mundo moderno. Nosso dilema foi criado por algumas das invenções que engendramos nos últimos cem anos para incentivar a prosperidade humana. Considere o caso das inovações tecnológicas. Cada progresso — do rádio à TV, da internet ao smartphone — criou maiores desafios mentais e sociais. Nossa cultura e nossa mente não se adaptaram com rapidez suficiente, de maneira eficaz e fortalecedora.

Como resultado de nossa tecnologia, nos expomos a uma rotina de horror, drama e julgamento. Além disso, muitos de nós nos sentimos sobrecarregados e ameaçados pelo ritmo acelerado de mudança. Um exemplo: apenas algumas décadas atrás, as crianças corriam e brincavam livremente, de maneiras que hoje poderiam acarretar queixas de negligência infantil. Essa maior proteção não se deve ao fato de o mundo ser mais perigoso; pesquisas sugerem que não é. Nossa impressão de que vivemos em um ambiente menos seguro é consequência da exposição a acontecimentos incomuns divulgados pela mídia. Não importa o quão tranquilos estejamos, podemos ligar nossos computadores e ver uma tragédia se revelar, com imagens de pessoas que acabaram de morrer. O ciclo ininterrupto de notícias estilhaça nossa redoma de proteção com vídeos constantes de violência inesperada.

Quando o mundo exterior muda nessa velocidade, nosso mundo interno também precisa mudar. Isso parece lógico, mas é difícil saber como devemos agir.

A boa notícia é que a ciência do comportamento desenvolveu uma solução plausível para a questão de como podemos agir melhor. Nos últimos 35 anos, meus colegas e eu estudamos um pequeno conjunto de habilidades que revelam, mais do que qualquer outro conjunto único de processos mentais e comportamentais anteriormente conhecidos pela ciência, como a vida humana se desdobrará. Não é exagero. Em mais de mil estudos, descobrimos que essas habilidades ajudam a determinar por que algumas pessoas prosperam após os desafios da vida e outras não, ou por que algumas experimentam muitas emoções positivas (alegria, gratidão, compaixão, curiosidade) e outras, muito poucas. Essas habilidades preveem quem desenvolverá um problema de saúde mental, como ansiedade, depressão, trauma ou abuso de substâncias, e quão grave ou duradouro ele será. Elas prenunciam quem será eficaz no trabalho, estabelecerá relacionamentos saudáveis, terá sucesso em fazer dieta ou exercícios, enfrentará os desafios das doenças físicas, qual será o desempenho em competições esportivas e em muitas outras áreas da atividade humana.

Esse conjunto de habilidades se conjuga para nos proporcionar *flexibilidade psicológica* — a capacidade de sentir e pensar amplamente, de participar voluntariamente da experiência momentânea, de orientar sua vida ao que realmente importa e, assim, desenvolver hábitos que lhe permitem viver de acordo com seus valores e suas ambições. Trata-se de aprender a não se afastar do que é doloroso, mas de se *direcionar* a seu sofrimento a fim de viver uma vida repleta de significado e propósito.

Calma, como assim se *direcionar* a seu sofrimento?

É isso mesmo. A flexibilidade psicológica possibilita que nos direcionemos ao desconforto e à inquietação de uma maneira ampla, interessante e amigável. Trata-se de acessar nosso interior e nossa vida com imparcialidade e compassividade a fim de identificar o que nos machuca. Afinal, os aspectos que têm o poder de nos causar mais dor geralmente são aqueles que mais nos importam. As motivações mais intensas e os anseios mais profundos estão ocultos em nossos sistemas de defesa mais nocivos. Normalmente, o impulso é tentar negar o que nos machuca, por supressão ou automedicação, ou nos atermos à dor por meio de ruminação e preocupação, permitindo que ela controle nossas vidas. A flexibilidade psicológica nos capacita a aceitar e viver como desejamos *com* nossa dor, quando ela existir.

Acredito que a flexibilidade psicológica é um meio de alcançar a libertação humana; é o contrapeso necessário para enfrentar os crescentes desafios do mundo moderno. Centenas de estudos mostram que as habilidades que possibilitam o desenvolvimento da flexibilidade psicológica podem, de certa forma, ser aprendidas por meio de livros como este. Sei que essas são afirmações sérias, mas se eu fizer o meu trabalho, até o final desta obra, você entenderá por que essas habilidades são tão poderosas e como poderá começar a desenvolvê-las em si mesmo.

Talvez não seja surpreendente o fato de que a mensagem central de direcionamento à dor também esteja presente em outras abordagens, como a literatura sobre atenção plena (também chamada *mindfulness*) desenvolvida a partir de tradições espirituais, ou a ênfase à exposição na terapia comportamental cognitiva. Porém, a nova ciência da flexibilidade psicológica não está reproduzindo temas antigos — ao questionar reiteradamente o *motivo* da eficácia de métodos como esses, ela obteve uma compreensão mais profunda sobre a importância das habilidades de flexibilidade e como estabelecê-las. Esse entendimento foi alcançado por uma comunidade científica que seguiu um novo caminho de pesquisa, acarretando um novo e mais integrado conjunto de métodos para viver vidas mais felizes e saudáveis.

Nossas próprias tendências naturais e experiências de vida forneceram uma profunda sabedoria interna, capaz de nos guiar espontaneamente em direção à maneira mais saudável de enfrentar os desafios da vida, de acordo com o que vem mostrando a ciência. Pensamos que a sabedoria interior é suficiente para nos levar a um caminho saudável. Até poderia ser, exceto por um fator: o órgão entre nossos ouvidos. Nossa mente nos submete constantemente à tentação de seguir na direção errada.

Cada um de nós tem comportamentos que, no fundo, sabemos que não nos beneficiam. Os exemplos são infinitos: a dieta que dá errado quando comemos um pote de sorvete após um longo dia de trabalho; aquelas bebidas a mais que tomamos na festa, mesmo sabendo que não nos sentiremos bem no dia seguinte; o prazo limite que se aproxima e mesmo assim continuamos procrastinando; ou o momento em que brigamos com nosso cônjuge sem motivo. Cada uma dessas situações é suficientemente inofensiva. Porém, os mesmos mecanismos psicológicos que incitam esses comportamentos podem nos levar a lugares muito sombrios quando não os controlamos. Para muitos de nós, o excesso ocasional se torna habitual. A bebida extra na festa se transforma em dependência química. Procrastinar frente a um prazo se desdobra em sonhos de vida que não são perseguidos. Escolher brigar com as pessoas amadas se torna um método para evitar a intimidade que se tanto almeja.

Por que agimos assim?

A resposta é: nossa mente nos atrapalha, pois adotamos padrões de *rigidez psicológica*. Tentamos fugir ou combater os desafios mentais que enfrentamos e optamos por submergir em ruminações, preocupações, distrações, autoestímulos, trabalhos intermináveis ou outras formas de desatenção, tudo na tentativa de fugir da dor que sentimos.

Em sua essência, a rigidez psicológica é uma tentativa de evitar pensamentos e sentimentos negativos causados por experiências difíceis, quando elas ocorrem e quando nos lembramos delas. Digamos que você foi mal em uma prova. Um pensamento aterrorizador pode lampejar: "Sou um fracasso." Antes que se perceba, esse pensamento desaparece e você decide se acalmar saindo para beber com os amigos. Até certo ponto, isso é bom, mas, se o ciclo se repetir e você começar a evitar a preparação para a próxima prova, estará abrindo caminho para a patologia por meio da supressão e de formas prejudiciais de autorrelaxamento.

Em vez disso, suponha que você tente se assegurar de que é inteligente e capaz. Superficialmente falando, isso faz muito sentido. Certamente é útil ter pensamentos positivos, certo? Sim, é racional, mas pode não ser sábio. Se você recorre a pensamentos positivos especificamente para evitar ou contradizer pensamentos negativos... bem, esta é outra forma de rigidez psicológica, pois os pensamentos positivos trarão à tona exatamente aqueles que você esperava impedir. Um estudo recente mostrou que afirmações positivas como "Eu sou uma boa pessoa!" funcionam bem, desde que não se precise realmente delas. Quando essas afirmações são necessárias — ao se sentir mal consigo mesmo, por exemplo —, elas nos fazem piorar!

É uma piada cruel.

Seu remate: se o objetivo de qualquer estratégia de enfrentamento é evitar uma emoção desafiadora ou um pensamento perturbador, eliminar uma memória dolorosa ou se esquivar de uma sensação difícil, o resultado em longo prazo quase sempre será desfavorável.

A rigidez psicológica prenuncia ansiedade, depressão, abuso de substâncias, trauma, transtornos alimentares e quase todos os outros problemas psicológicos e comportamentais. Ela prejudica a capacidade de aprender coisas novas, desfrutar do trabalho, ter intimidade com outras pessoas ou enfrentar os desafios da doença física. A rigidez mental desempenha um papel até mesmo em áreas que não necessariamente esperávamos. Por exemplo, suponha que você analise os níveis de trauma em pessoas que estavam próximas ao Marco Zero, em Nova York, durante os ataques de 11 de setembro. Quais delas você acha que desenvolveram um trauma maior após o ocorrido? As que ficaram mais horrorizadas por ver as vítimas saltarem para a morte ou as mais determinadas a *não* ficarem horrorizadas com a mesma experiência? Essa pesquisa foi realizada e sabemos a resposta: as últimas.

Porém, a rigidez mental não apenas nos expõe a uma maior incidência de transtornos psicológicos e problemas comportamentais; ela desencadeia mais dois fatores terríveis que realmente a tornam monstruosa. Primeiro, embora você recorra à rigidez para evitar a dor, logo também começará a evitar a alegria. Estudos mostram que pessoas ansiosas, rígidas e evitativas começam intolerantes à ansiedade, mas acabam também intolerantes à felicidade! A alegria as deixa apreensivas. Se você está feliz hoje, poderá se decepcionar amanhã, então é melhor ser indiferente.

Segundo, a rigidez dificulta o aprendizado por meio das emoções. Se você as evita de forma crônica, isso pode levar à alexitimia — a incapacidade de identificar sentimentos. A consequência mais velada e horrível da rigidez psicológica é que, à medida que você luta, corre e se esconde do seu interior, mais se distancia de sua própria história, sua própria motivação e seu próprio zelo. Estudos mostram que, se você não entende bem suas emoções simplesmente porque sua família nunca as discutiu, então pode melhorar seu entendimento emocional ao, deliberadamente, aprender mais sobre elas, com resultados satisfatórios. No entanto, se você não sabe o que sente, porque evita seus sentimentos, há consequências horríveis em uma ampla variedade de áreas. Um exemplo: as pessoas que foram abusadas são mais propensas a serem abusadas novamente, mas esse efeito não é direto — é mais provável que aconteça com aquelas que reagem ao abuso inicial afastando-se de seus próprios sentimentos. Uma vez que essa falta de emoção se estabelece, as vítimas de abuso têm dificuldade em identificar quem é confiável e quem não é. Dessa forma, as últimas pessoas no mundo que deveriam ter que enfrentar o abuso novamente são as mesmas revisitadas por ele. É injusto, cruel e, ainda assim, previsível.

Por que somos tão propensos à rigidez psicológica? Mesmo que uma parte mais sábia de nossas mentes reconheça o que é bom para nós, uma parte dominadora de solução de problemas *não* o faz. Denomino esse aspecto mental de Ditador Interno, pois ele está constantemente sugerindo "soluções" para nossa dor psicológica, mesmo que nossa própria experiência, se a ouvirmos atentamente, sussurre que essas soluções são tóxicas. Como muitos ditadores políticos, essa voz em nossas mentes pode causar grandes danos, pois é capaz de nos fazer acreditar em uma história nociva sobre a nossa dor e como lidar com ela. Essa voz introduz seus conselhos em histórias sobre nossa infância, nossas habilidades e quem somos ou sobre as injustiças do mundo e como os outros se comportam. Ela nos seduz a agir de acordo com essas histórias, mesmo que uma parte de nós, no fundo, saiba a verdade. Estamos sendo enganados por nós mesmos.

Pense em quantas vezes fugimos do que tememos em nossas vidas diárias e em quanto sofrimento desnecessário isso causa. Você tem se sentido deprimido recentemente e sabe que, de alguma forma, isso está relacionado ao fato de que não se exercita o suficiente, mas sair para correr, caminhar ou ir à academia parece insuportável, então resolve ligar a TV. Você tem um prazo para entregar um projeto com o qual não está disposto a lidar, então opta por procrastinar, o que apenas agrava o problema. Você está totalmente estressado porque passa sessenta horas por semana no escritório e sabe que precisa de uma folga, mas não a aceita porque se atém à ideia de que, se não for no fim de semana ou se não levar trabalho para casa, algo catastrófico acontecerá. O Ditador nos convence de que se envolver nesses comportamentos de evitação mentalmente rígidos faz sentido.

Fugir de nossa dor ou tentar negá-la parece lógico. Como não gostamos de senti-la, parece apropriado considerar pensamentos, sentimentos e memórias difíceis como "o problema" e ver a eliminação deles como "a solução". Aplicamos todos os nossos mecanismos de solução de problemas nessa missão. Infelizmente, muitas vezes isso implica seguir fórmulas ou regras rigorosas, como "se livrar dela", "encontrar uma solução" ou "apenas resolver o seu problema".

Pagamos um preço psicológico, pois o que está realmente errado é considerar a vida como um problema a ser resolvido, e não como um processo a ser vivido. No mundo exterior, agir para eliminar a dor é um instinto vital de sobrevivência. Reagir a *tire sua mão do fogão quente* ou *se alimente porque você não comeu o dia todo* é importante para nosso bom funcionamento, e qualquer um que ignore esses comandos pagará um preço alto. Porém, no mundo interno dos pensamentos ou sentimentos, a situação é diferente. Uma lembrança ou emoção não é como um fogão quente ou falta de alimento. O que atribui sentido lógico à ação no mundo exterior não necessariamente confere sentido psicológico no mundo dos pensamentos e sentimentos.

Considere o exemplo de uma memória dolorosa, como uma grande traição ou um trauma. Emoções difíceis nos submetem à tentação de nos resguardar da experiência de reviver esse sofrimento, de tentar fazer com que as emoções *simplesmente parem*. Todavia, para nos livrarmos de algo deliberadamente, precisamos nos concentrar nele. Se nos esforçamos para nos livrar de algo, precisamos nos certificar de que ele se foi. Quando fazemos isso com eventos internos definidos por nossa própria história, como as memórias, nos lembramos novamente dos acontecimentos relacionados a eles. Quando fazemos isso com ecos do passado, ampliamos sua centralidade e desenvolvemos a história que temos com eles.

Se, em vez disso, para lidar com a dor, nos distrairmos ou nos acalmarmos, digamos, lendo um bom livro ou ouvindo uma música favorita, essas atividades até então divertidas podem, ao longo do tempo, realmente se tornar *relacionadas* à memória que tentamos evitar, podendo até mesmo abrir uma passagem para ela. Depois de um tempo, esse livro ou música relaxante pode lembrá-lo dessa memória ou desencadear um retorno ao trauma que você esperava que se atenuasse.

Nesse ínterim, é comum que tentemos incitar nossa motivação para mudar com ameaças mentais sobre as coisas terríveis que acontecerão se não o fizermos, o que geralmente torna as memórias dolorosas ou traumáticas *mais* intensas e centrais. Essas ameaças acarretam reações emocionais que às vezes são semelhantes às reações que tentamos evitar, *aumentando* a dor que sentimos. Assim, acabamos entrando em uma espécie de ciclo de feedback demoníaco. Tentar combater a ansiedade, por exemplo, pode levar a uma maior ansiedade *sobre* a nossa ansiedade. Da mesma forma, ao submergir na ruminação, nos convencemos de que estamos descobrindo como resolver os problemas, mas nos tornamos tão focados nisso que eles acabam por controlar cada vez mais nossas vidas. Transformamos nosso interior em zonas virtuais de guerra, em uma tentativa frenética, mas falha, de encontrar tranquilidade, eliminando e subtraindo experiências nocivas.

Não estou lhe dizendo nada que já não saiba, pelo menos intuitivamente. Muitos de nós percebemos que nossa mente pode nos levar a lugares estranhos. Porém, a maioria ainda não entende que, quando temos uma memória dolorosa ou um sentimento amedrontador, fazer coisas para escapar pode aumentar sua importância. Se temos medo de sermos rejeitados pelos outros, enxergamos sinais de rejeição iminente por toda parte. Sabemos que aceitar esse receio não nos libertará, mas a possibilidade de rejeição induz tanto ao medo que o fato de não focá-lo parece uma violação da lógica básica. Se nos intimidamos diante de supostas fraquezas, é provável que nos sintamos ainda menos capazes e, assim, mais propensos a falhar.

A libertação da armadilha da rigidez é dificultada pelas mensagens que a cultura em geral bombardeia. Muitas empresas prosperam com elas. Você está preocupado com sua aparência? Um produto de beleza resolverá a preocupação. Está infeliz? A cerveja certa vai animá-lo. Observe os temas de praticamente todos os principais livros e programas de autoajuda — são mais do mesmo: lide com sua ansiedade, sinta-se bem, controle seus pensamentos e a vida será melhor.

A maioria dos livros de autoajuda também solicita que as pessoas realizem uma ou outra forma de autorrelaxamento ou autocorreção. De alguma forma, devemos nos acalmar, focar o positivo ou ter pensamentos diferentes. No conceito tradicional, os nomes dados às condições mentais atribuem culpa às emoções e aos pensamentos. Temos "transtornos de ansiedade" ou "transtornos de pensamento". Uma variedade de medicamentos e abordagens terapêuticas promete eliminar pensamentos e sentimentos difíceis (por exemplo, observe o prefixo "anti" em *antidepressivos*). No entanto, à medida que a adoção de todo esse modelo se disseminou pelo mundo, o sofrimento e a incapacidade aumentaram, não diminuíram.

No topo desse incentivo para evitar ou erradicar nossa dor está o novo apelo envolvente que a mídia social faz o tempo todo para nos compararmos e nos distrairmos. Não importa o quão bem-sucedidos somos, podemos colocar a mão no bolso e encontrar uma ferramenta de comparação social chamada smartphone, que nos mostrará com obediência que outras pessoas estão, ao que tudo indica, muito melhores do que nós.

As áreas da psicologia e da psiquiatria também contribuíram involuntariamente para o problema. Ideias que não são baseadas em evidências se proliferam, como o complexo de Édipo de Freud (você é atraído sexualmente por seus pais, o que cria um conflito oculto que suscita a ansiedade), enquanto as baseadas em evidências permanecem latentes.

No entanto, mesmo os principais esforços baseados na ciência não deram ao público as ferramentas necessárias. Eles também promoveram uma compreensão convincente, mas falha, de como devemos lidar com nossas emoções e nossos pensamentos negativos. Em meados do século XX, a força psicológica costumava ser definida em grande parte como evitação emocional. Uma das cenas mais famosas da premiada série dramática *Mad Men* mostra o personagem principal — o bem-sucedido publicitário Don Draper — visitando uma jovem colega no hospital depois que ela deu à luz um bebê indesejado em 1960. Peggy Olson negou que estivesse grávida — até para si mesma — e fica deprimida ao ponto de apresentar psicose pós-parto. Na ala psiquiátrica, Draper se inclina em direção a Olson e diz para ela se recuperar. "Faça tudo o que dizem", diz ele em relação aos médicos. "Saia daqui. Isso nunca aconteceu... *Você vai ficar chocada com o quanto nunca aconteceu.*" Na cena seguinte, ele está se servindo de uísque em seu escritório.

Claro, é apenas televisão. Porém, a regra cultural transmitida nessa cena — de que você pode e deve aprender a mudar seus pensamentos quando desejar, e somente se e quando fizer isso reduzirá ou eliminará emoções desconfortáveis — ficou profundamente arraigada em nossas mentes. Uma das abordagens mais importantes da psicoterapia é parcialmente responsável por isso.

Trabalhando separadamente na década de 1960, Aaron Beck, psiquiatra da Universidade da Pensilvânia, e Albert Ellis (1913–2007), psicólogo na cidade de Nova York, escreveram artigos argumentando que muitas emoções prejudiciais eram causadas por distorções cognitivas, como "pensamento preto e branco" — considerar relacionamentos complicados ou acontecimentos da vida como simplesmente terríveis, sem levar em conta as possibilidades mais diferenciadas. Eles argumentavam que as pessoas consideram uma discussão difícil com um chefe ou uma briga com um antigo amigo — coisas típicas da vida — e as analisam de uma maneira irreal, irracional ou deturpada.

A solução sugerida passou a ser chamada de *terapia cognitivo-comportamental* (TCC). Ela constitui um conjunto completo de abordagens terapêuticas que inclui muitos métodos de mudança de comportamento bastante defendidos. Atualmente, a TCC está evoluindo de maneiras que eu apoio. Porém, um princípio central problemático da TCC tradicional dominou o entendimento popular da abordagem — precisamos mudar pensamentos negativos ou distorcidos e transformá-los em pensamentos positivos e racionais. Supostamente, essa "reestruturação cognitiva" era o caminho para alcançar a saúde mental, pois eram os hábitos inadequados de pensamento — não as "neuroses" de Freud, nem os pesadelos, nem as memórias reprimidas — que mais controlavam nossas emoções e moldavam nosso comportamento.

A ideia permeou nossa cultura. Por exemplo, quando o Dr. Phil (pseudônimo do Dr. Phillip McGraw) dá conselhos, grande parte deles decorre de uma perspectiva cognitivo-comportamental. "Você está criando ativamente um ambiente tóxico para si mesmo?", perguntou ele em seu site. "Ou as mensagens que você transmite são caracterizadas por um otimismo racional e produtivo?"

A pesquisa que descrevo neste livro levou a uma reavaliação fundamental da noção de que devemos desafiar e reestruturar nossos pensamentos. Ela mostra que essa parte da abordagem da TCC não é seu aspecto mais poderoso, e que geralmente isso não funciona tão bem quanto aprender a aceitar que estamos tendo emoções e pensamentos desagradáveis e, então, trabalhar para reduzir seu papel em nossas vidas, em vez de tentar nos livrar deles.

Paralelamente, a psiquiatria promoveu a ideia de que precisamos tratar uma série de condições psicológicas como se fossem a representação de uma doença oculta. Isso implica que, em algum momento, elas revelarão que têm causas, mecanismos de desenvolvimento e respostas ao tratamento conhecidos. No entanto, após várias décadas e muitos bilhões de dólares investidos em pesquisas, em quantos casos as meras condições se transformaram em transtornos mentais com causa conhecida?

Talvez a resposta seja surpreendente: nenhum. A verdade sobre a saúde mental é que as causas de todas essas condições psicológicas são desconhecidas, e a ideia de que "doenças ocultas" se escondem por trás do sofrimento humano é um fracasso absoluto.

Aliás, a ideia de que as condições mentais devem ser tratadas como doenças ocultas tem um impacto preocupante. Essa percepção é reconfortante porque abrange uma verdade real: o sofrimento não é sua culpa. Todavia, quando as pessoas acreditam nessa ideia, elas geralmente começam a sentir que precisam tomar remédios por toda a vida devido ao que está "escondido" internamente.

Considere o período de 1998 a 2007 (a década mais recente com números consistentes) e as pessoas nos Estados Unidos que buscaram tratamento para dificuldades psicológicas. Nesses dez anos, o número de pessoas que recorriam somente a métodos de mudança psicológica caiu quase 50%, enquanto o número de pessoas que utilizavam abordagens psicológicas aliadas a medicamentos diminuiu cerca de 30%. O que disparou? O uso de apenas medicamentos para resolver dificuldades. No final dessa década, mais de 60% das pessoas com problemas psicológicos recorriam somente a medicamentos; desde então, essa situação só se agravou.

Seria ótimo se a ciência apoiasse essa abordagem, mas ela não apoia. Os medicamentos podem ser úteis se forem utilizados para potencializar métodos psicossociais, com doses mais baixas e durações mais curtas, mas, como as prescrições dispararam e recorrer apenas a medicamentos se tornou a norma, a incidência de problemas de saúde mental aumentou. Além disso, quando as pessoas estão equivocadamente convencidas de que têm um "transtorno mental", elas tendem a ser mais pessimistas sobre o fato de que conseguem fazer algo por conta própria para melhorar sua condição — por meio de mudanças de comportamento, por exemplo. Amigos e família também se sentem menos otimistas em relação a elas.

Este livro revelará o quão intensamente podemos transformar nossas vidas ao não erradicar pensamentos e emoções difíceis ou entorpecê-los, mas, sim, cultivar a flexibilidade psicológica, que nos possibilita aceitá-los pelo que são e não permitir que governem nossas vidas. Esta obra mostrará que tentar eliminar ou reestruturar completamente os pensamentos é desnecessário e até inútil. Nosso sistema nervoso não tem um botão "excluir", e os processos de pensamento e memória são muito complexos para serem organizados. Este livro também evidenciará o quão falha é a mensagem cultural de que as pessoas *carregam* algo que dificulta suas vidas. Nossas *atitudes* são o que importa, pois elas nos fornecem os meios para viver de uma maneira abundantemente significativa, apesar dos desafios bastante difíceis.

Escapando da Armadilha

Tive um cachorro que andava em círculos enquanto arranhava o tapete a fim de preparar um lugar para deitar. Às vezes, esse ritual se estendia por muitos minutos. O tapete não se alterava com os arranhões... mas, em algum momento, meu pobre cachorro praticamente despencava de cansaço e sono.

Metaforicamente, andamos em círculos — ao assistir a programas de TV fúteis, navegar na internet, postar em nossa página no Facebook — enquanto esperamos por aquela sensação de totalidade, paz de espírito ou propósito. Os arranhões de distração, evitação e indulgência não estão mudando nada que seja importante. É necessário um lugar onde possamos sentir *conforto*, no sentido etimológico original da palavra: com- (junto) forto (forte, como "construir um forte", do latim *fortis*). Viver com nossa força no mundo exige muito mais do que distração, evitação e indulgência. Se você deseja encontrar paz de espírito e propósito, terá que desistir de sua busca por uma saída e, em vez disso, se concentrar em pivotar em direção a uma entrada. Tenho plena consciência de que isso é mais fácil de falar do que de fazer.

Aprendi sobre o poder de pivotar da maneira mais difícil. Sou uma pessoa em recuperação de ataques de pânico. Ao longo de anos de luta, a ansiedade e o pânico afastaram, aos poucos, a minha paz de espírito. Uma voz estridente na minha cabeça exigia que eu corresse, me escondesse ou lutasse contra a ansiedade, me levando gradualmente a um lugar insuportável, no qual minha experiência era minha inimiga. Aprender a aceitar minha ansiedade me direcionou ao caminho da recuperação, das descobertas e dos métodos de desenvolvimento da flexibilidade psicológica apresentados neste livro.

Meu primeiro ataque de pânico ocorreu em uma reunião do departamento de psicologia no outono de 1978. Os professores titulares estavam discutindo — mais uma vez. Como jovem professor-assistente, eu queria muito gritar para que parassem! Levantei minha mão e pedi atenção para fazer meu apelo, mas eles estavam ocupados demais brigando. Após cerca de um minuto, abaixei a mão, não porque não queria mais falar, mas porque pensei que desmaiaria. Meu coração estava tão disparado que eu não conseguia contar as batidas. Algo naquela terrível discussão havia desencadeado um ataque de ansiedade que eu nunca havia sentido antes. Eu compreenderia o gatilho apenas alguns anos depois, após desenvolver uma abordagem terapêutica para ajudar a enfrentar monstros desse tipo — a Terapia de Aceitação e Compromisso (ACT — não se lê as inicias separadas, ela é pronunciada como a palavra em inglês "act"). Nessa primeira experiência de pânico, eu estava muito imerso em minha ansiedade para conseguir me distanciar mentalmente dela. O que pretendia dizer aos meus colegas se perdeu em meio ao comando imediato de fuga. O problema era que eu estava sentado do outro lado da sala e obstáculos de cadeiras e pessoas bloqueavam o caminho até a porta. Retirar-me de lá era impossível.

Enquanto eu tentava desesperadamente elaborar um plano de fuga, o ambiente, de maneira súbita, se acalmou, e percebi que meus colegas tinham visto que levantei a mão. Todos estavam agora olhando para mim, esperando que falasse. Abri minha boca, mas nenhum som saiu. Meus olhos, impotentes, espreitaram a sala, avistando a cena horrível de muitos outros olhando com insistência em minha direção. Esforcei-me para respirar. Após um período que pareceu durar anos, mas que provavelmente levou apenas dez ou quinze segundos, o grupo perplexo voltou a discutir enquanto eu ainda segurava minha cadeira, abrindo e fechando minha boca como um peixe fora d'água, sem emitir um som sequer.

Senti-me humilhado e aterrorizado. Eu já havia sentido uma ansiedade forte e inesperada antes, mas nunca ao ponto de não conseguir reagir. Quando a reunião tenebrosa terminou, saí da sala com o andar descoordenado e a certeza de que meus colegas estavam se perguntando o que havia de errado comigo. Minha mente já maquinava cursos de ação que pareciam lógicos, mas que, agora sabemos, apenas agravavam a síndrome do pânico. Eu me perguntava freneticamente: "Como posso controlar isso? Como posso impedir que aconteça de novo?" Logo comecei a adotar algumas medidas para evitar e controlar as situações, lugares ou ações que poderiam ser um problema se a ansiedade de repente eliminasse minha capacidade de reagir. Ao tomar essas providências, de início, me senti aliviado — e comecei minha jornada para o inferno da síndrome do pânico.

A situação era uma espécie de "armadilha para macacos". Em algumas partes da África, os nativos fazem pequenos buracos nas cabaças, que são preenchidas com pedaços de banana e amarradas às árvores. Os buracos são grandes o suficiente para que um macaco insira sua mão, mas, quando ele agarra o pedaço de banana, o punho fechado fica grande demais para ser puxado pelo buraco. O macaco está preso.

Podemos pensar que ele apenas soltará o pedaço de banana, mas não o faz. O animal grita, esperneia e luta — enquanto agarra a banana — até que um nativo retorne para buscar seu prêmio.

Eu estava me agarrando à “recompensa” de uma vida livre de ansiedade ou pelo menos uma com níveis bem mais baixos. A atitude parecia sensata. Quem em sã consciência desistiria de algo assim? Se eu o fizesse, isso não significaria renunciar à possibilidade de uma vida saudável? Em vez de desistir, assim como os macacos na armadilha de banana, gritei, esperneei e lutei, mas em vão. Eu estava preso na armadilha da ansiedade.

Foi somente quando abandonei a tentativa de controlar a ansiedade que comecei a descobrir como tratá-la. Foi apenas quando desisti dessa visão equivocada — ao largar o pedaço de banana mental — que minha mente se tornou livre para interromper a exacerbação frenética de minha ansiedade.

Em certo momento, eu encararia minha ansiedade com uma atitude de autocompaixão e curiosidade imparcial e, então, me voltaria a meu próprio desejo de amar e fazer a diferença, mesmo que estas fossem precisamente as áreas da minha vida em que me sentia mais vulnerável. Isso me ensinou que, se quisermos mudar o impacto exercido pelas partes difíceis da nossa história, precisamos aprender a carregá-las com leveza e autocompaixão — e sem dar-lhes mais atenção do que merecem. Aos poucos, meu pânico recuou. No exato momento em que parei de fugir e me voltei à minha dor e ao meu sofrimento, possibilidades de vida começaram a surgir, independentemente da ansiedade.

Minha própria experiência me levou a procurar respostas sobre o porquê de nossa mente se fascinar tanto com o Ditador Interno e seu poderoso impulso de solucionar os problemas relacionados à dor. Eu também desejava encontrar maneiras cientificamente comprovadas de aprender como pivotar em direção à aceitação e a hábitos de vida mais saudáveis. Ao longo de décadas de pesquisa, percebemos que as pessoas são mais capazes de entender o “como” desse processo ao compreenderem certas descobertas importantes que fizemos sobre o funcionamento de nossa mente. Ao perceber o método de ação do Ditador, você se aproxima da adoção de uma nova modalidade mental — uma mente livre — que auxiliará quase todas as áreas da vida humana.

Descobrimos que a tendência à rigidez psicológica evoluiu com a linguagem e a cognição humanas. Essas extraordinárias habilidades mentais que nos possibilitam formas sofisticadas de pensamento simbólico para resolver problemas, realizar experimentos científicos, produzir literatura de qualidade ou inventar novas tecnologias também originam a voz do Ditador em nossas mentes. Nossas habilidades de pensamento simbólico aplicam esses pensamentos a uma realidade equiparável à do mundo exterior. Somos capazes de criar memórias tão vívidas que o simples fato de recordá-las provoca as mesmas emoções ou respostas cerebrais que sentimos quando as situações aconteceram. As mensagens que transmitimos a nós mesmos, por meio da voz do Ditador, não são ouvidas simplesmente como pensamentos, mas como duras verdades. Quando elas nos intimidam, reagimos da mesma maneira instintiva com que enfrentamos ameaças no mundo externo. Nossos pensamentos podem ser tão assustadores quanto o ataque iminente de um leão, e recorremos ao mesmo impulso de luta ou fuga para tentar escapar, nos esconder ou matá-los.

A forma como nossos processos de pensamento evoluíram também explica o quanto nossa mente é acionada de forma automática para se entregar à negatividade. Nossos pensamentos integram redes densas de padrões de pensamento armazenados permanentemente. A qualquer momento, um determinado pensamento, como *Ele não parece feliz em me ver*, pode desencadear pensamentos negativos em cadeia, relacionados a, por exemplo, momentos de decepção em nossa infância que retornam rapidamente à memória. Não podemos apertar um botão "parar" ou "excluir", e nossos esforços para fazê-lo tendem a intensificar o poder de nossos pensamentos negativos.

Como explicarei na Parte Um, a pesquisa da ACT não apenas esclareceu como nossas habilidades de pensamento simbólico acarretam essas difíceis consequências, mas também revelou métodos para nos libertar de seus efeitos negativos. Descobrimos que a flexibilidade psicológica envolve seis habilidades, e o desenvolvimento de cada uma delas envolve seu próprio tipo específico de afastamento dos processos mentais rígidos. Portanto, o importante direcionamento promovido pela ACT engloba seis pivots específicos, que se associam para nos possibilitar uma vida com mais flexibilidade psicológica.

Para entender por que os pivots são tão poderosos, é necessário considerar que cada uma das maneiras rígidas pelas quais nossa mente nos prende a padrões nocivos de pensamento e comportamento contém um anseio benéfico oculto. Tomamos as atitudes erradas, mas pelas razões certas — porque queremos que nossas vidas tenham atributos importantes. Os pivots da flexibilidade nos permitem redirecionar esse anseio oculto a um modo de ser mais aberto e flexível, que nos possibilite satisfazê-lo. Podemos, assim, continuar desenvolvendo nossas habilidades de flexibilidade, para que permaneçamos em um curso de vida que esteja em conformidade com nossos valores e nossas ambições.

A seguir, apresentamos uma breve introdução das habilidades e dos anseios que cada um dos pivots redireciona.

1. **Desfusão.**

Requer pivotar da fusão cognitiva à desfusão; redireciona o anseio por coerência e compreensão.

Fusão cognitiva significa acreditar naquilo que seus pensamentos lhe dizem (interpretando-os de forma literal, palavra por palavra) e permitir que isso determine suas atitudes. Esse truque da mente ocorre porque somos programados para perceber o mundo apenas de acordo com o que é estruturado pelo pensamento — "terrível isso", "péssimo aquilo" —, mas nos esquecemos de que estamos apenas pensando. Em nossas tentativas de dar sentido ao mundo, julgamos nossas experiências e, depois, acreditamos nesse julgamento em vez de perceber que é *apenas* um julgamento. O oposto da fusão é considerar os pensamentos como realmente são — tentativas contínuas de significação — e, então, optar por dar-lhes poder apenas quando de fato nos servirem. Essa habilidade de flexibilidade consiste na simples percepção do ato de pensar, sem exageros. Denominamos essa "simples percepção" de *desfusão*. Com essa capacidade de nos distanciar de nossos pensamentos, podemos começar a nos libertar das redes de pensamentos negativos.

2. **Eu.**

Requer pivotar da lealdade ao Eu como contexto, ou seu ego, para o Eu observador; redireciona o anseio por pertencimento e conexão.

No sentido mais simples, o que quero dizer quando menciono o seu *Eu como contexto/conceitualizado* é seu *ego* — suas histórias sobre quem você é e quem são os outros em relação a você. Nelas, reparamos no que temos de especial (nossas habilidades especiais; nossas necessidades específicas), e esperamos que isso nos conceda um lugar. Todos nós possuímos essas histórias e, se consideradas com leveza, podem até ser úteis. No entanto, quando nos apegamos firmemente a elas, fica difícil sermos honestos com nós mesmos ou dar espaço a outros pensamentos, sentimentos ou comportamentos que não se encaixam na história, mas que beneficiariam os outros e a nós mesmos. Nesse caso, o Eu conceitualizado nos leva a defender essas histórias como se nossa vida dependesse delas, o que gera alienação, não conexão verdadeira. A solução é conectar-se mais profundamente a um *Eu observador* — o senso de observar, testemunhar ou estar meramente consciente. Nessa concepção de Eu, percebemos que somos mais do que as histórias que contamos a nós mesmos, mais do que nossa mente diz. Também nos damos conta de que estamos conscientemente conectados a toda a humanidade — pertencemos não porque somos especiais, mas porque somos humanos. Alguns pensam nessa concepção como uma autoconsciência transcendente ou espiritual.

3. Aceitação.

Requer direcionamento da evitação experiencial à aceitação; reorienta o anseio por sentimento.

Evitação experiencial é o processo pelo qual fugimos ou tentamos controlar nossas experiências pessoais (pensamentos, sentimentos, sensações) e os eventos externos que os originam, desde ir a uma festa ou tentar lidar com a morte de um ente querido. Fazemos isso porque nossa mente nos diz que é uma maneira fácil de evitar a dor e que só poderemos nos sentir livres quando nos sentirmos BEM. Porém, é comum que a evitação apenas agrave nossas dificuldades e restrinja nossa capacidade de sentir. *Aceitação* é o ato de abraçar plenamente nossa experiência pessoal em uma condição de poder e não de vitimização. É optar por sentir com receptividade e curiosidade, para alcançar a vida que se deseja e, ao mesmo tempo, convidar seus sentimentos a acompanhá-lo. Como resultado do pivot de aceitação, o foco passa de sentir-se BEM a SENTIR-SE bem.

4. Atenção.

Requer pivotar da atenção rígida guiada por passado e futuro à atenção flexível no presente; redireciona o anseio por orientação.

Processos de *atenção rígida* se revelam como ruminação sobre o passado, preocupação com o futuro ou submersão em nossa experiência atual do mesmo modo que adolescentes fazem com videogames. À medida que enfrentamos os desafios da vida, muitas vezes temos medo de nos perder e tendemos a recorrer ao passado e ao futuro para nos orientar. Mas, em vez de obter direcionamento, adentramos uma confusão mental do que era ou do que será, quando realmente há apenas o que *é*. *Atenção flexível no presente*, ou manter contato com o aqui e o agora, significa optar por prestar atenção às experiências atuais que são úteis ou significativas — e, se não o forem, avançar para outros eventos úteis do agora, em vez de ficar preso à desatenção ou ao afastamento.

5. Valores.

Requer pivotar das metas socialmente conformes para os valores escolhidos; redireciona o anseio por autodirecionamento e propósito.

As pessoas geralmente tentam alcançar objetivos porque sentem que *devem*. Do contrário, aqueles com quem nos importamos ou cujas opiniões nos importam ficarão descontentes ou decepcionados. Pesquisas mostram que tais *metas socialmente conformes* geram motivações fracas e ineficazes. Podemos tentar orientar nosso próprio comportamento com base nesses objetivos externos, mas, no fundo, também os ressentiremos, pois eles prejudicam nosso próprio processo de desenvolvimento. O anseio por autodirecionamento e propósito não pode ser totalmente satisfeito pelo alcance de uma meta, pois este é um acontecimento sempre relacionado ao futuro (ainda não atingi minha meta) ou ao passado (atingi minha meta).

Valores são qualidades escolhidas de ser e fazer, tal como ser um pai carinhoso, ser um amigo confiável, ser socialmente consciente ou ser leal, honesto e corajoso. Viver de acordo com nossos valores é um ciclo sem fim; é uma jornada ao longo da vida. Isso nos fornece uma maneira de desenvolver fontes duradouras de motivação com base no significado. No fim das contas, saber quais são seus valores depende de você — eles são um assunto entre você e a pessoa no espelho.

6. Compromisso.

Requer pivotar da evitação persistente às ações com compromisso; redireciona o anseio por competência.

Estamos sempre estabelecendo padrões de ação maiores, conhecidos como hábitos. Quando pensamos em criar hábitos, tendemos a nos concentrar em resultados perfeitos, como de repente parar de fumar por completo. Na verdade, estabelecer hábitos é um processo gradual. Se tentarmos mudar nossos hábitos de uma vez só, nossos esforços tendem a levar a procrastinação, inação, impulsividade ou evitação persistente e vício em trabalho. Em vez disso, o pivot de compromisso nos concentra no processo de desenvolver hábitos de forma competente e contínua, em pequenos passos que se relacionam a hábitos maiores de amar, cuidar, participar, criar ou qualquer outro valor escolhido.

Os seis pivots podem ser resumidos de maneira mais simples:

1. **Considerar nossos pensamentos com distância suficiente para escolher as próximas atitudes, independentemente do que nossa mente diz.**
2. **Observar a história que concebemos sobre nós mesmos e adquirir uma perspectiva sobre quem somos.**
3. **Permitir-nos sentir mesmo quando os sentimentos são dolorosos ou acarretam uma sensação de vulnerabilidade.**
4. **Direcionar a atenção de maneira intencional, e não por mero hábito, observando o que está presente no aqui e no agora, interna e externamente.**
5. **Escolher as qualidades de ser e fazer às quais desejamos nos *direcionar* para evoluir.**
6. **Desenvolver hábitos que reforçam essas escolhas.**

Denominei as iniciativas para adotar essas práticas de "pivots" porque a palavra deriva de um antigo termo em francês que se refere ao pino em uma dobradiça. Os pivots em dobradiças pegam a energia dirigida a um sentido e imediatamente a redirecionam a outro. Quando pivotamos, pegamos a energia de dentro de um processo inflexível e a canalizamos em direção a um processo flexível. Se aprendermos a experienciar os sentimentos como eles são — com receptividade, curiosidade e autocompaixão —, *a dor pode ser uma poderosa aliada na vida.* Consideremos a dor da traição pessoal, que pode levar a um processo de evitação experiencial: com habilidades de aceitação, podemos canalizar essa energia dolorosa de querer nos sentir amados e cuidados em direção ao seu propósito original — estabelecer as próprias relações pelas quais ansiamos.

Dor e propósito são como os dois lados da mesma moeda. Uma pessoa que enfrenta a depressão é muito provavelmente alguém que anseia por sentir-se pleno. É provável que uma pessoa socialmente ansiosa anseie por se conectar com os outros. Só dói porque é importante, só é importante porque dói.

Realizar esses pivots é semelhante a aprender os movimentos de uma dança, seguindo os passos desenhados no chão. Assim como passos de dança, os pivots se combinam para formar um conjunto harmonioso, e, se falta um, a dança não flui suavemente. Ao praticar as habilidades, você desenvolve uma flexibilidade crescente. Da mesma forma que é mais fácil conduzir seu parceiro de dança se ele se mantiver em movimento fluido, em vez de parar após cada passo, desenvolver continuamente suas habilidades de flexibilidade lhe garante uma capacidade cada vez maior de absorver a energia de seus pensamentos e sentimentos existentes, mesmo os negativos, e transformá-la em energia para crescer. Ironicamente, quando pivotamos, podemos realmente começar a satisfazer os desejos mais profundos que estão contidos em nossas estratégias lógicas, mas equivocadas.

Relativamente falando, essas práticas de flexibilidade são responsáveis pela maior parte da saúde psicológica. Aprendê-las leva a padrões mais eficazes de vida e comportamento, de ser e de fazer. Em outras palavras, as habilidades de flexibilidade não apenas ajudam a lidar com problemas específicos da vida, como depressão, dor crônica e abuso de substâncias, mas também possibilitam que todos tenhamos vidas mais saudáveis e significativas. Elas promovem a prosperidade.

Realizar os pivots pode parecer intimidador, mas a pesquisa em ACT mostrou que podemos aprender essas seis habilidades por meio de métodos bastante simples e transformá-las em hábitos de vida. Apresentarei uma série de pesquisas que mostram como fazer os pivots e desenvolver as habilidades, comprovando os efeitos positivos notáveis das práticas relacionadas ao crescimento e à melhoria de vida.

Para se ter uma ideia dessas descobertas, considere um estudo recente. Os pesquisadores designaram aleatoriamente várias centenas de pessoas que se recuperavam de um ciclo de tratamento contra o câncer, que envolve os horrores da quimioterapia e da cirurgia, para receber o pós-tratamento habitual (como realizar mudanças de estilo de vida necessárias na dieta e nos exercícios para evitar uma reincidência) ou onze telefonemas breves, baseados em ACT, sobre como usar as habilidades de flexibilidade para enfrentar o desafio de se recuperar do câncer. Descobrir que você tem uma doença grave e potencialmente fatal pode ser traumático. Porém, durante os seis a doze meses subsequentes, em comparação com o grupo de cuidados habituais, os participantes da ACT não apenas mostraram menor ansiedade e depressão e melhor cumprimento das orientações médicas (por exemplo, eles começaram a seguir uma dieta mais adequada e a fazer exercícios — etapas importantes para evitar reincidência), mas também apresentaram níveis notavelmente mais altos de qualidade de vida, especialmente em relação ao bem-estar físico, bem como níveis mais altos de aceitação e de crescimento pós-traumático.

De certa forma, esse último resultado é o mais entusiasmante, pois é um indício evidente do que significa reagir aos desafios da vida com flexibilidade. Sim, o câncer é um choque, mas, ao sobreviver, a vida lhe dá uma chance de aprender e mudar. É isso o que *crescimento pós-traumático* significa. Nos seis ou doze meses seguintes, os participantes do grupo da ACT mostraram mais apreço pela vida, crescimento espiritual, aproveitamento de novas possibilidades e foco no relacionamento com os outros. Eles *cresceram* e transformaram a recuperação da doença em um ativo — uma fonte de força pessoal.

Em outro estudo, meus colegas e eu analisamos uma população que muitos pesquisadores evitavam por causa de sua complexidade: poliusuários de drogas. Esses são os adictos que costumam aparecer em clínicas de reabilitação e dizer: "Ah, eu uso tudo. Tomo uma grande quantidade de Luftal se alguém me disser que ele deixa chapado." (A propósito, não deixa.) Para tornar o estudo ainda mais desafiador, optamos por examinar aqueles cujos padrões de dependência incluíam opioides como heroína e que já estavam sendo tratados com metadona (que é um opioide lícito de ação prolongada), mas que não apresentavam melhoras.

Distribuímos aleatoriamente bem mais de cem participantes em três grupos: um que simplesmente continuaria a tomar metadona; um que tomaria metadona, mas que também aprenderia a ACT; e um que continuaria com a metadona, mas seria apresentado a um programa que promovia os doze passos, como AA ou NA. Após seis meses, os participantes da ACT estavam tomando muito menos opiáceos (informação determinada pelo exame de urina) em comparação com o grupo que ficou apenas com a metadona. O grupo dos doze passos apresentou uma mudança inicial, mas, ao final do acompanhamento, não estava melhor do que aquele que só usava metadona. Desde a realização dessa pesquisa, dezenas de estudos sobre o uso de substâncias confirmaram que as pessoas podem parar de fumar, reduzir o uso excessivo de maconha, passar pela desintoxicação ou ter sucesso no tratamento da dependência de álcool mais rapidamente se utilizarem a ACT. Os métodos funcionam porque os impulsos ficam menos dominantes; os valores se tornam mais importantes; e as sensações desagradáveis, menos imperiosas. Escolher suas atitudes torna-se algo possível.

A ciência da flexibilidade psicológica agora abrange mais de mil estudos, que a testaram em quase todas as áreas do funcionamento humano. Na pesquisa clínica, essa abrangência é chamada de *transdiagnóstico*, o que significa que focar a flexibilidade psicológica funciona em uma ampla variedade de categorias tradicionais de saúde mental (ansiedade, depressão, abuso de substâncias, transtornos alimentares etc.). E isso ainda não é toda a abrangência da ACT. Ela é exageradamente transdiagnóstica. Os mesmos processos de flexibilidade também nos ajudam a enfrentar o desafio das doenças físicas, gerenciar melhor nossos relacionamentos, reduzir o estresse, organizar bem os negócios ou praticar esportes competitivos. As medidas de flexibilidade psicológica podem prever se você é capaz de controlar seu diabetes ou o número de assistências e gols que o time de hóquei profissional faz quando os jogadores estão no gelo. Medidas psicológicas específicas preveem se você desenvolverá um trauma quando algo ruim acontece ou se será um pai ou uma mãe eficaz.

A Parte Um relata a história das descobertas que levaram ao desenvolvimento dos métodos da ACT. A Parte Dois apresenta importantes descobertas adicionais sobre por que as habilidades de flexibilidade são tão poderosas e compartilha uma variedade de métodos elaborados para auxiliar os pivots iniciais e o desenvolvimento contínuo das habilidades. Ambas as partes descrevem as histórias de pessoas que transformaram suas vidas. A Parte Três apresenta descobertas sobre o quão úteis as habilidades da ACT são para uma série de desafios específicos, como enfrentar o abuso de substâncias, lidar com o câncer, controlar a dor crônica, se libertar da depressão, parar de fumar, perder peso, dormir melhor, aprender com mais facilidade e ser mais engajado e realizado no trabalho.

As dificuldades e os problemas não são resolvidos em um piscar de olhos; para a maioria das pessoas, a mudança fundamental é um processo demorado. Nossas vidas nunca são tranquilas e nosso crescimento nunca é "finalizado". Mas uma mudança na *direção* não exige muito tempo. Assim como girar a ponta dos pés ao virar uma esquina, o núcleo do processo de criação de uma vida mais psicologicamente flexível pode levar apenas um instante — especialmente quando sabemos como desfazer o truque de nossas mentes. Aprender a pivotar dessa maneira não precisa levar anos ou mesmo meses. Nos mais de 250 estudos clínicos randomizados de ACT atualmente disponíveis, dezenas foram baseados em apenas algumas horas dedicadas à criação de uma nova direção de vida.

Um exemplo — de muitos — é um estudo que conduzi com meus alunos de pós-graduação, o qual avaliou o impacto de um único dia de treinamento em ACT com foco na vergonha e na autoestigmatização de pessoas com sobrepeso e obesidade que já frequentam outros programas de perda de peso (por exemplo, Vigilantes do Peso). Descobrimos que nosso treinamento reduziu a vergonha e melhorou a flexibilidade psicológica e a qualidade de vida. Não nos concentramos especificamente na perda de peso, por isso foi uma verdadeira surpresa que as pessoas tenham emagrecido nos três meses seguintes do pivot de sua auto-humilhação e culpa. Quando elas pararam de se martirizar por estarem acima do peso e aprenderam a aceitar suas emoções e pensamentos, a perda de peso foi como um bônus. Em um estudo relacionado, mostramos que o nível de flexibilidade psicológica que as pessoas com sobrepeso apresentam correlaciona-se diretamente com a capacidade de perder peso, praticar exercícios e parar de comer compulsivamente.

Minha mais profunda mensagem de esperança é que mudanças radicais são possíveis e não estão muito distantes. Qual a distância? Quanto esforço será necessário? Bem, deixe-me perguntar: se você está caminhando e gira a ponta dos pés para mudar de direção, qual foi a distância? Quanto esforço foi necessário?

Você pode se sentir tentado a responder à minha pergunta dizendo que praticamente não levou muito tempo nem esforço para fazê-lo, mas isso é verdade apenas até certo ponto.

Você já viu um bebê aprender a andar? Se já, sabe que é um processo que exige tempo e esforço. Pesquisas mostram que bebês aprendendo a andar dão cerca de 2.400 passos por hora — o suficiente para atravessar sete campos de futebol! — e caem, em média, dezessete vezes. Faça as contas: isso significa que se um bebê andasse por metade das horas em que está acordado, equivaleria a 46 campos de futebol e ele cairia cem vezes em um único dia. Não é de se admirar que os pais de crianças fiquem cansados! Mesmo com toda essa prática considerável, inicialmente, as crianças conseguem mudar de sentido apenas com uma série de pequenos passos, ajustando a direção aos poucos. Por isso dizemos que elas estão "aprendendo a andar". Em algum momento, uma nova habilidade será adquirida e, assim, crianças e adultos conseguem girar suavemente a ponta dos pés, mudando de sentido e aplicando impulso à outra direção. Pivotar enquanto caminha é fácil e implica uma habilidade que exigiu esforço e prática para ser aprendida.

A boa notícia é que os pivots mentais são, na verdade, *muito* mais simples de aprender do que o processo para andar. Com orientação, você não precisará cair com a mesma frequência que o fez quando criança.

Se eu estiver certo, e a flexibilidade psicológica for o elemento essencial que falta para enfrentar o mundo moderno de maneira saudável, isso significará que não estamos muito longe de criar ambientes mais amorosos e fortalecedores em casa, no trabalho, em nossas comunidades e em nossos corações. Não há garantias de reembolso, é claro, mas foi demonstrado reiteradamente que, uma vez que se aprende o conjunto principal de habilidades psicológicas decisivas, iniciar um processo saudável de mudança está tão distante quanto dizer a palavra *começar.*

Capítulo 2

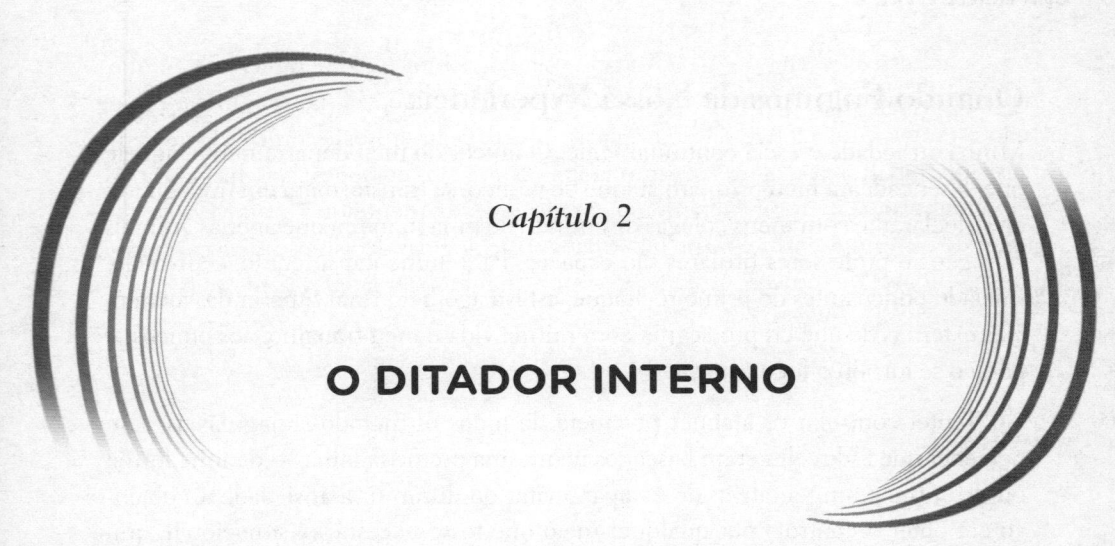

O DITADOR INTERNO

Comecei a desenvolver com seriedade a ACT após uma noite terrível em que cheguei ao fundo do poço na minha luta contra a ansiedade. Muitas pessoas com transtornos de ansiedade, assim como as que sofreram com vício, depressão e tantas outras condições psicológicas que aprisionam, reconhecerão partes da experiência. Compartilho a história não apenas porque ela demonstra como a rigidez psicológica da evitação pode se tornar extremamente incapacitante, mas também porque, naquela noite, dei vários passos importantes em direção à recuperação. De fato, realizei três dos seis pivots, embora não tenha pensado neles dessa forma até refletir e pesquisar posteriormente sobre o que havia acontecido comigo naquela noite. A história ilustra como é a experiência de pivotar; com que rapidez podemos realizar pivots — muitas vezes, mais de um ao mesmo tempo —; e como eles podem levar à convicção de buscar um novo rumo em nossas vidas. Minha experiência naquela noite acarretou a certeza de que nós, na psicologia, precisávamos descobrir métodos pelos quais as pessoas pudessem aprender a realizar pivots sem chegar ao fundo do poço; uma situação que lhes possibilitaria a verdadeira liberdade para ter vidas saudáveis e gratificantes.

Os estudos que minha equipe e eu realizamos nos vários anos que se seguiram a essa noite terrível, porém transformadora, confirmaram a hipótese central da ACT: mudar a forma como nos relacionamos com nossos pensamentos e nossas emoções, em vez de tentar mudar seu conteúdo, é o segredo para a cura e a percepção do nosso verdadeiro potencial. Se não tivesse experienciado as várias compreensões que tive naquela noite, não acredito que teria compreendido tão completamente ou tão depressa o fato de que eu estava definitivamente preso na armadilha para macacos.

Quando Fugimos de Nossa Experiência

Minha ansiedade crescia continuamente. O rancor do meu departamento, aquele que desencadeara meu primeiro ataque de pânico, se transformara em uma guerra civil declarada, com meus colegas discutindo de uma maneira que apenas animais selvagens e professores titulares são capazes. Para aumentar a tensão, o divórcio, iniciado pouco antes do primeiro ataque, estava agora no final. Apesar das aparências externas de que eu prosseguia com minha vida e meu trabalho, aos poucos, o pânico se tornou o foco central.

Tentei controlar os ataques por meio de todos os métodos imagináveis, sem perceber que todos eles eram baseados na mesma premissa falha — de uma forma ou de outra, eram tentativas de escapar, evitar ou diminuir a ansiedade. O objetivo era obter o controle por qualquer meio que fosse necessário: situacional, químico, cognitivo, emocional ou comportamental. As táticas específicas que defini incluíam:

* **Tentar me expor a situações aterrorizantes, pois, supostamente, isso faz com que o medo diminua.**
* **Aprender e praticar técnicas de relaxamento.**
* **Tentar pensar de forma mais racional.**
* **Sentar-me próximo à porta para sair com facilidade.**
* **Não me apressar antes de uma reunião — a frequência cardíaca pode aumentar.**
* **Ter sempre uma desculpa para ir embora, caso seja necessário.**
* **Conferir a frequência cardíaca discretamente, apenas para garantir que está tudo bem.**
* **Tomar uma cerveja.**
* **Fazer piadas.**

* **Preparar-me excessivamente.**
* **Evitar palestras — deixando que os estudantes de pós-graduação as realizem.**
* **Tomar calmantes.**
* **Fitar um amigo enquanto discursava.**
* **Distrair-me com música relaxante.**

Em curto prazo, muitos desses esforços eram inofensivos — não havia nada de errado em fazer piadas, descontrair ou relaxar com uma cerveja. Em circunstâncias diferentes, alguns poderiam até ter sido úteis, como tentar pensar mais racionalmente ou me expor a situações provocadoras de ansiedade. O problema era que a mensagem fundamental que minha mente me enviava era tóxica: a ansiedade é sua inimiga e você deve derrotá-la. Estar atento a ela, gerenciá-la e suprimi-la. Minha própria ansiedade se tornou a principal fonte de ansiedade.

À medida que considerava a ansiedade minha inimiga mortal, meus ataques de pânico aumentavam em intensidade e frequência. Um dia, em uma reunião de laboratório, tive um episódio tão intenso que fugi abruptamente, sem dar explicações. Em um voo para uma conferência, tive um ataque que me fez mudar de poltrona, a fim de que meus amigos não vissem o que estava acontecendo... para, somente depois, retornar ao meu lugar. Tive um episódio tão forte em uma loja de departamentos que não conseguia me lembrar de como chegar à escada rolante. Sentei-me atrás do mostrador de colchas e chorei em silêncio. Em vez de palestras, agendei vídeos em sala de aula, mas, mesmo assim, o pânico poderia surgir com tanta força que mal conseguia colocar o filme na máquina. Em pouco tempo, não existia lugar seguro. Após dois anos, de 80% a 90% das minhas horas se concentravam na tentativa de não entrar em pânico. Exteriormente, eu sorria, dava risada e parecia normal, mesmo que um pouco introvertido ou distraído. Do lado de dentro, eu analisava constantemente o horizonte mental em busca de sinais do próximo ataque.

Era como viver com um filhote de tigre que mordia meu pé quando estava com fome, e minha reação era tentar acalmá-lo atirando pedaços de carne. Isso funcionou bem em curto prazo, mas, a cada dia que passava, o animal crescia, ficava mais forte e precisava de mais para se sentir satisfeito. O alimento que eu jogava consistia em pedaços da minha liberdade; da minha vida. À medida que o tigre se desenvolvia, minha atenção ao longo do dia se concentrava mais em planejar o que fazer caso um ataque acontecesse. Era exaustivo. Em determinado momento, minha própria casa não fornecia repouso e dormir não era um refúgio. Comecei a acordar no meio da noite em pleno estado de pânico, uma prova impressionante de quão automáticos são nossos processos rígidos de pensamento e evitação — eu nem sequer precisava estar acordado, experimentando algum tipo de gatilho externo, para que o ciclo vicioso mental fosse ativado.

Eu estava sob a total influência do punho de ferro do Ditador Interno. A voz na minha cabeça me dizia, com cada vez mais urgência, para evitar minha ansiedade ou dominá-la de alguma forma. Todos nós conhecemos essa voz autocrítica e intimidadora em nossas mentes. É possível considerá-la um conselheiro, juiz ou crítico interno e, quando aprendemos a dominá-la, pode ser muito útil. Porém, se permitirmos sua liberdade, ela se torna merecedora da alcunha Ditador, pois é capaz de se tornar extremamente poderosa. Assim como um ditador de verdade, a voz pode ser muito positiva, aumentando nossa confiança com um "muito bem", garantindo que situações que deram errado não são culpa nossa e afirmando que somos inteligentes e esforçados. No entanto, com a mesma facilidade, ela pode se voltar contra nós, nos dizendo que somos maus, fracos ou estúpidos, que não temos jeito ou que a vida não vale a pena.

A voz ser positiva ou negativa não é tão importante quanto o domínio exercido. Por exemplo, em nome da positividade, ela pode persuadir com ilusões de grandeza — convencendo-nos de que somos tão especiais que as pessoas nos invejam em segredo, assegurando que somos mais espertos do que os outros e que estamos incontestavelmente certos enquanto todo mundo está redondamente enganado. Por outro lado, em prol de críticas supostamente construtivas, ela pode nos impregnar de autoaversão, estagnar nossa vida ou arruiná-la com a vergonha.

Seu poder é potencialmente perigoso, pois nos faz esquecer do fato de que estamos ouvindo uma voz. Ela tece, o tempo todo, uma história sobre quem somos, como nos comparamos aos outros, o que as pessoas pensam sobre nós e o que precisamos fazer para garantir que estamos bem e que enfrentamos quaisquer desafios.

A autoridade é tão constante e consistente que desaparecemos nessa voz, nos identificamos com ela ou nos "consubstanciamos" a ela. Se fôssemos pressionados a identificar sua origem, seria natural considerar o Ditador como *nossa* voz, *nossos* pensamentos ou até mesmo *nosso verdadeiro Eu*. Por esse motivo, chamamos essa voz de *ego* — que, em latim, significa *eu*, mas que, na verdade, não passa de sua *história*. Ele se torna tão imperioso que interpretamos suas ordens de forma literal.

Fiz muito isso durante minha queda de vários anos em direção à síndrome do pânico. A voz suscitava pensamentos como *Eu preciso me controlar*; *Eu sou um perdedor*; *Por que eu não consigo solucionar esse problema?*; ou *Pelo amor de Deus, eu sou psicólogo, preciso resolver isso!* Em retrospecto, consigo perceber "eu, eu, eu" em cada um desses pensamentos. Minha "história do eu" se tornara imperiosa e avassaladora.

Praticamente todos os meus pacientes relataram receber mensagens negativas semelhantes do seu Ditador Interno. Os terapeutas cognitivo-comportamentais reuniram conjuntos de comportamentos relacionados a esses pensamentos negativos automáticos, organizando-os em questionários que podem ser aplicados para avaliar padrões desadaptativos de pensamento. Por exemplo, uma das medidas mais antigas e conhecidas é o Questionário de Pensamentos Automáticos (ATQ, na sigla em inglês), criado em 1980 por dois amigos e colegas psicólogos — Steve Hollon e Phil Kendall. O ATQ mede a frequência de pensamentos como *Eu decepcionei as pessoas*; *Minha vida é uma bagunça*; *Eu não aguento mais isso*; ou *Eu sou tão fraco*. Tais pensamentos se correlacionam com muitos tipos diferentes de resultados insatisfatórios mentais e físicos, mas principalmente com depressão e ansiedade.

Constatei manifestamente os efeitos na minha prática clínica. Por exemplo, uma cliente obsessivo-compulsiva apresentava em detalhes incríveis todas as maneiras pelas quais ela poderia contaminar os outros. Suas preocupações dominavam sua mente e todas as áreas de seu funcionamento se deterioravam.

Considerando os efeitos negativos desses pensamentos, não é de admirar que os terapeutas cognitivos estivessem tão focados em mudá-los. Obviamente, pensamentos ruminativos sobre contaminação eram o problema, certo? E se eram, então é claro que eles precisavam ser mudados, não é mesmo?

Essa conclusão é lógica, mas constatei que focar a mudança de meus pensamentos enquanto enfrentava minha ansiedade só fortalecia meu Ditador Interno. Quanto mais determinado eu ficava em superar o pânico, mais ataques tinha. O fato de que, por um período de minutos ou horas, meus esforços pareciam funcionar tornava a noção de guerra contra minha ansiedade especialmente insidiosa. Minha ansiedade se acalmou por um tempo. Porém, ao longo de dias, meses e anos, minha condição só piorou. Foi quando tive a experiência que me levou a tomar um novo rumo.

Direcionando-nos à Nossa Experiência

Em uma noite fria de inverno de 1981, acordei com uma dor aguda no braço esquerdo e senti meu coração disparar e palpitar violentamente. Saí da cama e sentei-me de pernas cruzadas no chão, agarrando o espesso carpete dourado e marrom, tentando entender o que estava acontecendo comigo. Parecia que um peso pressionava meu peito. Percebi com uma satisfação perversa e profunda que estava tendo um ataque cardíaco. Não era mais um ataque de ansiedade; não era minha mente doentia. Era real. Era físico. *Você está tendo um ataque cardíaco*, pensei, *chame uma ambulância.*

Lembro-me de pensar o quão bizarro era o fato de que eu estava tendo um ataque cardíaco, dizendo a mim mesmo: *Isso não deveria acontecer com uma pessoa de 33 anos*. Meu pai, Charles, sofrera desse mal aos 43 anos, mas era um alcoólatra acima do peso que fumava como uma chaminé. Um homem amoroso, mas triste, ele abandonara uma carreira promissora no beisebol profissional para se tornar vendedor (por um tempo, chegou até a vender escovas de porta em porta) e não conseguiu aceitar aquela fatídica reviravolta. Eu não era fumante, bebia pouco e não carregava comigo falhas de vida como se fossem um saco de carne podre, cujo odor só podia ser disfarçado por gim e tônica. Eu estava prestes a ser recomendado para um cargo efetivo em uma importante universidade estadual.

Ainda assim, os sinais eram inconfundíveis. Coloquei dois dedos no pescoço para verificar meu pulso. *No mínimo 140 batimentos por minuto*, disse a mim mesmo. Meu senso de satisfação justificada aumentou. Aquilo. Era. Real.

Naquele momento, a voz na minha cabeça se tornou urgente. *Você precisa ir para a sala de emergência. Não é piada. Chame uma ambulância. Você não pode dirigir nessa condição*. Hesitei, mas a voz ficou ainda mais urgente. *Chame. Chame* AGORA.

Peguei o telefone para fazer a ligação, mas minha mão tremia tanto que eu o derrubei. Então, curiosamente, enquanto o telefone permanecia no chão, comecei a me sentir estranho, desconectado do meu corpo, como se estivesse afastado, olhando para mim mesmo. O tempo parecia desacelerar como se um filme em câmera lenta passasse diante de meus olhos. Minha mente alegou que estava encarando a morte, mas eu parecia me ver imparcialmente, de um lugar distante daquele drama. Observei uma mão se direcionar ao telefone que agora apitava no chão e fiquei surpreso ao perceber que ela hesitava e recuava lentamente de volta ao meu colo. A mão repetiu o movimento — estendeu-se depressa e voltou devagar. E assim o fez novamente.

Que curioso. Olhe isso, pensei.

Comecei a imaginar o que aconteceria se eu fizesse a ligação. Visualizei o drama de ser levado às pressas para o hospital e entrar no pronto-socorro, como se fosse o trailer de um filme. Porém, o que mais me aterrizou foi a cena final, quando me dei conta sobre o que esse "filme" seria. *Ah, não,* supliquei internamente, esperando ser poupado. *Por favor, Deus, isso não.*

Na minha imaginação, um jovem médico presunçoso, de jaleco branco, andava despreocupado até a maca e, conforme se aproximava, eu percebia sua expressão de desdém. Meu estômago afundou e um calafrio percorreu meu corpo. Eu sabia o que ele diria.

"Dr. Hayes... o senhor não está tendo um ataque cardíaco", entoou com um crescente sorriso insolente. "Você" — ele fez uma pausa e respirou fundo para causar impacto — "está tendo um ataque de pânico".

Sabia que ele tinha razão. Eu não faria aquela chamada. Não haveria drama médico naquela noite. Eu acabara de descer outro nível ao inferno da síndrome do pânico; minha mente havia de fato convencido meu corpo a simular um ataque cardíaco.

Havia algo errado comigo e nada nem ninguém poderia me salvar. Tinha tentado de tudo para superar minha ansiedade, e ela ficava cada vez mais forte. Sem. Saída.

Um grito prolongado, estranho e ofegante de desesperança irrompeu espontaneamente de dentro de mim. Eu escutara aquele grito sair da minha boca apenas uma vez, quando trabalhei em uma fábrica para pagar os estudos. Fiquei preso em uma enorme máquina que fazia papel-alumínio e quase fui esmagado até a morte. Naquele momento, senti o mesmo aprisionamento. Não era apenas um grito. Era um grito de desespero — de morte inevitável.

De fato, algo *morreria* naquele dia. No entanto, não seria o meu eu físico, mas, sim, a identificação com a voz na minha cabeça; a voz incessante e crítica que transformara minha vida em um inferno.

Aquele grito imenso não era esperançoso. Não era um plano. Ele significava apenas uma coisa: já era o suficiente. Eu. Estava. Farto.

Sentei-me em silêncio por alguns minutos. Sem planos. Sem soluções. Sem contra-argumentos. Apenas "Não! Basta!". Então, algo aconteceu. Ao chegar ao fundo do poço, uma porta se abriu. Percebi que havia uma alternativa poderosa na direção oposta.

De repente, tive uma percepção clara do Ditador Interno quase como uma entidade estrangeira, que *eu* permitira se tornar meu governante. *Eu* deixara a voz se apoderar da minha parte ciente e com direito de escolha. Aquela experiência era como desaparecer em um filme, apenas para perceber que se está sentado em uma cadeira, assistindo-o. Eu desaparecera por anos a fio em minha própria mente e nas ordens dela. De modo inesperado, via minha situação não da perspectiva da "história do eu"; o "eu" que assistia estava além daquelas histórias boas, ruins ou indiferentes baseadas no ego. Esse "eu" não tinha extremos deliberadamente perceptíveis — era apenas consciência, sob a ótica do aqui e do agora. Em um sentido profundo, eu era a própria consciência.

Essa situação consistia no meu primeiro pivot — do meu Eu conceitualizado, conforme definido pelo Ditador, ao Eu que assume uma perspectiva. Com súbita clareza, percebi que as histórias que minha mente analítica contava sobre mim não eram eu, mas o produto de um conjunto de processos de pensamento *internos*. Eu poderia utilizar esses processos como ferramentas se quisesse, mas não precisava ouvi-los e eles certamente não me definiam.

Sob essa nova perspectiva, realizar o pivot para me distanciar dos meus pensamentos — deixar de interpretá-los literalmente e passar a observá-los *como um processo* — estava a apenas um passo de distância. Percebi que o que a voz me dizia não necessariamente era mais importante do que qualquer outro pensamento que atravessasse minha mente. Eu não precisava acreditar neles. Pensamentos surgem e desaparecem automaticamente da nossa consciência o tempo todo, como "Estou com fome, talvez tome um sorvete" ou "Espero que a roupa esteja lavada". Alguns pensamentos equivocados também se manifestam em nossas mentes, como pensar que alguém está nos encarando, sendo que a pessoa nem sequer esteja prestando atenção. Memórias ressurgem de súbito, sem qualquer motivo aparente.

A maioria de nossos processos de pensamento está longe de ser lógico, embora nossa tendência seja considerá-los como se fossem. Pensamentos são constantemente gerados de forma automática e inconsciente. Não somos capazes de escolher quais surgem, mas podemos definir qual deles focar ou a qual recorrer para orientar nosso comportamento. Essa prática requer habilidade, é claro, mas nosso trabalho de ACT revelou que essa habilidade pode ser aprendida.

Uma forma útil de pensar na desfusão é se imaginar sentado em uma poltrona, assistindo a um filme. Você está bastante envolvido e, então, percebe que, no canto da tela, há uma minúscula janela exibindo um filme paralelo, que é sobre o roteirista, pois é ele quem cria as falas do filme principal. Ou seja, é um filme sobre a autoria de um filme, mas não sobre a história que está sendo escrita. Quando você escuta o diálogo no filme principal, pode se concentrar nesse drama, mas também pode olhar para o pequeno filme sobre autoria e assistir ao roteirista fazendo seu trabalho. É possível ter uma ideia de sua maquinação mental conforme as falas se sucedem na tentativa de desenvolver uma história cativante e consistente a que as pessoas assistam e considerem plausível.

Observar seus processos de pensamento dessa forma é a mudança crítica da fusão cognitiva para a desfusão; é deixar de olhar para o mundo estruturado pelo pensamento (o "filme" ou história principal) e começar a contemplar o processo de reflexão em si com uma curiosidade imparcial.

É muito libertador assistir a esse segundo filme com tranquilidade. O fato de a história principal ser verdadeira ou falsa é instantaneamente menos importante do que sua *utilidade*. O autor não é seu amigo nem seu inimigo. É apenas uma parte de você, criando linhas de pensamento.

Quando consegui considerar meus pensamentos dessa maneira, rapidamente realizei o pivot da evitação à aceitação. De repente, compreendi que, ao me convencer de que a ansiedade era minha inimiga, o Ditador me dizia para fugir e me esconder de *mim mesmo* e lutar *comigo mesmo*. De acordo com a voz, eu deveria repudiar minhas experiências, pois tê-las era inaceitável — elas eram sinais de fraqueza e talvez até de um colapso iminente. Naquele momento, percebi que o enredo para o qual eu fora atraído se resumia a: ser você não é bom.

Também me dei conta de que tinha muito mais liberdade de escolha do que minha mente supunha, infinitamente mais. Podia senti-la, percebê-la. Se a voz não era minha, e meus pensamentos não passavam de pensamentos, eu poderia fazer *qualquer coisa*, apesar do que surgisse em minha mente. Poderia até girar 180 graus e *lidar* com a ansiedade. Poderia optar por senti-la em vez de lutar ou fugir dela. Estabeleci um limite mental. O "Não! Basta!" contido em meu grito assumiu um novo significado — eu pararia de fugir da minha ansiedade. Eu a sentiria completamente, sem defesas. Ponto final. Fim da história. Processe-me se não gostar.

Cheguei a considerar esse pivot de aceitação das experiências difíceis que tentamos evitar como *ir de encontro ao dinossauro*. Quando criança, eu tinha pesadelos constantes com dinossauros. Nos meus sonhos, eles vinham até minha casa. Eu me escondia, mas eles olhavam pelas janelas com seus enormes olhos e me encontravam. Inevitavelmente, eu saía de casa e corria. Não importa o quanto tentasse, nunca conseguiria fugir. Era como correr em câmera lenta. Eu me esforçava, mas nunca era o suficiente. Descia pelas ruas, mas não importava a direção. Independentemente do que fizesse ou da mudança de sentido que realizasse, eles acabavam me alcançando — no instante em que me pegavam e minha desgraça se cumpria, eu acordava.

Certa noite, em mais uma corrida inútil contra uma criatura jurássica, ocorreu-me que eu poderia acelerar o processo. De repente, me virei e corri em direção ao dinossauro, de propósito. Pulei dentro de sua boca grande e cheia de dentes enormes — e... Acordei! Não conseguia me lembrar dessa solução sempre, mas em muitas noites ela foi eficaz. Gradualmente, os pesadelos pararam. Parecia que os dinossauros não gostavam da minha nova estratégia.

Naquele momento de percepção, me virei e corri *em direção* ao dinossauro interno novamente. Percebi que essa criatura era meu próprio processo de pensamento e as emoções resultantes. Já tinha visto cada centímetro de sua boca grande e contado todos os seus dentes enormes, mas, ainda assim, pulei para dentro. Então, assim como nos meus sonhos de infância, acordei. Só que dessa vez o despertar foi mais profundo; eu fizera uma escolha de vida.

Todo esse processo de pivotar de uma direção de vida para outra demorou muito menos do que o tempo de leitura desta frase. Suspeito que esses pivots levaram apenas alguns segundos. Transformei esse sentimento crescente de liberdade e libertação em uma espécie de declaração pessoal de independência. No meu quarto vazio, às 2h da manhã, disse ao Ditador: "Não sei quem você é. Aparentemente, pode me machucar; me fazer sofrer. Mas há uma coisa que não pode fazer" — e as palavras se manifestaram com mais intensidade — *Você. Não. Pode. Me. Desviar. Da. Minha. Própria. Experiência.*

"*Não... pode!*"

À medida que o eco da minha declaração se dissipou, a sensação de tempo suspenso desapareceu, e eu estava mais uma vez enxergando com meus próprios olhos. Ao olhar para baixo, notei que minhas mãos estavam contraídas e as relaxei. Tive uma sensação de extensão, como se uma parte interior estivesse tocando o mundo ao meu redor com novos dedos. Era um conjunto sensorial bem diferente daquele que agarrara o tapete momentos antes. Eu não estava tentando manter o equilíbrio ou encontrar um apoio para forçar a ansiedade a desaparecer. Pelo contrário, eu simplesmente incorporava o "ser".

Era como se um filtro entre mim e minha própria experiência tivesse sido removido, uma sensação semelhante a retirar os óculos de sol em ambientes fechados ou tirar os fones de ouvido e escutar uma música suave ao fundo. Senti-me estável e vivo. Era como se eu adquirisse a capacidade de enxergar o mundo com mais clareza. *Nunca mais*, prometi mentalmente enquanto me levantava, percebendo que ficara no chão por um tempo considerável devido aos meus joelhos doloridos e lágrimas secas no rosto. "Não fugirei de mim."

Nem sempre saberia *como* manter essa promessa — quase diariamente, eu a violaria de formas irrisórias e, às vezes, de maneiras significativas —, mas nas várias décadas que sucederam àquela noite, eu não esqueci meu juramento por um momento sequer nem hesitava em meu compromisso com ele. A promessa era incondicional: não mais fugiria dos meus pensamentos, sentimentos, lembranças e sensações. Minhas experiências e eu triunfaríamos ou fracassaríamos juntos, unidos — como um coletivo, um tipo de família.

Naquela época, eu não sabia muito bem quais experiências evitava em meu íntimo. De início, decidi focar a ansiedade e ver o que acontecia. Foi apenas depois que descobri tristeza, vergonha e outras emoções que estavam ocultas pelo pânico. Porém, essa jornada começou com um compromisso comigo mesmo: independentemente do que acontecesse, eu assumiria todo o meu ser — as partes "fortes" e as frágeis — e seguiria com minha vida.

Ao levantar do chão, percebi que os insights avançariam, não apenas me ajudando a mudar meu relacionamento com minha própria ansiedade, mas também a encontrar métodos melhores de trabalhar com meus clientes por meio de novas possibilidades de intervenção e pesquisa. Não demorou muito, apenas alguns dias, até que eu soubesse que precisava compreender o que acabara de acontecer comigo em um sentido científico. Como foi esse processo?

Textos sobre espiritualidade, blogs motivacionais e livros de autoajuda fazem muita referência a essas histórias de reviravolta. É improvável que eu seja único. Se você conversar com um amigo que superou um vício, um transtorno de ansiedade ou uma compulsão, é comum que essa pessoa conte uma história sobre chegar ao fundo do poço e depois encontrar os recursos para tomar um novo rumo. No meu caso, a diferença foi que canalizei esse momento para a pesquisa.

Uma Nova Trajetória de Pesquisa

Minha equipe, composta de cinco doutorandos em psicologia clínica, logo desenvolveu um programa de pesquisa científica projetado para encontrar respostas. Percebi que, para tanto, teríamos que superar sérias limitações em cada uma das abordagens psicológicas que dominaram a área durante o século XX. Elas incluíam não apenas Freud e os psicanalistas, mas humanismo, behaviorismo e a abordagem que estava se tornando prevalecente na época — a terapia cognitivo-comportamental (TCC). Algumas dessas abordagens anteriores não se baseavam em consistentes pesquisas experimentais (por exemplo, psicanálise e humanismo). Outras se concentravam demais no conteúdo de nossos pensamentos, e não no impacto causado por eles em nossas vidas (por exemplo, Freud na análise de memórias e sonhos; e a TCC em seu foco no pensamento irracional e no conflito de pensamentos distorcidos). Algumas se preocupavam com os processos pelos quais nossos pensamentos tinham impacto, mas a teoria subjacente era inadequada.

Nenhuma das linhas de pesquisa e terapia lidou bem com o conjunto de perguntas que agora eu considerava vital. Como a voz do Ditador Interno se desenvolve em nossas mentes? Por que nossos processos de pensamento são tão automáticos, e as mensagens do Ditador, tão incessantes? Minha pretensão era entender por que os padrões negativos de pensamento podem ser desencadeados por gatilhos mínimos, mesmo quando não estamos totalmente conscientes, assim como descobrira com o ataque de pânico que me acometeu enquanto eu dormia. Ademais, por que consideramos esses pensamentos negativos tão atraentes? Por que eles continuam a exercer tanto poder sobre nós, mesmo após afirmarmos que não são benéficos? Por que o esforço para afastá-los por meio de argumentações racionais indicadas pela TCC tradicional não é mais poderoso?

Percebi que responder a essas perguntas exigiria uma melhor compreensão da linguagem e da cognição humanas. Acreditava que, se não entendêssemos como nossos pensamentos exercem tanto poder sobre nós, não conseguiríamos encontrar maneiras de ajudar as pessoas a se distanciarem conscientemente da voz sem precisar chegar ao fundo do poço como eu. Também suspeitava que, com as respostas, pudéssemos alcançar inúmeros objetivos positivos, não apenas auxiliando as pessoas a se libertarem das armadilhas de pensamento que as aprisionam em tantas condições nocivas, mas também ensinando crianças com deficiências no pensamento e nas habilidades emocionais a raciocinar ou se conectar com os outros de uma maneira saudável.

Nenhuma abordagem da psicologia fornecia respostas adequadas para todas essas perguntas sobre a cognição humana. Foi isso que eu e minha equipe de pesquisa decidimos tentar. Queríamos um entendimento científico consistente e baseado em evidências que nos mostrasse como prever e influenciar o que as pessoas faziam com seus pensamentos.

Certamente não obtivemos todas as respostas, mas *encontramos* explicações que nos permitiram desenvolver métodos para afastar a voz do Ditador, se direcionar à aceitação e, depois, desenvolver hábitos de ação com compromisso, que possibilitam vidas mais saudáveis e gratificantes. Essas conclusões também forneceram à área novas maneiras de ajudar as crianças a desenvolverem habilidades de linguagem e cognição, além de muitos outros resultados positivos, como melhorar o desempenho nos esportes, ter sucesso na dieta ou ajudar toda uma comunidade africana a enfrentar o desafio da epidemia de Ebola. Nossas descobertas começaram com a compreensão da necessidade dos três primeiros pivots e de como as pessoas poderiam aplicá-los. Essas constatações abriram caminho para os métodos que auxiliam a realização dos três últimos.

Nos próximos capítulos, as descobertas serão apresentadas seguindo esta mesma sequência: explicarei a ciência e introduzirei os métodos simples que desenvolvemos para realizar os pivots e continuar desenvolvendo sua flexibilidade psicológica. Na Parte Dois, os métodos serão apresentados mais detalhadamente, e mostrarei como aplicá-los a quaisquer desafios que você ou seus entes queridos estejam enfrentando.

Compreender por que as práticas da ACT são tão poderosas e por que senti a necessidade de desenvolver uma abordagem tão diferente para o bem-estar psicológico realmente requer um maior conhecimento sobre as limitações das principais abordagens terapêuticas precedentes, bem como as falhas nas populares suposições culturais sobre as causas dos desafios psicológicos. A apreciação desses limites também é importante, pois as tradições anteriores não apenas exerceram uma poderosa influência sobre a prática terapêutica atual, mas adicionaram à cultura ampla muitas de suas noções sobre como podemos nos curar. Embora certas práticas e certos insights dessas tradições continuem sendo altamente valiosos, alguns foram equivocados de maneiras contraproducentes à iniciativa diária de buscar uma vida mais satisfatória e significativa. Portanto, antes de apresentar melhor a ACT, é preciso fazer uma rápida incursão pela história das tradições anteriores e por uma ou duas abordagens atualmente populares.

Capítulo 3

ENCONTRANDO UMA SAÍDA

Inúmeras tradições dominantes da psicologia e da psiquiatria, apesar de cientificamente falhas, influenciaram muito nosso comportamento e o modo como as pessoas pensam sobre a mente humana. Sabe-se que algumas das noções popularizadas são equivocadas e, às vezes, até contraproducentes. Outras nunca foram comprovadas por meio de pesquisas sistemáticas. Para avaliar o poder das descobertas e métodos da ACT, é importante compreender como essas abordagens se revelaram insuficientes.

O que o mundo deve esperar de uma abordagem de intervenção psicológica e psiquiátrica? Além de evidenciar o motivo de sua eficiência, ela deve conter um conjunto de estratégias amplamente úteis para ocasionar importantes mudanças de vida favoráveis. A eficácia abrangente indica que uma abordagem explora aspectos fundamentais de emoção, cognição, biologia e motivação humanas. Uma utilidade ampla e consistente se concentra no panorama geral — não nos mínimos detalhes. Todos nós estamos um pouco saturados das descobertas graduais das pesquisas em algumas áreas, como ciência da nutrição — a gordura dos laticínios mata; não, espere, é boa; bem, ok, às vezes é benéfica e às vezes é nociva. As pessoas definitivamente não precisam de conselhos mais complexos e contraditórios dos psicólogos sobre o que é adequado para ter uma vida satisfatória.

Também é importante entender *por que* os métodos funcionam, para não utilizá-los inadvertidamente. Por exemplo, pessoas que usam uma abordagem disciplinar de "castigo" com crianças precisam entender que a premissa é o poder de retirar o reforço positivo. Do contrário, você pode castigar seu filho de 11 anos, sem pensar em confiscar o smartphone que ele tem no bolso e constatar que a criança *adorou* o tempo livre para jogar Minecraft, dando-lhe reforço positivo por seu mau comportamento, em vez de repreendê-lo.

Para ser útil, as explicações sobre o "motivo" devem ser claras e específicas (chamaremos esse aspecto de *precisão*), mas, ainda assim, se aplicarem a muitas condições (denominaremos essa característica de *escopo*). Para serem consistentes ao longo do tempo, elas também não devem contradizer constatações importantes de outras áreas da ciência, como pesquisas genéticas ou cerebrais (chamaremos esse fator de *profundidade*). Na psicologia, para que possamos alcançar nossos objetivos, essas explicações também precisam revelar como fazer mudanças específicas na maneira que abordamos a vida (denominaremos essa particularidade de *processos de mudança*).

Em resumo, clientes que buscam aconselhamento sobre mudanças psicológicas devem exigir *métodos eficazes amplamente úteis, que cumpram seu objetivo por meio de processos de mudança que compreendam precisão, escopo e profundidade.* É isso. Adicione um ponto final nessa frase. É o que os clientes merecem dos cientistas comportamentais como um retorno por seus impostos.

A ACT e seus processos subjacentes cumprem esse critério razoavelmente bem. Você será capaz de julgar essa questão à medida que apresentarmos sua ciência e seus métodos. Provavelmente, mais do que qualquer outra abordagem de mudança amplamente utilizada na psicologia aplicada, a ACT se aplica a mais tipos de problemas e situações, sempre fornecendo boas explicações sobre o "motivo". Sei a impressão que tal afirmação pode suscitar e fico um pouco espantado por dizê-la com tanta ousadia, mas não me arrependo, pois acredito ser a verdade.

Poucos métodos de mudança de comportamento realmente tentaram responder às perguntas sobre o "motivo". A maior parte do que é considerado "psicologia" não demonstrou muito interesse em fazê-lo. Talvez porque seja um processo muito difícil e nunca, de fato, concluído. Os próprios pesquisadores da ACT continuam em busca de mais respostas, mas aquelas que encontramos até agora tiveram resultados poderosos. As outras tradições psicológicas ainda não obtiveram respostas sobre o "motivo" e a "maneira" que sejam tão consistentes ou tão amplamente úteis.

Uma Breve História de Intervenção Psicoterapêutica

Na primeira metade do século passado, a área era dominada pela psicanálise e pela teoria psicodinâmica, as quais exercem grande influência até hoje. As ideias de Sigmund Freud são tão influentes que ele é um dos estudiosos mais citados do mundo, não apenas na psicologia, mas em *qualquer* área científica. Freud era um atento observador clínico e algumas de suas ideias foram validadas, mas outras são especulações fantasiosas sem base científica. Ele se concentrava nas motivações ocultas ou reprimidas por trás do comportamento problemático. Em particular, Freud argumentava que o despertar dos impulsos sexuais poderia envolver conflitos e medos profundos de gênero, que originariam comportamentos patológicos como uma forma de evitá-los, os quais chamou de *mecanismos de defesa*. Seus argumentos eram eloquentes e persuasivos, mas Freud e seus seguidores inicialmente produziram pouco em termos de apoio experimental.

Demorou várias décadas até que os psicanalistas tivessem a oportunidade de verificar se seus métodos realmente eram eficazes e, quando o fizeram, descobriram que a maioria era, de fato, relativamente inútil. Até hoje, as explicações de *por que* funcionam (quando isso ocorre) são, com frequência, vagas e empiricamente inconsistentes. Muitas das especificidades dos argumentos de Freud foram repudiadas ou gradualmente ignoradas pela psicologia. Sua teoria tinha amplo escopo (aparentemente aplicável a todos), mas era imprecisa e não fornecia evidências suficientes para processos de mudança específicos.

Considere o famoso caso do pequeno Hans, publicado por Freud em 1928. De imediato, é possível perceber o quão difícil seria comprovar o "motivo" das alegações dessa análise freudiana em questão. Hans era um garotinho que queria ficar em casa em vez de ir à escola. Ele afirmava que seu medo de carroças era a razão para não querer sair, mas Freud via uma profunda simbologia e motivação inconsciente no temor do menino. Ele acreditava que Hans tinha um impulso sexual oculto em relação à mãe, o que gerava um medo de ser castrado por seu pai, caso ele descobrisse. Permanecer em casa permitia que Hans satisfizesse parcialmente seu desejo secreto de estar com a mãe, ou, segundo Freud, talvez seu desejo de fazer sexo com ela, ao mesmo tempo que cumpria o propósito principal de evitar seu sentimento de conflito e medo mais profundo. Para Freud, os indícios consistiam em aspectos como um comentário que o menino fez à mãe sobre seu pênis enquanto ela lhe dava banho, ou a possibilidade de que os antolhos dos cavalos o fizessem lembrar-se dos grandes óculos de seu pai, enquanto os dentes grandes dos animais eram um indicativo inconsciente do que o pai poderia fazer com ele caso soubesse de seus desejos secretos.

Neste momento da leitura, um incômodo deve ter surgido.

Freud tentava encontrar princípios válidos, mas não elaborou testes experimentais para suas teorias e menosprezou fatores no comportamento de seus pacientes que, agora sabemos, eram provavelmente muito importantes. Por exemplo, no caso do pequeno Hans, o garoto presenciou uma carroça tombar em meio aos gritos dos cocheiros, mas Freud não considerou como essa experiência pode ter naturalmente acarretado o medo que o menino tinha de cavalos, independentemente dos grandes óculos assustadores de seu pai.

Para ser justo, devido a trabalhos subsequentes conduzidos por outros pesquisadores, algumas das ideias de Freud agora têm bom respaldo científico. Há muito o que estimar sobre o conceito de mecanismos de defesa, por exemplo. De fato, independentemente de quão irrefutáveis sejam as evidências, parecemos rejeitar fatos sobre nós mesmos que são dolorosos demais para admitir — um mecanismo de defesa que Freud chamou de *negação*. Geramos sentimentos e ações que se opõem aos verdadeiros sentimentos difíceis de aceitar, um mecanismo de defesa denominado *formação reativa*. Solucionar essas tendências evitativas prejudiciais é uma das principais funções dos métodos da ACT.

Entretanto, a ideia de que um conflito entre impulsos e restrições impostas a eles está subjacente a comportamentos anormais (como os impulsos "edipianos" do pequeno Hans e seu medo de ser castrado por seu pai) é bastante infundada. Além disso, a abordagem freudiana incentivou como método primário de terapia um profundo questionamento de nossos sentimentos e pensamentos, a fim de revelar motivações e desejos ocultos. Não há evidências de que esse seja um processo de mudança que engloba precisão, escopo e profundidade. Explorar à exaustão pensamentos e sentimentos pode ser útil na terapia, mas, sem uma boa orientação de princípios sólidos e cientificamente validados, é fácil se perder nessas investigações e progredir pouco no processo para ser mais feliz e saudável.

Há enriquecedoras versões modernas da tradição psicanalítica que surgiram no mundo da terapia baseada em evidências, mas elas apenas o fizeram ao deixarem para trás especulações fantasiosas. A maioria dos novos métodos enfatizou a importância de examinar os pensamentos e as emoções existentes ou as relações interpessoais (às vezes incluindo o próprio relacionamento terapêutico) e de aprender a apreciar as intenções e estados mentais alheios. Parte desse trabalho iniciou a jornada científica do desenvolvimento de processos de mudança baseados em evidências. Pessoalmente, encontro muita inspiração nessas formas modernas de psicanálise, em especial ideias sobre a necessidade de entender o mundo psicológico dos outros e de nos vermos em um contexto social. Porém, um aprofundamento na busca de conflitos inconscientes — a parte da abordagem freudiana mais aproveitada das explicações da psicanálise — provavelmente não será útil.

Terapia Humanista e Existencial

Em parte, a tradição humanista surgiu em oposição às características fantasiosas da teoria psicanalítica e tornou-se bastante popular na metade do século passado. Ela se concentra no modo como as pessoas experimentam o mundo, como nos conceituamos e nos relacionamos com os outros, e como criamos uma vida de significado. As questões centrais consideradas são importantes: empatia, autenticidade e autoconsciência.

Interessei-me pela psicologia por causa de humanistas como Abraham Maslow (famoso por descobrir a importância das *experiências de pico*) e porque adorava pessoas como Fritz Perls (Gestalt-terapia), Viktor Frankl (um sobrevivente do campo de concentração que focou a criação de significado e desenvolveu um método chamado *logoterapia*) e Carl Rogers. Adoro até hoje. Adoro como se concentram no potencial humano, e não apenas nos problemas. Estimo seu apreço pelo ser humano como um todo e seu interesse pela totalidade da experiência humana.

O problema é que, embora os humanistas tenham dito desde o início que a pesquisa era importante, eles tiveram dificuldade em concordar sobre como realizá-la. Maslow argumentava que os métodos científicos tradicionais simplesmente não conseguiam captar a essência da experiência humana. Rogers afirmava que a pesquisa era necessária para evitar o autoengano, mas também dizia: "O aumento do conhecimento nas ciências sociais encerra dentro de si uma poderosa tendência para o controle social [e] para o enfraquecimento ou para a destruição da pessoa existencial." Em outras palavras, ele temia que, se os princípios científicos se relacionassem diretamente à mudança deliberada de comportamento, poderiam ser usados de maneiras que prejudicassem a liberdade humana, e a liberdade humana era tão importante que o conhecimento sobre como mudar o comportamento é uma ameaça em potencial.

Não há dúvidas de que isso é verdade. Anunciantes e empresas de tabaco realizaram pesquisas que se encaixariam nessa descrição. Os cassinos, a indústria farmacêutica, a indústria alimentícia e as empresas de videogame fizeram o mesmo. De fato, a lista não é curta. No entanto, de uma perspectiva externa, é possível perceber por que essa atitude implicava a incapacidade de os humanistas nunca conseguirem comprovar que seus métodos eram amplamente eficazes nem responder apropriadamente às perguntas difíceis sobre o "motivo". Essa atitude deu aos humanistas e existencialistas pouca margem para desenvolver uma ciência adequada de mudança. Por conseguinte, as pessoas têm que simplesmente acreditar em muitas ideias humanistas, sem qualquer comprovação. É um preço alto.

Ocasionalmente, a ACT é incluída em muitos livros sobre terapia humanista, e isso me agrada. Aproveitamos algumas das melhores ideias dessa tradição e descobrimos uma maneira de solucionar as preocupações de Maslow e Rogers sobre como verificá-las cientificamente.

Terapia Comportamental: A Primeira Onda

Se questionados sobre o início de uma abordagem mais científica de intervenção psicológica, a maioria dos psicólogos clínicos indicaria o surgimento da terapia comportamental e da modificação de comportamento na década de 1960. Isso não é totalmente justo — as tradições da psicanálise e a abordagem humanística tiveram alguma base científica. Mas estudos bem controlados que testaram métodos de mudança de comportamento foram inovações trazidas à mesa por terapeutas comportamentais.

Tenho idade suficiente para ter testemunhado em primeira mão o surgimento da terapia comportamental. Inicialmente, adotei essa abordagem na faculdade, em parte porque B. F. Skinner e outros behavioristas que fizeram importantes descobertas sobre como o comportamento pode ser aprendido e modificado apresentavam uma perspectiva de um mundo melhor. *Walden II*, o romance utópico de Skinner, expõe um mundo futuro no qual os contextos em que vivemos promovem cooperação humana, melhor educação dos filhos, ambientes mais saudáveis e locais de trabalho mais satisfatórios. Fiquei tão impressionado com a ideia que, em 1972, me matriculei no reduto comportamental da Universidade da Virgínia Ocidental para obter meu doutorado.

O cerne do trabalho dos behavioristas era mostrar como os comportamentos se tornariam mais ou menos propensos a ocorrer com base nas consequências. As relações entre ambientes, ações e resultados são o que esses estudiosos chamam de *contingências*. Se um pombo dentro de uma caixa receber comida após bicar um pequeno disco de plástico colorido, ele provavelmente bicará esse disco com cada vez mais frequência. Este é um exemplo do princípio de *reforço*, nos quais muitos métodos de criação de filhos atualmente se baseiam, como a técnica de "castigo" mencionada anteriormente. Outras vertentes do movimento de terapia comportamental se baseavam mais nos fundamentos do fisiologista russo Ivan Pavlov. Seus princípios clássicos de condicionamento explicam como os animais podem associar um evento anteriormente neutro, como o toque de um sino, digamos, à apresentação de alimentos imediatamente após ouvi-lo, para que aprendam a salivar ao ouvir o som.

Esses princípios foram aplicados a seres humanos pelos primeiros terapeutas comportamentais, que, por exemplo, trabalharam para emparelhar relaxamento com exposição gradual a eventos assustadores, na expectativa de que esse processo reduzisse a ansiedade e possibilitasse um comportamento mais natural. Esse era o cerne de uma nova e poderosa técnica de psicoterapia chamada *dessensibiliza-*

ção sistemática — em que pessoas com fobias imaginam cada vez mais imagens provocadoras de ansiedade enquanto permanecem calmas por meio do uso de métodos de relaxamento muscular. Em seu auge, a dessensibilização era o método de psicoterapia mais estudado do planeta. Muitas vezes se mostrou eficaz (e ainda se mostra), mas, hoje em dia, raramente é usado, pois acabou reprovando no teste do "motivo".

Pesquisas revelaram que a parte de relaxamento do tratamento não fazia diferença — a exposição por si só ajudava, mesmo que estivesse apenas na imaginação da pessoa, que projetava uma fonte de medo. Atualmente, os psicólogos a utilizam de forma ampla (por meio de imaginação, realidade virtual ou vida real), mas geralmente sem o relaxamento e outras armadilhas da dessensibilização. Ainda não sabemos ao certo por que a *exposição* funciona, mas o desenvolvedor da dessensibilização, o falecido psiquiatra sul-africano Joseph Wolpe, merece considerável mérito por ter tentado realmente encontrar respostas.

Denominei essa era do behaviorismo de primeira onda das terapias comportamentais e cognitivas. Os princípios desenvolvidos por meio do trabalho com animais foram testados sistematicamente em clientes humanos, e vários métodos poderosos de modificação de comportamento foram desenvolvidos — até hoje estão nas listas de procedimentos baseados em evidências. Na psicologia comportamental, o foco em princípios de mudança que englobam precisão, escopo e profundidade foi e é um aspecto extraordinário. Porém, os behavioristas da época não conseguiam explicar adequadamente a complexidade do pensamento humano e seu papel em nosso comportamento, mas não porque eram intransigentes à análise de emoções e processos de pensamento humanos. Ao contrário da percepção popular, quando mencionam "comportamento", eles se referem a *todas* as ações humanas, incluindo pensamento e sentimento. O problema era que esses behavioristas não tinham um bom modelo de funcionamento da mente humana. Sua explicação de como alguns princípios — reforço ou condicionamento clássico, por exemplo — poderiam conceber a complexidade de nosso pensamento, sentimento ou zelo simplesmente não era o suficiente. Em outras palavras, os behavioristas que eu conhecia tinham coração, mas não conseguiam explicar nossas mentes.

Os behavioristas sabiam que isso era um problema, ou pelo menos Skinner sabia. Em 1957, ele escreveu um livro intitulado *O Comportamento Verbal*, no qual tentou explicar como desenvolvemos a linguagem por meio de princípios comportamentais. Era brilhante. A princípio, fiquei encantado, mas logo comecei a me preocupar que suas explicações fossem muito limitadas. Depois que me formei e conduzi pesquisas com base em suas ideias, esse sentimento só aumentou. Bem no início da minha carreira acadêmica, concluí que elas estavam, em grande parte, equivocadas. Skinner explicava apenas alguns dos estágios iniciais desse processo, e suas ideias sobre a cognição humana foram, aos poucos, relegadas ao ensino da linguagem, especialmente para crianças com graves atrasos no desenvolvimento.

A maioria das pessoas descartou o behaviorismo em parte devido ao seu fracasso em explicar a cognição humana. Porém, também o fizeram por causa da noção de que Skinner e outros behavioristas empregavam esforços perigosos para controlar o pensamento e o comportamento. Isso não era verdade, mas Skinner, inadvertidamente, fomentou especulações de que os behavioristas adotavam métodos de controle totalitário. Ao escrever um livro intitulado *O Mito da Liberdade*, com um completo descaso em relação à possível impressão suscitada por suas palavras, ele reclamou que não deveríamos permitir que expressões rebuscadas como *liberdade* e *dignidade* atrapalhassem a descoberta de mudança do comportamento. Como resultado, os repórteres que escreviam sobre o tema na época costumavam associá-lo a termos como *controle mental*, *lavagem cerebral* ou mesmo *psicocirurgia*, embora a terapia comportamental nunca tenha tido qualquer relação com esses esforços. Foi algo doloroso de se presenciar.

Passei tempo suficiente com Skinner e outros terapeutas comportamentais incipientes a ponto de constatar que eles estavam longe de ser manipuladores insensíveis. Pelo contrário, eram cordiais, atenciosos e fascinantes. Essas pessoas queriam aplicar seus insights laboratoriais de várias formas benéficas — reduzir o consumo de energia (que seria o tema da minha dissertação); tornar o ambiente de trabalho mais humanizado; auxiliar os pais na criação de seus filhos; ou ajudar os pacientes a usarem suas máquinas de diálise renal em casa. No entanto, sua teoria e seus métodos simplesmente não estavam à altura desse desafio, e a cultura começou a desconsiderá-los.

Terapia Cognitivo-comportamental (TCC) Tradicional: A Segunda Onda

A terapia comportamental não tinha nem uma década quando Aaron Beck, Albert Ellis e outros lideraram o caminho de desenvolvimento da TCC. O foco central dessa segunda onda de behaviorismo era corrigir o fracasso em explicar o papel que os pensamentos desempenham no controle de nosso comportamento. A TCC não descartou os métodos comportamentais — na verdade, incorporou praticamente todas as práticas anteriores, como a exposição gradual a fontes de medo para tratar fobias. Porém, muitos novos métodos destinados a mudar o conteúdo dos pensamentos foram adicionados, tornando-se a verdadeira essência da TCC.

O núcleo da teoria consistia na premissa de que pensamentos desadaptativos acarretam emoções desadaptativas, as quais, por sua vez, incitam comportamentos desviantes. A fim de tentar mudar esses pensamentos, os pioneiros da TCC perguntavam aos clientes qual era o conteúdo deles e, com base em várias ideias teóricas, desafiavam aqueles que acreditavam desencadear patologias. O método básico era fazer com que os pacientes considerassem seus pensamentos e suas emoções de forma racional; examinassem as evidências a favor e contra; e adotassem deliberadamente uma visão que fosse consistente com os indícios sobre a situação e, portanto, relativamente precisa.

O argumento fundamental por trás da TCC era lógico e claro, o que fazia parte do seu apelo. Ela também dispunha do benefício da familiaridade, pois a noção básica integrava a sabedoria cultural há séculos. Sua avó provavelmente poderia apontar alguns de seus erros cognitivos: "Você está exagerando, querido. Nem *sempre* as coisas dão errado." Porém, mais uma vez eu estava cético. Muito.

Enquanto a terapia comportamental se baseava em milhares de minuciosos estudos experimentais sobre os processos de aprendizagem — pesquisas realizadas em animais de laboratório e que incorporavam alta precisão e amplo escopo —, a concepção da TCC sobre o funcionamento da mente se pautava principalmente em conversas com clientes e preenchimento de questionários. Na verdade, não havia nem uma definição precisa do que era um "pensamento"! A ciência laboratorial ainda não tinha como explicar a cognição humana de forma adequada, e a comunidade da TCC não sabia como preencher essa lacuna.

Os métodos da TCC têm bons resultados, razão pela qual aprendi seus métodos iniciais e os apliquei ao meu trabalho com os clientes. A contribuição da TCC à terapia comportamental foi vantajosa, pois fez as pessoas perceberem como os pensamentos conseguem dominar nosso comportamento. Por exemplo, uma de suas práticas consistia em fazer com que os pacientes mantivessem um registro de pensamentos, o que os ajudou a ter consciência do que pensavam e qual era seu impacto. Um dos meus primeiros clientes negava que tinha pensamentos que acarretavam sua raiva. Ele também negava quando estava enfurecido, mesmo que as veias saltassem de seu pescoço. Insisti para que mantivesse um registro, monitorando a situação interna e externa antes e após o surgimento do pensamento. Ele retornou na sessão seguinte e parecia mudado. "Eu tenho esses pensamentos!", declarou. "Peguei eles no flagra! Foi fantástico. Logo antes de ficar com raiva, percebi que pensava: 'Isso não é justo!'"

Contudo, também notei que, às vezes, a mudança cognitiva defendida pela TCC como essencial ocorria *após* alterações de humor ou comportamento, não antes. Aparentemente, há situações em que a forma como nos sentimos e o que fizemos podem desencadear o pensamento desadaptativo, e não o contrário — um aspecto que a TCC não conseguiria explicar de imediato. A segunda onda começou a falhar exatamente quando teve que responder às perguntas sobre o "motivo", um fato que a maioria dos pesquisadores da TCC hoje admite, pelo menos até certo ponto.

Decidi que tentaria determinar se as principais explicações da TCC eram precisas.

Superando a TCC Tradicional

Nos primeiros dias da ACT, durante minha luta contra o pânico, concentrei meu grupo de pesquisa na avaliação rigorosa dos métodos da TCC. Meus alunos e eu conduzimos oito estudos sobre o modelo cognitivo dessa abordagem, avaliando se suas respostas às perguntas sobre o "motivo" estavam corretas. Em todos os casos, constatamos que não.

Descreverei o meu favorito desses estudos, realizado para a dissertação de mestrado de Irwin Rosenfarb, que seguiu uma longa carreira acadêmica. Um importante estudo da TCC mostrou que crianças com medo do escuro podiam ficar em um ambiente sem luz por muito mais tempo após assistir a um breve vídeo que tentava ensiná-las a pensar sobre seu temor de maneira diferente. O vídeo era muito simples: pedia às crianças que dissessem frases positivas, como: "Sou corajosa e posso ficar no escuro!" Os pesquisadores concluíram que as crianças agora podiam permanecer em um ambiente sem luz por mais tempo, pois conversavam consigo mesmas de uma maneira mais afirmativa e racional.

Suspeitávamos que essa explicação pudesse estar errada. Talvez as crianças ficassem no escuro por muito mais tempo porque o pesquisador as julgaria um fracasso caso saíssem imediatamente da sala sem luz após receberem ordens para dizer: "Sou corajosa e posso ficar no escuro!" Em outras palavras, talvez o vídeo estabelecesse um tipo de padrão em relação ao qual as crianças sabiam que poderiam ser avaliadas — uma situação semelhante a um pai ou mãe que diz ao filho: "Espero que você leia por uma hora. Não fique no computador!"

Para testar essa ideia, tivemos que induzir as crianças a pensar que ninguém poderia saber qual vídeo elas assistiam. Em nossa versão do estudo, elas sentaram sozinhas em uma sala e assistiram ao vídeo — exatamente como no estudo clássico. Testamos por quanto tempo permaneciam antes e após o vídeo, seguindo novamente o estudo original. No entanto, a fim de elaborar nosso recurso de engano, dissemos a todas as crianças que havia muitos programas diferentes aos quais poderiam assistir para ajudá-las com seu medo. Um painel com muitos botões supostamente controlava os diferentes canais de TV e todas foram informadas de que, depois que saíssemos da sala, poderiam pressionar qualquer botão para que o programa escolhido fosse exibido.

As crianças foram randomizadas para uma das duas condições (*condição* é a maneira como os pesquisadores se referem à configuração específica de cada grupo em um experimento, e *randomizado* significa apenas que sua condição foi atribuída por acaso, como quando jogamos uma moeda). Antes de sair da sala, em uma das condições, pedimos às crianças que indicassem o botão que pressionariam para que soubéssemos o que estavam assistindo. Era semelhante ao estudo clássico, com a única diferença de que, no nosso, elas supostamente tinham muitas opções de canal. Na condição de engano, pedimos para *não* nos mostrarem qual botão pressionariam, alegando que não poderíamos saber ao que estavam assistindo. É claro que, quando pressionavam um botão, o mesmo programa aparecia para todas elas, independentemente do canal escolhido. Assim, *sabíamos* ao que estavam assistindo, mas as crianças pensavam que não.

O resultado? O grupo de crianças que achava que o pesquisador sabia o que estavam assistindo permaneceu no escuro por muito mais tempo — exatamente como no estudo original. Porém, as crianças do outro grupo, as quais enganamos para pensarem que ninguém sabia o que estavam assistindo, *não ficaram* na sala por mais tempo. O conselho do vídeo não surtiu efeito. Nenhum. Nem mesmo o mínimo possível.

Nossa nova resposta à pergunta sobre o "motivo" dos resultados desse estudo inicial da TCC foi: o importante não era o que você sabia, mas quem sabia que você sabia. O modelo cognitivo afirmava que era o *conteúdo* dos pensamentos que importava, não o contexto social em que eles ocorrem. As conclusões desse estudo clássico sobre o "motivo" estavam simplesmente erradas.

Ademais, em meu trabalho com pacientes e na minha tentativa de superar a ansiedade, percebi que era comum que a TCC tradicional não funcionasse, principalmente seus métodos de mudança cognitiva. Era torturante para mim aplicá-los à minha prática sabendo que não surtiam efeito em meu crescente transtorno de ansiedade. Porém, eles eram os melhores métodos que tínhamos em psicologia na época. Eu dizia repetidamente aos meus pacientes que praticassem aquilo que falhava para mim sempre que tentava lidar com os mesmos problemas. Sentia-me uma fraude total.

Muitos anos se passaram e diversas pesquisas adicionais revelaram que a TCC costuma não funcionar da maneira que foi originalmente postulada, ou, pelo menos, não de forma consistente. Estudos amplos e cuidadosos mostraram que contestar e tentar mudar pensamentos não contribui muito para os resultados da TCC. De fato, os métodos cognitivos de mudança de pensamento podem até *reduzir* o impacto das técnicas comportamentais — incentivar as pessoas deprimidas a se tornarem mais ativas, por exemplo — que ainda integram a TCC! Agora sabemos que os efeitos favoráveis dessa abordagem se devem principalmente a seus componentes comportamentais, já que, em muitas áreas, as provas convincentes sobre o "motivo" escaparam à TCC tradicional. Ela não atende ao padrão dos processos de mudança com precisão, escopo e profundidade, mesmo que seus resultados ainda sejam considerados o padrão de excelência.

A Terceira Onda

Pesquisadores e terapeutas ainda têm dificuldades para aceitar as ramificações dessas descobertas sobre os limites da TCC. Porém, recentemente, começou a ocorrer uma significativa e rápida transição na qual muitos pesquisadores direcionam a própria abordagem à ACT. Denominei esse período de transformação dos últimos quinze anos, ou mais, de terceira onda das terapias cognitivas e comportamentais.

A mudança central acontece de um foco no *que* você pensa e sente para *como você se relaciona* com o que pensa e sente. Especificamente, a nova ênfase está em aprender a se distanciar do que se está pensando, perceber esses pensamentos e se abrir para o que se vivencia. Esses passos nos impedem de causar danos a nós mesmos, os quais são provocados pelos esforços para evitar ou controlar pensamentos ou sentimentos, possibilitando que concentremos nossas energias em ações positivas que podem aliviar o sofrimento.

É importante salientar que, ao defender essa mudança e ao desenvolver os métodos da ACT, me inspirei nas principais fontes da terapia comportamental e cognitiva da primeira e segunda ondas. Uma delas foi a nova forma de terapia de exposição elaborada por David Barlow. Ele foi (e ainda é) um dos principais pesquisadores sobre ansiedade do planeta. Enquanto cursei meu doutorado, tive a sorte de tê-lo como mentor e supervisor na Universidade Brown durante meu estágio em psicologia clínica. Logo depois que saí da Brown, ele iniciou um trabalho inovador de tratamento dos transtornos de ansiedade. Em vez de os pacientes se colocarem de forma gradual nas *situações* de medo — como solicitar que pessoas com medo de altura subissem uma escada e, depois, entrassem em um elevador de vidro de um arranha-céu —, Dave pedia aos clientes que experimentassem progressivamente uma experiência interna mais intensa de *sensações* de medo sem colocá-los nessas situações. Por exemplo, ele identificava pessoas com problemas de pânico e as girava em uma cadeira para deixá-las zonzas; fazia com que hiperventilassem respirando muito rápido até sentirem vontade de desmaiar; ou pedia que corressem até que seus corações acelerassem. A ideia era que, se os pacientes se acostumassem gradualmente a sensações mais intensas, seriam menos sensíveis e menos propensos a reagirem exageradamente a elas, da mesma maneira que uma pessoa com fobia de altura poderia se acostumar com alturas cada vez maiores.

Na época, David acreditava que esses métodos eram realmente eficazes, pois achava que diminuíam o medo de sensações de pânico. Esse palpite do "motivo" acabou por se revelar amplamente errado. Eu achava que a resposta poderia ser um pouco diferente. Para mim, seus resultados sugeriam que *não era o medo em si ou suas sensações e seus pensamentos associados que causavam problemas, mas, sim, nosso relacionamento com essas experiências nocivas*. Afinal, essa era a mensagem implícita em, digamos, pedir a uma pessoa que hiperventilasse. Para realizar essa tarefa, era preciso estar aberto às sensações subsequentes — mas esta própria disposição significa que o problema não é o conteúdo das sensações em si. Não importa quantas vezes se hiperventile, isso ainda produzirá sensações muito estranhas e até aversivas, causadas por excesso de oxigênio e baixos níveis de CO_2 no sangue. Nesse caso, a exposição sugeria aos pacientes, de maneira implícita, que o problema era a *função* das sensações — em outras palavras, o que nos levam a fazer, por exemplo, fugir delas. Eu acreditava que encontrar outras maneiras de desenvolver deliberadamente um novo relacionamento com sensações, emoções e pensamentos desagradáveis poderia ser o segredo para uma abordagem de intervenção melhor.

Anos antes, eu escrevera alguns pensamentos a esse respeito. Na graduação, meu primeiro artigo de psicologia foi sobre a possibilidade de utilizar a exposição não apenas para focar a situação, mas também a receptividade à emoção. O trabalho de David reavivou esse interesse antigo e me ajudou a vinculá-lo à busca por princípios de mudança. Se o importante é como nos relacionamos com as sensações, aprendendo a vivenciá-las sem tentar erradicá-las, seria possível aplicar a mesma premissa a todas as experiências, incluindo pensamentos e emoções?

Minha própria experiência em direcionar-me à ansiedade parecia sugerir que esse era o segredo.

Métodos humanistas, práticas de atenção plena e o Movimento do Potencial Humano também indicavam a importância de aceitar pensamentos e sentimentos negativos. Como uma pessoa que cresceu na Califórnia nas décadas de 1960 e 1970, experimentei vários métodos para controlar nossas mentes — distanciando-nos do Ditador Interno —, como prática contemplativa, consciência corporal, cânticos, ioga, drogas psicodélicas e treinamento de atenção plena. Durante meus anos de faculdade em Los Angeles, o falecido Joshu Sasaki Roshi me apresentou ao mundo zen. Durante um tempo, morei em uma comunidade religiosa oriental no norte da Califórnia, dirigida por um swami chamado Kriyananda. Na faculdade, também participei de grupos de encontros e sessões de treinamento de sensibilidade — reuniões longas e bastante desestruturadas, nas quais um facilitador orientava os membros a expressarem suas reações emocionais, especialmente aquelas que surgiam em resposta a outros participantes. A ideia era que, se nos abríssemos o suficiente às emoções e aos pensamentos, por mais desagradáveis que fossem, e pudéssemos expressá-los à vontade, nossas ações seriam livres e mais coerentes.

Depois de alguns anos atuando como professor, participei e fiquei profundamente comovido com o Erhard Seminars Training (EST) — um treinamento de conscientização para grandes grupos que era uma extensão lógica das práticas humanistas e examinava maneiras pelas quais emoções e pensamentos podem obter poder a partir da forma como nos relacionamos com eles. Decidi experimentar o EST, pois John Cone, meu orientador de pós-graduação, mudou tão evidentemente após ter vivenciado "o treinamento" que eu não conseguia negar seu potencial valor. Não havia tradição escrita, mas os workshops eram incríveis. O foco era como a mente dominava a experiência e como a própria consciência fornecia uma base para viver de maneira mais aberta. Muitas dessas ideias acabariam na ACT.

No entanto, esses métodos (grupos de encontro, EST, cânticos religiosos etc.) não haviam sido desenvolvidos cientificamente e poderiam ser mal utilizados. Grupos de encontro, por exemplo, podem se tornar hostis, acobertando ataques cruéis aos membros sob os auspícios de uma comunicação sincera. Eu já tinha visto coisas assim acontecerem. Alguns gurus humanistas eram famosos por usar sua posição de poder para assediar aprendizes sexualmente. As tradições da atenção plena foram acometidas pelo mesmo mal.

Fiquei chocado e desapontado quando Kriyananda foi acusado pela primeira vez de violar seus votos de castidade com várias mulheres da comunidade (digo "primeira" porque, depois de quase perder a comunidade que construíra, ele causou inúmeros problemas semelhantes em sua carreira). Até mesmo o venerável mestre zen Joshu Sasaki Roshi adquiriu uma reputação equivalente. Minha noite agarrado ao tapete não poderia ter acontecido sem o EST, mas o comercialismo excessivo e o fraco suporte empírico ao treinamento de conscientização de grandes grupos, em termos mais gerais, me convenceram de que suas melhores ideias precisavam ser aplicadas a um processo aberto de investigação e aperfeiçoamento científicos. Eu valorizava os métodos de atenção plena, mas achava que eles precisavam seguir esse mesmo caminho.

Desde então, eu e muitos outros pesquisadores realizamos estudos científicos consistentes sobre a miscelânea de ideias que circulavam nas décadas de 1960 e 1970. Algumas delas acabaram se revelando valiosas e, como resultado, agora integram os métodos de TCC da terceira onda, como é o caso da ACT.

Cérebro e Genes

Até agora, resumi os acontecimentos do desenvolvimento da psicologia, mas ainda nem sequer mencionei a biologia. É inevitável fazê-lo devido a alguns avanços importantes no entendimento biológico sobre a ação humana e à popularização de algumas noções prejudiciais sobre como nossa biologia determina nossa psicologia.

Na década de 1970, quando estava me aperfeiçoando, muitos pesquisadores que estudavam o papel genético no comportamento acreditavam que um dia constataríamos que vários genes são responsáveis por diversas condições psicológicas, como transtorno depressivo maior e esquizofrenia, e que grande parte do comportamento humano seria facilmente explicada por eles. Nesse ínterim, o campo da neurociência se desenvolvia rapidamente e instaurava-se a ideia de que a compreensão da estrutura cerebral revelaria os modos como o cérebro determina pensamentos, sentimentos e ações. Porém, a maioria dos psicólogos comportamentais acreditava que as condições psicológicas e o comportamento eram influenciados tanto pela experiência de vida quanto por fatores genéticos e neurobiológicos, em um sistema de impacto mútuo. Ou seja, a psicologia é biológica, mas não pode ser reduzida à bioquímica ou à neurobiologia sem o prejuízo do que é importante.

A comunidade biológica em geral não acreditava muito nessa ideia. Em 1993, palestrei para o laboratório de genética comportamental da Universidade da Califórnia, em San Diego. Quando expus minha opinião de que o aprendizado afetava bastante o funcionamento dos genes e do cérebro, os alunos literalmente riram.

Hoje em dia, é improvável que essa ideia suscite risos. Pelo contrário, desfez-se a esperança de que descobriríamos simples causas genéticas das condições de saúde mental. Pesquisas provaram que a psicologia comportamental está correta em grande parte.

Após o mapeamento completo do genoma humano em 2003, frustrou-se a expectativa de que seria possível associar genes a comportamentos determinados. À medida que relações óbvias entre genes, características e condições particulares eram buscadas, e centenas de milhares de genomas específicos eram mapeados e perscrutados, essas correlações simples se mostravam cada vez mais inviáveis. A ideia de que existem genes "para" a depressão ou "para" o otimismo foi profundamente refutada. Mesmo que haja inúmeros genes envolvidos em determinada condição, eles representam apenas alguns pontos percentuais da probabilidade de se desenvolver uma condição.

Também constatou-se que o corpo desenvolveu uma ampla variedade de processos "epigenéticos" — aqueles que afetam a ativação de genes e são influenciados por nossas experiências de vida. Há muito tempo, os geneticistas concordaram que as experiências não podem alterar os genes, e isso ainda é tecnicamente correto. No entanto, agora sabemos que as experiências determinam significativamente quais genes podem operar em nosso corpo, e parte dessa "codificação" epigenética impressa em nossa biologia pode ser herdada. O consenso geral dos geneticistas do século passado precisa ser modificado.

Se sua avó foi abusada quando criança, você pode ter herdado alguns dos efeitos epigenéticos dessa experiência. Estudos revelaram que os netos de pessoas que sofreram o Holocausto, foram violentadas quando crianças ou quase morreram de fome na Holanda durante a Segunda Guerra Mundial têm organismos mais geneticamente vigilantes para estresse e trauma, pois seu epigenoma é diferente.

Compartilharei um exemplo de descoberta genética para demonstrar o quão complexas são as influências da experiência na função dos genes. Em 2003, quando constatou-se que a variação em um gene relacionado ao fluxo de serotonina no cérebro estava associada à depressão e outros males, os pesquisadores ficaram muito entusiasmados. Após o momento "Eureka!" inicial, sucedeu-se uma *grande quantidade* de pesquisas. Logo descobriu-se que a variação no gene parecia ser importante principalmente se você fosse maltratado quando criança. Em seguida, mais estudos mostraram que vários outros fatores influenciavam o grau de importância da variação, incluindo o gênero, a etnia e a quantidade de apoio social. Revelou-se que o gene criava uma maior sensibilidade às experiências e se tornava especialmente relevante quando a adversidade ocorria e não havia apoio social. Com base nesses fatores, a mesma condição genética que previa *maior* depressão em algumas circunstâncias previa *menor* depressão em outras!

A noção que se incorporou à cultura popular de que aqueles que encontram dificuldades para o bem-estar psicológico têm uma "genética ruim" é totalmente imprecisa, podendo levar à falta de comprometimento em fazer o possível para melhorar.

A pesquisa sobre a ACT mostrou que o desenvolvimento da flexibilidade psicológica pode ter efeitos poderosos no funcionamento de nossos genes. Por exemplo, um processo epigenético denominado *metilação* interfere na capacidade de leitura genética do corpo. A metilação prejudicial pode decorrer do trauma, mas o aprendizado das habilidades de flexibilidade é capaz de desfazer parte do dano, e evidências recentes revelam que isso ocorre pela alteração da metilação. Os processos de flexibilidade literalmente modificam o funcionamento dos genes. Em outras palavras, se você aprende a ser menos reativo ao estresse por meio dos pivots de flexibilidade, seu corpo começará a desativar esses sistemas de reação, incluindo mudanças de expressão genética que podem ter sido originadas por seus pais e avós, e não por você. Quão sensacional é isso?

O modo como o cérebro controla a saúde psicológica também pode ser significativamente alterado pela aprendizagem das habilidades. Se você tem dor crônica e começa a aplicar a ACT, o cérebro passa a não enviar tanta informação sobre a dor a partes envolvidas na tomada de decisões. Não é exatamente correto dizer que, como consequência, você sentirá menos dor, mas, sim, que a dor terá uma influência menor nos seus processos de pensamento.

Pessoas que evitam experiências têm cérebros que se protegem de possíveis acontecimentos negativos, ao mesmo tempo que elas se planejam e falam consigo mesmas sobre o que fazer caso os identifiquem. À medida que a flexibilidade psicológica aumenta, seu cérebro se acalma. Você despende menos tempo com verificação e planejamento defensivos, o que possibilita um maior foco naquilo que deseja realizar, como tarefas de trabalho ou ouvir atentamente um amigo. A concentração mental melhora, e as partes cerebrais que controlam a atenção se fortalecem.

Sim, é correto afirmar que seu cérebro determina o comportamento. Porém, também é correto alegar que o comportamento modifica seu cérebro. Ignorar uma dessas declarações é o mesmo que dizer: "Posso levantar apenas 20kg, pois meus músculos são fracos" sem considerar que são fracos porque você nunca se exercita.

Um significativo conjunto de pesquisas esclarece por que as habilidades da ACT ocasionam mudanças cerebrais úteis e alterações na expressão genética. Sabemos que, ao mudar a mente e o comportamento de forma saudável, transformações corporais favoráveis ocorrem, incluindo quase todas as células. Posteriormente, analisarei algumas dessas evidências neste livro. Por enquanto, basta saber que a psicologia não mais é insuficiente para o estudo da vida; ela agora está no centro dos avanços mais importantes para compreender como nossa biologia funciona.

Iniciando a Pesquisa sobre a ACT

Na minha tentativa de descobrir métodos melhores para ajudar as pessoas a aumentarem sua saúde mental e alcançarem a vida almejada, sabia que compreender a complexidade distinta do pensamento humano era pelo menos tão importante quanto a pesquisa em genética e neurociência. Percebi que, para aprender a ajudar as pessoas a adotarem um novo relacionamento com seus pensamentos e suas emoções, era essencial entender como desenvolvemos "a voz" do Ditador em nossas mentes, devido ao enorme poder que ela exerce sobre nós. Pretendia compreender o motivo de sua forte persuasão: por que temos tanta dificuldade em ignorar seus maus conselhos. Sabia que também era importante descobrir por que nossos processos de pensamento podem ser tão automáticos e resistentes à mudança. Esperava, talvez, que meus parceiros de pesquisa e eu pudéssemos encontrar maneiras de neutralizar o poder do Ditador e libertar as pessoas para agirem de maneira saudável em resposta a experiências, pensamentos e emoções difíceis.

Nos próximos dois capítulos, apresentarei nossas descobertas sobre o pensamento humano, pois elas são poderosas para explicar a eficácia da ACT e de outros métodos da terceira onda. Constatamos que um pouco de compreensão realmente auxilia a adoção dessas técnicas. Também acredito que você achará as descobertas fascinantes, pois aprendemos aspectos notáveis sobre a linguagem humana e o pensamento simbólico. Hoje sabemos muito mais sobre o funcionamento da mente humana; porém, o mais importante é que nossas constatações originaram uma orientação precisa sobre como podemos ter vidas mais significativas e gratificantes.

Capítulo 4

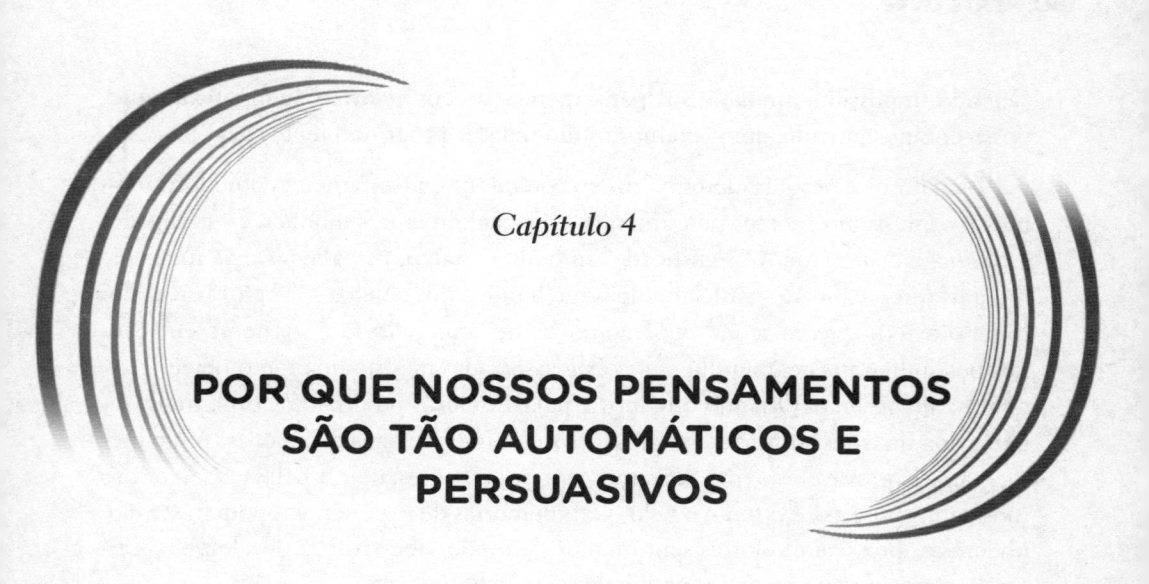

POR QUE NOSSOS PENSAMENTOS SÃO TÃO AUTOMÁTICOS E PERSUASIVOS

Como o Ditador Interno obtém seu poder sobre nós?

Essa não é uma questão intelectual abstrata. Compreender como o pensamento humano opera é fundamental para nossa liberdade e prosperidade. Nossa mente nos engana, mas, uma vez que entendemos como os truques funcionam, não podemos ser enganados com tanta facilidade.

No filme clássico *O Mágico de Oz*, inicialmente, o Mágico é uma cabeça temível e sem corpo que paira sobre Dorothy, seu cachorro e seus três companheiros. Quando ele exige com uma voz estrondosa: "Tragam-me a vassoura da Bruxa Má do Oeste!", os personagens se encolhem de medo e passam a arriscar suas vidas para cumprir a ordem. No entanto, no momento em que o cachorrinho Totó puxa a cortina do Mágico, o comando "Não preste atenção naquele homem atrás da cortina!" não os impressiona, pois eles descobriram o truque e o poder da ilusão desapareceu. "Impostor!", grita Dorothy. "Acho que você é um homem muito mau." O velho sai de trás da cortina e argumenta: "Não, não, minha querida; na realidade, sou um homem muito bom, mas sou um mágico medíocre."

No início do desenvolvimento da ACT, minha equipe de pesquisa estava convencida de que, se nosso objetivo era livrar as pessoas dos padrões de pensamentos negativos, precisávamos puxar a cortina do funcionamento interno da mente, para que elas vissem como o Ditador realmente era e se libertassem das suas ordens de imediato. Assim como no filme, devemos fazê-lo não porque nossas mentes são muito más — pelo contrário, elas são muito boas, mas têm Ditadores muito maus.

Quando impossibilitamos nossos pensamentos de controlarem automaticamente nosso comportamento, aproveitamos muito mais os próprios talentos cognitivos.

Estudiosos e pesquisadores há muito acreditam que a maneira como formulamos e expressamos nossos pensamentos é essencialmente simbólica e está ligada à linguagem humana. O significado simbólico confere às palavras e às imagens mentais uma realidade praticamente semelhante à dos objetos e eventos físicos do mundo externo. As relações que fazemos entre uma palavra e sua representação nos possibilitam evocar aquilo a que está associada, mesmo quando o objeto está totalmente ausente. Quando ouvimos a palavra *maçã*, produzimos uma imagem tão vívida da fruta em nossa imaginação que somos capazes de recordar o sabor e o cheiro. É provável que até salivemos um pouco ao escutar a palavra (se gostarmos de maçã). Esse é o motivo pelo qual memórias de experiências podem ser tão poderosas, provocando fortes sentimentos de medo, dor, tristeza ou alegria — às vezes, o mesmo que sentimos no dia dos acontecimentos.

Embora essa capacidade de evocar uma realidade puramente pensada possibilite proezas surpreendentes de solução de problemas, imaginação criativa e comunicação, ela também pode trazer à tona pensamentos convincentes que são totalmente dissociados da verdade. A realidade simbólica da linguagem compreende grande parte do motivo pelo qual achamos a voz do Ditador tão persuasiva, mesmo quando ela nos diz para agir e acreditar naquilo que nossa experiência mostra ser prejudicial.

Na psicologia, nos faltava uma explicação sobre a natureza exata dessa capacidade, sua origem e como mudá-la. Esse é o tipo de conhecimento que pode "puxar a cortina" da mente.

Aliado a um grupo crescente de colegas, passei mais de três décadas conduzindo estudos que pudessem responder a essas questões. Desenvolvemos uma abordagem abrangente para o aprendizado da linguagem e o pensamento simbólico. Canalizamos os resultados dessa pesquisa em métodos que, por um lado, ensinam às crianças a linguagem, o raciocínio e a solução de problemas, e, por outro, quebram o feitiço que os pensamentos lançam sobre nós e nossas ações. Esses estudos esclarecem por que a abordagem aparentemente lógica de organização dos pensamentos, geralmente incentivada na terapia, pode fazer tanto sentido quanto tentar reordenar de maneira minuciosa uma teia de aranha para evitar que ela pareça bagunçada.

A Bênção e a Maldição Exclusivamente Humanas

A maneira como aprendemos a linguagem explica o poder do Ditador, e uma das principais conclusões de nossa pesquisa foi que o aprendizado da linguagem humana não acontece da maneira que os linguistas postulam há trezentos anos.

Uma falsa ideia que dominou o estudo da aquisição de linguagem é que o significado deriva de um processo de associação, da mesma forma que os cães de Ivan Pavlov aprenderam a salivar ao som de um sino que tocava pouco antes de receberem comida. Uma vez que essa associação fosse feita, os cães salivavam ao ouvir o barulho, mesmo que não aparecesse comida.

Processos básicos de associação são, de fato, a maneira como as crianças aprendem as primeiras palavras, sendo especificamente treinadas nas associações entre as palavras e seus significados. Os pais que estão ansiosos para que seus filhos os chamem de "mamãe" ou "papai" sabem disso muito bem. Nós os ensinamos por associação direta, usando o que os psicólogos chamam de *contingências*. As crianças aprendem sequências de "quando... se... então...", como *quando* vejo esse rosto, *se* digo "mamãe", *então* ganho cócegas. Para treinar nomes com nossos filhos, podemos dizer: "Eu sou a mamãe" ou "Esse é o papai", apontando para nós mesmos ou para o outro. Palavra após palavra — *garrafa*, *leite*, *bola*, *brinquedo*, *cachorrinho* —, treinamos nossos bebês a esperarem por um nome característico quando veem um objeto ou a esperarem por um objeto característico quando escutam um nome. Ao começarem a falar, eles aprendem a mostrar a sequência correta de "quando... se... então...", conseguindo dizer a palavra certa para se referir a um objeto, alcançá-lo quando ouvem seu nome ou solicitar a presença do objeto certo ao mencioná-lo.

Porém, em torno dos 12 meses de idade, as crianças começam a mostrar que a linguagem está se tornando uma via de mão dupla. Qualquer pai que já viu seu filho de repente pedir alguma coisa — talvez uma maçã —, sem ter aprendido explicitamente a palavra para aquilo que quer, vivenciou a maravilha desse estágio natural de desenvolvimento. As crianças passam a entender que as relações entre palavras e seus significados são recíprocas; elas compreendem que se *mamãe* refere-se a uma pessoa específica, se alguém apontar para essa pessoa e perguntar quem ela é, a palavra *mamãe* é a resposta certa.

Nenhum outro animal foi capaz de descobrir essa via de mão dupla. Se treinarmos um chimpanzé a fim de que aponte para um símbolo abstrato sempre que vir uma laranja e depois segurarmos esse símbolo ao lado de uma tigela de frutas, ele não saberá escolher a laranja, pois terá aprendido apenas uma associação de mão única (laranja →). Se quisermos que o chimpanzé aponte para a laranja, precisaremos ensiná-lo a conexão na outra direção (→ laranja). Essa situação nos parece estranha, pois a natureza bidirecional das relações entre palavras e seu significado é extremamente natural para os adultos humanos.

Uma vez que desenvolvemos a habilidade de estabelecer relações bidirecionais, nossa capacidade de pensar avança. Quando as crianças têm 16 ou 17 meses, ao ouvirem um nome desconhecido e avistarem um objeto familiar e um que não conhecem, elas presumirão que o nome desconhecido se aplica ao objeto que não conhecem e vice-versa (há 25 anos, meu laboratório foi um dos primeiros a mostrar essa transição). Os pais costumam ficar perplexos com a rapidez com que as crianças aprendem novas palavras, sem perceber que cada palavra dita faz com que o bebê procure eventos e objetos desconhecidos no ambiente e derive uma relação bidirecional entre esses eventos ou objetos e essas novas palavras.

No início dos anos 1980, comecei a pesquisar com Aaron Brownstein, um colega veterano, como as crianças descobriam essa via de mão dupla. Associação e contingências, pensei, nunca poderiam explicar essa questão, pois são tipos de aprendizado unidirecionais. Então, em uma semana espetacular, tudo se encaixou. A linguagem não era um aprendizado associativo, mas relacional. Aaron adorou a descoberta, o que foi extremamente gratificante para mim, um jovem acadêmico.

Essa diferença aparentemente ínfima de aprendizado pela formação de relações ajuda a explicar por que o pensamento humano se torna tão "real". Ela esclarece o motivo de nossos processos de pensamento serem tão complexos e automáticos e ajuda a explicar por que qualquer novo pensamento, provocado por algum evento real no presente ou por uma memória, pode desencadear um efeito cascata por meio de intrincadas redes de pensamentos incorporadas em nossas mentes.

Eu e Aaron inventamos o termo *molduras relacionais* para as inúmeras comparações abstratas que podem ser aprendidas, pois, assim como uma moldura, elas são uma estrutura na qual todos os tipos de objetos e conceitos podem ser inseridos. Considere o seguinte exemplo:

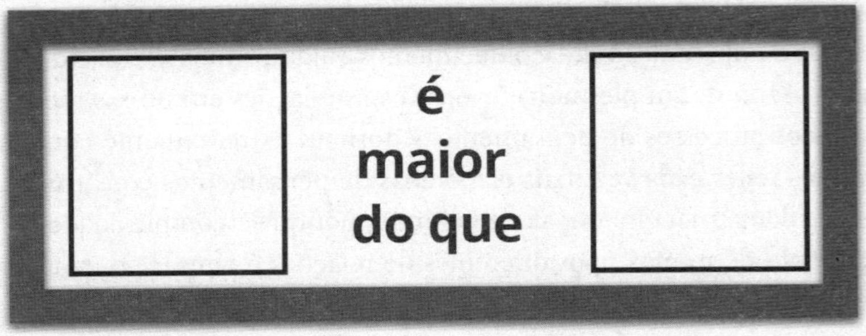

Se uma criança aprende essa moldura relacional, podemos dizer não apenas "A casa é maior do que o carro", mas "Deus é maior do que o Universo" e ela entenderá. A criança também será capaz de afirmar: "O Universo é menor do que Deus" e "Como sou menor do que o Universo, Deus é maior do que eu", pois consegue combinar molduras em redes cognitivas.

As relações bidirecionais e as redes que elas produzem são o alicerce fundamental de nossas habilidades de pensamento simbólico. Os tipos de relações aprendidas logo se tornam cada vez mais complexas, passando de relações diretas entre palavras e objetos concretos para relações abstratas, como um objeto oposto a outro, melhor ou pior, mais feio ou mais bonito, ou mais valioso do que outro. A mente utiliza a linguagem para compreender características cada vez mais complexas do mundo e seu funcionamento.

Sem a capacidade imaginativa de entender relações abstratas, a cognição humana seria prejudicada — percebemos que esse era outro limiar importante do desenvolvimento intelectual. As crianças demoram alguns anos para dominar essa habilidade. Com 3 anos, elas tendem a preferir R$0,05 a R$0,10, pois sabem que as moedas valem algo (assim como doces), e a de 5 centavos é fisicamente maior. Até esse momento de suas vidas, "mais" se relaciona principalmente à comparação de características físicas, uma habilidade que muitos animais possuem. Porém, ao completarem 5 ou 6 anos, as crianças preferirão a moeda de 10 centavos, "porque ela vale mais". Agora elas entendem que um valor "maior" pode ser abstraído do aspecto físico e aplicado a algo claramente menor no sentido físico. Quando isso acontece, os seres humanos adentram um mundo cognitivo que nunca será acessível a um cão ou gato.

À medida que aprendemos as muitas molduras relacionais, deixamos de derivar relações da observação de acontecimentos e adquirimos a capacidade de imaginá-las — a fim de simplesmente evocar essas relações em nossas mentes. Nesse ponto, nossos processos de pensamento se tornam extremamente complexos; desenvolvemos redes cada vez mais elaboradas de pensamentos construídos a partir de relações. Uma maneira eficaz de entender por que a complexidade decorre do conhecimento de muitos tipos diferentes de relações é pensar no quão complicadas elas são em uma família extensa.

Suponha que eu lhe mostre duas fotos — uma de uma mulher asiática com 30 e poucos anos e outra de uma mulher branca com 50 e poucos anos — e diga: "Elas são da mesma família. Sem fazer perguntas, você pode me dizer como elas são parentes?" Sua resposta teria que ser "não", pois há muitas maneiras possíveis. A mais nova pode ser esposa do filho da outra mulher. Porém, a asiática pode ser meia-irmã da mais velha, pois é filha do segundo casamento do mesmo pai. A mais nova também pode ser filha biológica ou adotiva da outra mulher; ou, ainda, prima, por ser filha de um dos tios da mais velha. Ou talvez as duas sejam casadas.

Não é preciso ver os outros familiares diretamente relacionados para criar essas possibilidades em sua mente. Você pode inferir todas as relações possíveis porque entende os muitos tipos relacionais (não chamamos todos da família de "parentes"?), o que possibilita que se *imagine* as muitas formas de parentesco entre as duas mulheres. Se lhe dissessem qual é a certa, isso poderia impactar informações sobre todo o restante da família, pois relações como essa se combinam em redes.

A conclusão é que o pensamento relacional é muito mais complexo que o pensamento associativo, pois possibilita a criação e a combinação de relações abstratas em redes amplas. Com as associações, fazemos conexões entre coisas ou eventos porque são semelhantes no aspecto físico ou porque ocorreram juntos no tempo e no espaço. Porém, com o pensamento relacional, podemos conectar coisas que não têm relação física entre si e não aparecem juntas no tempo e no espaço. Não apenas podemos, mas fazemos isso de modo constante, e essas conexões se tornam extremamente complexas.

É por isso que qualquer pensamento pode provocar outro. Por exemplo, pensar em como seu cônjuge é gentil pode lembrá-lo do término doloroso de um relacionamento anterior por conta de traição e, de repente, você começará a questionar se seu parceiro é fiel. Você conectou seu relacionamento atual ao anterior por meio da moldura relacional "é oposto a". Muitos pensamentos indesejados são igualmente desencadeados por causa de tais relações incorporadas, o que explica a automaticidade de grande parte deles.

Eu e Aaron denominamos essa nova explicação sobre como aprendemos a linguagem e as habilidades superiores do pensamento de *Teoria das Molduras Relacionais* (RFT, na sigla em inglês). Inúmeras pesquisas validaram o fato de que as relações de aprendizado são essenciais para o desenvolvimento das competências cognitivas e da autoconsciência. Por exemplo, em estudos realizados com crianças que apresentavam problemas de linguagem e que não desenvolveram um senso de identidade adequado, constatamos que, se lhes ensinássemos a executar o pensamento relacional, elas adquiririam competências linguísticas melhores e uma autoconsciência mais natural.

No entanto, o que mais me surpreendeu foram as implicações clínicas. Tentar desvendar e reconstituir essas intrincadas redes de relações, como a TCC tentou ajudar as pessoas a fazerem, é como tentar reorganizar uma imensa teia de aranha. É um esforço inútil. Tentar se livrar dos pensamentos é apenas uma forma de *contribuir* para as redes cognitivas que os cercam. Relacionar pode ser abstrato: qualquer coisa pode estar relacionada à outra.

Você pode analisar essa questão por conta própria. Pense em dois objetos aleatórios. Agora questione: como o primeiro é melhor que o segundo? Logo surgirá uma resposta. De que forma o segundo acarreta o primeiro? Reflita bem. Outra resposta! Como pensar apenas de modo racional se a própria natureza do pensamento permite que algo esteja mentalmente relacionado a qualquer outra coisa, de qualquer maneira e a qualquer momento?

Fiz os cálculos: as relações de apenas oito coisas e seus nomes poderiam gerar mais de 4 mil relações possíveis (entre coisas e coisas; nomes e nomes; relações e relações; todas as combinações). Isso significa que poderia levar uma eternidade para descobrir completamente as implicações das relações possíveis que já temos na mente! Deve existir um número quase infinito de inconsistências nessas redes cognitivas. Adicionar um pensamento verdadeiramente novo pode mudar todos os outros, mas de maneiras muito imprevisíveis.

Essas implicações eram preocupantes, pois as ideias cognitivas tradicionais foram baseadas em uma teoria associativa do pensamento. Se esse aspecto estava errado, a terapia cognitiva tradicional estava conceitualmente equivocada, mesmo que alguns de seus métodos fossem úteis. Já que não podemos restringir completamente as relações que nossas mentes fazem, percebi que precisaríamos nos concentrar mais em como alterar o *impacto* comportamental de nossos pensamentos.

Havia outras consequências mais amplas, especialmente para nossa visão da consciência humana. Percebi que a via de mão dupla de palavras e objetos já implicava uma espécie de tomada de perspectiva: do ponto de vista de quem fala, um objeto é chamado X, mas da concepção de quem ouve, ao escutar X, ele se orienta em direção ao objeto. Porém, isso significa que a tomada de perspectiva está no interior de cada palavra dita e, à medida que falamos ou contamos histórias para nós mesmos, podemos facilmente estabelecer um "ponto de vista" interno. Em 1984, escrevi meu primeiro artigo sobre a RFT, no qual defendi essa questão. Escolhi o título "Making Sense of Spirituality" [Compreendendo a Espiritualidade, em tradução livre] ao perceber que esse entendimento poderia levar a uma autoconsciência transcendente — a perspectiva interna de um observador que testemunha o que está sendo descrito a partir de um ponto de vista particular (confira o Capítulo 21).

Era um palpite que acabou se revelando correto. Desde então, a pesquisa sobre RFT mostrou que a autoconsciência, a percepção de individualidade, emerge somente quando um tipo particular de relação é aprendido. Nós nos referimos a ele como relações *dêiticas*, que significa "aprender por demonstração", mas esse é um termo técnico complexo, então o chamarei de *relações de tomada de perspectiva*. Tudo isso exige a compreensão de certo ponto de vista, como saber que você está *aqui*, e não *lá*. Uma relação como essa pode ser complicada para as crianças, pois o "aqui" do falante é o "lá" do ouvinte e vice-versa. Como resultado, quando se altera a perspectiva, *lá* torna-se *aqui* e *aqui* torna-se *lá*! (Você pode quase visualizar a frustração das crianças: "Dá pra se decidir logo?!") Porém, com demonstrações suficientes, elas são capazes de aprender relações de tomada de perspectiva. As três mais importantes são *eu versus você, aqui versus lá* e *agora versus depois*. As crianças geralmente as aprendem na seguinte ordem: pessoa, lugar e tempo.

Essa mágica acontece em torno dos 3 ou 4 anos de idade. As relações de tomada de perspectiva de pessoa, lugar e tempo se fundem em um sentido integrado: surge um senso de observação de "eu/aqui/agora". Metaforicamente, você se revela por trás de seus olhos e, ao mesmo tempo, sabe que sua mãe está por trás dos dela. Você desenvolveu uma percepção de que vive no mundo como um ser humano consciente, com um ponto de vista. Existe uma qualidade de "procedência" para esse tipo de consciência. Você não apenas vê e percebe que vê, mas também se dá conta de que vê a partir de "eu/aqui/agora". Além disso, essa autoconsciência é baseada em relações simbólicas; ela emana da combinação de relações de tomada de perspectiva.

Uma vez que a habilidade de ter uma perspectiva quanto a tempo, lugar e pessoa é estabelecida, ela nunca desaparece. A amnésia infantil, sim. É por isso que você pode ver facilmente através de seus olhos aos 4 ou 5 anos, mas não aos 12 meses. O "Eu" como uma forma de consciência ou perspectiva se torna um colar em que se coloca as contas da experiência. Aonde quer que vá, lá está você. Também é possível se imaginar em outro lugar, por exemplo, em cima da Grande Muralha da China. Você consegue até se imaginar *sendo* outra pessoa ou sua aparência quando for muito velho. Pode contar histórias alheias para si mesmo, imaginando o que as pessoas vivenciam, mesmo se estiver do outro lado do mundo. Na imaginação, você é capaz de mudar a tomada de perspectiva através do tempo, lugar ou pessoa.

A tomada de perspectiva também admite histórias sobre nós mesmos, que são mais avaliativas e baseadas em conteúdo, e essa parte é difícil de controlar. Com o aumento de nossa capacidade verbal de solução de problemas, surge o Ditador Interno, com a necessidade de uma mente livre. Quando começamos a criar a história de quem somos, por exemplo, também começamos a nos comparar com os outros e com os ideais sociais de quem deveríamos ser. Assim, o infeliz efeito colateral das mesmas habilidades cognitivas que possibilitam nossa percepção como seres humanos conscientes é que logo nos tornamos autocríticos ou buscamos exageradamente ser satisfeitos, importantes ou notáveis com base na excepcionalidade de nossas auto-histórias. Começamos a moldar o Eu conceitualizado, e esse Eu imaginado costuma adquirir a ilusão de essência "verdadeira". Nós nos *tornamos* o conteúdo de nossas histórias, e o Ditador assume o poder.

O problema não é a presença da auto-história; todos nós precisamos de uma. Porém, quando desaparecemos nessa narrativa contínua, quando nos fundimos com a história, sucedem-se todos os tipos de desafios de saúde mental e satisfação de vida. Isso ocorre porque o Ditador se preocupa muito em monitorar a história e defendê-la, avaliando se vivemos de acordo ou se os outros acreditam nela.

Há um aspecto agridoce no envolvimento com a mente. O pensamento simbólico não provém de um impulso negativo. Ele decorre de nossa inclinação profundamente arraigada enquanto espécie de cooperar, pertencer a grupos e conviver. As três coisas em que os seres humanos são especialmente bons, que nos distinguem tão radicalmente de todas as outras espécies, são as habilidades cognitivas, a cultura e a cooperação de ordem superior.

Os seres humanos são cooperativos por natureza. Se duas crianças querem mudar um banco de lugar, é natural que uma pegue a extremidade direita, enquanto a outra pega a esquerda. Mesmo nossos parentes animais mais próximos, os chimpanzés (que são bastante cooperativos... mas não tanto quanto nós), raramente demonstram tais atitudes. Os biólogos evolucionistas argumentam que desenvolvemos esse impulso porque vivíamos em pequenos grupos, nos quais a cooperação recompensava.

Trata-se justamente do tipo de primata que somos: bebês humanos com desenvolvimento normal se preocupam com apego e cooperação social. Os bebês humanos nascem com certa quantidade de habilidades da "teoria da mente", ou seja, os talentos cognitivos que nos possibilitam saber o que os outros desejam com base na observação, e não na instrução. Até os bebês mais novos têm alguma compreensão das intenções alheias. Por exemplo, se um adulto e um bebê que brincam juntos começam a guardar os brinquedos e o adulto aponta para um que está longe dele, mas perto do bebê, a criança colocará o brinquedo na caixa. Se um estranho entrar e apontar da mesma forma, o bebê lhe entregará o objeto. Isso mostra como adivinhamos os desejos alheios e o quão importante para nós é agradar aos outros — simplesmente por natureza.

A via de mão dupla do pensamento simbólico começou com um ouvinte cooperativo que escutou outro membro do grupo empregar um termo — talvez ao pedir um objeto — e soube fornecer o objeto nomeado ao falante. Essa relação social bidirecional possibilitou uma expansão imediata da cooperação e um aumento no bem-estar do grupo. Os custos psicológicos vieram muito mais tarde, à medida que o pensamento simbólico se internalizou e se concentrou na solução de problemas. De certa forma, foi um sucesso espetacular — nossas habilidades de solução de problemas são inigualáveis no reino natural —, mas isso fez com que considerássemos nossas próprias vidas como impasses a serem solucionados. O que ganhamos em controle ambiental, perdemos em tranquilidade. Um exemplo pode ser o fato de que nos tornamos tão determinados a ser aceitos pelos outros que criamos uma história distorcida de quão valiosos e amáveis somos — mas, depois, desconfiamos do afeto recebido. Nós nos envolvemos em comparações desnecessárias entre nós e os outros, o que, por sua vez, ocasiona maior enredamento no diálogo interno negativo e na dor psíquica. E assim por diante.

Se refletirmos sobre o motivo que nos leva a mentir, percebemos esse distorcido processo narrativo em ação. Você já se perguntou por que costuma mentir sobre coisas que fez ou disse? Todos nós o fazemos, pelo menos ocasionalmente e de maneiras irrelevantes. Por um momento, considere mentir aos poucos, atendo-se ao fenômeno da mesma maneira que uma criança de 4 anos segura, digamos, um item incomum, como um fouet. Agora, se questione: por que você mente?

Não responda imediatamente. Apenas considere a pergunta e, enquanto isso, analise algumas das maneiras pelas quais você engana os outros:

* **Não conta a história completa.**
* **Exagera, talvez um pouco.**
* **Ajusta detalhes para que sejam coerentes com a imagem que deseja apresentar.**
* **Nega verdades difíceis.**
* **Ignora o que não se encaixa na sua história atual.**

Por quê? Por que você faz isso?

As notícias oferecem exemplos quase diários de grandes mentiras: "Milhares de muçulmanos festejaram nos Estados Unidos após o 11 de setembro"; "Não fiz sexo com aquela mulher"; "A empresa de investimento não é um esquema Ponzi". A maioria das pessoas não é mentirosa prolífica, portanto, ao ler essas histórias, muitas podem relaxar ao pensar: *Não sou assim*. Pode ser que não seja, mas essa tentadora presunção é um tipo de narcótico mental que nos possibilita ignorar uma verdade maior: é difícil para *todos* contar a verdade *plena* sobre nós mesmos. Pesquisas sugerem que o indivíduo médio mente de pequenas formas para uma a cada quatro pessoas que encontra. Os adolescentes admitem mentir várias vezes ao dia.

Muitos sentem que as mentiras têm um preço. A pesquisa comprova que isso é verdade. Por exemplo, desvalorizamos o relacionamento com os outros ao mentir para eles, e nosso cérebro está menos preparado para agir de maneira eficaz enquanto contamos mentiras. Se elas são ínfimas ou sem importância, a pergunta se torna *particularmente* difícil: por que mentir?

É claro que contamos algumas mentiras para obter ganhos materiais ou para proteger os sentimentos alheios. Porém, muitas mentiras são contadas para resguardar parte de nossa auto-história — a imagem apresentada a outras pessoas e que condiz com essa história. Elas ajudam a reforçar a persona que inventamos (*persona*, uma palavra interessante. Dela provém *personalidade* e, em latim, originalmente significava "uma máscara; um rosto falso usado por atores").

Com certo desconforto, lembro-me da primeira vez que meu filho Charlie me contou uma mentira para proteger sua autoimagem. Um pequeno brinquedo que não reconheci apareceu em seu quarto e perguntei de onde era o objeto. Meu amável filho de 4 anos gaguejou ao dizer apreensivamente que o professor lhe deu o brinquedo porque ele estava sendo um menino educado. Algo estava errado e o encarei interrogativamente. Após uma pausa, ele começou a chorar e disse que havia pegado o objeto da caixa de brinquedos da escola. "Por que você fez isso?", perguntei. "Por... que... porque eu queria o brinquedo", choramingou.

Senti vontade de chorar com ele. Não foi tanto o furto que me entristeceu, mas, sim, perceber sua perda de inocência. Para proteger esse pequeno ganho ilícito, meu filho agora tinha que considerar os pensamentos alheios sobre ele (os meus, por exemplo) e tentar manipular essas percepções. Meu menino estava aprendendo a não ser totalmente ele mesmo e a apresentar um falso Eu aos outros. "Sou o tipo de pessoa a quem os professores dão brinquedos, pois sou um garoto educado, sim, é isso aí."

Ele estava começando a criar seu Eu conceitualizado.

Pensamentos Não Podem Ser Eliminados

Por mais que possamos desejar interromper esse processo narrativo e mudar a história que elaboramos, a atividade de nossas redes mentais é em grande parte automática e inconsciente. Os padrões de pensamento enraizados em nossas mentes se tornam paralisantes. Podemos ficar hipnotizados por eles e não perceber que estão nos ludibriando, assim como a teia de aranha com a qual os comparei. Embora possamos querer desesperadamente eliminá-los de nossa mente, não há botão Excluir no sistema nervoso humano. Na psicologia, não existe desaprendizagem.

Até as coisas que você esqueceu permanecem escondidas abaixo de sua consciência. É por isso que, posteriormente, você pode reaprendê-las mais depressa. Os psicólogos chamam esse processo de *efeito de reaquisição rápida*. Com o cachorro de Pavlov, por exemplo, é possível tocar repetidamente o sino sem apresentar alimento depois. Em algum momento, a salivação não sucederá o barulho. Esse efeito é chamado de *extinção*. O condicionamento desapareceu, certo? Bem, não. Como ressalta um especialista nessa área: "A extinção não erradica o aprendizado original, mas gera um novo aprendizado que depende principalmente do contexto." Em outras palavras, o cachorro aprendeu que "naquela situação anterior, o sino resultava em comida; nessa, não". Adivinha o que acontece se o alimento for apresentado novamente após o sino? A salivação retorna de imediato!

É provável que você já tenha vivenciado uma situação parecida. Os medos antigos desaparecem gradualmente e o sentimento de confiança aumenta. Então, uma traição, crítica ou tragédia inesperada ocorre, e instantaneamente parece que você é uma criança assustada de novo!

Um padrão de pensamento negativo pode até ser desencadeado novamente por um pensamento ou experiência positiva. Quando lutava com o pânico, tentava distrair minha mente do medo ao me concentrar no relaxamento. Repetia para mim mesmo: "Acalme-se e relaxe; acalme-se e relaxe." Obtive essa frase das fitas que escutava e esperava que ela me lembrasse do que eu sentia quando praticava relaxamento. Então, quando percebia a ansiedade chegando, dizia: "Acalme-se e relaxe", na esperança de que ela se afastasse.

Certo dia, estava conferindo uma pilha de correspondências na minha mesa e notei que me sentia bem relaxado. Disse a mim mesmo: *Ei, isso é bom! Você está calmo e relaxado! Talvez esteja progredindo*! Uma voz em minha mente questionou: "Progredindo em quê?" Nem sequer ousei dizer as palavras assustadoras que seriam necessárias para a resposta. Cerca de trinta segundos depois, meu coração disparou levemente. *Acalme-se e relaxe*, pensei, agora um pouco preocupado. Meu coração parecia descompassar. ACALME-SE E RELAXE, eu quase gritava internamente... em segundos, tive um verdadeiro ataque de pânico.

Essa é, de fato, uma característica comum da síndrome do pânico — denominada *pânico induzido pelo relaxamento*.

Eu despendera tanto tempo na tentativa de me acalmar para não ficar ansioso que os dois estados agora eram mentalmente inseparáveis. Assim como poderia dizer *quente* em uma voz crescente e minha mente responder *frio*, eu pensava *relaxado* e a resposta era *ansioso*.

Essa relação incontrolável explica por que a tentativa de nos livrarmos de um pensamento, na verdade, cria uma nova relação mental entre ele e o esforço para eliminá-lo. Como consequência, o novo pensamento automático percorrerá nossas mentes: *Preciso me livrar desse pensamento*. Ótimo. Isso é progresso — não.

Várias pesquisas revelaram o quão automáticos e complexos são nossos padrões de pensamento e quão pouco conscientes costumamos ser em relação ao que realmente pensamos. Anos atrás, realizou-se um estudo clássico no qual os participantes visualizavam uma extensa sequência de fotos e depois tinham que nomear um sabão. As pessoas que viam uma foto do oceano em meio às outras eram mais propensas a mencionar a marca "Tide" [maré, em tradução livre] do que aquelas que não viam a mesma imagem. Porém, se questionadas, elas explicavam sua escolha dizendo coisas como "Minha mãe usava esse sabão", e não "Você acabou de me mostrar uma imagem de um oceano, e os oceanos têm marés, então pensei em Tide".

Os laboratórios de RFT descobriram formas de identificar o que acontece no nível mais profundo de nossas mentes por meio de uma medição extremamente sensível de hábitos mentais chamada Procedimento de Avaliação Relacional Implícita (IRAP, na sigla em inglês). Esse instrumento possibilita que os pesquisadores detectem relações incorporadas à mente, sobre as quais as pessoas não estão conscientes, e mostrem como elas influenciam o comportamento. Digamos que você tenha a relação *ansiedade é ruim* escondida em sua mente. Para identificá-la, no IRAP, você visualizaria as palavras *ansiedade* e *ruim* na tela do computador e seria instruído a pressionar uma tecla para *oposto*; após outros pares de palavras, a tela mostraria *ansiedade* e *ruim* novamente e pediria para que você pressionasse uma tecla para *similar*. Se você estiver habituado a pensar que a ansiedade é ruim, o computador detectará que sua reação com *oposto* demora cerca de trinta milissegundos a mais do que com *similar*. Esse tempo adicional ocorre porque sua mente combate a ideia de que a ansiedade não é ruim.

Pesquisas que utilizam testes de IRAP mostraram que as respostas relacionais rápidas (ou pensamentos inconscientes, se preferir) costumam prever o comportamento com maior consistência do que as alegações que fazemos sobre nossos pensamentos — o que os pesquisadores da RFT chamam de *respostas relacionais estendidas e elaboradas*. Por exemplo, pessoas que enfrentam problemas com drogas tendem a abandonar os programas de tratamento se suas mentes relacionam as substâncias à diversão de modo automático e consistente, como avaliado pelo IRAP, mesmo que relatem que desejam largar o vício, pois só causa sofrimento.

Não é lógico. É psicológico.

Um dos benefícios de entender a RFT é que ela nos ajuda a ser compassivos com nós mesmos quando iniciamos a jornada de realização dos pivots. Não é culpa nossa que a mente funcione dessa maneira. A RFT também nos auxilia a aceitar que soluções aparentemente lógicas e óbvias não são as melhores soluções psicológicas, além de evidenciar por que os métodos da ACT, que às vezes parecem estranhos, realmente fazem sentido psicológico.

Para destilar a essência da RFT, de modo que seus insights básicos sejam facilmente lembrados, inventei estes versos:

Aprenda em primeiro,
Derive em segundo,
Implemente em redes
Que mudem seu mundo.

Essa é a mente humana em quatro linhas. A mais importante delas é a última. Embora não possamos eliminar as relações inúteis que fizemos e suas redes de pensamento elaboradas, *podemos* aprender a *mudar suas ações*. Somos capazes de alterar a forma como elas atuam em nossas vidas, o que permitimos que nos levem a fazer.

E isso faz toda a diferença.

Técnicas de Desfusão Quebram o Feitiço

Felizmente, ao estudarmos os processos mentais que levam à rigidez, também descobrimos maneiras de se distanciar da identificação com a voz do Ditador, puxar a cortina mental e expor nossos pensamentos apenas como pensamentos, aos quais não precisamos prestar atenção. Na Parte Dois, apresentarei vários desses métodos, mas agora mostrarei como um deles funciona.

O exercício de repetir uma palavra em voz alta para si mesmo rapidamente foi introduzido há cerca de um século por Edward Titchener, um dos precursores da psicologia. Sua intenção era mostrar como o significado das palavras pode desaparecer depressa. Aparentemente, minha equipe de pesquisa foi a primeira a avaliar a prática de repetição de palavras como método clínico quando começamos a aplicá-la como técnica de desfusão cem anos depois.

Comecemos com uma palavra que tem um forte significado sensorial. Minha escolha é *peixe*. Tente se lembrar de como é a aparência de um peixe cozido... seu cheiro... sua textura na boca enquanto você o mastiga... seu gosto. Dedique alguns minutos para criar essas experiências.

É provável que, no momento, não haja nenhum peixe ao seu alcance... mas um eco de suas reações verdadeiras a esse alimento está presente por meio da magia do aprendizado relacional. Essas reações ocorreram devido à sua capacidade linguística, a qual explica por que, embora você esteja apenas olhando para tinta ou pixels enquanto lê, reagiu à palavra de cinco letras *peixe* da mesma forma que faria se pedaços de peixe cozido fossem vistos, cheirados, mastigados ou provados. É fácil demonstrar que, quando você *pensa* sobre uma situação, seu cérebro literalmente se ilumina da mesma maneira que se a vivenciasse.

Agora, vejamos o quão simples é desfazer essa ilusão da mente.

Pegue um relógio ou seu smartphone para cronometrar um exercício que faremos nos próximos trinta segundos. Realizamos vários estudos sobre o que estou prestes a pedir que você faça, e constatamos que esse é o tempo ideal: nem muito longo, nem muito curto. Aqui está sua tarefa: diga a palavra *peixe* repetidamente, rápido e em voz alta (cerca de uma vez por segundo é o melhor ritmo; isso também foi estudado) e observe os resultados. Não pense, apenas faça e preste atenção no que acontece com a aparência, o cheiro, a textura e o sabor. Você está pronto? OK. Agora! Depressa!

Terminou? Ótimo. O que aconteceu com a aparência, o cheiro, a textura e o sabor desse alimento chamado P-E-I-X-E?

Em 99% dos casos, ao final dos trinta segundos, os efeitos de *peixe* como uma palavra diminuíram ou até desapareceram. Paramos de nos sentir dominados pelo significado literal da palavra. Pelo contrário, começamos a sentir os músculos utilizados para emitir seu som; percebemos o quão estranha é sua sonoridade; ou como a primeira e última sílabas começam a se misturar. Quando os trinta segundos terminam, você consegue perceber apenas o som de "shh" (como faz um bibliotecário de uma escola barulhenta, pensei).

Esse exercício não *eliminou* o significado da palavra *peixe*. Você ainda sabe o que é um peixe. Porém, também percebeu a palavra como uma vocalização; você desvinculou o som da palavra do seu significado.

Talvez essa mudança seja ínfima, mas esse efeito de desfusão pode ser suficiente para ajudar uma pessoa a fazer escolhas quando seu Ditador Interno está dando ordens. Esse efeito pode ajudar a neutralizar o poder do diálogo interno negativo. Presenciei isso de maneira intensa quando realizei um estudo sobre vergonha em uma unidade de internação para usuários de drogas. Na primeira sessão, quando perguntei aos membros do grupo o que mais desejavam, um cliente muito assustador, repleto de tatuagens e que vestia uma jaqueta de couro com correntes, declarou em voz alta que a única coisa que importava era que o deixassem em paz, explicando, ao imitar um revólver com a mão, que ele carregava uma arma para onde quer que fosse e que se alguém mexesse com ele, o revólver resolveria. Quase inconscientemente, procurei a saída mais próxima, só por precaução.

Na sessão seguinte, fizemos a repetição de palavras, começando com *peixe*, mas depois avançando com uma palavra escolhida pelo próprio grupo para que se alcançasse um maior impacto. Esse mesmo homem sugeriu *perdedor*. Ainda me recordo de seu rosto rude e extremamente enrugado à medida que ele e o restante do grupo repetiam a palavra. Menos de uma hora após o término do exercício, perguntei novamente o que mais desejavam e esse mesmo cara aparentemente valentão se levantou e disse que sua família sofrera muito com suas recaídas e que seu maior desejo era ser um bom pai para os filhos pequenos. Então, ele chorou abertamente.

Apenas um pouco de desfusão pode ser muito favorável.

Quebrar o feitiço de nossa fusão com a voz do Ditador e as histórias prejudiciais que contamos a nós mesmos nos liberta para, conscientemente, optar por prestar atenção a pensamentos benéficos e descartar os negativos. O próximo passo no desenvolvimento da flexibilidade psicológica é compreender como outra de nossas grandes habilidades cognitivas — nosso talento de solução de problemas — pode estar desorientada, nos levando a seguir com obediência regras mentais que geralmente são tóxicas, como as que autoestabeleci para superar minha ansiedade.

Capítulo 5

O PROBLEMA DA SOLUÇÃO DE PROBLEMAS

Considere um problema que você vivencia em sua vida. Qualquer um. Digamos, por exemplo, que você esteja atrasado para buscar seu filho na escola e tem certeza de que não conseguirá chegar a tempo. Deixe sua mente trabalhar e, logo, surgirá uma solução — provavelmente várias: ligar para seu cônjuge ou outro familiar; para um amigo; conferir se a babá pode buscá-lo; ligar para a escola e avisar que você está atrasado.

Todas são boas ideias.

Quando aplicamos a mesma ferramenta analítica e de solução de problemas a nossas lutas internas, os resultados são bem diferentes. Imagine chegar atrasado para buscar seu filho e lidar com os pensamentos que isso pode desencadear: *Sou um perdedor* ou *não sou bom o suficiente*. De imediato, sua mente — quase por vontade própria — começará a procurar uma "solução" para esse outro "problema". Ela prontamente apresentará justificativas lógicas que "provam" que você é ou não um perdedor, é ou não bom o suficiente e, então, sugerirá maneiras de resolver, geralmente tentando negar que é um problema e envolvendo uma boa dose de autorrecriminação. Nossa mente costuma defender *ambos* os lados de um argumento interno e, quanto mais nos aproximarmos de uma resolução, mais ela se direcionará contrariamente. Tente admitir *Sou o pior perdedor de todos!* e você perceberá sua mente objetando *Não sou tão ruim assim*. Tente assumir *Não tenho culpa* e você identificará sua mente listando os motivos pelos quais você é culpado.

Uma das maneiras mais prejudiciais pelas quais nossa mente se atém a processos de pensamento é o aprendizado, ou a inferência, das regras de solução de problemas que nos convencemos de que devemos seguir. A capacidade de criar e seguir regras está entre as maiores realizações humanas. Ao utilizá-la, podemos dizer aos outros o que precisa ser feito; alertar nossos filhos sobre perigos ou planejar o futuro. Podemos transmitir aos outros o que aprendemos, ou melhor, nos lembrar desses aprendizados. Porém, essa ferramenta poderosa tem prós e contras.

Um dos insights mais antigos e importantes do programa de pesquisa da ACT foi a constatação de que essa considerável força cognitiva também poderia se voltar contra nós. Nossa notável lealdade às regras verbais é um dos principais contribuintes para a inflexibilidade psicológica. Nós as seguimos tão estritamente que nunca nos desviamos delas, mesmo quando pioram nossos problemas — às vezes, terrivelmente.

Meu próprio Ditador Interno era um criador de regras, e essa foi uma semelhança impressionante que encontrei entre eu e meus clientes de terapia. Eles também criaram regras a serem seguidas para resolver seus problemas, as quais dominavam amplamente suas vidas. Todos estabelecemos regras a seguir à medida que vivemos. Muitas são bastante úteis, mas a mente da resolução de problemas não sabe quando parar e, mesmo que quisesse, não saberia como.

Considere uma simples sequência de pensamentos de alguém que luta contra a ansiedade, por exemplo: *Há algo de errado comigo. Não sei como agir. Não suporto esse nível de ansiedade constante.* Podemos considerar esses pensamentos como simples observações, e não como regras verbais. Porém, se nos aprofundarmos, perceberemos o que realmente são: *Há algo de errado comigo* sugere *Se eu conseguisse apenas elaborar minhas ações e sua história adequadamente e entender o que está errado, poderia utilizar essa compreensão para controlar melhor a ansiedade.* A alegação *Não sei como agir* implica *Se eu quiser controlar esse problema, preciso de um plano eficaz.* Subjacente à declaração *Não suporto esse nível de ansiedade constante* está a regra de que altos níveis de ansiedade são perigosos, prejudiciais ou inválidos, ou talvez até mesmo a regra de que reclamar em alto e bom som fará com que alguém no Universo apareça para resgatar a pessoa dessa situação insustentável.

As sequências de pensamentos que nossa mente gera quando buscamos nos "treinar" sobre como seguir regras podem ser elaboradas de modo extraordinário. Isso fica evidente no caso de pessoas com transtorno obsessivo-compulsivo (TOC). Tive uma cliente com TOC que fornecia explicações excepcionalmente complexas sobre as muitas maneiras desnecessárias pelas quais ela procurava proteger seus filhos, devido ao seu extremo compromisso com a regra de que deveria mantê-los seguros. Por exemplo, as crianças foram proibidas de entrar em seu quarto — e ela dedicava um grande esforço para garantir que isso nunca acontecesse, com avisos e questionamentos constantes quando chegava em casa. Qual o motivo dessa proibição? Bem, porque elas poderiam ir até o canto do quarto.

Quando questionei por que isso era um problema, minha cliente disse que, um ano antes, quando contratou pintores, eles deixaram uma caixa de papelão no canto do quarto. "E daí?", perguntei. Bem, a caixa continha sabões em barra que ficavam na garagem. E? A parte da garagem em que esses sabões estavam estocados era a mesma na qual ela vira uma lagarta alguns anos antes. E? Lagartas daquele tipo foram encontradas na árvore do quintal. E? Há três anos, essa árvore foi dedetizada para eliminar as lagartas. Então? O canto do quarto poderia ter veneno que prejudicaria gravemente as crianças.

Com o objetivo de ser uma boa mãe, sua mente se tornou um tormento para ela. Talvez ainda pior, minha cliente se tornou um tormento para seus filhos, que provavelmente contariam histórias de quão doloroso foi crescer tentando acalmar uma mãe amorosa, mas aterrorizada e constantemente controladora.

Sempre que trabalho com pacientes que têm TOC, sinto uma intensa mistura de tristeza profunda e admiração pelas nossas habilidades cognitivas. Minha mãe foi diagnosticada com TOC. Quando criança, eram raros os dias em que eu saía de casa sem o alerta de que não podia comer folhas do oleandro de nosso quintal, um arbusto florido do sul da Califórnia (sim, é venenoso). Algumas partes da casa eram proibidas, como o aparentemente aterrorizante (para minha mãe) sótão, que já tivera armadilhas de veneno para traças. Em suas piores crises, ela lavava as mãos com tanta frequência que chegavam a sangrar.

Eu sabia como era ter uma mãe igual a minha paciente.

As regras verbais dominam nossa mente com tanta força que pode ser difícil estabelecer e manter certa distância mental. Eu esperava que a compreensão da natureza desse domínio ocasionasse insights sobre como quebrar seu feitiço.

Ao iniciar essa linha de pesquisa, me inspirei em um conjunto notável de descobertas em psicologia comportamental que li no final da década de 1970. Alguns dos trabalhos mais conhecidos foram realizados no laboratório de um renomado psicólogo comportamental, Charlie Catania, com quem estudei ao longo de um ano sabático em 1985.

Charlie e seus colegas conduziram uma série de experimentos que exploraram o quão tenazmente nos atemos às regras instruídas para realizar uma tarefa simples. Esses estudos foram projetados especificamente para verificar se as pessoas descartariam uma regra ao descobrirem uma maneira melhor de executar a tarefa. Surpreendentemente, com frequência, os humanos pareceram bem menos inteligentes para ajustar suas ações do que macacos, pássaros, ratos, cães e outros animais que eram praticamente submetidos aos mesmos testes.

Nesses experimentos, os sujeitos humanos eram colocados diante de uma máquina que, às vezes, mas apenas às vezes, oferecia um item, como uma moeda, ao apertarem um botão. Antes de começarem, era determinada uma regra, como: "Aperte este botão para ganhar dinheiro." Digamos que você esteja realizando o experimento e decida configurar a máquina para que, em média, as pessoas recebam dez centavos após dez toques no botão. Às vezes será depois de oito, onze ou treze toques. O número é variado, pois você não quer que as pessoas descubram exatamente quantos toques fornecerão a moeda, afinal, isso tornaria a tarefa muito simples para testar o efeito buscado.

As pessoas pressionarão o botão rapidamente porque, quanto mais depressa o fizerem, mais ganharão. Então, altera-se a configuração para que o dinheiro seja oferecido não após um determinado número de toques, mas em uma média específica de segundos depois do primeiro toque, digamos, cinco segundos, mas às vezes três, quatro, seis ou sete. Você está tentando descobrir se as pessoas perceberão a alteração e ajustarão a frequência de toques no botão. Afinal, agora elas podem se esforçar muito menos para ganhar a moeda de dez centavos — com apenas um toque, em vez de apertar o botão constantemente.

Macacos, pássaros e ratos percebem facilmente uma mudança desse tipo, com a máquina oferecendo comida em vez de dinheiro. Todos esses animais logo diminuem a velocidade, pressionando o botão apenas uma vez a cada cinco segundos. No entanto, os humanos geralmente continuam apertando o botão de forma ininterrupta! Por horas a fio.

Aos poucos, os pesquisadores comportamentais reduziram os motivos que explicavam a inflexibilidade dos seres humanos. No experimento, ao não receberem a regra "Aperte este botão para ganhar dinheiro" e serem instruídos a simplesmente interagir com a máquina como quisessem, era muito mais provável que mostrassem o bom senso de um macaco, pássaro ou rato quando as condições para ganhar dez centavos mudavam. Nesses casos, as pessoas eram ensinadas a obter a recompensa pela simples experiência de tentativa e erro. Por exemplo, a princípio, uma moeda de dez centavos era entregue quando a mão da pessoa se aproximava do botão, depois, era oferecida com o pressionar do botão e, gradualmente, a uma média de dez toques. Quando a configuração foi alterada, as pessoas logo começaram a ajustar seus esforços e chegaram à nova solução.

O resultado foi definitivo — receber a regra fazia a diferença. A área passou a nomear essa intransigência da mente humana ao receber uma regra — ou a inferir uma regra por conta própria — de *efeito de insensibilidade*, se referindo à insensibilidade resultante das alterações na situação que a regra se destinava a resolver.

No meu laboratório, durante a década de 1980, realizamos muitos estudos semelhantes sobre o impacto das regras verbais. Algumas de nossas descobertas foram bastante notáveis. Em um experimento, com a mesma configuração básica do estudo descrito, analisamos se as pessoas ajustariam seu comportamento caso a mudança na configuração da máquina fosse mais óbvia. Parávamos de recompensar até que as pessoas deixassem de reagir por um tempo (digamos, dez segundos); a primeira reação depois disso levava a uma recompensa.

Grande parte das pessoas avançava, pressionando o botão ininterruptamente, mesmo que não recebesse nada por seu esforço. À medida que se cansava, a maioria acabava *fazendo* uma pausa, de meio minuto, por exemplo. Quando os participantes voltavam a pressionar o botão, na primeira tentativa, o relógio reiniciava e recebiam a recompensa. Eles finalmente percebiam que deveriam mudar sua estratégia e que fazer uma pausa era o segredo para obter a moeda de dez centavos? No geral, não. As pessoas começavam a pressionar novamente de forma ininterrupta! Às vezes, até diziam em voz alta: "A máquina deve ter quebrado e agora está funcionando." Depois de um tempo, afirmavam: "Acho que quebrou de novo."

A fim de verificar a ação da insensibilidade de seguir regras em uma situação comum da vida diária, considere um caso hipotético de marido e mulher. Imaginemos que o marido, assim como muitos homens, aprendeu excessivamente a regra instrumental: "Se você tem um problema, precisa descobrir como se livrar dele." Suponha que a esposa conte ao marido sobre os problemas que enfrenta no trabalho com um colega e seu supervisor, os quais dificultam o êxito de um projeto. De imediato, o marido apresenta algumas soluções possíveis, e (estranhamente para ele) ela fica irritada.

Talvez o que a esposa realmente queira é ser ouvida com atenção. Pode ser essencial para ela que o marido amoroso reconheça o sentimento que a incomoda. Ela fica irritada porque suas "soluções" parecem desdenhosas, insensíveis e invalidantes. Porém, quando o marido percebe que sua abordagem não está funcionando, o que ele faz? Independentemente de quantas vezes tenha percorrido esse caminho, pode ser muito difícil mudar de estratégia, porque, subjacente ao aconselhamento, há uma regra de solução de problemas. É bem provável que ele insista no conselho, o que dificilmente será mais eficaz. Ou ele pode tentar oferecer o conselho novamente, com uma voz um pouco mais alta. Se a esposa dele mostrar que está chateada ou mesmo gritar: "Você está sendo insensível", o marido iniciará uma longa explicação sobre *por que* seu conselho pode ser útil e explicar que estava apenas tentando ajudar.

Observação para o marido: cale a boca!

É fácil falar (e analisar de um ponto de vista exterior), mas pode ser muito difícil fazer (e adotar uma perspectiva interior) quando internalizamos regras como: "Se, a princípio, não obtiver sucesso, continue a tentar" ou "A melhor forma de convencer alguém é com uma boa explicação". Muito mesmo.

Esse exemplo não teve nada a ver comigo (ah, tá).

Os Três Cs da Inflexibilidade

Assim como outros pesquisadores, à medida que eu e minha equipe nos aprofundamos no motivo pelo qual seguimos regras tão rigorosamente, descobrimos três processos cognitivos essenciais que contribuem para o problema. Denominamos o primeiro de efeito de *confirmação*. Ficamos tão fascinados pelas regras que impomos a nós mesmos que deturpamos nossa experiência para validá-las. Por exemplo, um apostador pode formular regras como "Os dados são previsíveis" ou "Preciso aumentar minha aposta — estou em uma maré de sorte". Na verdade, cada lançamento de dados é independente dos outros. Eles nunca são "previsíveis", e é imprudente mudar uma aposta com base em "marés" — de sorte, azar ou meio-termo. Porém, no jogo de dados, é difícil evitar a ilusão de que se pode controlar o acaso. Como morador de Reno — famosa por seus cassinos —, muitas vezes já presenciei essa situação com amigos que vêm nos visitar: os mais instruídos, que conhecem muito bem a "falácia do apostador", ainda percebem suas regras mentais serem aparentemente comprovadas pelos dados.

O efeito de confirmação não apenas deturpa o feedback que recebemos, mas também impede nossa capacidade de aprender de uma maneira *não* baseada em regras. Algumas coisas precisam ser aprendidas por tentativa e erro — descobrir a solução em vez de impor uma que seja predeterminada.

Há mais de sessenta anos, o psicólogo comportamental Ralph Hefferline conduziu um magnífico estudo que exemplifica extraordinariamente essa interferência no aprendizado. O experimento foi realizado antes dos computadores e da tecnologia facilitarem a análise das respostas físicas e emocionais. Ralph teve que se esforçar muito para criar um dispositivo que detectasse movimentos musculares quase imperceptíveis — tão ínfimos que nem sequer a pessoa que se mexia percebia.

Os participantes foram cobertos com fios, da cabeça aos pés — um modo de mascarar o verdadeiro propósito do experimento: verificar se aprendiam a mover quase imperceptivelmente o polegar para cessar um alto ruído aversivo. Eles não faziam ideia de quais movimentos estavam envolvidos em sua tarefa (se é que havia algum), pois, além do excesso de fios em seu corpo, apenas lhes disseram que seriam fisicamente monitorados enquanto descobriam como desativar o ruído.

Se os participantes fossem deixados à própria sorte, sem regras a seguir, a maioria acabava por cessar o ruído pela aprendizagem por tentativa e erro. Às vezes, eles moviam um pouco o polegar, mas de modo imperceptível. Devido à recompensa de desativação do ruído, eles começavam a repetir o movimento com cada vez mais frequência. É realmente fascinante: esse movimento era tão sutil que os participantes não tinham consciência de que o estavam executando. Quando questionados sobre como cessaram o ruído, a maioria relatava aspectos irrelevantes, como pensar em um dia na praia.

Outro grupo do experimento recebeu a informação específica de que deveria aprender a mover um pouco o polegar, de forma tão imperceptível que nem sequer identificaria o movimento. As pessoas desse grupo receberam o mesmo tempo para realizar a tarefa, mas a maioria delas não foi capaz de acertar a intensidade do movimento, fazendo-o sempre de forma muito acentuada. Nesse caso, saber uma regra exata, na verdade, *interferiu* no aprendizado — os participantes tentavam se certificar de que seguiam a regra imposta, mas, ao agirem assim, moviam o polegar exageradamente para cessar o barulho.

Qualquer um que já tenha tentado jogar golfe, rebater uma bola de beisebol, tocar uma música rápida e harmoniosa ou dançar naturalmente sabe que a mente pode atrapalhar. Tudo que ela precisa fazer é criar uma regra e exigir constantemente que você se certifique de que a está seguindo.

Essa interferência no aprendizado é uma das razões pelas quais é tão difícil eliminar o controle exercido pelo Ditador Interno: não pode ser apenas algo instruído. Suponha que recebamos a regra de que não devemos ser tão dominados por regras. Não seria tão útil, pois podemos ser ludibriados pela tentativa de confirmar para nós mesmos que seguimos essa *nova* regra e *voilà*: estamos em nossa mente mais uma vez.

O segundo C é denominado efeito de *coerência*. Devido à extrema dificuldade de avaliar precisamente as causas de uma situação, muitas vezes nossa mente acaba reduzindo nossas avaliações a explicações extremamente simplificadas que se adequam ao que uma regra ou um conjunto de regras nos impõe. Por exemplo, o marido que tem dificuldades para se comunicar com a esposa pode concluir que ela reclama demais, gosta de brigar ou está empenhada em fazer dele o vilão. Ele pode ter internalizado a regra subjacente de que "as mulheres são loucas" ou "é impossível agradá-las". A mente se ocupará tentando fazer com que todas as regras se encaixem bem, em grande parte de forma inconsciente. Isso costuma acarretar a criação de histórias sobre nós mesmos e nossas vidas que bloqueiam o desconforto e a ambiguidade da verdadeira complexidade das situações.

Um caso extremo de como o efeito de coerência dificulta nossa saúde psicológica é o das pessoas que vivenciam pensamentos paranoicos. Aprendi a nunca contestar esses pensamentos dos clientes. Suponha que uma pessoa com transtorno mental acredite que está sendo perseguida pelo governo, o qual prejudica de forma ativa, mas secreta, seu potencial sucesso porque teme seu considerável conhecimento e poder. As pessoas que lutam contra experiências psicóticas (como alucinações ou delírios) geralmente têm poucas habilidades de tomada de perspectiva. Por exemplo, um esquizofrênico que cria um documento atestando que é um juiz da Suprema Corte dos EUA pode ter pouca consciência de que está passando vergonha ao mostrar orgulhosamente a identidade a estranhos em um ponto de ônibus. Essa mesma tomada de perspectiva precária também significa que o cliente não entende completamente as motivações e ações alheias. Ao descobrir, por exemplo, que não foi contratado para um emprego, ele pode culpar o governo por seu fracasso. A mente trabalhará para manter uma história consistente e coerente. Se eu contestasse esses pensamentos, adivinhe qual seria meu papel nessa história (dica: não seria de terapeuta solidário e atencioso).

O último C é denominado efeito de *compliance*, o que significa que seguimos as regras para obter aprovação social de quem as impõe. Psicólogos comportamentais chamam esse tipo de regra de *pliance* [aquiescência] — o pesquisador Rob Zettle e eu inventamos a palavra no início dos anos 1980 a partir da palavra *compliance*, e a área a adotou amplamente). O domínio do *pliance* se desenvolve desde o início, pois somos ensinados por nossos pais a seguir todo tipo de regra sem questionar: não puxe o rabo do cachorro; não brinque com a tampa do vaso sanitário; não coloque coisas na tomada; por mais interessante que seja a bola rolando na rua, não saia de casa; por mais tentador que seja pular no colchão, não suba na cama. Quando atingem determinada idade, essa proliferação de regras é irritante para as crianças, até mesmo enfurecedora. Sua resistência ao *pliance* ocasiona a infame resposta dos pais: *Porque eu mandei*. É claro que os pais geralmente têm boas razões para manter essas regras tão estritamente. Não se deve permitir que os filhos aprendam por tentativa e erro que correr na rua é perigoso.

Para os adultos, o *pliance* é outra questão. Considere uma regra comumente ensinada, como: "Faça o que os outros querem ou não gostarão de você." Embora a tentativa de obter aprovação às vezes produza o resultado desejado, seguir essa regra com rigor pode levar à negligência das próprias necessidades, contribuindo para muitos problemas psicológicos, como a depressão.

De certo modo, todos nós estamos propensos a esses efeitos. Não podemos evitar a absorção profunda de regras em nossa mente e, é claro, não queremos evitá-las completamente, pois algumas são muito úteis para nós. O problema é que as regras se tornam tão arraigadas que não conseguimos enxergar além delas, mesmo que sejam inúteis.

A boa notícia é que a pesquisa sobre ACT descobriu várias maneiras simples e altamente eficazes de interromper o controle excessivo das regras. Para mostrar o quão significativo pode ser o efeito de quebrar o feitiço de regras inúteis, contarei uma história de sucesso da ACT.

Quando iniciou a terapia de aceitação e compromisso, Alice não trabalhava há quase uma década. Ela era gerente de uma loja e tinha um bom histórico profissional em Estocolmo, na Suécia. Porém, em 2004, seu filho morreu, provavelmente de suicídio. "Meu mundo desmoronou. Não queria nunca mais ter que abrir os olhos", disse.

Nos anos após a morte do filho, Alice se tornou uma pessoa reclusa. Um médico a diagnosticou com fibromialgia, a síndrome pouco conhecida que inclui dor generalizada, dificuldade para dormir, rigidez e outras enfermidades. Sucederam-se muitas prescrições de analgésicos, sedativos e relaxantes; por anos, Alice viveu em uma espécie de obscuridade.

Então, ela começou a fazer terapia com JoAnne Dahl, que é formada em métodos da ACT e se tornou uma renomada pesquisadora e autora. Na primeira sessão, JoAnne perguntou o que Alice realmente desejava para sua vida. "Quero sentir paz comigo mesma e ter energia para fazer o que quero", respondeu. Era um ótimo início.

JoAnne questionou o que a impedia. Em parte, era uma memória de infância: um dia, Alice chegou em casa e encontrou sua mãe ensanguentada após seu pai ficar violento por conta da bebida excessiva. "Eu me fechei", contou ela a JoAnne. "Precisava controlar meus sentimentos para sobreviver. Aprendi a seguir regras, me calar, ficar atenta, reprimir minhas próprias necessidades." Assim como nossos estudos revelaram, seu alto nível de evitação experiencial surgiu de seu aprisionamento em pensamentos que lhe diziam, de modo *ameaçador*, para controlar seus sentimentos — diziam que ela não podia sair de casa ou até mesmo chorar por receio de trazer à tona seu infindável sentimento de perda e dor. JoAnne demorou para extrair esses pensamentos, mas nunca tentou contestá-los ou modificá-los. Pelo contrário, ela pediu que Alice os anotasse — e, depois, colocou essas anotações no bolso da camisa da cliente, questionando: "E se você pudesse carregar esses pensamentos, como palavras em pedaços de papel?"

JoAnne também explorou o que Alice poderia querer fazer se saísse de casa. Ela disse que gostaria de trabalhar novamente. JoAnne começou a encenar parte dos pensamentos colocados na camisa de Alice: "Você sabe que não pode fazer isso! Quem a contrataria?" Surpresa por ouvir as palavras do Ditador reproduzidas, Alice começou a rir. Então disse que entraria em contato com o sistema nacional de emprego.

"O que você está fazendo?", gritou JoAnne ao pegar outro pedaço de papel da camisa de Alice, sacudindo-o para ela. "Esqueça isso. Vamos tomar um calmante!" Alice apenas sorriu. Ela se afastara da voz do Ditador e conseguia perceber o quão insensatas eram suas regras. Esse pivot auxiliou a reconexão com seu Eu autêntico e suas ambições.

Alice não se apegava mais a sua concepção de si mesma como a garota traumatizada pela violência do pai contra a mãe, que tinha que esconder qualquer vulnerabilidade e negar qualquer dor. Ela conseguia perceber que realmente não se limitava àquela pessoa estoica e insensível que se convencera de que era; descobriu-se um ser humano repleto de sentimentos. Alice também entendeu que ninguém no mundo real a mantinha naquele padrão de estoicismo. Ninguém pedia que cumprisse esse autoconceito — era a própria Alice que impunha a noção de quem deveria ser. Essa percepção permitiu que encontrasse paz consigo mesma, a qual havia dito a JoAnne que tanto ansiava.

Em outras palavras, Alice realizou os pivots da desfusão e do Eu. Ela compreendeu que a voz do Ditador dizendo-lhe para seguir todas essas regras não era sua voz autêntica, mas uma imposta por si mesma. Isso significava que Alice estava livre para ouvi-las não como ordens a seguir, mas simplesmente como pensamentos que surgiam em sua mente, os quais podia reconhecer e acatar ou não, com base em seu próprio benefício. Essas percepções, por sua vez, a ajudaram a aceitar a dor da morte do filho. Ela era uma pessoa sensível, que avançaria e sentiria.

Após essa sessão, Alice parou de tomar seus medicamentos. Ela voltou a trabalhar e acabou sendo contratada em um consultório de odontologia. Sua história revela o quão facilmente podemos realizar pivots.

Quando eu e minha equipe compreendemos que distanciar-se dos pensamentos e da auto-história poderia libertar a mente para focar pensamentos construtivos, começamos a testar várias técnicas de desfusão. Uma delas era um breve exercício no qual pedimos aos participantes que observassem seus pensamentos, sem permitir que controlassem suas ações, como pensar "Não consigo pegar essa caneta" enquanto a pegavam. Esse exercício simples já foi suficiente para reduzir significativamente o impacto dos pensamentos sobre o comportamento, como ceder e tomar uma bebida por causa da noção arraigada de que isso ajudaria a aliviar o estresse.

Também ajudamos as pessoas a perceberem que tentar controlar seus pensamentos e reestruturá-los poderia realmente aumentar seu poder. Pedimos que tentassem não pensar em um bolo de chocolate, e elas descobriram que o esforço as fazia pensar ainda mais no bolo, talvez até a ponto de comprar um. Ao avançarem nesse exercício, a fim de vivenciarem a perda de controle, os participantes logo relembraram os momentos em que tentaram controlar seu comportamento de maneira semelhante (por exemplo, muitas memórias de compulsões noturnas de sorvete, salgadinhos ou rosquinhas!).

À medida que descobríamos o quão prejudiciais nossos processos de pensamento podem ser, outros pesquisadores em psicologia obtinham resultados semelhantes. Um deles foi o já falecido Neil Jacobson, fundador de um poderoso tratamento para a depressão chamado *ativação comportamental*. Ele descobriu que quanto mais as pessoas acreditassem em suas próprias justificativas mentais para o comportamento, mais deprimidas e ansiosas elas ficariam. Pedimos aos pacientes que considerassem que todo o ideal de pensamento como razão para o comportamento é falho e desenvolvemos muitos outros exercícios para ajudá-los a aceitar essa ideia, alguns dos quais serão apresentados na Parte Dois. Eles facilitam a conscientização de que, embora os pensamentos tenham vida própria, seu impacto sobre o comportamento provém do nosso relacionamento com eles — se agimos ou não de acordo — e de que a escolha cabe a nós.

Embora possamos realizar os pivots da desfusão e do Eu com bastante rapidez, assim como fez Alice, isso não significa que não há um grande esforço pela frente. As dores que evitamos não desaparecem simplesmente nem as experiências que nos aguardam no futuro. Com esses pivots, começamos a desenvolver a capacidade de nos distanciarmos dos pensamentos e das teias intrincadas que eles tecem. Nessa jornada, é quase certo que nos encantaremos de novo com a voz do Ditador. As histórias inúteis que contamos a nós mesmos sobre quem somos — por exemplo, o quanto nossas experiências nos prejudicaram — com certeza serão reafirmadas. Sem dúvidas, cairemos na armadilha de mentir novamente para nós mesmos e para os outros, na tentativa de fortalecer a autoestima e o conceito de nós mesmos ao qual nos atemos mais uma vez. O objetivo é identificar os deslizes e perceber quando voltarmos a nos fundir à voz do Ditador, limitando esses lapsos a minutos ou horas, e não meses. Se nos mantivermos atentos, até mesmo essas falhas serão úteis para o aprendizado.

Ser capaz de readquirir o equilíbrio quando situações, pensamentos e emoções nos desorientam é o motivo pelo qual a prática com os métodos de desfusão da ACT e a conexão com nosso Eu autêntico são importantes. Os exercícios que apresentarei na Parte Dois, e o exercício de repetição de palavras já mencionado, podem ser facilmente incorporados em nossas rotinas para que continuemos a desenvolver essas habilidades de flexibilidade. Com o tempo, distanciar-se dos pensamentos e conectar-se com o Eu autêntico se torna uma segunda natureza. Podemos recorrer a essas habilidades sempre que enfrentarmos um novo desafio que ameaça reativar padrões negativos. Elas são extremamente úteis quando começamos a nos esforçar para aceitar pensamentos e emoções difíceis.

Capítulo 6

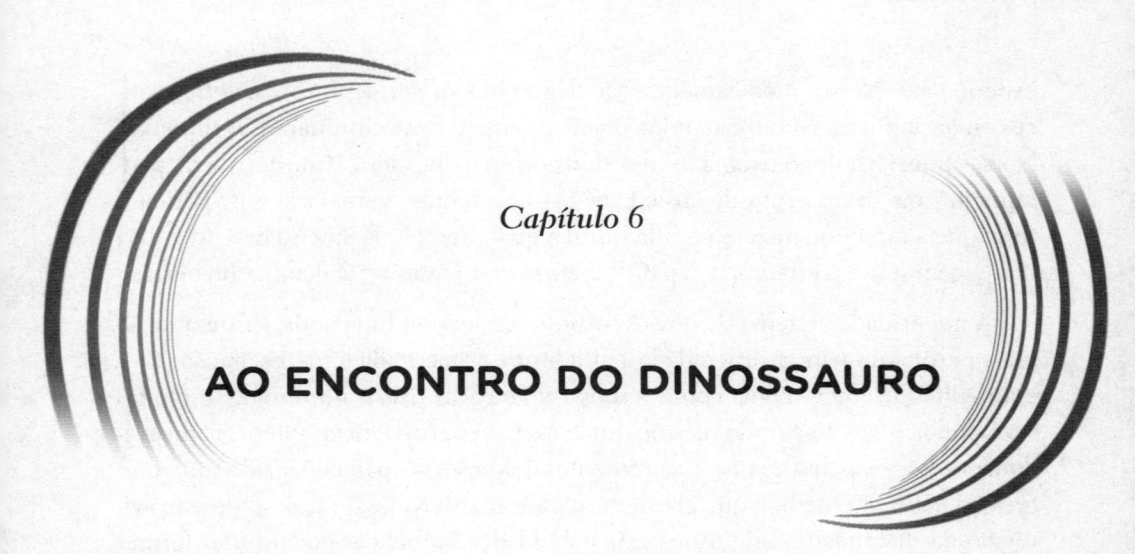

AO ENCONTRO DO DINOSSAURO

Em 2016, a ACT teve seus quinze minutos de fama, quando o já falecido John Cloud (repórter da revista *Time* que se tornou meu grande amigo e a quem dediquei este livro) escreveu um artigo sobre o meu trabalho intitulado "Happiness Is Not Normal" [A Felicidade Não É Normal, em tradução livre]. Nunca aleguei isso, mas sei por que ele achou adequado. O princípio de que precisamos nos direcionar à dor parece implicar o abandono das esperanças de nos sentirmos felizes. Para a mente lógica, a mensagem da necessidade de aceitação soa como: "Você está fadado à infelicidade. Supere."

É incrível que a ACT tenha se popularizado, suponho, se considerarmos o quão fácil é inferir essa triste mensagem, que representa exatamente o oposto da verdadeira mensagem de aceitação: a vida pode ser uma jornada proveitosa, mesmo com seus infortúnios. A questão é que uma jornada realmente satisfatória só pode ocorrer se descartamos a ordem "sinta-se bem", estabelecida pelo Ditador Interno.

Pela minha própria experiência de combater a ansiedade, eu sabia o quão complicado pode ser alcançar um lugar de aceitação. Por quê? Como já mencionado, por um lado, a mensagem cultural nos influencia extraordinariamente a tentar negar ou eliminar pensamentos e emoções difíceis. Para alguns, isso ocorre por meio de ordens dos pais, como quando dizem a uma criança que chora: "Ah, fique quieto, não foi tão grave" ou "Pare de chorar ou lhe darei um motivo". Claro, livros de autoajuda, revistas, programas de rádio e televisão também estão repletos desses conselhos. Livros populares prometem que podemos e devemos aprender maneiras de nos sentirmos bem, lidar com a ansiedade ou nos livrarmos da depressão —, mas não há muitas informações sobre como fazê-lo a partir de nossas próprias experiências. Nossos medicamentos são denominados *anti*depressivos, *anti*psicóticos ou *an*siolíticos, como se o único objetivo sensato fosse eliminar esses sintomas. Nossos transtornos são chamados de "transtornos de humor", "transtornos de pensamento" ou "transtornos de ansiedade" — novamente, fomentamos a visão cultural que, com frequência, se revela hostil a qualquer dor. É preciso descartar essa mensagem inútil e criar espaço para experimentar coisas verdadeiramente novas.

A intensidade extrema de nossos instintos de luta ou fuga pode ser uma razão mais perniciosa para a dificuldade em admitir a necessidade de aceitação. Eles eram vitais à sobrevivência como resposta a ameaças físicas no mundo, e muitas vezes ainda o são. Reagir do mesmo modo às nossas experiências internas ameaçadoras — nossos pensamentos e sentimentos dolorosos — parece ter sido uma progressão natural à medida que elas se tornaram mais vívidas, graças ao desenvolvimento das habilidades linguísticas. As habilidades simbólicas podem transformar *qualquer* situação em uma ameaça — na nossa mente.

Além disso, nossa biologia desenvolveu recompensas para o comportamento evitativo. Quando nos esquivamos de uma situação difícil ou assustadora, o cérebro ativa as mesmas áreas e libera algumas das mesmas substâncias químicas que indicam o recebimento de uma recompensa positiva. "Aaaah. Assim é melhor", diz seu corpo. Isso seria verdade se você prevenisse o ataque de um gnu, mas e se evitasse a ansiedade de fazer uma apresentação importante no trabalho? Esse mesmo impacto químico pode ser proveniente do prejuízo de objetivos pessoais.

Com frequência, quando a vida não está bem, é porque fazemos coisas que nos concedem benefícios menores e mais rápidos em detrimento de outros maiores e mais demorados. A gratificação imediata da evitação nos faz abdicar do nosso futuro. No desenvolvimento saudável, os ganhos de curto prazo se adequam aos objetivos de longo prazo. Portanto, o segredo é utilizar a capacidade de pensamento simbólico para escolher os comportamentos de curto prazo que levarão a recompensas posteriores muito mais proveitosas e advindas da persistência, mesmo quando as etapas de curto prazo são difíceis.

É mais fácil falar do que fazer. Quando nos permitimos avançar e sentir a dor da qual fugimos, nosso Ditador começará a insistir que retornemos aos caminhos evitativos, muitas vezes gritando conosco.

Percebi que um componente essencial do desenvolvimento da ACT seria elaborar alguns métodos que ajudassem as pessoas a realizarem o pivot, assumirem a necessidade de aceitação e adquirirem a força para alcançá-la. No início da década de 1980, quando eu e meu laboratório começamos a desenvolver os métodos de aceitação da ACT, muitas pesquisas em psicologia demonstravam que a evitação de pensamentos e sentimentos difíceis é prejudicial, tanto psicológica quanto fisicamente. Por décadas, a psicologia humanista defendeu essa ideia e algumas outras tradições psicológicas também a adotaram, como a terapia racional-emotiva, que propôs a autoaceitação incondicional como objetivo. Além de uma teoria que vinculava a aceitação a outros importantes aspectos fundamentais da mudança, também faltavam métodos suficientemente poderosos para ajudar as pessoas a superarem a evitação.

Começamos a elaborar maneiras de aplicar habilidades de desfusão e Eu para lidar com o medo e a dor da aceitação. Aprender a se afastar da voz do Ditador ajuda a manter uma distância saudável das mensagens negativas e indesejadas que surgem em nossa mente, como: "A quem quer enganar? Você não consegue lidar com isso!" Esse aprendizado também auxilia a diminuição de poder das relações inúteis incorporadas às redes de pensamento, que geralmente são ativadas pela dor envolvida na aceitação. Por exemplo, a relação entre acender um cigarro e se sentir melhor será desencadeada pelo desconforto do desejo de fumar. A reconexão com nosso Eu autêntico nos ajuda a praticar a autocompaixão à medida que nos abrimos a aspectos desagradáveis da vida, sem que nos repreendamos por cometer erros ou por sentir medo de lidar com a dor. Enxergamos além da imagem de um Eu fragmentado, fraco ou aflito, percebendo o poderoso Eu autêntico que pode optar por sentir dor. Aprendemos a ajudar as pessoas a aplicarem de forma consciente suas novas habilidades quando decidem se dedicar à aceitação, como um exercício em que imaginam colocar os pensamentos inúteis e inesperados em folhas que descem por um riacho.

Também constatamos que um grande impulso de motivação para aceitar o desconforto provém da percepção inicial de como nos prejudicamos com a evitação. Ao nos abrirmos para nossa dor, começamos a escutar as lições que ela tem a nos oferecer.

A Sabedoria Intrínseca à Aceitação

Imagine que você tenha um cooktop reluzente de aço inoxidável em sua casa que está com algumas marcas estranhas e fique obcecado com a ideia de que nunca se sentirá confortável até que elas sejam removidas. Você esfrega sem parar com todas as ferramentas possíveis, mas sem sucesso. As marcas permanecem — ainda mais visíveis! Você tenta cobri-las com tinta, mas ela descasca rapidamente. Você volta a esfregar.

Certo dia, sua vizinha aparece e, ao ver seu esforço, ela sai dizendo alegremente: "Tenho o que você precisa!" e logo retorna com um item de vidro que parece uma espátula. "Isso será suficiente", diz ela, e você agradece.

Revigorado, você começa a raspar as marcas com o novo item. Por alguns instantes, parece que elas finalmente estão saindo. Porém, à medida que continua, você percebe que foi apenas ilusão. Grrrrr! Tudo em vão, mais uma vez!

Se você segurasse a extremidade da ferramenta em frente aos olhos, como se fosse uma lente de aumento, pela primeira vez, veria claramente que as marcas são, na verdade, mensagens sobre como cozinhar! Algumas narram tentativas fracassadas e constrangedoras; outras são até dolorosas de ler. Algumas compartilham a satisfação de dominar habilidades culinárias e contam histórias de refeições deliciosas que você fará com seus entes queridos. Você consegue enxergar, de imediato, sua utilidade.

Claro, a lição desse exemplo é: quando paramos de tentar eliminar as marcas deixadas ao longo de nossa história de vida, recebemos a dádiva do aprendizado vital de toda essa experiência. Enquanto continuava a buscar métodos para auxiliar esse objetivo, percebi que poderíamos adaptar algumas técnicas que aprendi no trabalho realizado com David Barlow sobre exposição.

Pela minha experiência com as técnicas de David para ajudar pessoas com fobias, eu acreditava que uma abordagem semelhante seria útil para que aprendêssemos a lidar com outros tipos de dificuldades. Lembre-se: os clientes dele vivenciavam apenas *sensações* desconfortáveis de receios e fobias sem que fossem expostos às situações reais das quais tinham medo. Ele começava com um nível moderado de exposição às sensações e depois as intensificava gradualmente. Eu pensava que uma consideração gradual de experiências de vida e memórias difíceis também seria melhor. Porém, como motivar as pessoas a continuar o trabalho difícil? O que manteria o esforço se retirássemos a promessa de que pensamentos e emoções difíceis desapareceriam?

Na minha infância, quando corria em direção ao dinossauro, recebia uma recompensa que me fazia continuar: eu acordava. Da mesma forma, aprender a aceitar experiências difíceis e se direcionar ao sofrimento são atitudes que oferecem recompensas; a aceitação não é um desfecho, mas um meio de começar o caminho para uma vida mais gratificante. Tive que ajudar as pessoas a entenderem que a aceitação não se trata apenas de não causar danos a nós mesmos, mas também de adquirir a sabedoria a ser aprendida com nossas vivências. Esse insight indispensável foi esclarecido para mim por meio de uma experiência profunda que tive enquanto ministrava um workshop sobre os métodos iniciais da ACT.

As Mensagens Inerentes à Dor

Alguns anos após minha noite agarrado ao tapete, eu estava ensinando um grupo de terapeutas sobre o nosso primeiro conjunto de métodos, quando de repente comecei a me sentir extremamente ansioso. Na verdade, a essa altura, eu já descobrira uma qualidade relativamente positiva na experiência da ansiedade (a qual continua até hoje — às vezes ainda me sinto assim). Claro que não *gosto* de sentimentos e pensamentos ansiosos. O mais próximo que posso chegar de explicar por que esses momentos foram (e são) positivos é que tive uma sensação de vivacidade e curiosidade. Senti-me desafiado, mas também como se estivesse aprendendo a viver a vida de uma maneira diferente que me ajudaria e também auxiliaria meu trabalho com os outros. A experiência foi fascinante.

Nesse dia do workshop, uma inesperada onda de emoção tomou conta de mim logo depois que me senti ansioso, quase me desorientando. Do nada, senti uma vontade intensa de chorar. Calei-me por alguns instantes a fim de praticar minha habilidade de desfusão, na qual continuava trabalhando, e apenas observei a intensidade surpreendente do impulso, até que notei o olhar de expectativa dos participantes. O sentimento passou tão rapidamente quanto veio e eu retomei o que estava falando.

Não pensei nisso novamente até o workshop seguinte, quando a mesma coisa aconteceu. Dessa vez, tive um novo despertar de consciência. Percebi que me sentia realmente muito jovem. Um pouco confuso, perguntei-me (enquanto ainda realizava o workshop): *Com quantos anos você se sente?*, e a resposta retornou: *Oito ou nove*. Então uma lembrança flutuou no ar, como uma mariposa que inesperadamente sai de uma gaveta recém-aberta. Tive apenas um vislumbre, o suficiente para saber o que era.

A lembrança flutuante consistia em um evento no qual eu não pensava há muitos, muitos anos. Parecia ter permanecido latente desde que aconteceu pela primeira vez. Consegui me concentrar novamente em meu workshop, mas, naquela noite, deliberadamente trouxe de volta essa esvoaçante mariposa de lembrança e a analisei com atenção.

Eu tinha 8 ou 9 anos e estava embaixo da cama, ouvindo meus pais gritarem um com o outro. Meu pai chegara tarde em casa e estava bêbado de novo. Eu o abracei quando entrou pela porta da frente, e seu terno engomado estava impregnado com o cheiro adorável de bagas de zimbro, pois ele transpirava gim-tônica. Às vezes, quando bebia, ele se acalmava e brincava comigo (até hoje, esse cheiro me faz sorrir), mas não houve brincadeira naquela noite. Minha mãe era consumida pela raiva à medida que as horas passavam e ela calculava quanto dos escassos fundos da família, provenientes do trabalho de meu pai como vendedor de alumínio, estavam sendo desperdiçados no Lubach's, seu restaurante e bar favorito no centro de San Diego. Mesmo enquanto eu o abraçava para comemorar sua chegada, minha mãe começou a provocá-lo com uma voz irritada. Pude sentir como a situação terminaria e rapidamente me retirei para o meu quarto.

As palavras se tornaram mais severas e os gritos começaram. Rastejei para debaixo da minha cama. Minha mãe o humilhava e falava sobre suas insuficiências e falhas como marido e pai. Ele respondia gritando repetidamente para que ela calasse a boca — *senão*... Suas ameaças apenas aguçaram as palavras dela.

De repente, houve um estrondo terrível e minha mãe gritou. Depois, descobri que era o som da mesa de café sendo arremessada pela sala, mas, naquele momento, tremia só de pensar: *Haverá sangue? Ele está batendo nela? Eles estão se matando?*

Em minha mente, de forma clara e incisiva, surgiram as palavras: *Tomarei uma atitude!* Nos instantes que se seguiram, praticamente tive que recuar fisicamente do ímpeto intenso de levantar, direcionar meu pequeno Eu ao cômodo ao lado e fazer o possível para *interromper* aquela situação.

Porém, não levantei. Fiquei aterrorizado pelo pensamento de confrontá-los. Um ou dois meses antes, vi meu irmão mais velho, Greg, intervir em uma briga e quase levar um soco na cara. Repeli *intensamente* o impulso de agir, me encolhi ainda mais embaixo da cama, abracei a mim mesmo e chorei.

Ao acessar essa antiga memória não avaliada, me ocorreu um sentimento comovente de autocompaixão por essa criança — uma parte essencial de mim mesmo — e percebi que, inerente à minha ansiedade, havia algo significativo que estava completamente encoberto e perdido.

Ao reprimir o quão profundamente a violência doméstica havia se inserido em mim, evitei a compreensão de algumas das origens principais da minha ansiedade. Não é de se admirar que os sons daqueles veteranos discutindo no departamento de psicologia tenham me deixado em pânico! O desejo de ver cenas como aquela serem interrompidas *e* o medo de que eu não fosse capaz de fazê-lo estavam aglutinados em minha mente desde criança. Esconder-me foi uma escolha sábia naquela época, mas desnecessária na conjuntura atual. Também percebi que minha luta para vencer a ansiedade me impedira de sentir uma profunda conexão com meu propósito original de me tornar psicólogo. Queria *tomar uma atitude* em relação ao sofrimento alheio. Não era uma decisão da mente — era do coração. Não fui capaz de salvar meus pais — pessoas amáveis, amorosas e perturbadas —, mas talvez pudesse ajudar a aliviar o sofrimento dos outros.

De repente, percebi que, ao declarar para mim mesmo que minha ansiedade era inválida, eu tinha, na verdade, estapeado o rosto da minha criança interna de 8 anos e lhe dito: *Cale-se ou vá embora*. Eu quis negar meu sentimento de vulnerabilidade, mas isso implicava negar não apenas minha própria dor, mas também meu próprio zelo — porque eram dois lados da mesma moeda.

O que aquele menino realmente fizera para ser tratado com tanta severidade? Importar-se com os pais que amava? Preocupar-se com a própria segurança? Ter medo em uma situação temível?

Essa percepção também me possibilitou constatar que minha incapacidade de reconhecer o que estava inerente à minha ansiedade permitira que um tipo de ambição nociva e evitativa me acometesse no início de minha carreira. Preocupava-me demais com a realização profissional, impulsionada por um motivo que eu desconhecia: evitar a dor e a vulnerabilidade de ser aquele garotinho que não se sentia capaz. À medida que repelia a ansiedade com a "realização", tive que afastar essa criança — que era o motivo de eu ser psicólogo. Esse garotinho me pediu para "tomar uma atitude". Tentar recorrer a êxitos vãos para "me livrar da dor" era uma espécie de auto-objetificação, como se eu (e aquela criança vulnerável dentro de mim) fosse um cavalo a ser açoitado.

Tomei a mesma decisão de anos antes, naquela noite agarrado ao tapete: "Nunca mais", prometi a meu jovem Eu vulnerável. "Não me afastarei de você e de sua mensagem sobre meu propósito de vida. Quero sua companhia."

O distanciamento do Ditador por meio da desfusão e a nova capacidade de aceitar a ansiedade abriram espaço em minha mente e meu coração para recordar aquele garotinho com compaixão, em vez de negação ou julgamento severo. Ao aprender a me direcionar à ansiedade, descobri como tratar a mim mesmo — todo o meu ser — de uma maneira mais amorosa e renovar o senso de propósito no meu trabalho. Percebi que aquele garotinho ressurgiu apenas ao se sentir seguro: quando me dispus a aceitá-lo.

Esse é o golpe duplo que nos possibilita escapar das imposições de nossa mente avaliativa. Primeiro, compreendemos que nossa evitação não está recompensando e que o mais do mesmo terá um resultado perfeitamente previsível. Segundo, após "desistirmos" da evitação, percebemos que existem alternativas na direção contrária, as quais *recompensam* em curto e longo prazo. Entendi que ajudar as pessoas a seguirem o caminho da aceitação implicava encontrar maneiras de acessar a inutilidade dos comportamentos evitativos e parte do aprendizado enriquecedor proveniente desse processo. Não queríamos expor as pessoas à dor apenas para auxiliá-las a aceitá-la; buscávamos um tipo de exposição que as ajudasse a viver da maneira que almejavam.

Soltando a Corda

Meus primeiros clientes da ACT foram extremamente úteis para os métodos de aprendizado que se tornaram fundamentais. Uma cliente forneceu uma das melhores metáforas que auxiliam as pessoas a assumirem a necessidade de aceitação.

Em uma das minhas últimas sessões com essa cliente, que era ansiosa e respondia muito bem às modalidades iniciais da ACT, pedi que explicasse o que a ajudara. "Foi perceber o que eu precisava aprender", respondeu ela. "Durante muito tempo, senti como se estivesse em um cabo de guerra com um gigantesco monstro da ansiedade que tentava me puxar para um poço sem fundo. Eu lutava e revidava; no entanto, não importava o quanto tentasse, não conseguia vencer. Sabia que não poderia desistir e me jogar no esquecimento. Foi muito difícil para mim perceber que não era preciso vencer essa guerra. A vida não estava me pedindo isso. O verdadeiro pedido era: solte a corda. Quando o fiz, pude aplicar meu esforço em aspectos mais interessantes."

Desde então, foi solicitado a muitas pessoas que aprendiam os métodos da ACT que se imaginassem soltando a corda ou que literalmente o fizessem em grupos que usavam uma corda de verdade. Várias outras metáforas poderosas foram desenvolvidas para auxiliar esse pivot. Na Parte Dois, quando iniciarmos os exercícios de aceitação, compartilharei mais algumas delas.

À medida que continuamos a colaborar com as pessoas na realização do pivot, descobrimos que, uma vez que o faziam, a vida quase imediatamente lhes proporcionava feedback positivo e realizações úteis. Aprendi a observar e a confiar nas pessoas como o mais importante indicativo de progresso. Elas fizeram conexões espontâneas com anseios reprimidos; alcançaram mudanças de comportamento a que nunca tínhamos visado deliberadamente em nosso trabalho colaborativo; contataram velhos amigos com os quais não falavam há muito tempo; abandonaram o ressentimento e resolveram desavenças antigas com entes queridos; e tomaram atitudes ousadas — mudaram de emprego, buscaram promoções, viajaram, iniciaram hobbies, abriram negócios. Essas pessoas começaram a *viver*, e o reforço positivo que se seguia as ajudava a manter a mudança em andamento.

Modificando a Exposição

Aperfeiçoamos rapidamente nossos métodos a fim de fortalecer a aceitação. Após ajudar as pessoas a soltarem a corda, começamos a orientá-las no processo de exposição por meio dos métodos que apresentaremos na Parte Dois, os quais incluem rotular emoções; observar anseios; sentir de propósito; catalogar memórias desencadeadas; e perceber o que o corpo está fazendo. É essencial para a abordagem de exposição da ACT compreender que ela não é uma forma de se livrar das emoções — mas de criar mais flexibilidade na maneira como reagimos a elas.

Minha equipe e um grupo crescente de colegas começaram a testar rigorosamente esses métodos em laboratório. Um estudo avaliou como os métodos de aceitação ajudavam pessoas propensas à ansiedade a lidarem com o desconforto causado pela respiração em uma dose elevada de CO_2 em comparação com a respiração diafragmática, uma técnica de relaxamento padrão usada na terapia de exposição. Os pesquisadores expuseram sessenta participantes ao ar com até 10% de dióxido de carbono (o nível normal na atmosfera é inferior a um vigésimo disso). Em segundos, uma dose tão alta de CO_2 ocasiona respiração ofegante, sudorese e pulso acelerado — exatamente as condições físicas que geralmente coincidem com ataques de ansiedade e pânico. Não é agradável.

Em uma breve sessão antes do desafio de CO_2, os participantes que estavam aprendendo os métodos da ACT foram instruídos a "observar" essas sensações da maneira que observariam uma nuvem no céu, deixando de lado qualquer tentativa de controlá-las, assim como dispensamos as tentativas de fazer as nuvens se moverem depressa ou devagar. O grupo de controle foi ensinado a relaxar e se concentrar na respiração.

Todos os grupos revelaram a mesma excitação fisiológica, mas, enquanto 42% das pessoas que fizeram o exercício respiratório sentiram que poderiam perder o controle de suas emoções — a mesma sensação de 28% do grupo de controle —, ninguém do grupo de métodos da ACT teve essa reação. Esses participantes também estavam muito mais dispostos a passar pela experiência novamente.

Logo descobrimos que mesmo as pessoas com síndrome do pânico reagiram dessa maneira e que isso poderia impactar outros aspectos de seu tratamento. O desafio de CO_2 para uma pessoa que sofre desse transtorno é realmente uma forma de exposição: produzir deliberadamente as sensações que se evita. Jill Levitt, aluna de David Barlow, mostrou que os métodos de aceitação não reduziram as sensações do dióxido de carbono (falta de ar, coração acelerado) ou mesmo a ansiedade. A verdade é que esses sintomas incomodaram menos essas pessoas e elas estavam mais dispostas a repetir o desafio. A aceitação tornou a exposição mais possível e eficaz.

Aos poucos, essas pesquisas iniciais acarretaram amplos estudos clínicos, com longos períodos de acompanhamento (um ano ou mais). As conclusões foram confirmadas.

Exposição com Propósito Significativo

Adicionamos outro elemento crucial aos nossos métodos de exposição — o fato de que eles eram um meio de *buscar uma vida mais significativa*: viver como você realmente almeja. Ajudamos as pessoas a perceberem que as experiências que evitavam e as memórias difíceis das quais procuravam escapar eram dolorosas e assustadoras *porque elas se importavam* — importavam-se com viver uma vida enriquecida pelo amor; serem pessoas acolhedoras; perseguir interesses que consideravam intrinsecamente atrativos e relevantes, independentemente da impressão causada na sociedade.

Por um lado, isso significava que a exposição deveria ocorrer em prol de uma ação valiosa. Por exemplo, ao ajudar um agorafóbico, pediríamos que ele fosse ao shopping não apenas para vivenciar a ansiedade provocada, mas também com o objetivo declarado de comprar um presente para um ente querido. Ou, se uma pessoa evita pensamentos sobre morte, sugeriríamos que ela fosse ao túmulo de um ente querido, não apenas para vencer seu medo, mas também para honrar seu amor e respeito pelo falecido.

Cliente após cliente, percebi que explorar as experiências difíceis que evitavam fazia com que se abrissem ao seguinte reconhecimento: a tentativa de evitar dores do passado os impedira de viver com a riqueza de propósito almejada. Lembre-se de Alice, que se fechou de forma extrema devido à dor pela morte do filho. JoAnne Dahl não apenas mostrou como eram improdutivas as regras de negar sua dor, mas também a ajudou a se reconectar com seu desejo de contribuir positivamente com o mundo. A primeira pergunta de JoAnne foi o que ela gostaria de fazer com sua vida se não fosse impedida pela dependência de analgésicos. Alice respondeu que queria trabalhar novamente, o que a levou a sair de casa e encontrar um bom emprego.

Da Aceitação ao Compromisso

Após constatarmos o poder de ajudar as pessoas a se reconectarem com suas ambições sobre como queriam viver, incluímos mais métodos para auxiliá-las na realização dos outros três pivots — Atenção, Valores e Compromisso —, pois percebemos que eles eram complementos necessários aos pivots da Desfusão, do Eu e da Aceitação. A ACT não pode se resumir a alcançar a aceitação; ela também deve ajudar as pessoas a se envolverem plenamente com a vida e a se comprometerem com um novo curso de ação estabelecido para si mesmas. Para usar a linguagem da psicologia humanista, a ACT deve incluir maneiras de ajudar as pessoas a se tornarem autorrealizadas. As técnicas de auxílio desenvolvidas pelos humanistas não haviam sido testadas pelo conjunto completo de métodos da ciência ocidental. Eu estava determinado a fazer com que a ACT ajudasse a preencher essa lacuna em nosso conhecimento.

Capítulo 7

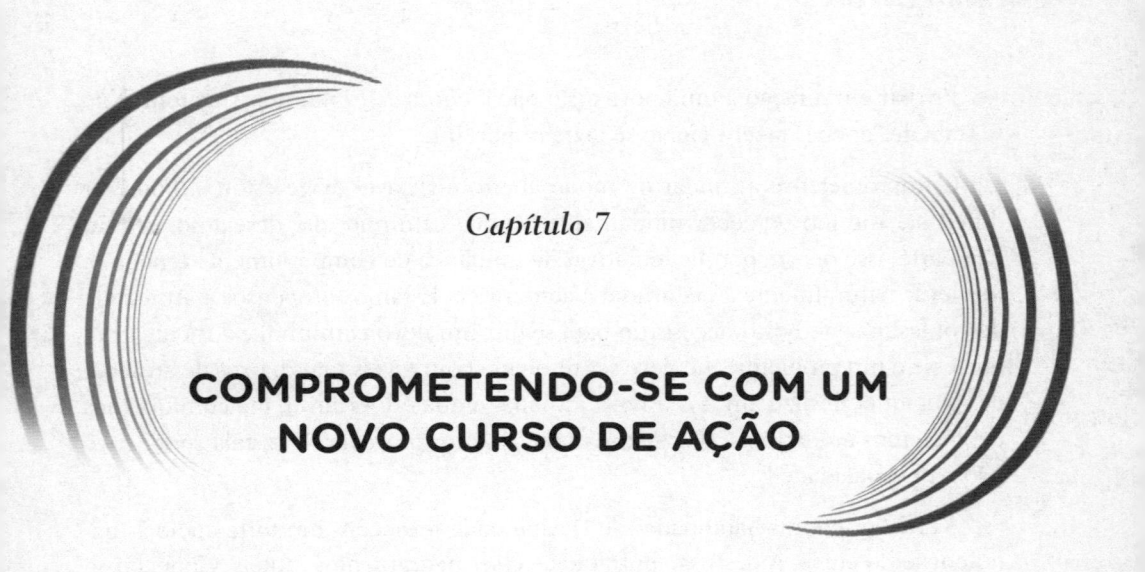

COMPROMETENDO-SE COM UM NOVO CURSO DE AÇÃO

A capacidade de fazer o que escolhemos para ter a vida que idealizamos é o objetivo final da ACT [ação, em inglês] — e não é à toa que tem esse nome. No fim das contas, somos o que *fazemos* e *por que* fazemos. Independentemente de quais problemas enfrentamos — ansiedade, depressão, ruminação negativa, insegurança, dor crônica —, eles não precisam impedir que ajamos de uma forma que traga significado e propósito à nossa vida.

Considere importantes personalidades históricas. Do que nos lembramos em relação a elas? Dos carros que possuíam? Da aparência de seus cônjuges? Das racionalizações que criaram para o seu comportamento? Dificilmente. Nós nos lembramos do que fizeram e dos valores que essas ações refletiram. Sem dúvidas, algumas delas lutavam internamente. Beethoven era conhecido por seus episódios maníacos. Algumas cartas dos amigos de Abraham Lincoln o descrevem como a pessoa mais deprimida que já conheceram. O importante é o que fizeram *com* esses desafios.

À medida que minha equipe desenvolvia os métodos da ACT, focamos maneiras de ajudar as pessoas a identificarem e se comprometerem com quaisquer mudanças de comportamento que possibilitassem vidas mais gratificantes. Evidentemente, não é nenhuma novidade a noção de que devemos agir com compromisso para melhorar nossas vidas. De certa forma, essa ideia está integrada à nossa cultura. Porém, assim como muitos outros aspectos do esforço humano, a mensagem foi reduzida a slogans simples: "Apenas faça!"; "Seja ousado!"; "Mostre sua coragem!"

Pivotar em direção a uma nova ação não é como esses mantras sugerem. Não se trata de "apenas fazer". *Como* se faz é importante.

Comprometer-se a mudar de modo aberto e flexível exige esforço. Pode ser difícil até mesmo perceber nitidamente o novo caminho que desejamos seguir. Em parte, isso ocorre porque tentativas de mudança de comportamento tendem a nos levar naturalmente à evitação e à autocrítica. Estamos propensos à ansiedade de contestar se temos o necessário para seguir um novo caminho, e a mente grita que esse é um problema que deve ser resolvido com níveis mais baixos de ansiedade. Qualquer deslize em nossa nova jornada, o que é inevitável, faz com que nos depreciemos ainda mais. O Ditador começa a nos provocar: "Ah, fala sério, você não tem capacidade!"

As três primeiras habilidades de flexibilidade fornecem um forte apoio à manutenção do curso. A desfusão enfraquece esses pensamentos inúteis. Conectar-se com o nosso Eu autêntico ajuda a evitar a influência do *pliance* e a preocupação com o julgamento alheio sobre nosso progresso, possibilitando o distanciamento de pensamentos, como: "Todos estão vendo que ainda estou sofrendo com minha depressão. A quem quero enganar? Sou um perdedor." Essa conexão também ajuda a repelir mentiras atrativas que contamos a nós mesmos sobre nosso progresso quando, na verdade, temos muito mais trabalho a fazer: "Agora estou bem, problema resolvido!" A aceitação impede que concentremos nossa atenção na solução desnecessária de problemas relacionados à dor que sentimos e, em vez disso, nos direcionemos às ideias úteis que esses sentimentos oferecem.

À medida que continuamos a desenvolver a ACT, percebemos que as outras três habilidades — atenção, valores e compromisso — são contribuições imprescindíveis à flexibilidade psicológica, auxiliando consideravelmente o comprometimento com um novo curso na vida. Elas proporcionam motivação adicional e agilidade mental.

Escape Room do Passado

Recentemente, eu e meus filhos passamos uma hora divertida em uma "escape room". Se você mora em uma cidade relativamente grande, é provável que já tenha visto alguma. As pessoas da equipe ficam trancadas em uma sala repleta de vários objetos, e a missão é escapar, identificando as pistas que resolvem o enigma.

Corremos de um lado para o outro feito loucos, abrindo gavetas, anotando indícios, inspecionando objetos e tentando decifrar significados. Pegamos livros, velas, fotos e outros objetos, os examinamos desenfreadamente e descartamos os que não pareciam relevantes. Fizemos listas intricadas de possíveis pistas que se revelaram becos sem saída. Não resolvemos todo o enigma, mas chegamos perto.

Foi um jogo divertido, mas não teria sido muito legal se tivesse continuado pelo resto de nossas vidas. Duvido que pensaríamos em diversão, mesmo que por alguns instantes, se acreditássemos na suposta premissa do jogo: você nunca escapará a menos que decifre o enigma. Independentemente de ganhar, perder ou empatar, sabíamos que em uma hora estaríamos livres.

E se não soubéssemos?

Muitos vivem a vida inteira se esforçando para sair de uma *escape room* mental. Focamos demais o passado e o modo como ele pode nos ajudar no futuro, em vez de aproveitar a experiência do momento por si só. É algo natural para nossa mente solucionadora de problemas.

Suponha que você está com fome e decida fazer um sanduíche, mas, em um piscar de olhos, acabe no meio de uma bela floresta. Meu palpite é que você não ficaria apreciando as árvores ou as flores — apenas questionaria: "Como cheguei aqui?" e "Como posso sair?". Em outras palavras, sua mente seria totalmente dominada pela tentativa de entender o passado ("Como cheguei aqui?") para que possa controlar o futuro ("Como posso sair?") — ou seja, você provavelmente trataria a situação como um problema a ser resolvido.

Se observarmos nossa mente ao tentar resolver praticamente qualquer problema, conseguimos detectar a seguinte estratégia: considere a situação. Descubra o que está errado. Verifique o passado. Analise-o. Tente entender como você chegou até aqui. Encare o futuro. Examine-o. Aplique a compreensão do passado e do presente ao processo de obter o que se deseja do futuro.

A maioria das formas de terapia incentiva esse processo, sugerindo que é a principal maneira de lidar com experiências passadas, especialmente as dolorosas. Portanto, é fácil pensar na terapia como uma espécie de *escape room* em câmera lenta, na qual nossas experiências são relevantes apenas como um meio para escapar de alguma coisa. Você está trancado dentro da ansiedade, da depressão ou da dor, e sua missão é encontrar a saída de emergência e se libertar.

Obviamente, é importante que nos libertemos das armadilhas do passado. Porém, na pesquisa sobre a ACT, constatamos que os esforços serão mais eficazes se aprendermos a reconduzir nossa mente ao presente e a manter nossa capacidade de escolher como agiremos a cada momento.

Desenvolvendo a Atenção Flexível

Minha experiência com práticas de atenção plena me ajudou a entender que a capacidade de continuar redirecionando nosso foco ao momento presente possibilita que nos libertemos das armadilhas do passado. O impulso que geralmente sentimos de investigá-lo para obter entendimento não é equivocado, afinal, queremos dedicar algum tempo a essas considerações. O segredo é não se enredar: desejamos estar presentes com o passado, não perdidos nele. É nesse ponto que o pivot da Atenção se faz necessário, pois ele nos ajuda a manter nossos talentos cognitivos focados em possibilidades positivas no momento presente.

Em geral, as pessoas têm medo de acessar o presente e simplesmente perceberem o que há nele, interna e externamente. A habilidade de aceitação ajuda nesse processo — outro exemplo de como as habilidades de flexibilidade se apoiam. Ao aceitarmos esse medo, imediatamente nos capacitamos para começar a ver as possibilidades do presente com mais clareza. Quando as situações despertam memórias emocionais difíceis, ficamos cada vez mais alertas à possível relevância dessa dor e conduzimos nossa atenção a ela de maneira útil. Conseguimos considerar as dores de nosso passado como passado, mas adquirir toda a sabedoria que elas podem nos proporcionar.

Foi assim que pude estabelecer a conexão entre a ansiedade e a violência doméstica na minha infância. Eu não havia reconhecido essa conexão porque me empenhava excessivamente em combater a ansiedade com meu propósito elaborado de "escape room" — focar minha mente em escapar, e não em permanecer onde estava. Depois que aprendi a aceitar minha ansiedade, fui capaz de prestar atenção à experiência existente e vislumbrar aquela lembrança de meus pais brigando, em vez de afastá-la de modo impulsivo. Registrei-a com plena consciência e, depois, consegui revisitá-la mais profundamente.

Reconduzindo Nossa Atenção ao Presente

Pesquisadores descobriram que nosso pensamento frequentemente se afasta do presente. Podemos permanecer ausentes por muito tempo e nunca perceber o aqui e agora, ou pelo menos não de maneira completa e útil.

É um pouco estranho que tenhamos que aprender a viver no presente, afinal, não há outro lugar para se estar. Podemos nos preocupar com o futuro, mas são preocupações *presentes sobre* o futuro. Podemos recordar o passado, mas são lembranças *presentes sobre* o passado. Nada do que podemos fazer ou imaginar é realmente passado ou futuro.

Muito foi escrito sobre atenção plena e como ela pode nos ajudar a lidar com a vida. Infelizmente, certa simplificação inútil de seu significado alcançou a concepção popular. Ela não é simplesmente viver no aqui e agora: adolescentes fazem isso quando estão jogando videogame, e dificilmente são prodígios da atenção plena nessas ocasiões. Eu poderia disparar uma arma perto da orelha do meu filho enquanto joga Minecraft e ele não se moveria. Desaparecer no agora não é o que consideramos atenção plena — ela consiste na atenção flexível, fluida e voluntária que concedemos ao agora. Isso possibilita que também consideremos o passado e o futuro, ao mesmo tempo que reconduzimos nossa atenção ao presente.

Imagine que você está em uma sala escura com uma lanterna que pode ser ajustada para ter um feixe estreito ou amplo; intenso ou fraco. É possível direcionar a luz para onde quiser ou remover a tampa e iluminar tudo, como uma luminária sobre uma mesa.

A atenção é como uma lanterna que nos possibilita focar nossa consciência. O treinamento de atenção plena nos ensina como ampliar ou estreitar nosso feixe de atenção e direcioná-lo para onde será mais útil para nós. Dito de outra forma, quando a luz suave da consciência presente é orientada ao passado, somos capazes de perceber as partes acolhedoras, e até mesmo as repulsivas, de nossa história com mais honestidade e autocompaixão. Essa iluminação nos ajuda a analisar como permitimos que nossas lutas com o passado nos desviassem da busca por uma vida alinhada com nossos valores e com o propósito que almejamos.

Uma prática comum de treinamento consiste em *acompanhar a respiração.* Você não demora para perceber sua atenção divagando e, assim que o faz, a traz de volta com sua respiração seguinte. Esse processo consiste em um momento de controle atencional. Ao fazer isso repetidamente, você desenvolve a agilidade mental para se concentrar de maneira flexível e voluntária.

A prática contemplativa aparece em toda tradição espiritual, religiosa e de sabedoria, e por boas razões. Uma ampla base de pesquisa mostra que essa prática tem efeitos benéficos não apenas no cérebro, mas em todas as células do corpo. Alterações na estrutura e na reatividade cerebral ocasionadas pela meditação levam a uma maior capacidade de experimentar sensações internas, menos reatividade emocional e maior eficiência atencional, além de melhorar vários outros processos cognitivos importantes. A meditação também modifica a expressão gênica de 7% a 8%, principalmente por meio de alterações epigenéticas que aumentam ou diminuem os genes envolvidos na resposta ao estresse.

No entanto, sempre tive um pouco de receio de exigir a prática contemplativa tradicional na ACT, porque, como alguém que vivenciou a década de 1960, sei que várias tradições de atenção plena entram em conflito umas com as outras. Eu queria me aprofundar na essência da prática contemplativa para extrair apenas os elementos que promovessem a flexibilidade psicológica, pois percebia o valor da meditação tradicional e, além disso, acreditava que poderíamos adaptar alguns outros processos clássicos de atenção plena com nossos insights obtidos da RFT.

Nossos estudos sobre RFT esclareceram que a fusão e a evitação dividem nossa atenção em dois fluxos: um que percebe o que está presente e outro que se concentra no propósito de solução de problemas ("Já está dando certo?"). Portanto, na ACT, em vez de exercícios clássicos de atenção plena — como acompanhar a respiração —, utilizamos exercícios que possibilitavam detectar como os pensamentos "capturavam" as pessoas e afastavam o foco do presente. A seguir, apresentarei um exemplo que você pode tentar praticar agora. Para cronometrar o tempo sugerido de dois minutos, defina um alarme em seu smartphone.

Imagine que você está sentado na arquibancada de um desfile, assistindo às pessoas carregarem grandes cartazes brancos sem nada escrito. Insira seus pensamentos nesses cartazes à medida que eles lhe ocorrerem, na forma de palavras ou imagens. Sua tarefa é se concentrar nesse desfile e se observar ao descer da arquibancada. Se sentir que está distraído ou se o desfile estiver vacilante, recue um pouco e tente se lembrar do que passou pela sua mente antes de perder o fluxo. Veja se consegue captar um pensamento, sentimento, memória ou sensação que serviu de gatilho e registre-o, ou talvez anote-o, para análise posterior. Então, volte à arquibancada e comece novamente.

Preparado? OK, agora.

......

Bem-vindo de volta. O que você percebeu?

Para alguns, o desfile nunca chegou a se realizar, pois surgiram pensamentos como *Isso não está funcionando para mim* ou *Eu não sou bom em imaginar.* Você tentou colocar esses pensamentos em um dos cartazes? Ao realizar este exercício novamente, você descobrirá que fazer isso é uma boa forma de dispensá-los.

Ou o desfile pode ter começado, mas você percebeu que ele parou quando surgiram pensamentos que o capturaram. Este é um indício de fusão. O conteúdo de um pensamento (*Isso não está funcionando para mim*) dominou a atenção necessária à tarefa. Ironicamente, ao realizar essa atividade, uma forma comum de pensamento persistente é sobre o próprio exercício (por exemplo, *Estou fazendo direito?* ou *É bobagem fazer isso?*) — é a força do *pliance* controlando sua mente.

Este exercício e outros semelhantes foram estudados em muitos ensaios clínicos que demonstraram suas vantagens. Além de ajudar as pessoas a se distanciarem de pensamentos negativos invasivos, eles aumentam a tolerância à dor e reduzem o impacto dos impulsos. Pesquisas também revelaram que não é suficiente explicar seu valor e expor as pessoas a eles apenas uma vez — é preciso praticá-los a fim de obter o maior benefício possível.

Para entender melhor por que é tão importante desenvolver a flexibilidade atencional, realize mais um exercício rápido. Olhe ao redor da sala — ou onde quer que esteja — e tente enxergar algo que não está vendo *agora*.

É um pedido incomum, mas tente realizá-lo.

Aposto que você não consegue. Tudo o que enxerga é o que vê agora. Correto?

Olhe ao redor novamente, mas dessa vez avalie o que você está vendo. Compare as coisas. Descubra quais você quer ou não; quais são boas, ruins ou indiferentes. Se vir algo de que não gosta, considere como pode alterá-lo e como procederia para tanto. Então, à medida que fizer tudo *isso*, veja se consegue permanecer 100% no agora.

Aposto que você também não consegue. Se estiver em casa, provavelmente pensou em memórias relacionadas às coisas avaliadas. Ao ver a estante de livros, talvez pensou em um livro que já leu. Ao ver uma cadeira na sala, talvez se lembrou de alguém que o visitou e se sentou nela. Você pode até ter começado a reproduzir essa visita em sua mente.

Por que não é possível analisar seus pensamentos e permanecer no presente? Afinal, você pode ver um quadro na parede agora. Certo? Você pode sentir que está sentado na cadeira agora. Correto? Por que você não pode, da mesma maneira, perceber que está pensando agora?

É *possível* fazer exatamente isso! Na teoria, perceber o pensamento não é diferente de perceber a sensação de estar sentado. O problema é que, assim que focamos *sobre* o que pensamos, o "agora" escapa, pelo menos um pouco. Curiosamente, o significado original da palavra *sobre* é "próximo de; além de", e não "dentro de; no interior de". É *além* de — quando se está *além* do momento presente, não se está *dentro* do momento presente. Portanto, "sobre" é sempre "além".

Em outras palavras, uma vez que adentramos a avaliação mental e o modo história, sempre ficamos um pouco fora do "agora". Adicione um propósito de solução de problemas e praticamente desaparecemos em uma rede cognitiva que busca esse objetivo, com um "agora" muito reduzido. É por isso que conseguimos viver como seres humanos por meses e anos, recorrendo quase constantemente ao passado para descobrir o que fazer com o futuro. Perdidos na *escape room*.

O Passado e o Futuro São Ficções Presentes

Ao trabalhar no desenvolvimento da flexibilidade atencional, é útil lembrar que o futuro é uma questão de pura imaginação, enquanto nossa lembrança do passado é amplamente distorcida e incompleta. Aquilo que chamamos de "memória" está sendo constantemente reconstruído — no presente. Quando amigos antigos ou irmãos relembram os velhos tempos, eles logo percebem que suas memórias divergem um pouco. Um se lembrará dos detalhes de um modo diferente do outro; passeios que ocorreram separados na memória de um estarão misturados na memória do outro. Dentro de nossa própria mente, geralmente nos convencemos de que estamos certos... mas é claro que isso não pode ser verdade para todos. Obviamente alguém está distorcendo e reformulando a história.

Acontece que "alguém" consiste em todos nós. Em parte, isso ocorre porque investimos na consistência da história que nossas memórias contam. (Lembre-se do efeito de coerência mencionado no Capítulo 5, um dos três cês da inflexibilidade cognitiva.) Portanto, quando olhamos para o passado, não estamos realmente analisando-o! Nós estamos reconstruindo-o.

Somos incapazes de impedir completamente o processo de fabricação mental, mas podemos aprender a não imergir ou acreditar nessas invenções. Podemos adquirir maior percepção de nossa mente entrando nesse modo e optar por analisar nossas lembranças do passado e conjecturas sobre o futuro com uma consciência focada no presente. Pensamentos são apenas pensamentos. O que fazemos com eles depende de nós.

Acrescentando ao Trabalho com Valores

Muitos têm medo de admitir, para si mesmos e para os outros, que se importam profundamente com suas verdadeiras ambições. Nós menosprezamos nossa vida. Não sonhamos alto; pelo contrário, deixamos de atingir nosso potencial. Frequentemente, evitamos expressar a profundidade de nosso amor, negando a nós mesmos a riqueza de possíveis relacionamentos. Isso não ocorre, em grande parte, porque é doloroso correr o risco de falhar ou ser rejeitado?

À medida que desenvolvíamos a ACT, queríamos encontrar maneiras de ajudar as pessoas a se direcionarem ao seu afeto mais profundo. Somente assim elas poderiam se comprometer com um novo caminho de vida que considerariam verdadeiramente significativo. A aceitação começa com esse processo. Lembre-se de que aceitar significa receber, como um presente, e talvez o presente mais valioso que recebemos ao aceitar a dor emocional é o de redescobrir o que mais nos importa.

Nossa pretensão era encontrar maneiras adicionais de ajudar as pessoas a avaliarem o que realmente importa para elas na vida, a se reconectarem com seus verdadeiros valores. Muitos de nós ficamos tão envolvidos no *pliance*, tentando nos adequar às convenções sociais e impressionar os outros, que esquecemos quase por completo o que realmente mais importa para nós. Tornamo-nos excessivamente focados em realizações — ou em nossa falha em alcançá-las — e perdemos de vista o fato de que o caminho para a satisfação é viver todos os dias de uma maneira significativa por si só, não primordialmente como um meio para outro fim — aceitação social ou riqueza, por exemplo.

A respeito disso, pesquisas mostraram que o foco em nossos valores genuínos é útil, pois pode diminuir a ansiedade em relação a tarefas desafiadoras, reduzir as respostas fisiológicas ao estresse, atenuar o impacto de julgamentos alheios negativos, minimizar nossa atitude defensiva e nos ajudar a ser mais receptivos a informações que podem ser difíceis de aceitar, por exemplo, sobre como magoamos alguém que amamos. Temos uma noção do motivo pelo qual tudo isso acontece. Considerar nossos valores nos auxilia a focar o impacto que exercemos sobre os outros, o que, por sua vez, nos ajuda a superar nossos medos acerca da dor que evitamos. Mais uma vez constatamos como as habilidades de flexibilidade se fortalecem. Conectar-nos com nossos valores contribui para a aceitação.

Valores Não São Metas

A ACT define valores como qualidades escolhidas de ser e fazer. Elas podem ser manifestadas com verbos e advérbios: ensinar compassivamente, oferecer gratamente. Com frequência, os valores são tratados como coisas que *possuímos*, mas eles não são objetos nem metas. São as qualidades pelas quais fazemos as coisas.

Metas são finitas: realizações que, uma vez alcançadas, estão finalizadas. Valores são orientações duradouras e contínuas. Não é possível alcançar um valor, apenas manifestá-lo por meio de ações condizentes.

Muitas vezes, viver de acordo com nossos valores é ironicamente prejudicado pela busca de objetivos. Nossa mente solucionadora de problemas direciona nossa atenção e nosso comportamento muito estreitamente ao alcance de metas. Em parte, isso é prejudicial porque os objetivos que perseguimos, em geral, são aqueles que queremos alcançar devido ao domínio do *pliance*. Pensamos que eles são um caminho para a aceitação social. A busca de objetivos também pode ser uma maneira de evitar a aceitação de quem somos e de nossas autênticas ambições. Por exemplo, podemos ter decidido que, se estabelecermos uma meta de obter um diploma em direito, nos protegeremos do risco de sentir a dor do fracasso ao buscar uma vocação artística.

Por sua própria natureza, as metas implicam que ainda não estamos onde deveríamos estar na vida. Elas são mais frequentemente pensadas em termos condicionais (por exemplo, *se-então; quando-então).* Quando eu me formar, então___. Se eu me casar, então___. Quando eu tiver filhos, então_. Se eu ganhar meu primeiro milhão, então___. Pensar dessa forma naturalmente faz com que avaliemos nossa situação atual como inadequada. Nesse ínterim, se não conseguimos atingir os objetivos, muitas vezes interpretamos esse fracasso como prova de nossa própria incapacidade.

As metas podem integrar uma jornada de valores e geralmente são parte dela. Por exemplo, se você valoriza ajudar os outros e está cursando direito para auxiliar as pessoas com problemas jurídicos, esse é um objetivo que atende aos seus valores. Porém, mesmo com tais metas, não devemos perder de vista o fato de que nossos valores dão sentido a elas. Foi o que aconteceu comigo, pois me concentrei demais no desenvolvimento da minha reputação profissional, e não no meu desejo inicial de ajudar as pessoas a lidarem com a vida.

O pivot dos Valores consiste em se afastar das metas socialmente conformes ou evitativas e se direcionar a uma vida congruente com os valores escolhidos. Um objetivo importante da ACT é ajudar as pessoas a agirem ao máximo de acordo com seus valores, pelo resto de suas vidas.

Para auxiliar essa reconexão e definir seu curso, iniciamos o trabalho com valores. Ou seja, começamos a direcionar a atenção das pessoas para as qualidades de ser e fazer que desejavam manifestar em suas vidas por opção. O que importava profundamente para elas, mesmo que ninguém julgasse ou apoiasse?

O trabalho com valores nos ajuda a assumir, sem qualquer defesa, a plenitude do afeto. É uma maneira de explorar o que está em nosso âmago durante momentos como:

* **Abraçar um amigo.**
* **Sorrir para um bebê.**
* **Curvar a cabeça para um grande líder espiritual.**
* **Prestar continência a um soldado.**
* **Posicionar a mão sobre o coração ao ouvir o hino nacional.**
* **Ser gentil com desconhecidos.**

Vivenciamos esses momentos quando agimos sem defesa — esse é o significado dos valores.

O Trabalho com Valores Requer Flexibilidade

Explorar nossos valores pode nos reconduzir à evitação; pode ser doloroso e provocar autoculpabilização e vergonha. É por isso que precisamos das outras habilidades de flexibilidade à medida que realizamos esse trabalho. Saber como se afastar da voz do Ditador nos possibilita evitar autojulgamentos sobre o quanto nos desviamos de nossos valores. A origem da palavra *valor* é a mesma que a palavra julgadora *avaliar* e, como demonstra muito do discurso público sobre valores, eles podem ser sustentados como argumentos para desencorajar nós mesmos e os outros. A consideração de valores também pode desencadear uma voz interior de "obrigação" em vez de uma autoanálise sem julgamento. A capacidade de se conectar com o seu Eu autêntico impede que nos concentremos em "valores" com base no desejo de agradar aos outros ou de estar em conformidade com as pressões sociais. Por exemplo, uma pessoa pode alegar o valor de se desafiar constantemente a aprender coisas novas, pois há uma mensagem cultural de que devemos fazer isso, quando, na verdade, ela valoriza aplicar as habilidades que já domina para ajudar os outros. As habilidades de aceitação nos auxiliam a lidar com a dificuldade emocional do trabalho, enquanto a atenção nos ajuda a avaliar como estamos realmente alinhados, ou não, com os valores em nossa vida diária.

Existem muitos métodos para auxiliar a reconexão com nossos valores, os quais exploraremos com mais detalhes no Capítulo 14. Por enquanto, apresentarei um que costumamos usar na ACT para ilustrar como o trabalho com valores motiva o comprometimento com as mudanças, mesmo as difíceis. Pense em alguém que você não conhece, mas cuja história de vida respeita ou admira profundamente. Reflita sobre essa pessoa. Qual aspecto dela o comove? Suas riquezas, sua casa ou seu carro? Sua sensualidade, suas roupas ou seus belos sapatos? Sua ausência de tristeza, solidão ou dúvida? Os prêmios que ganhou, os aplausos que recebeu ou a quantidade considerável de publicações? Essas perguntas nos ajudam a lembrar que essas qualidades de ser e as realizações não são os aspectos que nos comovem.

Quais são? Questione-se sobre as qualidades dessa pessoa: o que ela defendeu ou representou na forma como viveu?

Meu palpite: qualidades que você almeja na sua vida, as quais gostaria de ver em seu comportamento e de expressar no mundo. Sua mente pode dizer que você não demonstra essas qualidades, ou mesmo que você *não pode* manifestá-las, mas, mesmo assim, seu coração deseja viver de acordo com elas. É por isso que você admira essa pessoa por seu modo de ser.

Constatamos que os exercícios de valores que desenvolvemos tiveram um efeito notável em motivar as pessoas a fazerem o que realmente queriam. Apresentarei um exemplo de exercício retirado de um estudo do qual fiz parte há alguns anos. É possível praticá-lo agora (leva apenas alguns minutos) e, como você está prestes a descobrir, ele pode mudar vidas.

Pedimos a 579 universitários que participassem de um estudo para melhorar seu desempenho acadêmico por meio de uma curta experiência (quinze minutos) em um site. Um total de 132 alunos se ofereceu (mas também acompanhamos as notas dos outros 447 que não o fizeram). Os voluntários foram distribuídos aleatoriamente em três grupos: um de controle, com o qual não trabalhamos; um que ensinamos a estabelecer metas favoráveis e concretas; e um que, além de aprender a melhor forma de definir metas, realizou um exercício de escrita dos valores.

O exercício não poderia ter sido mais simples. Pedimos que eles pensassem nos valores como se fossem uma direção escolhida. Se você for para o oeste, pode usar um mapa ou uma bússola para orientá-lo caso saía da rota. Porém, "oeste" não é uma meta concreta — é uma direção, e não importa o quão longe você vá nesse sentido, ainda é possível continuar. O mesmo não se aplica às metas, pois elas são lugares aos quais se chega, e não direções a serem tomadas. As qualidades escolhidas de ser e de fazer são como direções: você sempre pode seguir pelo caminho, mas nunca "chegar".

Depois que os universitários demonstraram compreender essa distinção (sim, aplicamos um teste: ei, eles eram estudantes!), vinculamos os valores à ação. O programa do site pedia que pensassem no ato de ir à faculdade como se cuidassem de um jardim. Suponha que você aprecie a beleza de um jardim e adore ver as coisas crescerem, mas logo percebe que não há um lugar perfeito para plantar. Ao escolher um local, você pode se comprometer com ele e preparar a terra, mesmo que não seja perfeita e não se tenha certeza do resultado. Cuidar do jardim é um trabalho difícil — requer constante cuidado e atenção. Nem sempre é instantaneamente bom, mas a ação pode ser satisfatória, pois se está, a cada momento, trabalhando em algo que é importante. Então, pedimos aos alunos que considerassem como seria o estudo da semana seguinte se abordassem cada momento desse processo como uma atividade escolhida e repleta de vida.

Por fim, pedimos que se atentassem à diferença entre valores e objetivos, enquanto escreviam por dez minutos sobre o que era realmente importante para eles em relação à educação, considerando as qualidades de ação envolvidas no aprendizado. (Você pode escolher outra área da vida, como relacionamentos, trabalho ou desenvolvimento espiritual, o que preferir.) Por exemplo, uma das qualidades poderia ser o compartilhamento de insights com colegas ou a liberdade para decidir o que aprender. Solicitamos que escrevessem sobre o que eram essas qualidades e por que eram importantes, e refletissem sobre o que acontece quando suas ações as manifestam e quando não. Como seria a vida se a educação fosse uma jornada baseada em valores definidos por eles? Qual seria seu aspecto? Qual seria a sensação?

Durante o semestre seguinte, os alunos do grupo de controle tiveram o mesmo desempenho de antes, assim como os alunos que não participaram do estudo. O grupo que recebeu apenas o treinamento para definição de metas também apresentou desempenho semelhante — somente as metas não foram suficientes.

Porém, o grupo que estabeleceu metas e recebeu o treinamento breve de valores baseado na ACT aumentou sua média em aproximadamente 0,2. No semestre posterior a esse, proporcionamos o mesmo treinamento ao grupo de controle e ocorreu uma situação parecida: quase 0,2 de acréscimo à média de notas.

Nada mal para quinze minutos de escrita. O comportamento dos estudantes foi modificado de maneira mensurável e positiva ao longo das quinze *semanas* que sucederam ao exercício.

Uma vez que compreendemos como queremos viver, o próximo passo é criar hábitos de ações baseadas nos valores que escolhemos. Isso é possível quando realizamos o pivot do Compromisso, nos distanciando do comportamento evitativo ou socialmente conforme e nos direcionando à ação persistente que manifesta nossos valores.

O Compromisso Aumenta por Meio da Ação

O último pivot cria hábitos de vida valorizada. Fazer alterações em qualquer comportamento que adotamos é difícil. Mesmo as menores ações, como um tique nervoso de roer as unhas ou bater o pé, podem ser difíceis de mudar. Quando adotamos o comportamento porque pensamos, conscientemente ou não, que ele nos ajuda a evitar dores emocionais, a mudança é desafiadora.

Descobrimos que o segredo para realizar esse último pivot e se manter no curso da mudança de comportamento é começar devagar e depois reunir os hábitos mais significativos. Desenvolver hábitos é muito mais eficaz quando as pessoas começam com o que pode parecer um compromisso ínfimo e até mesmo irrelevante. Você pode pensar nisso como um "protótipo" da prática de compromisso, o que pode ser feito mesmo com comportamentos não relacionados àquele que se pretende mudar. Por exemplo, se o objetivo é modificar seus hábitos alimentares, mas as mudanças recomendadas por um nutricionista se revelaram muito difíceis, você pode começar a desenvolver sua habilidade de compromisso fazendo um tipo diferente de mudança, menos desafiadora.

O primeiro passo pode ser simplesmente manter sua palavra. Suponha que você concorde em encontrar um amigo ao meio-dia para almoçar. Isso não significa sair de casa exatamente na hora marcada ou avisá-lo que você chegará em cinco minutos quando, na verdade, demorará dez. Ser pontual significa estar no local quando você disse que estaria. Esse é um ótimo compromisso para praticar, pois a maioria das pessoas consegue perdoá-lo caso não consiga cumpri-lo. Se você se atrasar um pouco, pode dar inúmeras explicações e é provável que seu amigo sempre o desculpe. Mas, cuidado: você estará construindo um padrão de não ser confiável. Portanto, é melhor ficar atento à pontualidade, mesmo que as consequências não sejam severas.

A mensagem básica da ACT sobre mudança de comportamento é: não podemos esperar que desenvolveremos competência em um novo curso de vida de um dia para o outro. Se essa atitude não for adotada, a mente solucionadora de problemas ficará obcecada ao imaginar como você será quando for diferente e melhor, e depois o julgará pelo lugar que ocupa e por ser quem é, destruindo a persistência saudável exatamente quando ela é mais necessária. Se você está tentando largar o cigarro e acredita que deve parar 100%, ao ter uma recaída, seu Ditador gritará, evidenciando sua falha. Muitas pessoas que tentam parar de fumar caem nessa armadilha, decidindo que simplesmente não podem fazê-lo, em vez de perceberem que o verdadeiro problema é que elas definiram uma meta inicial muito difícil.

Um alerta: ao definir uma meta pequena, o Ditador entra em ação com milhares de razões pelas quais ela não tem importância. Isso, mais uma vez, mostra como as habilidades de flexibilidade se fortalecem. Se você pratica a desfusão, não prestará atenção a essas palavras sem sentido.

Compromisso não significa nunca falhar, mas, sim, assumir a responsabilidade quando nos desviamos dos padrões de vida mais amplos que criamos. Em nosso primeiro grande ensaio clínico randomizado da ACT, que se direcionava a poliusuários de drogas adictos em opiáceos, lembro-me perfeitamente de uma sessão específica. Um cliente de Kelly Wilson narrou uma história trágica sobre como ele recaíra e usara drogas, o que provava que nunca conseguiria parar. Ela ouviu pacientemente e, quando o cliente terminou de falar, simplesmente perguntou: "Quais dos seus valores mudaram?" Após um silêncio atônito, ele afirmou: "Nenhum." Kelly continuou: "Então me parece que você tem uma escolha sobre qual padrão de comportamento deseja fortalecer. Será o de compromisso-recaída-compromisso ou compromisso-recaída-desistência? Há apenas essas duas alternativas." O cliente ficou em silêncio por um tempo antes de se comprometer novamente a não usar drogas e permanecer sóbrio.

O compromisso implica o reconhecimento de que a mudança começa agora ou nunca. Ele consiste no entendimento de que medidas concretas e modestas são as melhores. Simples é bom. Repetir também. Ser responsável por construir padrões maiores é benéfico. Isso levará a progressos notáveis. De fato, é possível perseguir seus sonhos.

Cada Passo da Dança

Quando adicionamos os métodos de realização dos seis pivots nos estudos da ACT realizados com os participantes, constatamos melhores resultados. As habilidades se associam para inserir flexibilidade psicológica em nossa vida diária, da mesma maneira que os passos individuais da dança se combinam para possibilitar que um dançarino se movimente de maneira graciosa.

Se continuarmos praticando os exercícios — ou um conjunto básico que consideramos particularmente útil —, podemos recorrer a eles a qualquer momento, à medida que surgirem situações desafiadoras. Quando sinto que autojulgamentos negativos começam a me enredar, costumo fazer rapidamente o exercício de repetição de palavras do Capítulo 4. Se você tem diabetes e está prestes a decidir se come uma enorme sobremesa açucarada, pode realizar um exercício de valores para se reconectar com o quão importante é permanecer saudável.

Minha equipe e Jennifer Villatte, uma aluna recente, obtiveram fortes comprovações de que o poder da ACT é substancialmente maior quando os seis pivots são realizados. Conduzimos um estudo que testou versões incompletas da ACT em vários clientes com ansiedade e depressão. Em uma delas, excluímos o desenvolvimento da desfusão e da aceitação; na outra, retiramos o trabalho com valores e compromisso; e, em ambas, mantivemos o processo do Eu e da atenção. Essencialmente, comparamos essas duas formas prejudicadas da ACT — uma sem os elementos de A; e outra sem os aspectos de C (não, não as chamaremos de CT e AT!).

Ambas acarretaram melhorias consideráveis na qualidade de vida, mas, como era de se esperar, os clientes que foram treinados em valores e compromisso realizaram maiores mudanças de comportamento e constataram melhorias superiores na qualidade de vida. Em relação à gravidade dos sintomas, o padrão foi inverso. Os clientes que receberam treinamento em aceitação e desfusão tiveram menos dificuldades para passar por momentos difíceis e, como resultado, seu sofrimento diminuiu mais. A lição? Os processos de flexibilidade mudam apenas quando direcionados, e todos eles são necessários.

Realizamos mais de setenta estudos para testar elementos individuais ou grupos de elementos da ACT, e a situação é clara: todas as habilidades de flexibilidade são importantes e se tornam ainda mais úteis quando associadas no conjunto completo, que nos possibilita desenvolver uma mente livre, liberta do Ditador Interno.

Aprender a realizar todos os seis pivots pode parecer desanimador, mas, como mostrarei no próximo capítulo, você dispõe da sabedoria interior que o apoiará e o guiará pelo caminho.

Capítulo 8

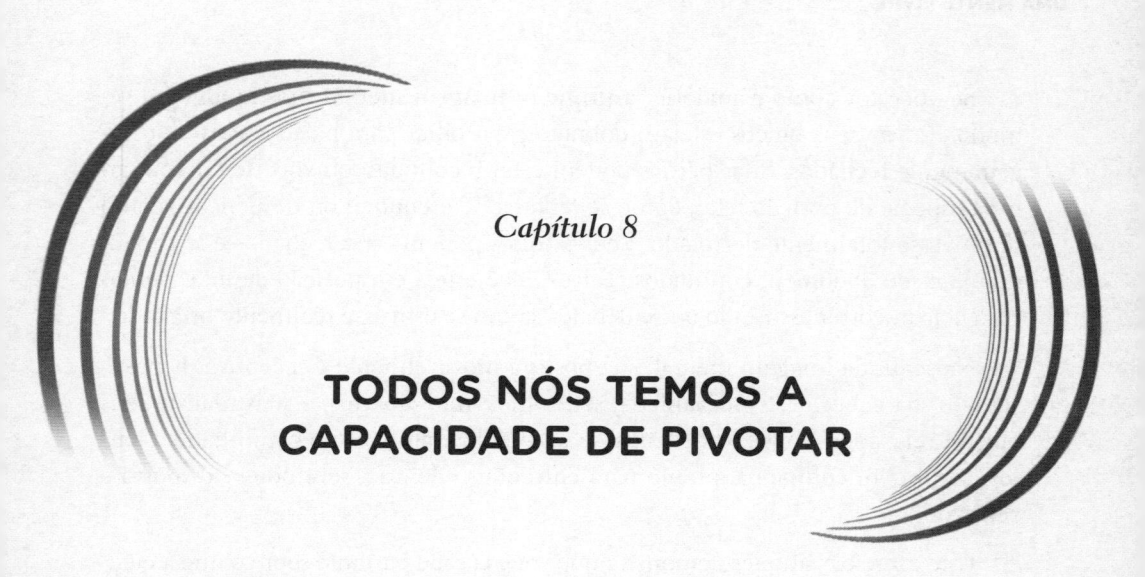

TODOS NÓS TEMOS A CAPACIDADE DE PIVOTAR

Todos os seis pivots estão ao nosso alcance. Mesmo antes deste livro, você já sabia que eles eram importantes, pois esse conhecimento está incorporado, tanto pela experiência quanto pela genética.

Posso provar isso em menos de um minuto.

Pense em um problema psicológico profundamente desafiador que você enfrenta. Refiro-me a uma questão que tem a ver com a maneira como você se sente, como pensa, o que pressente, o que lembra ou o que é motivado a fazer ou não. Deve ser um desafio doloroso relacionado à sua vida interior. Pode ser a tristeza de uma perda; a raiva de uma traição; a ansiedade de uma situação desafiadora; ou qualquer um dos milhares de outras angústias.

Após imaginar claramente esse problema, confira se ninguém está olhando e posicione seu corpo em uma postura que represente o seu pior ao lidar com ele. Seja uma estátua viva, transparecendo a sua situação interior. O objetivo é que seu corpo reflita seu aspecto mais ineficaz, impotente ou oprimido. Assuma essa posição, considere a sensação e grave uma imagem mental. Entendido? Certo, comece.

Agora, repita o processo considerando seu melhor ao lidar com o mesmo problema. Imagine-se de maneira mais eficaz, em harmonia ou capacitado. Expresse isso com seu corpo. Realmente o faça. Não se reprima (vamos lá, afinal, ninguém está olhando), considere a sensação e grave outra imagem mental. Faça.

Se você for como a maioria, a primeira imagem mental mostra alguém retraído. Talvez seus braços estejam dobrados; seu olhar para baixo e seus olhos ligeiramente fechados. Suas pernas podem estar recolhidas; ou você se curvou em uma espécie de posição fetal, como se tentasse se esconder; ou despencou, como se estivesse totalmente derrotado. Seus punhos podem estar fechados e sua mandíbula e seu abdômen, contraídos. Talvez você esteja em posição de luta, pronto para atacar, correr assustado ou se debater, como se estivesse realmente brigando.

Na segunda imagem mental, sua postura provavelmente é receptiva. É possível que sua cabeça esteja levantada, seus olhos, mais abertos, e suas mãos e seus braços, relaxados. Talvez você tenha se levantado e até mesmo caminhado a passos largos com confiança, pronto para enfrentar o desafio, sentindo-se disposto e centrado.

Este exercício simples demonstra que você já sabe bastante sobre o que a ciência revela ser benéfico e desfavorável ao lidar com problemas. Primeiro, seu corpo assumiu uma postura evitativa e, depois, uma de aceitação flexível. Você sabe que não adianta se esconder, lutar ou fugir; o correto é se abrir, deixar suas mãos e braços mentais livres para abraçar os problemas e aprender com eles.

Realizei este exercício com milhares de pessoas em meus workshops de treinamento. Minha equipe de pesquisa analisou centenas de fotos que tiramos de participantes do mundo todo. Até agora, os resultados são os mesmos, independentemente do país — Estados Unidos, Canadá ou Irã. As pessoas assumem posturas consideravelmente mais receptivas no seu melhor e mais retraídas no seu pior.

Isso se deve à sabedoria interna dos pivots de flexibilidade. Porém, ela é sobrepujada pelas regras que assumem o controle de nossa mente e nos aprisionam na obsessão pela solução de problemas.

Posso fornecer maiores evidências se me conceder apenas mais um minuto.

O exercício é parecido com o da pergunta que fiz no Capítulo 7 sobre um ídolo desconhecido, mas, desta vez, quero que você pense na relação mais fortalecedora da sua vida. Deve ser uma relação com alguém que lhe deu forças, que de alguma forma o fez progredir. Pode ser um cônjuge ou irmão; um namorado ou amigo; um professor ou treinador; um padre, rabino ou pastor; um progenitor ou responsável — qualquer um. Essa relação pode até mesmo ser espiritual, com

Deus ou outra força com a qual você sinta proximidade. Caso não haja alguém (infelizmente, alguns estão nessa situação), a resposta pode ter como base o tipo de pessoa com quem se deseja ter essa relação fortalecedora.

A seguir, há seis perguntas sobre essa relação (as quais formulei como se ela fosse passado, mas que também se aplicam a uma atual):

* **Você sentia que essa pessoa o aceitava por ser quem é?**
* **Você se sentia constantemente julgado e criticado ou o julgamento era, de certo modo, atenuado ou afastado?**
* **Quando juntos, a pessoa estava presente ou distraída, meio distante, talvez até olhando de relance para o relógio como se quisesse ir embora?**
* **Você geralmente tinha a sensação de que era visto por essa pessoa como se ela o conhecesse profundamente?**
* **Aquilo que lhe importa era importante para essa pessoa?**
* **Vocês ficavam juntos de várias maneiras que se adequassem à situação e àquilo que ambos queriam ou era sempre de um único jeito, determinado por essa pessoa?**

Cada uma dessas seis perguntas envolve um dos seis elementos da flexibilidade psicológica. Se suas respostas são as que eu suspeito que sejam, posso afirmar o seguinte: você tem um modelo de flexibilidade psicológica disponível nessa relação. É possível sentir a vantagem de viver de maneira aberta, gentil, mentalmente presente e significativa. Se puder agir consigo mesmo da mesma forma que essa pessoa e estiver disposto a ser esse alguém atencioso e solidário com os outros, você e aqueles que ama receberão benefícios maravilhosos.

Em parte, a ACT pode ser muito poderosa porque desenvolvemos qualidades de vida com as quais já nos importamos e das quais sabemos, em nosso íntimo, que precisamos. Ao desenvolver as habilidades de flexibilidade, é possível inserir, de modo consciente, essas qualidades à vida diária. Para fazê-lo de forma ideal, é necessário se esforçar para cultivar as habilidades. Lembre-se: elas são seis elementos de um conjunto.

Por que as Habilidades de Flexibilidade São um Conjunto?

À medida que percebia que os seis pivots colaboravam entre si, reforçando um ao outro, eu refletia sobre o motivo pelo qual eles formam um conjunto — por que essas seis habilidades em particular trabalham tão bem juntas? A resposta surgiu de outra área da ciência — o estudo da evolução.

Muitos pensam na evolução apenas em termos de genética, mas isso é um equívoco. Cultura, pensamento, comportamento e expressão gênica (os genes que você possui podem ser ativados ou desativados) também evoluem. Além disso, nós, humanos, conseguimos influenciar nossa evolução pelos ambientes que construímos e pelas escolhas que fazemos — ela não é apenas um acaso. Recebemos o grande presente da capacidade de adaptar nosso pensamento e comportamento, e mudar nossas circunstâncias, a fim de melhor nos adequarmos a uma vida saudável e significativa, tudo deliberadamente. As seis habilidades de flexibilidade formam um conjunto muito poderoso, pois cada uma delas possibilita que cumpramos um dos seis critérios essenciais para que a evolução ocorra. Elas nos fornecem as ferramentas para evoluir intencionalmente nossas vidas.

Para simplificar: a ACT é uma forma de ciência da evolução aplicada. Não sou o único que afirma isso. David Sloan Wilson, importante cientista evolucionista, concorda. Ele e eu colaboramos na exploração de novas maneiras de usar a ACT para facilitar a mudança intencional da vida (abordaremos esse trabalho em um capítulo posterior).

A seguir, apresento resumidamente as condições de evolução que as habilidades nos ajudam a atingir:

1. ***Variação.*** Costuma-se dizer: "Se você fizer o que sempre fez, obterá o que sempre obteve." A evolução requer alternativas de escolha. Isso se aplica aos genes, às práticas culturais, às emoções, aos pensamentos e às ações. Podemos utilizar esse insight para experimentar, deliberadamente, novas abordagens na vida. A inflexibilidade é a inimiga da mudança.

2. ***Seleção.*** Ao lidar com os desafios da vida, precisamos de uma maneira para selecionar as variantes mais eficazes. Enquanto o resto do reino animal não pode escolher conscientemente quais mudanças são as melhores, nossa capacidade superior de pensamento nos possibilita fazer exatamente isso. Somos capazes de reconhecer e escolher

deliberadamente o que é eficaz, de acordo com os critérios que especificamos.

3. ***Preservação.*** A evolução também requer que *continuemos* a fazer o que é eficaz. Na evolução genética, essa informação é mantida em nossos genes e nos mecanismos corporais que regulam sua atividade. Na cultura, ela é conservada em nossas tradições, nossas normas, na mídia e nos rituais. Na mente e no comportamento, preservamos maneiras úteis de pensar e agir em hábitos de resposta ao mundo, que ficam arraigados às redes neurais.

4. ***Adequação.*** A seleção do que é eficaz deve ser adaptada à situação. O que é melhor para uma circunstância pode não ser para outra. Em outras palavras, precisamos estar atentos ao *contexto.* Assim, adquirimos a capacidade de reconhecer quais formas de abordar os problemas são eficazes para determinadas situações e áreas da vida.

5. ***Equilíbrio.*** Minha mãe costumava dizer: "Mantenha o equilíbrio, querido. Mantenha o equilíbrio." Ela tinha razão. Todo ser é um sistema vivo, com inúmeras características ou elementos intrinsecamente interconectados. Você possui aspectos biológicos, cognitivos, emocionais, atencionais, motivacionais, comportamentais e espirituais. Sua saúde em geral depende da manutenção do equilíbrio e do estímulo desses elementos. Por exemplo, não adianta ser emocionalmente mais saudável se você não tiver cuidado com sua saúde física.

6. ***Níveis de escala.*** Todos os organismos vivem em ecossistemas. Em outras palavras, todas as formas de vida dependem de outros organismos. Pode parecer que uma árvore que se destaca em um campo vive por conta própria, mas, na verdade, ela é mantida por e sustenta uma ampla comunidade de outras criaturas, de fungos no solo a uma sociedade abundante de insetos nas folhas. Da mesma forma, todos fazemos parte de uma comunidade social que constitui vários níveis de escala, incluindo os incontáveis micro-organismos que mantêm nosso funcionamento corporal, os indivíduos com quem interagimos em nossas vidas diárias, as coletividades e as sociedades inteiras das quais fazemos parte. A evolução seleciona o êxito em todos os níveis, sendo que o sucesso em apenas um deles é insuficiente para uma vida próspera. Seria muito menos benéfico evoluir bastante em

> uma escala social mais ampla — digamos, desenvolver uma rede social significativa — se suas relações próximas continuam a se desfazer. Em outro extremo, se você eliminasse todas as bactérias do seu intestino, logo morreria, incapaz de digerir qualquer alimento.

Então é isto, a versão resumida da ciência evolucionista: todos os seres vivos se adaptam com base na variação e na preservação seletiva do comportamento que se adéqua às circunstâncias, está em equilíbrio com todos os principais elementos e atua em vários níveis de escala. Para ratificar, o que é mais notável para nós, humanos, ao contrário de todos os outros seres vivos, é que podemos usar nossas habilidades cognitivas para cumprir deliberadamente todos esses requisitos e evoluir com propósito.

O processo de evolução pode ser guiado (não apenas aleatório), mesmo nos seres mais simples. A título ilustrativo, se há bactérias crescendo em uma placa de Petri (um bom exemplo, porque suas "gerações" podem durar apenas alguns minutos) e uma fonte alimentar essencial do meio de cultura é eliminada, elas mostrarão um aumento significativo na variação genética. É como se as bactérias estivessem deliberadamente tentando encontrar um outro caminho nesse ambiente agora hostil.

Evidentemente, as bactérias não são capazes de "deliberar", pois não têm pensamento simbólico. As pessoas, por sua vez, têm essa capacidade. Podemos adotar de forma consciente os comportamentos que levam à evolução saudável. Somos capazes de ir além da evolução guiada pelo passado e nos direcionar à evolução guiada pela construção do tipo de futuro que almejamos.

É nesse ponto que as habilidades de flexibilidade atuam. Elas corroboram essas escolhas, ajudando-nos a: abandonar a evitação e a fusão que restringem nossas alternativas (variação); especificar, por meio do trabalho com valores, o que significa ter êxito (seleção); praticar e transformar comportamentos úteis em hábitos de ação comprometida (preservação); escolher, de modo deliberado, abordagens diferentes para situações distintas ao estar mais consciente do momento presente (adequação); ficar atento a todos os elementos principais do nosso ser psicológico (equilíbrio); e cultivar ativamente nossa rede de suporte social e nossas necessidades corporais (níveis de escala).

Associando as Habilidades

Para demonstrar como as habilidades podem ser combinadas e com que rapidez você pode começar a progredir, apresentarei os resultados de um estudo que avaliou como a ACT pode ajudar as pessoas a lidarem com a dor crônica, uma das condições mais difíceis de tratar.

O estudo foi realizado em 2004 e concebido para explorar como o treinamento nos métodos da ACT poderia ajudar a prevenir a licença médica e a invalidez na Suécia. Na época, surpreendentes 14% da população sueca em idade ativa estava em licença médica prolongada ou em aposentadoria antecipada por invalidez. Os profissionais de saúde pública (enfermeiros, cuidadores de idosos ou pessoas com deficiência, funcionários de creche etc.) integravam a pior situação. Na Suécia, o trabalhador médio de saúde pública perdia pouco mais de dois *meses* de trabalho anualmente, e até 50% deles, a certa altura, já apresentaram invalidez. Os dois principais motivos para a "lista de enfermos" sueca eram dor crônica musculoesquelética e estresse ou exaustão. O estudo se dirigia a profissionais de saúde do setor público identificados com maior risco de invalidez de longo prazo, sendo conduzido por JoAnne Dahl (a terapeuta que tratou Alice) em colaboração com Annika Wilson, que era sua aluna, e Kelly Wilson, uma ex-aluna minha.

Todos os cidadãos suecos têm livre acesso a cuidados médicos, incluindo consultas com médicos, especialistas e fisioterapeutas. Nos estágios iniciais, o tratamento compreendia explicar como evitar o estresse, incorporar períodos de relaxamento ao longo do dia e melhorar o exercício, o sono e a dieta. Metade dos participantes também foi distribuída aleatoriamente para receber quatro sessões individuais de uma hora de ACT, uma vez por semana cada. Os resultados foram impressionantes.

Nos seis meses seguintes, os trabalhadores de alto risco que recebiam tratamento médico habitual perderam 56 dias de trabalho devido à licença médica, ou cerca de metade de seus dias de trabalho designados. As estatísticas nos mostram que aproximadamente metade desses trabalhadores deixará o local de trabalho de maneira permanente, conseguirá aposentadoria por invalidez e nunca mais trabalhará. Aqueles distribuídos aleatoriamente para receber as 4h de treinamento da ACT perderam, em média, apenas *meio dia de trabalho durante os seis meses* — uma diminuição de 99% das licenças médicas. Os participantes que receberam o tratamento médico usual compareceram a 15,1 consultas médicas durante esse período; os participantes da ACT foram a 1,9 consulta — uma redução de 87%. A dor e o estresse diminuíram igualmente nos dois grupos, mas o importante é que os participantes da ACT tiveram reduções na dor e no estresse *enquanto trabalhavam*. Os participantes do tratamento médico habitual, por sua vez, tiveram tantas ausências no trabalho que agora se direcionam a uma vida inteira de invalidez, assim como o governo temia ao identificá-los como "alto risco".

Nessas quatro sessões, o que aconteceu para que ocorresse um impacto tão radical? Os terapeutas da ACT pediram aos participantes que considerassem o que realmente almejavam em cada uma das dez áreas da vida (trabalho, lazer, comunidade, espiritualidade, família, autocuidado físico, amigos, educação, parentalidade e relações próximas), bem como as barreiras que os impediam de viver de acordo com esses valores. Elas poderiam ser coisas como uma imagem corporal negativa, impedindo-os de ir à academia, ou o medo de fracassar, impedindo-os de solicitar ao seu chefe uma nova responsabilidade que gostariam de assumir no trabalho.

Os terapeutas entregaram cópias da seguinte figura para preenchimento:

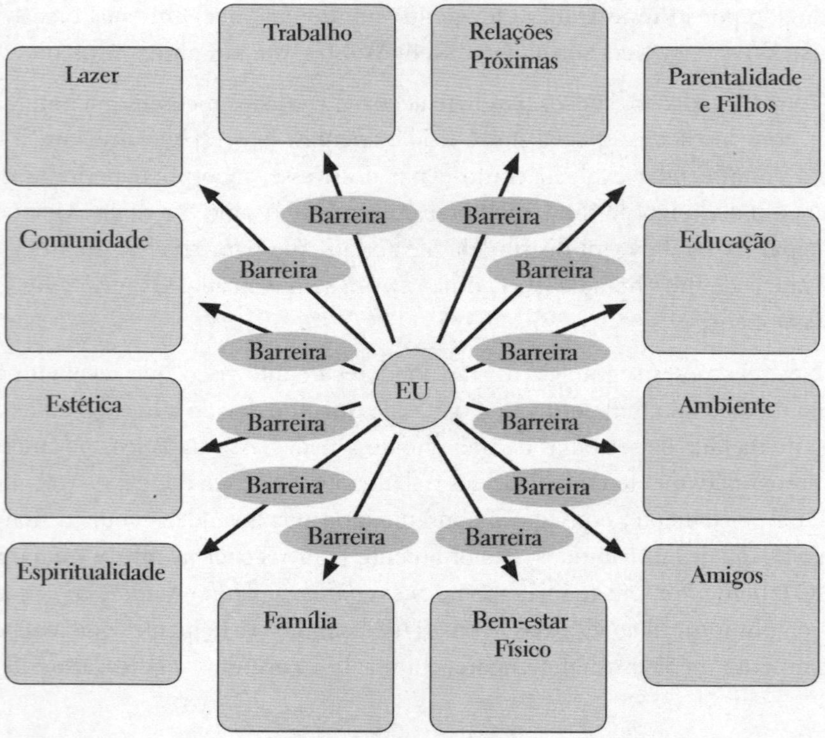

Foi solicitado que os participantes preenchessem essa Bússola de Vida, escrevendo o que realmente desejavam em cada um de seus âmbitos. Então, o foco passou a ser a consideração de quais barreiras internas atrapalhavam o movimento para essas direções. Por exemplo, o medo de ter alguma dor os impedia de se exercitarem. Depois, os participantes consideraram o modo como lidavam com essas barreiras — adiar a ida à academia, por exemplo. Em seguida, examinaram suas estratégias de enfrentamento e avaliaram se elas eram, na verdade, meios de evitação, e se funcionavam. Esse processo ajuda a assumir as necessidades de "soltar a corda" e de aceitação, além de auxiliar a identificação de emoções e pensamentos aos quais aplicar as habilidades da ACT.

Eles aplicaram vários exercícios de desfusão e aceitação aos pensamentos e às emoções inúteis que identificaram. No final, se comprometeram a realizar uma ou duas ações que fossem consistentes com seus valores, como ligar para um amigo ou fazer uma caminhada.

Na sessão seguinte, os terapeutas trabalharam mais nas habilidades de aceitação e desfusão e acrescentaram exercícios de atenção, pedindo aos participantes que evocassem deliberadamente pensamentos e sentimentos difíceis e os considerassem com uma postura de curiosidade imparcial. Por exemplo, foi solicitado que percebessem em que parte do corpo um sentimento difícil aparecia e desistissem do embate com ele. No final, os participantes relataram como haviam realizado essa ação comprometida e assumiram um novo compromisso.

A terceira sessão envolveu trabalho com valores e o Eu, no qual os participantes redigiram o que mais gostariam de ver escrito sobre eles após sua morte. Este exercício ajuda as pessoas a analisarem mais atentamente a auto-história que elaboram e a perceber o contraste entre o modo como vivem e a maneira como realmente gostariam de viver. Os participantes também realizaram mais trabalhos de aceitação, praticando um jogo no qual anotavam suas barreiras mentais em cartões. Os terapeutas os arremessaram em direção aos participantes, dizendo-lhes para afastá-los. Depois de constatarem o quão difícil era fazê-lo, eles foram instruídos a pegar os cartões e colocá-los nos bolsos para carregá-los na jornada da vida. Essa atividade ajuda a perceber que a aceitação é realmente o caminho mais fácil. Também foram aplicados exercícios adicionais de desfusão e Eu.

Na quarta sessão, os participantes revisaram as barreiras que precisavam enfrentar em um exercício de desfusão, que incluiu aprender a ouvir a mente como um contador de histórias, e não um Ditador. No final da sessão, eles informaram ao grupo seus valores em cada âmbito e como os perseguiriam.

Ao considerar os resultados notáveis apenas nessas 4h de trabalho, muitos dos participantes realizaram os pivots e continuaram a aplicar o aprendizado.

Por quanto tempo duram os resultados de um comprometimento tão simples com as práticas da ACT? Nós não sabemos realmente. É comum ter acompanhamentos com mais de um ano, e eles quase sempre permanecem por esse tempo. Porém, os resultados de estudos que têm acompanhamento mais longo são promissores. Um exemplo recente monitorou mais de 108 pessoas que vivenciavam quase uma década de dor crônica. Três meses após um treinamento breve da ACT, 46,9% revelaram melhora significativa na incapacidade psicossocial. Três anos depois, a porcentagem era quase idêntica: 43,1%.

Outro estudo acompanhou 57 pessoas depressivas que aprenderam as habilidades da ACT cinco anos antes. Na época do treinamento, sua pontuação média na escala de depressão mais utilizada se enquadrava consideravelmente na faixa clínica do transtorno. Após apenas quatro sessões da ACT, 39% dos participantes estavam livres da depressão; após seis meses, esse número aumentou para 52%; e, após cinco anos, para 57%. Mesmo cinco anos após apenas quatro sessões, dois terços disseram que ainda utilizavam métodos da ACT e apenas 6% tomavam antidepressivos, em comparação ao quíntuplo desse número no início do estudo. Suas pontuações nas avaliações de flexibilidade psicológica e satisfação com a vida melhoraram drasticamente. Quando questionados sobre os aspectos que consideravam úteis, as respostas incluíram: "Sou capaz de influenciar meu próprio bem-estar: não me atenho aos sentimentos, os vejo como coisas distintas" e "Muita coisa mudou na minha vida, mas lido muito melhor com essas mudanças: sem brigas com questões do passado".

Esses resultados podem parecer surpreendentes, mas são de verdade? Ainda há pouco, você demonstrou com seu corpo que tem o mesmo tipo de sabedoria sobre a qual esses clientes se conscientizaram. Eles pararam de evitar; se afastaram de sua mente e de suas histórias; se impuseram dentro de sua consciência; se direcionaram ao que importava; e começaram a caminhar nessa direção com as partes dolorosas de sua história. Eles aprenderam a pivotar.

Uma Jornada de Vida Contínua

O poder de um comprometimento inicial com um conjunto de métodos da ACT não significa que o aprendizado das habilidades seja apenas uma questão de poucas horas e *pronto!*, você desenvolveu sua flexibilidade psicológica. Precisamos continuar praticando os exercícios para nos tornarmos realmente bons nessas habilidades.

Além disso, devemos continuar aplicando as habilidades em mais áreas de nossa vida. Ao lidar com a depressão, você pode começar a adotar uma dieta mais saudável ou continuar utilizando as habilidades para fazer uma mudança de carreira que está postergando. É assim que a jornada da ACT geralmente acontece — ela naturalmente leva as pessoas a direções novas e mais desafiadoras. E adivinha? O novo é sempre um pouco assustador, mesmo que também seja emocionante. Inevitavelmente, também enfrentaremos novas dificuldades; com frequência, a vida as distribui. À medida que enfrentarmos esses desafios, seremos atraídos de volta à evitação, à fusão ou à insensatez e teremos que nos esforçar novamente para aplicar as habilidades. Como qualquer processo de aprendizado, o desenvolvimento da flexibilidade psicológica costumam ocorrer de maneira intermitente. Para algumas pessoas, mudanças substanciais acontecem muito rápido, mas, para a maioria, é uma questão de dois passos adiante, um passo atrás, dois passos adiante.

O ideal é que a prática da ACT se torne uma parte regular de nossa vida. Considere-a como uma rotina de exercícios físicos. Muitas pessoas que se dedicam à ACT reservam um tempo para a prática contínua de exercícios. Na Parte Dois, apresentarei uma série favorável de alguns dos exercícios mais eficazes e populares; na Parte Três, mostrarei como criar seu próprio conjunto da ACT a partir da seleção daqueles que você considera particularmente eficazes. Depois, fornecerei orientações sobre como aplicá-los a uma ampla variedade de desafios da vida. Com o tempo, você pode continuar adicionando exercícios ao seu conjunto por meio de mais informações disponíveis na volumosa literatura sobre a ACT, tanto online quanto em livros. Ao final da leitura, você saberá como encontrar esses recursos.

Uma pessoa que está desenvolvendo as habilidades da ACT escreveu um post poderoso em um grupo de discussão do Yahoo intitulado *ACT for the Public* ["ACT aberta ao público", em tradução livre], que descreve perfeitamente o que esperar da jornada contínua. É um grupo autogerenciado com milhares de pessoas trabalhando nas habilidades. Ele já tem mais de uma década e inclui quase 30 mil mensagens. Acho que li todas, mas fiquei especialmente impressionado com uma delas.

O autor se autodenomina Tim (as pessoas podem ter nomes falsos no grupo) e ofereceu conselhos a um novo membro que passava por dificuldades devido à "ansiedade severa" que não conseguia aguentar sem doses altas de benzodiazepínicos. Tim respondeu de forma sábia, evidentemente oriunda da prática de pivotar:

> Como a maioria de nós, você chegou até aqui com o costume de internalizar muitos absurdos prejudiciais. E tudo bem. Todos nós fizemos a mesma coisa. Isso é tipicamente humano. Você não fez nada de errado.
>
> No entanto, você ainda é a pessoa que deve assumir a responsabilidade por resolver as coisas. Esse grupo pode ajudar bastante, mas você não pode buscar soluções além de si mesmo com muita frequência. Você é a parte mais importante desse processo.
>
> Quando digo absurdos, me refiro à mente, que, de maneira injusta, transforma coisas bastante agradáveis em coisas terríveis. A questão é que você tem muito trabalho a fazer, então reúna toda a força que tiver e prepare-se para ser muito paciente com o processo.
>
> Prepare-se para os altos e baixos à medida que avançar. Sua mente definitivamente gritará que você está fora do caminho quando não está. Não acredite nesse alarde. Não se preocupe com onde você deve chegar. Suponha que fará esse trabalho para a vida toda, pois é quase certeza que o fará e ficará melhor por isso. Você provavelmente se elevará em algum momento de clareza e sentirá o desejo de se declarar curado — de que agora está "livre dessas coisas". Isso é uma armadilha, porque o ínfimo sinal seguinte dessas "coisas" tem o potencial de afundá-lo novamente, e sua mente pode transformar QUALQUER COISA em "essas coisas" quando o alarme do medo disparar.
>
> Aceite o fato de ser um trabalho em constante progresso. Conceda um lugar para a dor em sua vida. Isso sempre foi a realidade. Sua mente inventará teorias insanas sobre como você pode encontrar uma nova vida sem qualquer dor ou desconforto. Isso é mentira. Qual a consequência de acreditar nisso tudo?
>
> Bem, nenhuma versão da realidade tem possibilidade de ser boa o suficiente e sua mente segue gritando: "Ahhh! Continue a fugir! Continue a lutar! Ainda não chegamos aonde devemos!"

> Desculpe, mas discordo. Mesmo agora, em meio à dor, você está realmente muito próximo de alcançar a vida valiosa e gratificante que busca, pois o que você é agora é tudo o que, de fato, precisa. Conteste a ideia de que deve chegar a "outro lugar". Há muitos aspectos de nossos hábitos que todos precisamos mudar, mas podemos começar apenas pelo aprendizado de perceber, estar aqui e se importar.
>
> Isso levará tempo. Ainda que uma vida essencial esteja a um passo de distância, não é fácil dar esse passo. É difícil se afastar do medo, da tristeza e do enredamento, mas é possível.

Fiquei profundamente comovido com a mensagem de Tim. Nós, seres humanos, temos um desafio muito difícil e, mesmo assim, toda sabedoria e tradição espiritual afirmam o que acredito: internamente, temos a possibilidade de uma vida essencial, se aprendermos a cultivá-la.

No início deste capítulo, seu próprio corpo mostrou esse poder interno. Provavelmente, você já tem um melhor entendimento sobre a dor, o medo, a vergonha, a raiva, o ressentimento ou outra emoção que está tentando evitar e o comportamento que deseja mudar.

Então, vamos aprender a controlar essa sua mente.

Parte Dois

INTRODUÇÃO: INICIANDO SUA JORNADA DA ACT

A Parte Dois será seu workshop pessoal de aprendizado das práticas da ACT. Considere esta parte do livro como uma orientação, pois ela o preparará para a jornada, ajudando-o a soltar a corda em quaisquer dificuldades que estiver enfrentando. Você aprenderá uma maneira poderosa de identificar pensamentos e comportamentos evitativos e será capaz de aplicar as habilidades de flexibilidade à medida que avança pelos capítulos.

Cada capítulo se dedica a ajudá-lo a realizar um dos pivots e continuar a desenvolver essa habilidade. Esclarecerei como cada habilidade auxilia a satisfação de um anseio profundamente saudável que todos nós, seres humanos, possuímos, mas que, infelizmente, tentamos suprir de maneira tóxica e inflexível. Lembre-se, por exemplo, que o desejo de pertencer nos leva a mentir, acarretando a desconexão com os outros. Tentarei demonstrar com que rapidez podemos realizar cada pivot ao direcionar a energia interna desse anseio para uma vida saudável, apresentando histórias de pessoas que o fizeram.

Em seguida, disponibilizarei um "conjunto inicial" de exercícios básicos e adicionais para que você continue a desenvolver suas habilidades. Minha sugestão é realizar o primeiro conjunto e, depois, avançar para o capítulo posterior, retornando aos exercícios adicionais assim que a Parte Dois for finalizada. Desse modo, você constatará rapidamente como todos os seis pivots se desenvolvem e se apoiam. Após muitos anos ensinando a ACT, descobrimos que o melhor é aprender depressa um conjunto pequeno, mas completo, de exercícios e, então, praticá-los enquanto as habilidades são gradualmente expandidas.

Ao ler esses capítulos, você pode aplicar os insights e os exercícios a um desafio específico que esteja enfrentando. Pode ser parar de fumar, aderir a uma dieta, lidar com a depressão, enfrentar o estresse, confrontar um chefe horrível no trabalho ou gerenciar as frustrações da parentalidade. Se já participa de algum tipo de programa para lidar com um desafio, está em tratamento ou fazendo terapia, aprender as habilidades contribuirá para esses esforços. Os estudos também revelaram que elas ajudam a seguir as orientações de uma dieta, manter uma rotina de exercícios físicos e até aprofundar o senso de espiritualidade, seja de modo complementar à prática religiosa formal ou além dessa tradição.

Se decidir aplicar as habilidades a um desafio em particular à medida que lê os capítulos da Parte Dois, talvez seja interessante consultar primeiro o material da Parte Três sobre como a ACT ajuda nesse desafio específico. Se estiver procurando programas de terapia ou tratamento e tenha interesse em considerar os terapeutas da ACT, este link o ajudará a encontrá-los: http://bit.ly/FindanACTtherapist [conteúdo em inglês]. Porém, atualmente, muitos médicos conhecem a ACT de certa forma e vários programas incorporam alguns de seus elementos. É só verificar.

No entanto, a ACT não serve apenas para lidar com problemas específicos. As habilidades de flexibilidade são um método para evoluir como uma pessoa mais saudável e realizada. Portanto, ao ler esses capítulos, você terá amplas oportunidades de aplicar os exercícios a quaisquer desafios diários que surgirem.

Sinta-se à vontade para percorrer esses capítulos da Parte Dois no seu próprio ritmo, tendo em mente que é mais fácil realizar o conjunto completo de pivots iniciais ao se comprometer com as práticas. Tenha como objetivo finalizar os capítulos em uma ou duas semanas. O ideal é ler um capítulo e fazer os primeiros exercícios em um ou dois dias. Outra possibilidade é explorá-los mais rapidamente, digamos, dois de cada vez, ou dividir a leitura em um período mais longo. No entanto, insisto que você reserve um tempo para se dedicar a esses capítulos, um após o outro, sem um intervalo considerável entre eles. Acredito que alguns efeitos positivos das práticas logo se evidenciarão, o que ajudará a manter a motivação elevada.

Cuidado com Novas Ferramentas para Truques Antigos

Ao se dedicar ao desenvolvimento de habilidades, é importante considerar que, às vezes, você utilizará as práticas de flexibilidade em prol de antigos hábitos nocivos. Uma situação semelhante a usar a lente de aumento como raspador. Por exemplo, ao realizar o trabalho com o Eu, é possível que você elabore uma nova auto-história fabulosa — *Agora sou superflexível!* Não seja tão severo consigo mesmo, todo mundo faz isso, mas tenha cuidado. Não espere que sua mente solucionadora de problemas pare de oferecer "soluções" evitativas. Pelo contrário, espere ficar cada vez melhor em perceber os pensamentos inúteis como realmente são e se recuse a interagir com eles.

A única exigência absoluta que farei sobre o comprometimento com os exercícios consiste na importância de se permitir prestar atenção aos pensamentos e às emoções conforme você as vivencia, além de ser gentil consigo mesmo em relação ao progresso alcançado e às dificuldades que enfrenta. A ACT jamais deve compreender maior autorreprovação. Você está aprendendo uma nova dança e esse processo sempre envolverá alguns deslizes. Ao realizar os exercícios com um sentimento de receptividade — por mais estranhos que pareçam —, você logo constatará os resultados positivos que o farão continuar. O segredo é olhar através da lente de aumento e começar a cozinhar para obter um sustento favorável.

Você está pronto? Vamos começar.

De que Forma Você se Submete à Evitação?

O primeiro passo para aprender a pivotar é adquirir consciência de pensamentos e comportamentos evitativos, e compreender o quanto eles são ineficazes, e até mesmo nocivos. Para ajudá-lo, desenvolvemos um exercício.

Considere todas as maneiras pelas quais você tem lidado com os desafios que enfrenta e anote-as. No Capítulo 2, apresentei uma lista das tentativas que realizei para combater minha ansiedade, incluindo:

1. **Praticar técnicas de relaxamento.**
2. **Tentar pensar de forma mais racional.**
3. **Sentar-me próximo à porta para sair com facilidade.**
4. **Tomar uma cerveja.**

5. **Evitar palestras — deixando que os estudantes de pós-graduação as realizem.**
6. **Tomar calmantes.**
7. **Fitar um amigo enquanto discursava.**
8. **Tentar me expor a situações aterrorizantes.**

Sua vez. Escreva uma lista semelhante das maneiras pelas quais você tenta resolver seus problemas. Escreva mesmo.

O próximo passo é analisar se esses métodos proporcionam resultados. Se a resposta for sim, avalie se são significativos e duradouros ou ínfimos e efêmeros. Geralmente, a constatação é que alguns — talvez todos — ajudam em curto prazo, mas não contribuem para a melhoria em longo prazo, ou até mesmo pioram a situação.

Releia minha lista. No auge da síndrome do pânico, qual foi a sensação quando, digamos, recusei um convite para dar uma palestra em vez de enfrentar meu medo? Ótima! Fiquei aliviado e mais calmo. Ainda assim, a situação piorou. Quando outro convite surgiu, minha ansiedade ficou ainda mais assustadora.

Agora, analise a sua lista.

Pergunte a si mesmo se cada um dos métodos, de fato, recompensou em longo prazo. Se a resposta for não, observe atentamente os benefícios menores e mais imediatos que tornaram esses métodos atrativos. É comum que, neste exercício, ocorra uma percepção de sua verdadeira essência. Eles podem ser esforços para controlar ou evitar experiências; podem ser motivados pelas mensagens de "obrigação" do Ditador Interno; podem ter substituído uma abordagem baseada em valores por uma dose viciante de recompensa química de curto prazo. Não tenha pressa, mas confira todos os itens.

Ao avaliar sua lista, *não se culpe*. Embora o objetivo deste exercício seja ajudá-lo a "soltar a corda" e assumir a necessidade de aceitação, ele pode, ironicamente, desencadear autorrejeição. Perceber o quanto nossos esforços para solucionar problemas são ineficazes ou contraproducentes pode ser doloroso e acarretar autoculpabilização, e até mesmo vergonha. Se for o caso, ao desenvolver as habilidades de flexibilidade, transforme esse tratamento severo consigo mesmo em um alvo.

Agora, retire o foco mental de sua lista e questione: se você fizer o que sempre fez, é provável que obtenha o que sempre obteve? Talvez ouça seu Ditador revidando, pois alguns desses métodos podem parecer incontestavelmente lógicos. Porém, mais uma vez: eles funcionam? Totalmente? Em longo prazo?

É o momento de responder à seguinte pergunta: *Em quem você confia, na voz em sua mente ou na sua experiência?* O que poderia ser mais incontestavelmente lógico do que descartar "soluções" ineficazes para *sua experiência atual*?

À medida que avançar pelos capítulos, pode ser útil repetir esse processo de anotar as soluções buscadas e analisar atentamente sua eficácia em curto e longo prazos. Espero que você esteja entusiasmado por adicionar à sua lista alguns novos métodos altamente eficazes.

Um último passo preliminar é obter uma avaliação do seu grau de flexibilidade psicológica, o qual você pode usar como referência para medir seu progresso conforme desenvolve as habilidades. É isso que fazemos com os participantes dos estudos; solicitamos que eles preencham as avaliações antes e depois do treinamento, às vezes fazendo acompanhamentos após vários meses nos quais as aplicamos novamente. No meu site (http://www.stevenchayes.com [conteúdo em inglês]), forneço uma avaliação geral, bem como várias outras adaptadas para condições específicas: diabetes, epilepsia, câncer, abuso de substâncias, perda de peso e muito mais. Porém, não é necessário fazer uma avaliação para obter os benefícios das práticas; logo, não tem problema se preferir não realizá-la.

Por fim, você também pode participar de uma das muitas comunidades online que apoiam as pessoas na aprendizagem e na aplicação da ACT. O grupo de discussão mais antigo é o ACT for the Public e é possível acessá-lo em: http://bit.ly/ACTforthePublic [conteúdo em inglês]. Pode ser muito útil fazer perguntas no processo de leitura dos capítulos da Parte Dois e da Parte Três.

Em todo o conjunto de estudos relevantes sobre a ACT (que contabilizam milhares), não conheço um único exemplo de melhoria na flexibilidade psicológica que não se associe a resultados benéficos. A conclusão é: ao adquirir habilidades de flexibilidade, elas o ajudarão de muitas maneiras diferentes. Então, se você estiver pronto, vamos lá!

Capítulo 9

O PRIMEIRO PIVOT

DESFUSÃO – CONTROLANDO SUA MENTE

Os métodos de desfusão desenvolvidos pela comunidade da ACT nos ajudam a usar nossa mente de maneira mais aberta, atenta e baseada em valores. Aprendemos a nos tornar mais conscientes da automaticidade de nossos pensamentos e a observar de longe aqueles que não são úteis, como se disséssemos ao Ditador Interno: "Obrigado, mas tenho tudo sob controle." A voz crítica e seus comandos não desaparecem, mas passamos a considerá-los produtos de nossos mecanismos mentais, semelhantes aos pronunciamentos emitidos pela máquina do Mágico de Oz. Não precisamos discutir com nossos pensamentos, mas, sim, controlar a mente.

Os métodos de desfusão são extremamente úteis quando começamos a investigar nossas fontes de dor ou medo, visto que essa análise provoca muitos pensamentos difíceis. É possível que carreguemos o fardo da autorrecriminação excessiva e nos envolvamos em ruminações inúteis. À medida que aprendemos a afastar o autojulgamento, somos capazes de substituí-lo por autocompaixão. A desfusão também nos ajuda a desativar, por um tempo, a solução de problemas compulsiva. Ela viabiliza nosso poder de mudança, possibilitando o reconhecimento de nossos pensamentos inúteis enquanto definimos um caminho que os transcende.

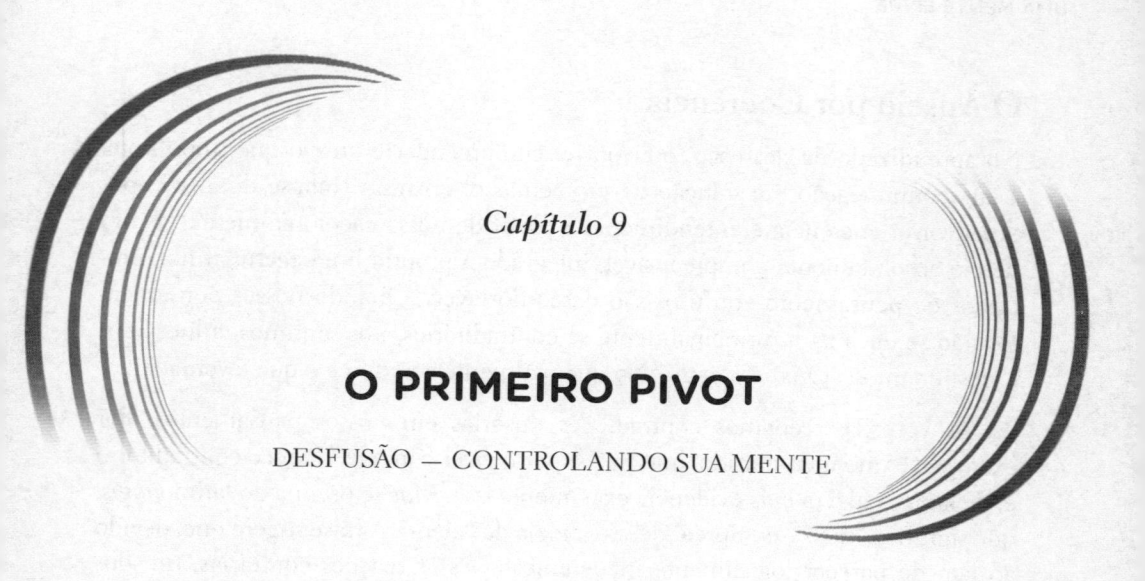

O Anseio por Coerência

No aprendizado da desfusão, é favorável compreender o anseio que impulsiona a autocomunicação e a solução de problemas obsessivas. Trata-se do anseio por desenvolver coerência e entendimento a partir de nossa cacofonia mental. É um desejo absolutamente compreensível, integrado à própria linguagem, afinal, processos de pensamento confusos são desconfortáveis. Quando nossos pensamentos não se encaixam, principalmente se contraditórios, nos sentimos vulneráveis. Questionamos: "Qual é o certo? No que realmente acredito e o que é verdade?"

Às vezes, percebemos contradições ilusórias em nossos pensamentos. Por exemplo: "Amo meu marido, mas não suporto viver com ele." Parece contraditório e, de fato, a palavra *mas* evidencia exatamente isso. *Mas* se origina do latim *magis*, que significa "mais", compreendendo a ideia de "além". A frase sugere que, devido ao fato de parecer logicamente incoerente ter essas reações contrárias, um dos dois precisa estar "além". No entanto, não há nada realmente ilógico na afirmação. A verdade pode ser melhor declarada da seguinte forma: "Amo meu marido *e* tenho pensamentos de que não suporto viver com ele." Acreditamos existir uma contradição por causa de uma regra cultural simplória de que devemos sempre ter sentimentos positivos em relação àqueles que amamos. Porém, é totalmente lógico ter reações divergentes em relação a nossos entes queridos. Somos seres complexos. Por que não teríamos reações complicadas?

Há momentos em que nossos pensamentos são literalmente contraditórios. Por exemplo, podemos pensar: "Sou uma pessoa boa" e "Sou uma pessoa ruim", pois ambos refletem diferentes aspectos de nosso passado. O processo de tentar organizar nossos pensamentos em uma sequência lógica é semelhante a lidar com uma discussão entre dois alunos do 1º ano. Se você achar que precisa determinar quem está certo e quem está errado, terá que se envolver em toda a argumentação entre eles. Porém, se recuar e observá-los com curiosidade e certo entretenimento, não sentirá a necessidade de escolher o vencedor. Talvez até consiga ajudá-los a superar o desentendimento, colaborando mesmo que o argumento principal não seja resolvido.

Esse é o poder concedido pela desfusão cognitiva. Ela liberta nossa mente de pensamentos rígidos, a fim de encontrar novas maneiras de lidar com problemas e ambições.

O anseio por coerência não é apenas natural, mas a ACT pode satisfazê-lo se pararmos de esperar que pensamentos e sentimentos "desordenados" desapareçam. Isso possibilita que "estar certo" deixe de ser prioridade. Assim como demonstrado pelo esquema a seguir, representado por um funil, o propósito de impor uma ordem falsa em nossos pensamentos, aos poucos, canaliza o anseio por coerência em uma vida mais limitada. Se buscamos tornar nossa auto-história coerente para que ela seja conforme às expectativas sociais, chegou o momento de abandonar essa meta. Se escolhemos seguir regras estritas que fornecem uma coerência simplista das "respostas" na vida, precisamos abandonar esse impulso. Há um tipo construtivo de coerência que está a um pivot de distância: prestar atenção aos pensamentos úteis para que vivamos de acordo com nossos valores, bem como superar o foco em pensamentos inúteis. É o que chamo de *coerência funcional* — representada por um megafone, ela canaliza nosso anseio por coerência em expansão de vida. Antes do pivot da Desfusão, priorizamos a função em detrimento da forma; depois, confiamos no inverso disso. Passamos a aceitar o quão caótico nosso pensamento pode ser e direcionamos a atenção e o comportamento a pensamentos úteis.

Ironicamente, à medida que desenvolvemos um hábito de desfusão, de certa forma, nossa mente *se torna* mais tranquila e organizada. Como a desfusão nos ajuda a focar pensamentos úteis, ela também possibilita que o caos mental passe para o segundo plano — ampliamos e desenvolvemos nossas redes mentais favoráveis.

Identificando Pensamentos Automáticos

O primeiro passo para realizar o pivot é adquirir consciência do quão automáticos e complexos são nossos processos de pensamento. Esse também era um objetivo da TCC, e a comunidade da ACT desenvolveu seus métodos e expandiu seu alcance. Um dos exercícios é anotar uma série de pensamentos que surgem quando concedemos liberdade à nossa mente por alguns minutos.

A seguir, apresento um conjunto de pensamentos que anotei na manhã em que comecei a escrever este capítulo:

> Está na hora de levantar. Não, não está: são apenas 6h. Sete horas de sono. Preciso de oito — essa é a meta. Eu me sinto gordo. Bem, foi o bolo de aniversário, claro. Precisava comer bolo no aniversário do meu filho. Talvez, mas não um pedaço tão grande. Aposto que estou com 88kg. Droga… quando sofrer a tentação dos doces de Dia das Bruxas e da ceia do Dia de Ação de Graças, voltarei a pesar mais de 90kg. Talvez não. Mais pra 87,5kg, quem sabe. Fazer mais exercícios. Qualquer coisa seria "mais". Tenho que me concentrar. Preciso escrever um capítulo. Estou atrasado… e engordando de novo. Perceber as vozes e deixá-las assumir o comando pode ser um bom começo para o capítulo. Melhor voltar a dormir. A Jacque foi gentil em sugerir isso. Ela acordou cedo. Talvez seja o resfriado. Acho que devo levantar e conferir se ela está bem. São apenas 06h15. Preciso de oito horas de sono. Já foram quase sete horas e meia. Ainda não cheguei a oito.

Esses pensamentos não são apenas extremamente confusos, mas também focam regras e punição. Ademais, a maioria deles consiste em contradizer o pensamento anterior. Acredito que você esteja familiarizado com esse tipo de raciocínio alternado. Bem-vindo à espécie humana.

A antiga representação de uma discussão entre o diabo em um ombro e um anjo no outro é compreendida até por crianças pequenas, pois discutir com nós mesmos é algo muito natural. Começamos a fazer isso logo depois que desenvolvemos as habilidades linguísticas e nosso Ditador Interno entra em cena. Quando estamos profundamente focados em uma tarefa mental, nossa mente pode adentrar um estado de fluxo, no qual pensamentos, emoções e ações estão temporariamente sincronizados. Porém, o estado mais comum é a divagação, que geralmente é caracterizada por muito desentendimento e desconexão mental.

As partes cerebrais envolvidas em divagações são denominadas *rede de modo padrão*, pois ela é ativada automaticamente quando o cérebro não está focado em tarefas específicas. Curiosamente, escaneamentos recentes realizados pela neurociência mostraram que a rede executiva do cérebro, envolvida na tomada de decisões, também fica ativa durante a divagação, uma prova de que, quando você não vigia sua mente, ela muitas vezes se envolve em um esforço para ordenar pensamentos cacofônicos. A consciência aberta incentivada pela desfusão atenua a rede de modo padrão, acalmando a mente e auxiliando-a a se concentrar nos pensamentos que escolhemos deliberadamente. Considere que as habilidades de desfusão são como habilidades de tranquilidade. Um tipo de calma mental se estabelece quando vivenciamos a coerência funcional de uma mente focada no que é eficaz.

Apresentarei um exemplo pessoal. Em uma palestra que ministrei na Universidade Stanford, falei sobre o aumento impressionante no uso de medicamentos para dormir, mas em vez de ilustrar o argumento com bilhões de dólares, eu disse "trilhões". Não percebi o erro no momento, mas minha mente percebeu, pois, no meio da noite, sentei na cama e gritei: "Trilhões?! Seu imbecil!" Em questão de segundos, eu estava andando pelo quarto e me repreendendo pela minha estupidez, até que decidi realizar o exercício de repetição de palavras criado por Titchener, o qual mencionei no Capítulo 4. Sentei na beirada da cama por trinta segundos e repeti a palavra *imbecil*. Foi o suficiente. Em minutos, estava dormindo de novo. Essa questão não merecia mais do meu tempo. Eu não precisava *convencer* minha mente daquilo por meio de argumentos — isso apenas exacerbaria a situação.

Para conferir o quão automático e confuso é o processo de pensamento, faça uma pausa de um minuto, direcione seus pensamentos para onde preferir e tente acompanhá-los à medida que seguem seu curso. Anote aqueles que permanecem tempo suficiente para serem percebidos.

Após concluir este exercício, repita-o mais duas vezes, deixando seus pensamentos fluírem por um minuto. Na segunda etapa, se esforce para descobrir se cada pensamento é literalmente verdadeiro ou apropriado. Na terceira etapa, imagine que seus pensamentos sejam como as vozes dos alunos de 1º ano que discutem. Adote uma postura de curiosidade e entretenimento enquanto os ouve, mas não faça mais nada a não ser observá-los. Reserve um minuto para cada etapa e realize-as.

Na segunda etapa, você provavelmente teve a sensação de ser atraído para suas redes de pensamento. A intensidade delas pode ter aumentado, bem como um foco no conteúdo. Você deve ter percebido que se envolveu em um tipo de discussão com sua mente.

Na terceira etapa, talvez tenha observado mais o fluxo de seus pensamentos. É muito provável que seu conteúdo específico tenha adquirido menos importância. Você teve a sensação de estar fora da discussão.

Essa diferença explica por que os exercícios de desfusão enfraquecem o vínculo entre pensamentos e comportamentos automáticos; nossa capacidade de nos afastarmos dos pensamentos é fortalecida à medida que praticamos.

O Poder Transformador da Desfusão

Aprender a desfusão ajudou muitas pessoas a fazerem mudanças significativas em sua vida, mesmo nas situações extremamente prejudicadas por padrões de pensamento negativos. Por exemplo, duas colaboradoras importantes para o desenvolvimento da ACT constataram que a desfusão foi essencial para que uma cliente superasse o controle que a ruminação exercia sobre sua vida.

Pessoas com ruminação constante são vulneráveis a diversos problemas de ansiedade e humor, como a ansiedade supostamente flutuante que é exacerbada no transtorno de ansiedade generalizada (TAG). As duas pesquisadoras que se esforçaram ao máximo para aplicar a ACT à TAG se chamam Sue Orsillo e Liz Roemer, respectivamente da Universidade Suffolk e da Universidade de Massachusetts, em Boston. Sue e Liz focam a fusão cognitiva com métodos de atenção plena que ensinam as pessoas a se afastarem de seus pensamentos ruminativos e observá-los de longe.

Bea é uma de suas principais clientes. Se você a conhecesse, nunca imaginaria que a fusão quase arruinou a carreira dela. Hoje, Bea emana confiança, mas nem sempre foi assim. Rumo ao cargo de professora efetiva do departamento de ciência política de uma universidade renomada, ela era considerada uma profissional muito valiosa por conta de sua extrema inteligência, seu talento em teoria política e sua ampla experiência como ativista social — uma combinação inusitada e essencial para a área. De início, as expectativas elevadas eram lisonjeiras, mas logo Bea começou a se sentir paralisada por suas próprias oportunidades.

"A intensidade de aprender a ensinar e escrever naquele nível era avassaladora", contou-me ela. À medida que se dedicava à escrita acadêmica, Bea se perguntava sem parar: "Está bom o suficiente?" e "Quando finalizarei esse artigo?". Ela estava cedendo à ruminação e, quanto mais o fazia, menos escrevia. Logo a mensagem negativa "Não vou conseguir!" se tornou parte de sua agonizante cacofonia mental e ela ficou totalmente dominada.

Bea se concentrava em detalhes ilógicos por horas a fio, como questionar se as margens das páginas estavam perfeitas. Sua ruminação acarretou uma paralisação comportamental que a estagnou por mais de dois anos. Desesperada para produzir *algo* em seu estágio probatório (período de alguns anos que precede a nomeação ao cargo efetivo), ela escolheu um artigo incompleto e adicionou ao processo de avaliação.

Seus colegas ficaram horrorizados. Eles sabiam de seu potencial e tentaram defendê-la. Porém, sua atitude era inaceitável. Algo precisava mudar, e rápido.

De fato, *mudou*. Para pior.

Bea recorria à cerveja e ao Adderall — um tipo de anfetamina que às vezes é chamada de "droga da inteligência", pois é amplamente usada por universitários que pretendem se concentrar melhor nos estudos. Quando ela combinava a medicação com álcool, seu discernimento era prejudicado.

Bea começou a se recuperar dessa queda livre ao esquecimento quando Sue e Liz ensinaram a ela as técnicas de desfusão. Elas lhe mostraram como praticar a observação curiosa e distanciada de seus pensamentos. Um dos exercícios ensinados se tornou um elemento básico da ACT, o qual denominamos "folhas no riacho". Se quiser, você pode praticá-lo agora. Geralmente, ele é realizado com os olhos fechados, como uma meditação guiada.

> Imagine que você está observando um riacho que flui calmamente, com grandes folhas flutuando. Coloque cada pensamento que surge na sua mente em uma folha e observe-a seguir a corrente da água. Se o pensamento ressurgir, tudo bem — basta colocar essa segunda versão em outra folha. O objetivo é permanecer próximo ao riacho, observando seus pensamentos. Se perceber que você interrompeu o exercício e sua mente se desviou para outro lugar, o que é comum, tente identificar o que o distraiu. É praticamente certo que foi a fusão cognitiva com um pensamento. Algo surgiu em sua mente e, em vez de colocá-lo na folha, você focou seu conteúdo, o que desencadeou seu processo automático de pensamentos. Após constatar como o "gatilho de fusão" funciona, retorne ao riacho e comece novamente.

Bea precisava iniciar o trabalho de desfusão, pois não faria nenhum progresso até que libertasse sua mente da ruminação. Assim que conseguiu, ela foi capaz de progredir rapidamente, aprendendo os outros pivots e retomando sua produtividade depois de apenas um mês. O resultado satisfatório? Ela foi nomeada para o cargo efetivo.

Quando aprendemos as habilidades de desfusão, aproveitamos a energia de nosso anseio contraproducente para pivotar em direção ao aprendizado de nos guiarmos pela experiência. Nós nos tornamos capazes de valorizar a função em detrimento da forma. À medida que vivenciamos os benefícios de focar pensamentos úteis, ficamos cada vez mais motivados a nos distanciar da voz do Ditador, estabelecendo um ciclo de feedback positivo.

Sarah Watts, colunista da NBC News, constatou pessoalmente o poder da desfusão enquanto se recuperava da ansiedade debilitante. Ela descreveu sua eficácia da seguinte forma: "Após semanas de muita prática, até mesmo os pensamentos paralisantes — meu câncer me matará, terei que expelir outro cálculo renal doloroso — perderam o controle que exerciam sobre mim. Não eram verdadeiros nem falsos — eram simplesmente pensamentos, e eu tinha o poder de fazer com eles o que quisesse." Quando sua vida melhorou, ela concluiu: "Deve ser assim que as pessoas normais se sentem!"

Na verdade, não. As pessoas se sentem assim após priorizarem a função mental, e não a forma mental. Infelizmente, *não* é normal, mas é possível.

Preparando-se para Praticar a Desfusão

Um bom começo é fazer uma avaliação básica do grau em que a fusão com pensamentos negativos pode estar causando angústia em sua vida. O primeiro passo é preencher o Questionário de Fusão Cognitiva, uma avaliação rápida disponibilizada a seguir.

QUESTIONÁRIO DE FUSÃO COGNITIVA

A seguir, há uma lista de afirmações. Avalie em que grau cada uma delas se aplica à sua situação, circulando o número correspondente. Utilize a escala abaixo como referência para sua escolha.

1	2	3	4	5	6	7
Nunca verdadeiro	Muito raramente verdadeiro	Raramente verdadeiro	Às vezes verdadeiro	Frequentemente verdadeiro	Quase sempre verdadeiro	Sempre verdadeiro

1. Meus pensamentos me causam angústia ou sofrimento emocional.

   1 2 3 4 5 6 7

2. Fico tão aprisionado em meus pensamentos que sou incapaz de fazer as coisas que mais desejo.

   1 2 3 4 5 6 7

3. Analiso excessivamente as situações a ponto de se tornar um processo ineficaz para mim.

   1 2 3 4 5 6 7

4. Luto contra meus pensamentos.

   1 2 3 4 5 6 7

5. Fico chateado comigo mesmo por ter certos pensamentos.

   1 2 3 4 5 6 7

6. Costumo ficar muito enredado em meus pensamentos.

   1 2 3 4 5 6 7

7. Tenho muita dificuldade de abandonar pensamentos perturbadores, mesmo sabendo que isso será benéfico.

   1 2 3 4 5 6 7

Agora some os números para uma pontuação geral. Não há uma correspondência exata com o grau de desfusão cognitiva, mas uma referência aproximada é que, se você pontuou abaixo de 20, tem capacidade para pensar de maneira razoavelmente flexível. Se sua pontuação ficou entre 20 e 30, significa que a fusão está se tornando mais dominante, e os métodos introduzidos neste capítulo serão úteis para o afastamento necessário de seus pensamentos. No entanto, mesmo que seu pensamento seja distanciado e flexível, é vantajoso praticar os métodos de desfusão, pelo mesmo motivo que é proveitoso fazer exercícios físicos quando você já é forte. A prática manterá sua flexibilidade mental em boas condições.

Ao longo do tempo, a nova consciência que adquirimos em relação ao processo de pensamento nos ajuda a ficar mais cientes de quando adentramos a fusão. Os principais sinais a serem lembrados são:

1. Seus pensamentos parecem *previsíveis*. Eles já ocorreram tantas vezes que é como se fizessem parte de sua essência. Anote-os e pratique a desfusão em cada um deles com o passar do tempo.

2. Você tem a sensação de *despertar de um devaneio*. Isso significa que, por um momento, você desapareceu em seus pensamentos. É possível constatar que um grande período de tempo se passou e algo que deveria ser finalizado agora está atrasado. Quando for o caso, assim como no exercício das folhas no riacho, tente revisitar seus pensamentos e identificar o momento da distração. Isso ajudará a reconhecer os gatilhos.

3. Seus *pensamentos se tornam extremamente comparativos e avaliativos*, e você começa a divagar. Quando sua mente apenas observa o que é eficaz — busca a coerência funcional —, ao perceber essa situação, a análise é atenuada. Se constatar sua mente andando em círculos, ou se sua avaliação se tornar autorreflexiva e comparativa, você deve realizar a desfusão, como nessa sequência de pensamentos: "Posso declarar esse jantar como dedução de caridade? Acho que sim. Que bom que tive essa ideia. Outras pessoas não pensariam nisso, mas eu sim. Acredito que nem meu contador repararia nisso."

4. Você percebe sua mente em *modo de agitação extrema*, envolvida em uma luta que compreende muitas contradições, autorrepreensão e regras ("Você está enganado, não precisa dessa rosquinha! Ela o deixará gordo. Quer dizer, ainda mais gordo. É por isso que as pessoas o evitam. Ah, fala sério, é apenas uma rosquinha...").

A Flexibilidade Cognitiva Estimula a Criatividade

A habilidade da desfusão não apenas ajuda a lidar com desafios de vida dolorosos, mas também nos auxilia a considerar um conjunto mais amplo de possibilidades à medida que enfrentamos qualquer tipo de problema. Em outras palavras, ela fortalece nossa flexibilidade cognitiva.

Apresentarei uma maneira rápida e simples de avaliar o quão flexível você é cognitivamente — o Teste de Usos Alternativos, que é uma das medidas mais comuns de flexibilidade cognitiva. Preparado?

Olhe ao redor e escolha um objeto comum. Uma caneta, um copo, um clipe, um envelope — qualquer coisa. Defina um cronômetro de dois minutos no seu smartphone. Prepare-se para iniciá-lo assim que eu pedir para começar. A tarefa é a seguinte: o mais rápido possível, diga todas as funções que conseguir imaginar para esse objeto, contando ou gravando para obter uma quantidade precisa. Certo. Preparado? Comece!

Sua pontuação equivale ao número de usos diferentes que você pensou. Pesquisadores de flexibilidade cognitiva chamam isso de medida de *fluência* — a taxa relativa de realização da tarefa. Se quiser avaliar seu resultado, uma pontuação de fluência normal em dois minutos dessa atividade seria em torno de oito ou nove. Se você estivesse em um estudo real de flexibilidade cognitiva, os pesquisadores também contabilizariam o quanto os usos mencionados são incomuns. Por exemplo, se você escolhesse seus óculos, sua pontuação melhoraria se pensasse em usá-los para misturar uma bebida, ampliar o calor do raio solar ou talvez usar as lentes como enfeites de Natal, pois essas ideias estão além do comum.

Ao tentar realizar este exercício, você provavelmente percebeu como a fusão com os pensamentos interferiu na tarefa. Por exemplo, se imaginou misturar uma bebida com os óculos, deve ter pensado em outras coisas que eles também poderiam misturar, em vez de considerar usos mais diferentes. Isso é chamado de *fixação funcional*.

Ironicamente, quando abandonamos o domínio do Ditador Interno e sua solução de problemas incessante, podemos usar nossa mente para resolver impasses de maneira mais criativa. Retornaremos a esse tópico no Capítulo 18, ao examinarmos o aprendizado e o desempenho. A pesquisa sobre a ACT demonstrou até mesmo como o treinamento da flexibilidade cognitiva pode aumentar a inteligência.

Se aprendermos a pensar em nossa voz interna como a de um conselheiro, e não de um Ditador, ela pode ser extremamente útil. Como na história do Mágico de Oz, que disse que não era um homem mau, mas apenas um mágico medíocre, podemos perceber que nossa mente em si não é má ou prejudicial, desde que não deixemos que ela determine rigorosamente nosso comportamento. A mente é uma ferramenta e, quando aprendemos a controlá-la, ela pode ser ainda melhor para nós. Como escrevi anteriormente, temos mentes muito boas, mas com Ditadores muito maus.

Um Conjunto Inicial de Métodos

Apresentarei um conjunto inicial com quatro técnicas de desfusão bastante utilizadas. As duas primeiras consistem em exercícios gerais de desenvolvimento da desfusão e as duas últimas são adaptadas para o distanciamento de determinados pensamentos problemáticos. Considere essas quatro técnicas como a base da prática inicial de desfusão. Nas primeiras duas semanas, repita cada uma delas pelo menos uma vez ao dia. Além disso, ao longo do dia, se perceber que está enredado por um pensamento, aplique algumas delas para se libertar.

Se quiser, você pode ler sobre os outros métodos quando finalizar os quatro primeiros. Porém, sugiro que, antes, leia os capítulos restantes da Parte Dois e, depois, retorne para se dedicar aos exercícios adicionais. Ao final, você poderá selecionar um subconjunto de sua preferência, do qual se lembrará com facilidade e o qual utilizará sempre que preciso.

É importante praticar continuamente algumas técnicas de desfusão, utilizando-as para pensar com cada vez mais flexibilidade. A meta não é apenas realizar esse pivot específico, mas aprender a dança. Será preciso continuar a desenvolver a habilidade de desfusão pelo resto de sua vida; assim como os meditadores devem sempre se dedicar às habilidades de meditação, a prática eterna da desfusão é necessária para impedir que o anseio por coerência nos instigue a sistematizar nossos pensamentos. Esse tipo de coerência — denominada *coerência literal* — é inviável. Porém, aprender a selecionar o que é útil e descartar o restante — *coerência funcional* — é proveitoso e viável.

Embora seja comum e até benéfico sentir certa liberdade e distanciamento, tenha cuidado. Sua mente pode tentar convencê-lo de que solucionou definitivamente o problema da fusão. Não acredite. A fusão não desaparece. O Ditador Interno está apenas criando um novo pensamento perigoso do qual você deve se afastar. Não importa o quão bem se pratique a desfusão, sua mente continuará formando novos pensamentos com os quais a fusão acontecerá naturalmente ("Sou o melhor especialista em desfusão!"). É essencial se atentar a essa propensão. Eu pratico a desfusão há mais de trinta anos e ainda tenho que me precaver para não ser enredado por meus pensamentos. Todos os dias. Isso acontece diariamente. A essa altura, identificar esses pensamentos geralmente é suficiente; mas, quando não é, pratico de imediato um dos métodos de desfusão. Ainda assim, a fusão passa despercebida em alguns casos. É inevitável. O objetivo é o progresso, não a perfeição.

Aviso: alguns exercícios podem parecer estranhos, até mesmo ridículos. Não se preocupe; na verdade, é aconselhável ter humor (*somos* seres divertidos!). Basta realizá-los com um sentimento de autocompaixão.

1. *Desobedeça de Propósito*

Começarei com uma técnica que, com certeza, parecerá intrigante. Confie em mim.

Levante-se e leve este livro junto. Enquanto caminha devagar pelo ambiente, repita a frase a seguir em voz alta. (Realmente faça isso *enquanto anda*, certo? Preparado? Levante. Caminhe. Leia. Comece!)

A frase é a seguinte:

"Não posso caminhar por este ambiente."

Continue andando! Repita a frase devagar, mas com clareza, enquanto caminha… pelo menos cinco ou seis vezes.

"Não posso caminhar por este ambiente." Agora pode se sentar novamente.

É algo tão ínfimo, não é? Um pequeno golpe no Ditador Interno; uma leve puxada na capa do Super-Homem.

Este exercício constitui uma de nossas primeiras descobertas sobre a desfusão e foi aplicado em estudos realizados no início da década de 1980. Embora seja uma atividade breve e simples, recentemente, em um experimento de laboratório conduzido na Irlanda, uma equipe constatou que, de imediato, ela aumentou em quase 40% a tolerância à dor induzida! Não me refiro a pessoas *afirmando* que conseguem tolerar a dor. Os participantes foram capazes de manter sua mão em cima de uma superfície realmente quente (saiba que não a ponto de machucar, mas quente o suficiente para causar dor de verdade) por uma quantidade de tempo 40% maior — alguns instantes após afirmarem algo e fazerem o oposto da afirmação.

Reflita. Até mesmo a menor demonstração de que o poder exercido pela mente é *ilusório* pode lhe conceder uma liberdade significativa para fazer coisas difíceis. É possível incorporar este exercício em sua vida como uma prática regular (agora mesmo estou pensando *Não posso digitar esta frase! Não posso!*).

E esse foi apenas o começo.

2. *Nomeia Sua Mente e Escute-a com Educação*

Se sua mente tiver um nome, então ela não é "você". Quando se escuta alguém, é possível escolher entre concordar e discordar com o que ele diz. Caso não queira causar conflito, o melhor é não tentar convencer a outra pessoa a chegar em um consenso. Essa é a atitude que se deve assumir com a voz interna. Constatou-se que nomear a mente ajuda nesse processo. A minha se chama George. Escolha o nome que preferir. Pode ser até Srta. Mente. Agora cumprimente-a usando o nome escolhido, como se estivesse sendo apresentado a ela em um jantar. Se não estiver sozinho, realize este exercício em silêncio — não precisa assustar as pessoas.

3. *Valorize o que Sua Mente Está Tentando Fazer*

Escute seus pensamentos por um momento. Quando sua mente começar o falatório, responda com uma frase como: "Obrigado por isso, George. De verdade, obrigado." Se você tratá-la com desdém, ela continuará a solução de problemas. Seja sincero. É possível acrescentar: "Realmente entendo que você só está tentando ajudar, então obrigado por isso. Mas eu tenho tudo sob controle." Se estiver sozinho, pode até dizer isso em voz alta.

Provavelmente, sua mente recuará com pensamentos como *Isso é bobagem. Isso não ajudará em nada!* Responda novamente com: "Obrigado por esse pensamento, George. Obrigado. Realmente entendo que você só está tentando ajudar." Você pode até solicitar mais comentários com uma curiosidade imparcial: "Quer falar mais alguma coisa?"

4. *Cante*

Este método é poderoso para situações em que temos um pensamento realmente persistente. Transforme-o em uma frase e encaixe-a em uma música — em voz alta se estiver sozinho; em silêncio se tiver companhia. Qualquer música serve. Meu padrão é "Feliz Aniversário". Não se preocupe com a escolha de palavras — um esquema de rimas, por exemplo. Não é algo que o levará ao *The Voice*! Basta repetir o pensamento utilizando a melodia da música. Identifique um que o incomode e tente. Encaixe-o em diferentes músicas; cante rápido ou devagar. O "êxito" não é fazer com que o pensamento desapareça ou perca toda sua força e se torne inverossímil, mas, sim, que você o perceba como um pensamento e faça isso com um pouco mais de clareza.

Métodos Adicionais

5. *Ao Contrário*

Escolha uma palavra negativa que está no cerne de um pensamento difícil e recorrente e soletre-a ao contrário. Por exemplo, em vez de *Acho que sou tolo*, diga *Sabia que tolo soletrado ao contrário é* "olot"? Interrupções estranhas como essa nos lembram de que estamos apenas pensando — e este é o objetivo: recuar e olhar *para* os pensamentos, não *a partir* deles. (Uma versão divertida é encaixar a palavra na música "Jogo da Rima", por exemplo: "Tolo, tolo, que rima com bolo. Bolo, que rima com rolo. É o jogo de rimar!")

6. *Considere o Pensamento como um Objeto*

Visualize o pensamento e faça algumas perguntas sobre ele. Qual seria seu tamanho? Como seria sua forma? Qual seria sua cor? Em que velocidade se movimentaria? Quão intenso seria seu poder? Se tivesse uma textura, qual seria a sensação de tocá-lo? Como seria sua consistência interna?

Após responder a essas perguntas, se o poder do pensamento permanecer inalterado, foque suas *reações* a ele — principalmente julgamentos, previsões, emoções negativas ou avaliações (por exemplo, "Não quero isso! Sinto repúdio!"). Mantenha-as em sua mente. Em seguida, escolha uma reação que pareça essencial. Descarte o primeiro pensamento e o substitua por essa reação central. Visualize-a. Agora, responda às mesmas perguntas: qual seria seu tamanho? E assim por diante.

Quando finalizar os questionamentos, retorne ao pensamento inicial. Sua forma, sua cor, sua velocidade, sua textura, sua consistência e seu tamanho são os mesmos? Geralmente percebemos que o pensamento mudou de maneiras que diminuem seu impacto.

7. *Vozes Diferentes*

Modifique sua voz e manifeste o pensamento em voz alta. É possível imitar seu político favorito, um personagem de desenho, uma atriz ou um ator famoso. Teste vozes diferentes. Porém, lembre-se de que você nunca deve se ridicularizar. As vozes devem ajudá-lo a analisar seus pensamentos, não zombar deles ou de si mesmo.

8. *O Exercício Manual*

Imagine escrever seu pensamento na palma de sua mão (não é necessário realmente escrevê-lo, basta saber que está lá). Em seguida, aproxime a mão do rosto. Nessa posição, é difícil enxergar qualquer outra coisa — até mesmo sua própria mão e o pensamento hipoteticamente escrito nela. É uma metáfora física da fusão: o pensamento dominando sua consciência.

Agora, afaste a mão que contém o pensamento. Ficou um pouco mais fácil enxergar outras coisas além dela. Então, posicione essa mesma mão ao lado do seu rosto. Dessa forma, você pode focá-la se necessário, mas também consegue enxergar à frente com mais clareza. Essas ações simulam a postura que se deve adotar em relação aos pensamentos. Sempre que se sentir dominado por um pensamento, observe o quão próximo ele está — na mão posicionada em frente ou ao lado do seu rosto? Se for a primeira opção, tente afastá-lo para o lado. Repare que, desse modo, o pensamento não desaparece — na verdade, você consegue enxergar melhor o que ele de fato é. A diferença é que, nessa posição, também é possível fazer muitas outras coisas, o que consiste na essência da desfusão.

9. *Carregue o Pensamento com Você*

Escreva o pensamento em um pequeno pedaço de papel e segure-o. Observe-o como se fosse uma página preciosa e frágil de um manuscrito antigo. Essas palavras são um eco de sua história. Mesmo que o pensamento seja doloroso, questione se você gostaria de honrar essa história ao escolher carregar o pedaço de papel. Se decidir que sim, coloque-o no bolso ou na bolsa e permita que ele o acompanhe. Durante os dias em que estiver carregando o pedaço de papel, de vez em quando, dê um tapinha no seu bolso, na sua bolsa ou onde quer que ele esteja a fim de se lembrar de que esse pensamento é bem-vindo e faz parte de sua jornada.

10. *A Criança*

Este exercício auxilia o desenvolvimento da autocompaixão. É essencial ter consciência de que o distanciamento não deve compreender autorridicularização ou intransigência por ter certos pensamentos. Você não é ridículo; é humano. A linguagem e a cognição humanas são como cavalos indomáveis que, inevitavelmente, nos levam a um território perigoso. Ninguém é capaz de impedir que pensamentos inúteis se formem na mente.

Considere um pensamento difícil que ocorre há muito tempo em sua história. Imagine-se o mais jovem possível tendo esse pensamento ou outros semelhantes. Dedique um momento para pensar em sua aparência com essa idade — como era seu cabelo, como você se vestia. Então, na sua imaginação, essas palavras devem ser ditas por essa criança. Tente fazer isso com sua voz infantil. Se estiver sozinho, a reproduza em voz alta. Do contrário, escute-a em silêncio. Em seguida, se concentre no que você faria nessa situação se seu objetivo fosse apoiar essa criança. Por exemplo, imagine-se abraçando-a. Agora, questione-se: "Metaforicamente, nesse momento, como posso me ajudar?" Confira se algumas ideias úteis surgem.

11. *Desfusão e Compartilhamento Social*

Ao adquirir capacidade de se distanciar dos pensamentos julgadores, é possível se dedicar a métodos mais avançados que se baseiam no compartilhamento social. Eles são mais avançados apenas no sentido de que é importante realizar primeiro o trabalho interno, em vez de esperar que o compartilhamento o faça por você. Compartilhar possibilita o fortalecimento das habilidades de desfusão, mas se obrigar a ir além de sua zona de conforto pode surtir o efeito contrário caso não esteja preparado. Você não é um cavalo a ser açoitado. Abandonar seus julgamentos de fusão é um trabalho bastante emocional que deve ser iniciado por você e por seu reflexo no espelho.

Robyn Walser, especialista em ACT que trabalha no Departamento de Assuntos de Veteranos em Palo Alto, aplicou essa prática inicial ao colaborar com veteranos em um grupo de terapia. Geralmente, por terem vivenciado um trauma moral, muitos soldados retornam de zonas de guerra com transtorno de estresse pós-traumático (TEPT), apresentando pensamentos julgadores sobre si mesmos e suas ações. No grupo, Robyn investigou esses pensamentos de fusão dos quais os veteranos estavam prontos para se distanciar. Eles só precisavam dar o último passo.

A atitude de Robyn foi muito ousada. Ela pediu que os veteranos escrevessem o autojulgamento em uma etiqueta que colariam no peito e mostrariam para seus colegas de grupo. Seria como um tipo de declaração: "Nunca mais permitirei que esse pensamento controle minha vida."

As palavras escolhidas são comoventes — *Assassino; Perverso; Perigoso; Destruído*. Se ainda houvesse a fusão com o pensamento de que se é um assassino, simplesmente colocar uma etiqueta no peito seria de pouco valor. Isso poderia até sobrecarregar a pessoa, já que ela revelaria aos outros aquilo que realmente acredita. Porém, quando se está preparado para considerar esse julgamento apenas como um pensamento, e a pessoa opta por não ser mais pressionada por ele, colocá-lo no peito é uma manifestação pública poderosa dessa escolha.

A primeira vez que apliquei essa prática, fiquei profundamente impressionado com o quão poderosa ela é. Em um workshop que ministrei, decidi realizá-la com os participantes. Senti o impulso de escrever a palavra *maldoso*, o que me surpreendeu, pois jamais pensara em mim dessa forma. Não me lembrava de conscientemente me repreender por ser maldoso. Ainda assim, lá estava.

De repente, me ocorreu a lembrança de estar segurando uma lupa quando eu tinha 6 ou 7 anos de idade. Naquela situação, me perguntava quão mais rápido as tarântulas se movimentariam se suas extremidades traseiras fossem aquecidas. Eu morava em uma área próxima a San Diego que tinha muitas dessas aranhas. Meus amigos e eu ficávamos, ao mesmo tempo, fascinados e horrorizados com elas. Brincávamos com coisas simples e, nessa ocasião, havia lupas. Minha mãe apareceu sem que percebêssemos e estava chocada. Sua expressão era um misto de aversão, horror e raiva; era como se pudesse facilmente transformar uma criatura em pedra. Eu me esquecera totalmente do ocorrido e relembrá-lo provocou um sentimento desagradável de vergonha. Naquele momento, percebi que eu carregava o medo de ser *maldoso* desde então!

Em letras garrafais, escrevi *MALDOSO* na etiqueta e colei no peito. No intervalo, quando fui tomar café, fiquei espantado ao perceber que, inconscientemente, eu encurvava meu corpo para que o funcionário do bufê não visse a palavra — o pensamento ainda era muito poderoso. No entanto, vinte minutos depois, quando o workshop terminou, constatei que ele havia sumido. Completamente! Décadas de vergonha oculta desapareceram! Em uma ligeira euforia, usei a etiqueta no meu paletó pelos dois dias subsequentes. Nos restaurantes, alguns garçons me olhavam com estranheza! Eu apenas sorria e pensava satisfatoriamente: *Não fugirei da palavra "maldoso" pelo resto da minha vida.*

Durante os anos seguintes, colecionei várias dessas etiquetas: *Detestável; Nojento; Triste; Tergonhoso; Desleal; Abominável; Farsante; Insignificante; Cruel; Mentiroso; Pervertido; Irritado; Ansioso; Perigoso.*

Não sou o único. Rikke Kjelgaard, um terapeuta holandês da ACT, publicou um vídeo de vários profissionais da área segurando pedaços de papel com seus próprios julgamentos negativos escritos. É triste e, ao mesmo tempo, corajosamente humano. Vale a pena conferir: http://bit.ly/OurCommonFate [conteúdo em inglês].

Desenvolvi uma variação desse método para grandes workshops, que pode ser realizada com alguns amigos de confiança. Peço às pessoas que façam duas fileiras, com cerca de vinte a trinta participantes em cada, e fiquem uma de frente para a outra. Em seguida, solicito que leiam a etiqueta da pessoa da frente por alguns minutos e considerem a dor e os danos que esse autojulgamento negativo causou. Depois, peço que dediquem aproximadamente trinta segundos para encarar a outra pessoa com um sentimento de compaixão pelo fardo carregado e reconhecimento pela coragem de compartilhá-lo. As duas fileiras se movem em direções opostas e novas duplas se formam para repetir o processo, até que todos o realizem entre si.

Ao final do exercício, a maioria das pessoas choram e se abraçam, pois quase todas se identificam com a etiqueta alheia. Uma compreensão profundamente fortalecedora ecoa na mente e no coração: todos têm os mesmos segredos. Ainda assim, ficamos sozinhos no autojulgamento e na vergonha, sem compreender que percorremos uma jornada semelhante.

Há muitas outras maneiras pelas quais se pode iniciar um processo de compartilhamento como método de desfusão. Use uma camiseta ou um boné estampado com seus medos ou dúvidas; escreva um livro e faça uma lista (nossa, já fiz isso!); compartilhe um pouco do seu interior em conversas públicas (após finalizar a sua parte!); tenha um diálogo sincero com seus filhos sobre os julgamentos deles e os seus; preste atenção quando outras pessoas compartilharem seu interior e faça o mesmo como forma de retribuição.

Ao realizar essas ações com responsabilidade, você sentirá liberdade e conexão com os outros. Em minutos ou horas, começará a descartar pensamentos inúteis que o controlaram por anos.

Capítulo 10

O SEGUNDO PIVOT

EU — A ARTE DA TOMADA DE PERSPECTIVA

Relembre o início do ensino fundamental. Com um pouco de esforço, é possível ficar por trás dos olhos de seu Eu mais jovem, revivendo esse acontecimento.

Essa situação compreende uma percepção de "você", o observador, que surge quando nossa mente se torna capaz de utilizar a tomada de perspectiva cognitiva. Desse ponto em diante, a sensação de observar de dentro, a partir da perspectiva de um "eu", é constante em nossa vida. Chamarei esse "eu" do qual adquirimos consciência de *Eu transcendente*, pois ele está sempre dentro de nós, não importa onde estamos, quem nos acompanha e quais são nossas condições de vida. Ao mesmo tempo que desenvolvemos essa consciência, começamos a conceber a história de nosso Eu — elaborando o Eu conceitualizado —, que pode bloquear o reconhecimento do Eu transcendente. Nós nos concentramos tanto em reforçar e defender essa história que acabamos tentando ocultar, dos outros e de nós mesmos, aspectos de nossa essência e de nossas experiências.

O Anseio por Pertencimento

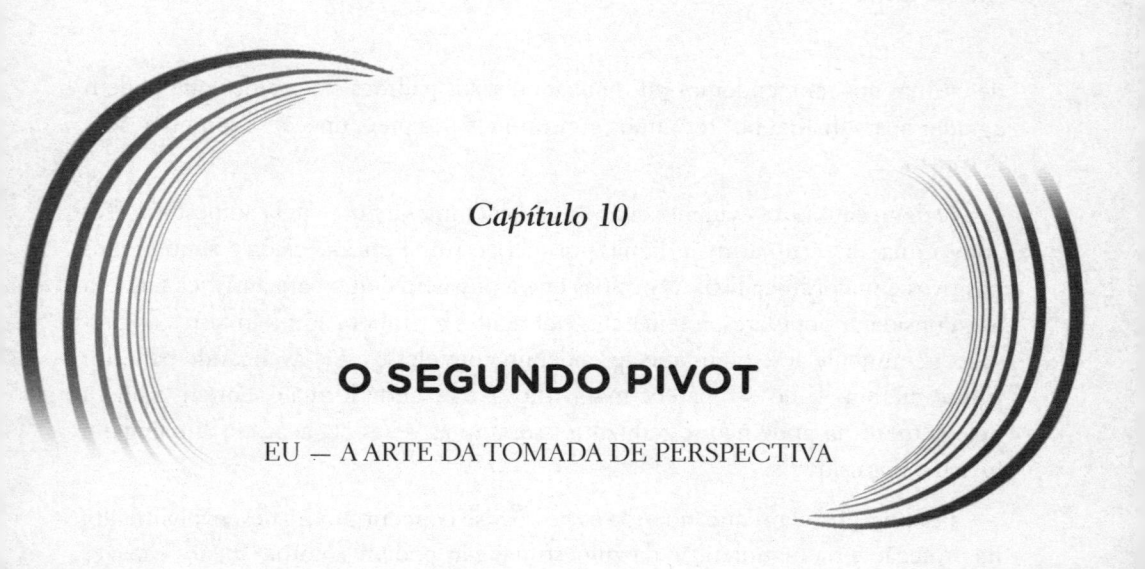

Os seres humanos desejam ser notados, cuidados e incluídos como membros de um grupo. Somos os primatas sociais; evoluímos em pequenos grupos e a coletividade era, literalmente, questão de vida ou morte. Embora esse anseio seja saudável, muitas das maneiras pelas quais nossa mente tenta satisfazê-lo causam uma dor psíquica. Mentimos sobre nós mesmos para defender nosso ego; nos fazemos de vítima; nos repreendemos por não atender aos padrões exagerados que podem agradar aos outros; e nos tornamos consumidos por preocupações com rejeição e desprezo.

O dano causado é evidente quando consideramos a busca pela autoestima. Ter autoestima alta é uma meta digna, pois ela costuma ser associada a sentimentos positivos e maior iniciativa. As pessoas que a possuem como característica tendem a se considerar populares, inteligentes e atraentes e, embora admitam erros do passado, geralmente acreditam que aprenderam com eles e estão avançando para um futuro melhor. Tudo isso parece maravilhoso, e de certa forma é. Porém, a busca pela autoestima pode não se reduzir a isso; muitas vezes ela acarreta autoengano tóxico e dor psíquica.

Pesquisas revelam que, quando as pessoas se concentram no desenvolvimento, na proteção e na manutenção da autoestima, elas podem se tornar *menos* capazes de focar o que realmente valorizam. É mais provável que se sintam pressionadas, estressadas, ansiosas e menos resilientes ao enfrentar desafios. Por exemplo, os alunos que baseiam sua autoestima no desempenho acadêmico sofrem quando tiram uma nota baixa e têm um risco elevado de depressão — especialmente se já estão propensos a ela. De modo semelhante, as pessoas que elaboram histórias otimistas sobre si mesmas começam a pensar que são melhores que os outros. Quando isso acontece, em vez de nos ajudar a sentir que pertencemos, o apego rigoroso às nossas histórias pessoais faz com que nos sintamos alienados e sozinhos.

A autoestima legítima é agradável e receptiva a nossas falhas; o tipo desenvolvido com base no fingimento é inflexível, blindado e repulsivo à auto-honestidade. A diferença é a fusão com nossas auto-histórias conceitualizadas.

Os custos estão por toda parte, do governo à diretoria, da tela da TV ao local de trabalho. Com satisfação, os anunciantes vendem produtos que sustentam nossa necessidade de proteger a autoimagem. Quando essa imagem é ameaçada, ficamos mais propensos à irritação, à agressividade e à violência. Além disso, podemos tentar provar nosso valor assumindo tarefas que excedem nossos talentos e, como consequência, a autoestima é ainda mais prejudicada. Nesses casos, os benefícios emocionais de curto prazo — provenientes da busca por níveis mais altos de autoestima — são sobrepujados pelos custos de longo prazo — infelicidade e angústia.

A Conexão com o Eu Transcendente

O pivot do Eu direciona a energia saudável do anseio por pertencimento à reconexão com a consciência do eu/aqui/agora transcendente, possibilitando que ela ocupe o cerne do que consideramos essência. Assim, nos relacionamos com os outros e com nós mesmos de uma maneira que não é controlada pelas distorções do ego e suas auto-histórias. Igualmente importante, ele possibilita um sentimento muito mais profundo de pertencimento, intrínseco à própria consciência humana.

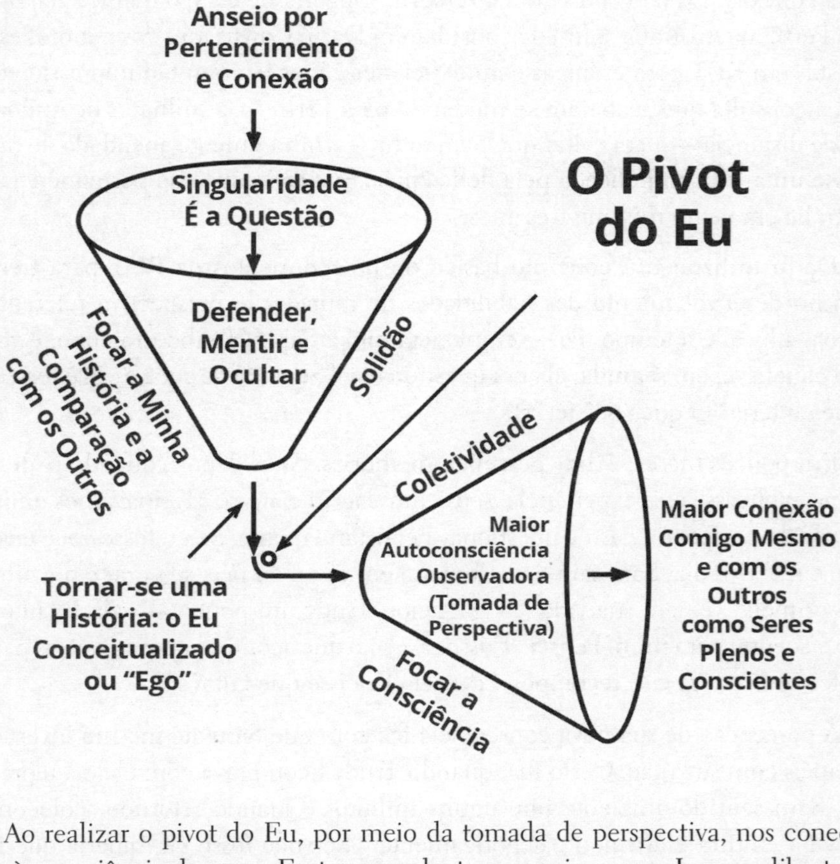

Ao realizar o pivot do Eu, por meio da tomada de perspectiva, nos conectamos à consciência de nosso Eu transcendente no aqui e agora. Isso nos liberta do controle exercido pela autoavaliação e da noção de que, para nos conectarmos e pertencermos, devemos fazer os outros acreditarem em nossas histórias de singularidade. Percebemos que a conexão com os outros está na consciência do nosso direito inato como seres humanos, independentemente do quanto correspondemos às avaliações próprias ou alheias.

Nesse contexto, o papel primordial da tomada de perspectiva é fortemente exemplificado pelo modo como crianças com autismo aprenderam a sentir essa conexão com os outros por meio de exercícios baseados na RFT.

Uma colega da ACT, que chamarei de Trudy, tem uma filha que foi diagnosticada com autismo logo após seu aniversário de 2 anos. Trudy já suspeitava: "Não havia conexão. Eu não conseguia fazê-la rir." Sugeri que ela e o marido viajassem para Perth, na Austrália, a fim de consultarem Darin Cairns, um dos maiores especialistas em RFT para crianças com deficiência. Eles ficaram tão impressionados com a consulta que acabaram se mudando para Perth — a milhares de quilômetros de distância — para evitar que Samantha (carinhosamente apelidada de Sam) tivesse uma vida prejudicada pela deficiência. Sua estimativa de permanência na Austrália era de no mínimo três anos.

Darin utilizou um conjunto básico de procedimentos da RFT para treinar Sam no desenvolvimento das habilidades de tomada de perspectiva referente à pessoa, a local e a tempo. Por exemplo, era dito a Sam: "Tenho um copo, e você, uma caneta" e, em seguida, ela era questionada: "Se eu fosse você e você fosse eu, o que eu teria? O que você teria?"

Em poucos meses, Trudy percebeu melhorias. Anos depois, quando pedi que ela me explicasse essa experiência, seus olhos lacrimejaram. "Treinávamos muito a tomada de perspectiva. Eu a questionava constantemente 'Se eu fosse você e você fosse eu...' Um dia, Sam saiu do carro para entrar na clínica, se virou e me olhou. Pela primeira vez em sua vida" — gaguejou Trudy um pouco — "ela levantou a mão e acenou para mim. Pensei: 'É isso. É isso o que acontece com os outros pais'". Ela fez uma pausa e se recompôs. "Pensei: 'Era *isso* que faltava.'"

A percepção de sua nova consciência fez com que Sam até mesmo invertesse os papéis com sua mãe. Certo dia, quando Trudy ficou brava com ela e a repreendeu, Sam saiu do ambiente por alguns minutos. Quando retornou, colocou as mãos na cintura e afirmou categoricamente: "Se você fosse eu, saberia que isso não foi legal!"

Sam adentrava o mundo da consciência *social*. À medida que se conectava com sua autoconsciência do "eu/aqui/agora" — observar a partir de uma perspectiva ou ponto de vista particular —, ela também aprendia a alternar sua perspectiva entre pessoas, lugares e tempo. Em outras palavras, conforme Sam se revelava por trás de seus olhos, ela percebia pela primeira vez que Trudy estava por trás dos dela. Sam era capaz de mudar sua perspectiva para Trudy e ver através de seus olhos. *Esse* foi o motivo pelo qual ela acenou. Ela viu sua mãe enxergando-a.

Após um ano e meio, a família voltou para casa, pois não havia necessidade de ficar mais tempo na Austrália. Se você conhecesse Sam agora, jamais imaginaria que seu passado foi marcado pelo autismo. Ela é uma criança bem-adaptada.

O caso de Sam pode ser excepcional, mas não é uma história única. Um estudo recente aplicou procedimentos semelhantes em um grupo de crianças com autismo e, como resultado, todas tiveram melhorias na tomada de perspectiva. Em todo o mundo, programas completos estão sendo estabelecidos para trabalhar com crianças de forma análoga à de Sam, e os dados iniciais são muito entusiasmantes. Teremos que aguardar para conferir se a ciência continuará apoiando essa abordagem, mas, atualmente, há vários estudos sobre esse processo, e ele ainda parece consistente.

Realizando o Pivot

O pivot do Eu começa com a percepção do sentido oculto de seu Eu transcendente. Assim como meu momento agarrado ao tapete, às vezes, a experiência é catalisada por uma dor imensa e um sentimento de desespero. Felizmente, a RFT nos conduziu até um conjunto de métodos simples que não requerem nenhuma dor.

A ACT estabeleceu uma fórmula para nos conectarmos com nossa autoconsciência mais profunda. Ela é dividida em quatro partes:

1. **Enfraqueça o apego ao Eu conceitualizado aplicando os métodos de desfusão — por exemplo, os descritos no Capítulo 9 — à maneira como contamos histórias sobre nós mesmos.**
2. **Verifique como isso abre o espaço mental para a percepção da tomada de perspectiva, que está subjacente à autoconsciência continuamente presente. Ao analisar o conteúdo mental, perceba que o Eu transcendente é distinto do conteúdo ("Não sou meus pensamentos") e compreende o conteúdo ("Posso manter meus pensamentos na consciência").**

3. **Cultive hábitos de tomada de perspectiva por meio dos exercícios que alteram seu ponto de vista ao longo das dimensões de tempo (*agora* está relacionado a *depois*), lugar (*aqui* se associa a *lá*) e pessoa (*eu* é relativo a *você*).**

4. **Utilize a tomada de perspectiva para desenvolver um sentimento saudável de pertencimento e interconexão com os outros, expandindo, de fato, a autoconsciência transcendente — *eu* — em uma percepção interconectada de *nós*.**

Os dois primeiros exercícios apresentados a seguir auxiliam a realização do pivot inicial. Os restantes ajudam a desenvolver uma consciência progressiva do Eu transcendente e a cultivar o sentimento de pertencimento e de conexão com os outros.

No outro extremo do pivot do Eu, seu mundo muda. À medida que surgimos por trás de nossos olhos, também começamos a enxergar por trás dos olhos alheios. Há a percepção de que outras pessoas o notam e que elas reparam que você as nota. Surge a compreensão de um tipo de consciência que une todos nós. Começamos a observar que fazemos conexões mais atenciosas com as pessoas o tempo todo — no supermercado, no elevador, no trabalho ou em casa. Você percebe uma idosa com dificuldades para empurrar o carrinho de compras pela loja, enfrentando corajosamente suas limitações físicas; um garçom se preocupando em perguntar para um cliente o que ele deseja; uma criança ansiosa por sua atenção, mas com receio de solicitá-la.

Quando alcançamos nossa consciência de forma plena e receptiva, nos tornamos muito mais capazes de acessar a consciência alheia. Percebemos que ela é muito mais ampla e antiga que o espaço definido por nossa mente e nosso corpo. Em um sentido profundo, ela é ilimitada, atemporal e nos conecta. *Nós* somos conscientes. A consciência satisfaz o anseio por pertencimento de modo saudável, e encorajador, nos capacitando para que sejamos mais nós mesmos e, ainda assim, nos relacionemos profundamente com os outros. Seu pertencimento é um direito inato.

Um Conjunto Inicial de Métodos

Assim como o desenvolvimento das habilidades de desfusão, você constatará que o comprometimento contínuo e repetitivo com os métodos disponibilizados a seguir fortalecerá sua tomada de perspectiva. Não os considere isoladamente, mas, sim, como um conjunto de exercícios calistênicos.

1. *Eu Sou/Eu Não Sou*

Este exercício é um bom começo. A seguir, apresento três frases incompletas. Escreva-as em uma folha de papel e complete as duas primeiras com uma palavra que represente suas características psicológicas positivas. Não escolha meros atributos descritivos (por exemplo, *Eu sou homem*). Utilize termos referentes às suas qualidades pessoais mais valiosas. Na última frase, faça exatamente o oposto — escolha uma característica negativa que você acha que possui ou tem receio de possuir.

1. **Eu sou______________________.**
2. **Eu sou______________________.**
3. **Eu sou______________________.**

Analisemos as duas primeiras respostas "positivas".

Tenho algumas perguntas simples: suas escolhas são verdadeiras o tempo todo? Em qualquer lugar? Em relação a todas as pessoas? Sem exceção?

Que mentira!

E a última? Ela é totalmente verdadeira, em qualquer lugar? Outra pessoa diria a mesma coisa se observasse você o tempo todo?

Outra pergunta: quantas dessas afirmações podem ser *comparações* com os outros? Verifique cada uma delas. Se sua escolha foi *Eu sou inteligente* ou *Eu sou gentil*, confira se ela está relacionada à ideia de que você é MAIS inteligente ou MAIS gentil (ou MAIS tolo e assim por diante) do que pelo menos alguma outra pessoa. Não é apenas sua história — é sua história *comparada* com as dos outros.

Não é à toa que nos sentimos sozinhos dentro de nosso próprio ego!

Uma solução inicial é observar sua fusão com essas afirmações. Começando pela primeira e avançando para as próximas, troque o ponto final de cada uma delas por uma vírgula e adicione essas duas palavras: *ou não*. Por exemplo, *Eu sou inteligente, ou não*.

Agora, leia lentamente cada uma das afirmações mais uma vez. Observe o que acontece. Sem pressa. Se constatar que sua mente está repleta de pensamentos negativos, aplique as habilidades de desfusão, dizendo para si mesmo: "Estou pensando que..."

Talvez você perceba uma ligeira abertura — como se uma leve brisa entrasse no ambiente. É possível sentir que há mais opções de pensamentos sobre si mesmo. Não se atenha a esse sentimento — ele é inconstante — e não discuta consigo mesmo sobre qual dessas opções é mais precisa. O processo mental que cultivamos nesse momento é um lembrete: podemos nos recusar a acreditar na versão de uma história comparada com outra. Estamos abrindo nossa mente a possibilidades. Observe se consegue perceber essa sensação de abertura acontecer com as afirmações "positivas" e com a negativa.

Retorne à primeira afirmação e risque o que está escrito após *Eu sou*. Quem você seria sem essa característica? Pondere a resposta. Agora, faça o mesmo com as outras afirmações. Como seria descartar esses atributos?

Esse processo suscita o seguinte questionamento: quem você é sem todas as suas histórias e defesas? Quem ou o que você está tentando proteger? Se acordasse certo dia e afirmações como essas fossem apenas afirmações — todas têm o sentido aberto de "___ ou não!" —, você ainda seria você? Se sua mente responder: "Claro que não!", dedique um breve momento para detectar quem está reparando em sua mente. Não é você percebendo essa reação mental? Não é o você que está identificando uma percepção mais profunda de "você"?

Para finalizar este exercício, circule e considere as palavras repetidas nas três afirmações — *Eu sou*. E se a autoconsciência profunda que buscamos estiver mais próxima dessas duas palavras por si só? Ao elaborar a história de nossa vida, nos esquecemos dessa alternativa poderosa: apenas ser.

Há mais uma etapa neste exercício, a qual nos ajuda a adquirir maior consciência da propensão de nos enganarmos com nossas auto-histórias.

Histórias baseadas no ego não são apenas distorcidas; elas também tendem a ser muito genéricas. Na realidade, em circunstâncias distintas, focamos diferentes aspectos de nossa auto-história. Por exemplo, quando estamos em casa com nossos entes queridos, podemos nos concentrar em nossa visão de nós mesmos como uma pessoa atenciosa; enquanto no trabalho, focamos os pensamentos de ser alguém incompetente. Adquirir consciência de como nossa auto-história se altera de acordo com as situações variadas auxilia uma melhor conexão com nosso Eu transcendente e, por conseguinte, com nossa capacidade de escolher entre as possibilidades de como seremos.

Agora, reescreveremos as afirmações para transformar o "Eu sou______".

Primeiro, em vez de *Eu sou*, escreva *Eu me sinto* ou *Eu me considero*. Por exemplo, se escrever *Eu sou amoroso*, substitua a afirmação por *Eu me sinto amoroso*. Se sua escolha for *Eu sou inteligente*, troque para *Eu me considero inteligente*.

Em seguida, qualifique cada afirmação ao descrever a situação em que você se sente ou se considera dessa forma, incluindo como seu comportamento intervém. Para tanto, utilize a seguinte frase: "Quando [a situação] e eu [seu comportamento], [como você se sente ou se considera]." Por exemplo, "Quando minha esposa discorda de mim e eu realmente considero sua perspectiva, me sinto amoroso" ou "Quando tenho muita coisa para fazer e eu reservo um tempo para o autocuidado, me considero inteligente". Também é possível escrever descrições das situações em que você não se sente amoroso ou inteligente. Por exemplo: "Quando tenho muito trabalho a fazer e ignoro meu filho de 12 anos, não me sinto amoroso." (Aliás, todos esses exemplos são completamente aleatórios e não têm nada a ver comigo. Ah, tá.)

Essa é uma forma muito mais útil de autodescrição, que nos mostra quando e como deixamos de nos comportar de acordo com nossos anseios autênticos. Continue a praticar este exercício à medida que identificar seus autojulgamentos, pois ele possibilita uma consciência maior do apelo ao Eu excessivamente conceitualizado e das diferentes opções disponíveis. Assim, você será capaz de identificar esses autojulgamentos e direcioná-los a uma autoconsciência mais transcendente.

4. *Reescrevendo Sua História*

Outra forma de reconsideração consiste em elaborar uma breve história sobre si mesmo e, depois, reescrevê-la.

Comece com algumas centenas de palavras sobre um aspecto com o qual você luta psicologicamente — algo que o atrapalha há um certo tempo e que tenha alguma história relacionada. Certifique-se de descrever parte dessa trajetória e as maneiras internas e externas pelas quais ela interfere. Assim que finalizar, circule todas as palavras que compreendem reações: pensamentos, sentimentos, memórias, sensações, impulsos ou comportamentos reais. Não circule as explicações dos *motivos* pelos quais você reagiu: apenas a reação em si.

Agora, revise novamente a história e sublinhe situações ou fatos externos. Peço que você observe as reações (circuladas) e os fatos externos (sublinhados), pois, às vezes, a mente confunde os dois, o que dificulta o próximo passo.

Após circular e sublinhar, o desafio é o seguinte: reescrever a história de modo que o tema, o significado, o resultado ou a direção seja totalmente diferente, mantendo as partes circuladas ou sublinhadas. Lembre-se: *não* estou pedindo que você escreva uma história melhor, mais feliz ou mais verdadeira. A nova história só precisa fazer sentido, se adequar bem ao conteúdo circulado e sublinhado.

A seguir, apresento um exemplo da primeira história escrita por uma cliente minha. Os fatos externos estão sublinhados e as reações, em negrito.

> Eu era uma criança **triste**. Sentia-me **sozinha** e **negligenciada** — minha mãe parecia estar mais interessada em seu próprio sofrimento do que em seus filhos. Eu tirava notas baixas na escola, pois **focava mais meus medos** do que o aprendizado. As outras crianças **não gostavam de mim** e os professores eram tão desatentos quanto minha mãe. Eu era um frequente alvo de bullying e **me considerava estúpida**. **Percebi minha inteligência** apenas no ensino fundamental, quando participei de uma equipe de competição escolar e, juntos, vencemos todo o município. Depois, a escola me aplicou um teste e disse que eu deveria estar na turma avançada. De repente, os professores me consideravam de forma diferente, mas as crianças nem tanto. Tive a impressão de que até mesmo meus pais me viam de outro modo — tipo "quem é essa garota?". No entanto, os outros colegas pareciam me achar estranha. No ensino médio, os garotos começaram a me notar e percebi que poderia atrair bastante a atenção deles. Isso fazia com que **me sentisse ótima** externamente, mas, por dentro, ainda **me sentia inadequada**. De certa forma, obtive êxito escolar, mas **acho que foi por acaso**. Fico **surpresa** com o fato de que não atrapalhei esse ocorrido. Externamente, acho que algumas pessoas me consideram um sucesso, mas, com esse passado, tenho minhas próprias **inseguranças**.

A reescrita de sua história foi reveladora. Ela ficou mais impressionada em perceber que, mesmo sem alterar qualquer reação ou fato, sua conclusão foi consideravelmente diferente. Há indícios da ACT no texto reescrito, o que é coerente, visto que eu e minha cliente trabalhamos um modelo dessa abordagem.

> Eu era uma criança **triste**. Quando me sentia **sozinha** e **negligenciada, focava mais meus medos**, o que pode ter contribuído para minhas notas baixas na escola. Acho que internalizei uma ideia que vi minha mãe perseguir — quando se é infeliz, concentre-

> se nisso, e não no que está à sua frente. Essa atitude a prejudicou muito em relação à sua capacidade de focar seus filhos e aceitar o amor que a rodeava. Ao presenciar essa situação, aprendi uma lição. Quando sentia que as outras crianças **não gostavam de mim**, que os professores eram tão desatentos quanto minha mãe, quando eu **me considerava estúpida** ou até mesmo era alvo de bullying, focava aquilo que realmente poderia fazer. Por exemplo, no ensino fundamental, participei de uma equipe de competição escolar e, juntos, vencemos todo o município. Essa decisão surtiu um grande efeito, visto que, após esse êxito, os professores me consideravam de forma diferente, e a escola me aplicou um teste e disse que eu deveria estar na turma avançada. Até mesmo meus pais me viam de outro modo — tipo "quem é essa garota?". Os acontecimentos tomaram uma direção muito diferente. Tudo isso porque fiz pequenas escolhas para tentar aprender com os erros da minha mãe. Mesmo que algumas crianças não me valorizassem ou me achassem estranha, encontrei maneiras de fazer coisas positivas que me trouxeram uma atenção saudável. Acho que minha confiança e minhas conquistas atraíam os outros — por exemplo, no ensino médio, os garotos começaram a me notar. Independentemente de me **sentir ótima** ou **inadequada**, aprendi a focar o que poderia fazer, um passo de cada vez. Como resultado, obtive uma **quantidade surpreendente** de êxito escolar — apenas deixei de me atrapalhar e fiz o que era preciso. Minha mente me diz que isso aconteceu **por acaso**, mas acredito que todos nós temos **inseguranças**. Conclusão: eu sou um sucesso.

Cuidado com o que sua mente contadora de histórias fará com essa reescrita. Reitero: o objetivo não é elaborar uma história positiva. Essa cliente obteve uma percepção favorável, e tudo bem se esse for o resultado, mas a meta do exercício não é essa — o importante é adquirir a consciência de que estamos sempre *narrando*. Elaboramos uma narrativa que é apenas uma das muitas possíveis. A fim de reforçar sua consciência, reescreva a história mais uma vez.

Quando atribuímos as interpretações de nossas experiências à situação, e não à nossa maneira de considerar o contexto, afastamos nossa própria significação. É uma forma de autoengano. Este exercício é um modo de aplicar as habilidades de desfusão à nossa auto-história, a fim de que possamos nos responsabilizar pelas consequências provenientes da maneira como interpretamos acontecimentos e reagimos a eles. O processo de reescrita nos ajuda a perceber a ampla liberdade e criatividade que temos para elaborar histórias sobre nossas situações de vida, mesmo as difíceis.

A última etapa deste exercício auxilia a internalização dessa percepção. Questione-se: e se não houver apenas uma história verdadeira, mas uma variedade de histórias diferentes que podem ser aplicadas a circunstâncias e contextos distintos, impulsionando diversas maneiras de se estar no mundo? Qual narrativa o fará avançar na direção desejada? Qual delas lhe parece mais proveitosa e sob quais circunstâncias? Quem você prefere que determine a história mais atrativa — o Ditador Interno ou seu Eu transcendente?

5. *Uma Conversa Sincera de Cada Vez*

Outro modo eficaz de abandonar sua auto-história consiste na prática de ser você mesmo com outra pessoa de forma mais plena e receptiva. É possível realizar este exercício durante uma conversa com um amigo ou colega de trabalho confiável. Além disso, você pode facilmente praticá-lo todos os dias e com mais pessoas.

Na sua próxima conversa com a pessoa escolhida, leve sua consciência plena. Quando surgir um assunto relacionado à sua vida, como seu desempenho no trabalho, observe as maneiras sutis pelas quais você é instigado a mentir. Atente-se a exageros, meias verdades, falsas afirmações de certeza ou conhecimentos fingidos. Ao perceber qualquer impulso de mentir, tenha autocompaixão por cair nessa armadilha da natureza humana. Considere-se da mesma forma que o faria se fosse muito jovem e estivesse aprendendo a mentir. Tente abandonar o apego à mentira. Caso se sinta seguro com essa pessoa, converse de forma mais verdadeira. Do contrário, registre mentalmente o que é preciso fazer para ser mais sincero com essa pessoa na próxima conversa que tiver com ela ou com alguém confiável. À medida que essas oportunidades surgirem, tente adquirir uma margem maior para se expressar com mais honestidade.

Além disso, tente identificar o motivo pelo qual você sente esse impulso. O objetivo não é se esforçar para ser absolutamente sincero sempre. Isso simplesmente não é viável. O importante é acessar sentimentos difíceis — insegurança, inadequação, medo de rejeição etc. — e aprender o que é temível em relação a eles. Se tiver consciência de quais são essas dificuldades, utilize suas habilidades de aceitação e desfusão a fim de adquirir maior espaço para ser você, com seus sentimentos, maior conexão verdadeira com os outros e uma conversa sincera de cada vez.

À medida que sentir maior certeza de que pode falar a verdade em situações seguras, deliberadamente procure conversar com alguém um pouco menos confiável, ainda mais se, no passado, você sucumbiu a exageros e meias verdades com essa pessoa. Para não ir muito além da sua zona de conforto, escolher um assunto com o qual se sente confiante possibilita que suas afirmações sejam a verdade que você conhece. Fique atento a quais pensamentos e sentimentos dificultam o debate desse assunto com essa pessoa.

6. *Identificando Rapidamente a Autoconsciência*

Em seu dia a dia, comece a se perguntar regularmente o seguinte: "Quem está percebendo isso?" É possível definir lembretes no seu celular ou computador. Outra alternativa é estabelecer uma regra para os momentos em que você deve se questionar, por exemplo, ao pegar o celular, as chaves ou a carteira. Sempre que essas indicações surgirem, faça uma pausa para observar a experiência, acesse sua consciência por um segundo e pergunte: "Quem está percebendo isso?" Tenha cuidado para não deixar que esse questionamento acarrete um extenso discurso mental sobre quem você é — sua mente julgadora está tentando contar uma auto-história. Interrompa esse processo com suas habilidades de desfusão, como ouvir esse discurso mental na voz do Pato Donald ou se imaginar como um professor pedante.

A meta é acessar o "eu/aqui/agora" ou seu Eu transcendente, mesmo que seja por um milésimo de segundo. Com o tempo, você perceberá que essa pergunta se tornou sua segunda natureza e que a conexão com seu Eu autêntico continua se fortalecendo.

Ao avançar para o Capítulo 11, mantenha a prática desse conjunto de exercícios. Você logo constatará que está tratando a si mesmo com maior compaixão e sentindo uma conexão legítima com cada vez mais pessoas em sua vida. Posteriormente, retorne aos métodos adicionais deste capítulo, pois é importante continuar a desenvolver sua habilidade de tomada de perspectiva.

Métodos Adicionais

7. *Distinção entre a Consciência e o Conteúdo da Consciência*

Você pode realizar este breve exercício com os olhos fechados ou abertos, em qualquer lugar em que seja seguro se dedicar ao pensamento reflexivo. Respire uma ou duas vezes, observe quem está percebendo essa sensação e repare na sua experiência. Tudo o que sua mente escolhe — um objeto externo, uma sensação interna, um pensamento, uma lembrança etc. — se torna evidente. Em seguida, reitere a experiência de três modos. Primeiro, afirme: "Tenho consciência de [conteúdo]"; após uma pausa, adicione: "Eu não sou [conteúdo]"; depois de outra pausa, diga: "Eu contenho a consciência de [conteúdo]." Por exemplo, "Tenho consciência da televisão. Eu não sou a televisão. Eu contenho a consciência da televisão" ou "Tenho uma lembrança de quando tinha 5 anos. Eu não sou uma lembrança. Minha consciência contém uma lembrança de quando eu tinha 5 anos." Cerca de cinco ou dez minutos são suficientes para realizar este exercício. Após a primeira vez, continue praticando-o regularmente por vários dias. Em seguida, para manter uma prática contínua, é possível simplificar a tarefa. Apenas observe a experiência e declare: "Não sou isso; minha consciência contém isso." Não se deixe entrar em uma discussão — pelo contrário, tente acessar uma consciência mais profunda de que seu apego a *qualquer* conteúdo é distinto da consciência em si.

8. *A Reunião que Se Aproxima*

Comece a praticar a tomada de perspectiva com regularidade no trabalho, estendendo socialmente a percepção de "você" para contemplar a consciência da consciência contida nos outros. Suponha que você tenha uma reunião importante com um colega, a qual acontecerá em alguns minutos. Pode ser uma situação desafiadora e é preciso estar no seu melhor. Você está preparado, mas se sente um pouco ansioso. Enquanto aguarda em seu escritório, uma ótima maneira de passar esses dois ou três minutos é considerar esta lista de reflexões e perguntas, que pode ser colocada em sua mesa:

- **Enquanto está sentado aqui aguardando, quem está percebendo você esperando?**
- **À medida que repara, não se atenha a essa percepção — por apenas um segundo, observe que você está consciente, aqui e agora.**

* Ao refletir sobre a reunião, busque uma memória — da infância, se puder — que se relacione de alguma forma. Não a acesse pela análise cognitiva. Apenas deixe que essa memória surja e observe-a por um momento. Repare em quem mais estava presente e como você se sentia/o que fazia/em que pensava.

* Nessa memória, quem estava reparando nesses aspectos? Tente identificar sua percepção original de consciência como uma experiência, não uma ideia preconcebida.

* Você sempre foi você. Independentemente do que ocorrer nessa reunião, você também perceberá o que acontece nela. Comprometa-se a permanecer consigo mesmo, tornando-se mais consciente dos altos e baixos das experiências durante a reunião.

* Visualize a pessoa que está prestes a encontrá-lo. Imagine onde ela deve estar nesse momento. Posicione-se por trás dos olhos dessa pessoa e visualize o que ela está enxergando agora mesmo, ao se dirigir a essa reunião.

* O que ela pode estar sentindo? Reserve um instante para perceber esse sentimento.

* O que ela pode estar pensando? Reserve um instante para perceber esse pensamento.

* Com o que ela pode estar apreensiva? Reserve um instante para perceber essa apreensão.

* Com o que ela se importa profundamente? Tente perceber essa importância.

* Com o que ela pode se preocupar especificamente nessa reunião? Tente vivenciar essas preocupações.

* Agora, retorne para si mesmo no aqui e agora. Com o que você mais se importa nessa reunião?

* **Então, ao retornar para o momento, considere o seguinte: há alguma forma de *ambos* alcançarem seus principais objetivos dessa reunião?**

Essencialmente, como deve ter percebido, este exercício aborda o desenvolvimento da empatia. É uma forma estendida da prática de tomada de perspectiva que Trudy ensinou a Sam, sua filha. Ele estabelece sua habilidade de conexão com os outros não apenas de forma mais autêntica, mas com maior compaixão. É um poderoso meio de progredir seu senso de conexão com outras pessoas.

9. *Aplicando a Tomada de Perspectiva à Aceitação*

Este exercício possibilita utilizar a tomada de perspectiva especificamente para auxiliar a aceitação de uma experiência difícil (detalharei melhor essa habilidade no Capítulo 11). Primeiro, aplique o exercício a uma experiência com a qual você teve dificuldades. Ao praticá-lo repetidamente, você constatará que pode realizar qualquer variação dele, mesmo em meio a uma nova experiência difícil. Este é um exercício poderoso para lembrar quando coisas difíceis acontecerem em tempo real. Para seguir as instruções, grave-as em um áudio no seu celular, deixando espaços entre os itens, e reproduza-o.

* **Feche os olhos e acesse sua dificuldade. Reserve um instante para perceber seu sentimento, seu pensamento e sua memória. Não tente resolvê-la — conecte-se com sua dor.**
* **À medida que faz isso, observe que uma parte de você está percebendo esse sofrimento.**
* **Considere essa parte perceptiva da sua consciência e imagine-se saindo de seu próprio corpo e olhando para si mesmo. Observe como você é por fora, mas reconheça que, por dentro, está sofrendo.**
* **Questione-se (mas não responda... mantenha a pergunta na consciência): "O que penso sobre essa pessoa que vejo, chamada 'eu'? Ela é amável? É plena?"**
* **Afaste esse momento de consciência para longe de você. Agora, olhe para si mesmo à distância. Veja-se nesse ambiente, sofrendo. Talvez perceba que há outras pessoas não**

muito distantes (na sua casa ou no seu bairro) e, com certeza, algumas delas também estão sofrendo agora.

* Questione-se novamente (mas não responda... mantenha a pergunta na consciência): "O que penso sobre essa pessoa que vejo, chamada 'eu'? Ela é amável? É plena?"

* Ao visualizar-se de longe, imagine que esteja lendo um livro que lhe pediu para olhar em direção a si mesmo enquanto sentia algo que causava sofrimento. Porém, essa situação aconteceu há dez anos e, agora, você é muito mais sábio. Se pudesse transmitir parte dessa sabedoria futura sobre como estar consigo mesmo nessa dificuldade, o que transmitiria?

* Reflita sobre isso por um momento e escreva um bilhete mental para si mesmo com esse conselho. Depois, retorne ao seu corpo e abra os olhos.

Um dos aspectos interessantes deste exercício é que, geralmente, os bilhetes escritos pelas pessoas correspondem à sabedoria das habilidades de flexibilidade: seja você; siga em frente; está tudo bem; esse sofrimento passará; você é amável; liberte-se dessa dor. Acredito que isso consiste em um indício de que nossa consciência natural é psicologicamente flexível. Ou seja, há um aliado permanente para o desenvolvimento da sua própria flexibilidade psicológica: você mesmo. O você pleno, completo, genuíno, autêntico.

Capítulo 11

O TERCEIRO PIVOT

ACEITAÇÃO — APRENDENDO COM A DOR

No Capítulo 9, aprendemos que o primeiro passo em direção à aceitação é admitir para si mesmo que suas ações para lidar com as dificuldades são ineficazes, pois elas tencionam a evitação. Agora que você começou a praticar a desfusão e a reconexão com seu Eu transcendente, chegou o momento de avançar para a aceitação — direcionando-se à sua dor para vivenciá-la e aprender com ela.

As habilidades de desfusão e Eu são contribuições poderosas para o árduo aprendizado da aceitação. Quando nos permitimos sentir a nossa dor, o instinto de luta ou fuga entra em ação. É como se nossa mente gritasse: "Vá em frente! Tome esse drinque!" ou "Diminua essa ansiedade!". Todas as regras inúteis que seguimos se imporão ("É melhor não sentir a dor, apenas se entorpeça") e nosso diálogo interno negativo se intensificará ("Você não é forte o suficiente para fazer isso"; "Isso é muito difícil"; ou "A quem quer enganar? Seu fracassado!"). Os autoenganos de defesa do ego começam a nos incitar, rejeitando mudanças de comportamento e afirmando que somos vítimas — "Por que você deveria parar de fumar? Não é culpa sua que cigarro vicia".

Saber como reconhecer e abandonar essas mensagens inúteis possibilita o aproveitamento da sabedoria proveniente de sua dor. É possível analisar a fundo as motivações subjacentes do comportamento que se deseja alterar. Assim como consegui vislumbrar meu eu jovem escondido debaixo da cama durante a discussão de meus pais, ao desenvolver suas habilidades de aceitação, você pode começar a ouvir suas memórias dolorosas e lidar com o sofrimento atual de modo menos defensivo e impulsivo. As mensagens proveitosas se sobressaem às evitativas. Ademais, você se torna capaz de valorizar a parte central da sabedoria fornecida por sua dor — o sofrimento é decorrente de um anseio saudável.

O Anseio por Sentir

A maior ironia da evitação emocional consiste no fato de que ela rejeita um de nossos desejos humanos mais intensos — ansiamos por experiências que nos façam sentir — e também nos nega uma de nossas maiores forças. A capacidade de sentir é um dos segredos da nossa sobrevivência — não apenas porque nos ajuda a conhecer os perigos, mas também nos guia às fontes de alegria e satisfação.

Até mesmo recém-nascidos humanos se esforçarão pela oportunidade de ver, provar, ouvir e sentir. Todos os pais observam e se assustam à medida que seus filhos alcançam e exploram o ambiente. Eles esfregam, lambem, cutucam e mexem em tudo. Esbarram, batem, rolam e arremessam as coisas, às vezes até de maneiras perigosas.

Esse anseio por sentir não se limita aos cinco sentidos. Os bebês adoram ser surpreendidos com brincadeiras de esconder e mostrar o rosto ou "ameaçados" com cócegas iminentes e um risonho "eu vou pegar você!".

Conforme crescemos, assistimos a filmes de drama, terror e comédia. Lemos histórias de amor e temos devaneios com os doces momentos que vivenciamos. Não há uma única emoção, "boa" ou "ruim", que as pessoas não busquem (de forma segura) por meio da música, da literatura ou da arte.

Evidentemente, preferimos que os sentimentos permaneçam dentro dos limites da intensidade e da previsibilidade. Ansiamos por sentir, mas não uma dor excruciante. Apreciamos surpresas, mas não gostaríamos de estar em um prédio alto prestes a desabar. Os bebês riem com a brincadeira de esconder e mostrar o rosto, mas choram se o susto for exagerado.

A evitação é provocada quando nossas emoções ultrapassam a zona de conforto. Nossa mente solucionadora de problemas acha que sabe eliminar esse desconforto, redirecionando nossa motivação inata de sentir a um esforço para descobrir os sentimentos *bons* e evitar os *ruins*. De fato, a "reação" que a mente apresenta ao problema é extinguir o anseio por sentir, a menos que o sentimento seja agradável. A aceitação, por sua vez, nos ajuda a assumir ambos — os chamados sentimentos "bons" e "ruins" — e expandir a capacidade de sentir, perceber e lembrar. Aprendemos a nos SENTIR bem, em vez de apenas tentar nos sentir BEM. Dizemos ao Ditador Interno: "Você não pode me desviar da minha própria experiência." Desenvolvemos a flexibilidade emocional.

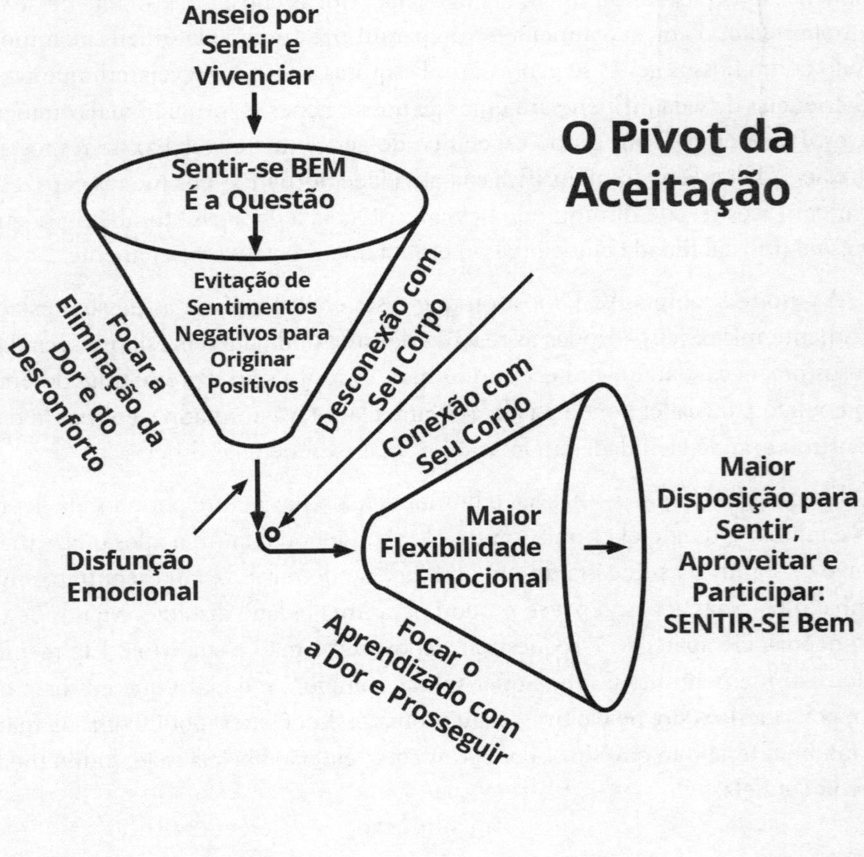

Esse pivot não é fácil. Ninguém jamais deveria afirmar que é ou esperar que seja. Porém, métodos poderosos foram desenvolvidos para ajudar a realizá-lo. O que ele pode trazer de favorável para o futuro? À medida que desenvolvemos a habilidade de aceitação, podemos melhorar a forma de sentir e vivenciar. Certa vez, um cliente com síndrome do pânico disse: "Eu costumava ver minha vida emocional em preto e branco. Agora a vejo colorida."

Podemos até começar a aceitar a dor de nossas experiências mais prejudiciais. Quando comecei a escrever este capítulo, decidi conversar com uma de nossas primeiras clientes da ACT — a quem chamarei de Sandy — sobre como aprender a aceitar a dor terrível de uma infância abusiva a ajudou a se curar e florescer.

Para um ser humano, o fardo mais pesado de carregar é a falta de afeto na infância. Abuso sexual ou físico, negligência, críticas constantes: diante desse tipo de tratamento, o corpo e a mente se preparam para uma vida difícil, incluindo o modo como nossos genes se expressam. Pesquisas genéticas revelaram que nossas experiências de vida influenciam quais de nossos genes se tornarão mais ou menos ativos. Por exemplo, um grupo específico de genes está envolvido na resposta ao estresse. A falta de afeto intensifica sua atividade, tornando-nos menos capazes de lidar com o estresse e diminuindo nossa resistência a doenças. Também podemos apresentar instabilidade emocional ou embotamento afetivo permanente.

A pesquisa sobre a ACT mostrou que esses efeitos tornam as pessoas psicologicamente inflexíveis — todas as reações de inflexibilidade têm sido associadas a abusos precoces. Sandy conhece muito bem essa situação. Porém, quando entrei em contato para saber aonde a vida a levara, ela estava animada e confiante e demonstrou grande facilidade em falar sobre suas experiências difíceis.

Seu pai era bipolar — ou seja, o humor dele oscilava entre períodos de depressão e mania. Quando ela tinha 3 anos, ele abandonou a família após quase matar a mãe de Sandy ao sufocá-la durante um acesso de raiva. No dia seguinte, envergonhado por suas ações, o pai se mudou para uma cidade distante. Menos de um ano depois, ele apareceu e sequestrou Sandy, seu irmão e sua irmã. Ela recorda: "Meu pai me perguntou: 'Você quer morar comigo?', e é claro que eu disse que sim, pois queria vê-lo. Se ele tivesse questionado: 'Você quer morar com sua mãe?', eu também teria dito que sim." Por vários anos, ela não viu sua mãe, muito menos morou com ela.

Seu pai acabou se casando novamente, mas sua instabilidade resultou em uma vida familiar caótica e longos períodos de negligência. Quando Sandy tinha 10 anos, um amigo mais velho da família a estuprou. Embora estivesse aterrorizada, ela tentou se defender, mas ele a dominou. Mesmo que esse homem não a tenha ameaçado, Sandy disse: "De alguma forma eu sabia o que deveria fazer — manter minha boca fechada." Ele a estuprou várias outras vezes. Anos depois, quando adulta, ela descobriu que sua madrasta estava ciente de que ele molestara outras crianças. "Ouvi aquilo e fiquei furiosa. Eles sabiam e me deixaram com esse homem!"

Sandy reagiu ao abuso, à negligência e à instabilidade que a rodeavam desenvolvendo sua força intelectual enquanto tentava reprimir qualquer sensação de carência emocional. Matriculada em um programa escolar para alunos talentosos, ela se tornou a nerd masculinizada. "Eu era inteligente e sabia disso." Infelizmente, era uma espécie de disfarce. "No fundo, sentia que merecia ser abusada, que eu não tinha muito valor."

Como uma jovem que foi estuprada várias vezes aos 10 anos simplesmente supera essa dor emocional? Como ela poderia se *afastar* dessa situação prejudicial? Sandy não é capaz de eliminar a dor; os ecos dessa experiência a acompanharão para sempre. Como constatamos, nossas memórias estão tão profundamente arraigadas nas complexas redes de pensamento que podem ser acionadas repetidas vezes, a qualquer momento, mesmo depois de acharmos que conseguimos lidar com elas. Essas memórias podem ser desencadeadas por aspectos que, sem percebermos de forma consciente, se relacionaram entre si em nossa mente. Elas são ativadas até mesmo durante o sono.

A fim de compreender por que nossos processos de pensamento se tornam tão evitativos, considere uma das maneiras pelas quais isso pode ocorrer com Sandy. Escutar a palavra *amor* ou pensar em um momento amoroso talvez desencadeie pensamentos de estupro, pois ambos podem estar associados em sua mente pela relação de aspectos opostos. Essa moldura relacional pode ser facilmente lembrada — em workshops, faço isso algumas vezes de forma muito sutil para esclarecer essa questão. Começo a falar em voz baixa e, depois, aumento o tom gradualmente. Essa mudança é suficiente para que a mente dos participantes pense em opostos. Quando digo a palavra *frio* e peço que me digam o que pensaram, a resposta geralmente é o termo *quente*.

Nossa mente solucionadora de problemas acredita que evitar memórias dolorosas e experiências atuais é perfeitamente lógico, mas esse fato revela de novo por que essa tarefa é impossível. Frio lembra quente; amor pode lembrar estupro. A experiência de Sandy com a evitação demonstra como a negação da dor nos afasta da sabedoria que ela tem a nos oferecer. Uma das consequências terríveis para crianças que sofreram abuso é que elas tendem a ser vítimas novamente se reprimirem a dor da experiência. Foi o caso de Sandy.

Aos 16 anos, ela compareceu a um evento social em sua igreja e teve uma conversa incrível com um homem de 20 e poucos anos. A inteligência de Sandy era evidente e ele a ouviu com atenção. Ela se sentiu acolhida pela solicitude e lisonjeada pela valorização de seu intelecto. Quando a festa estava prestes a terminar, ele a convidou para ir à sua casa continuar a conversa. Claro que ela aceitou! Nas palavras de Sandy: "Fui tão idiota. Pensei que ele realmente queria conversar. Não fui capaz de interpretar a situação. Era como se estivesse emocionalmente cega."

Poucos minutos após chegarem à casa desse homem, Sandy sabia que algo estava errado. Enquanto falava, ele sorria de modo estranho e se aproximava muito. Ele logo começou a desabotoar a blusa dela e a puxá-la em direção ao quarto. Sandy tentou reagir, mas ele era mais forte. "Assim como aos 10 anos, sabia o que deveria fazer", disse. Ela protestou de forma débil, lamuriando discretamente enquanto ele a estuprava na cama.

Depois que ele adormeceu, ela pegou suas roupas e foi embora, chorando baixo em seu caminho para casa. Mais uma vez, Sandy estava relutante em contar para alguém, pois ele era um homem respeitado na cidadezinha em que moravam. "Achava que a culpa era minha", disse ela. "Pensava que questionariam o que fiz para merecer aquilo."

Quando ela contou a alguns amigos, eles ficaram horrorizados com o comportamento desse homem, mas, de certa forma, também *a culparam*. Questionaram com espanto: "Como assim ir para casa conversar?! Você não sabia o que ele queria fazer?!"

Não, ela não sabia; nem sequer poderia acessar essa informação conscientemente, pois, sem saber, abandonara suas emoções há muito tempo. Isso se aplica a muitos sobreviventes de abuso sexual ou violência interpessoal. Eles tendem a ser evitativos e alexitímicos — no Capítulo 1, explicamos que a alexitimia é uma condição na qual as pessoas não sabem identificar e descrever seus sentimentos. É uma das maneiras mais perniciosas de negar as emoções. Quando não se sabe nomeá-las, não se é capaz de falar sobre elas e, a partir desse ponto, é muito fácil convencer a si mesmo de que as emoções não existem. Crianças são particularmente propensas a esse mecanismo de defesa, podendo preservá-lo até a fase adulta.

É especialmente triste o fato de que as crianças que se tornam alexitímicas devido ao abuso sexual (uma reação totalmente normal e compreensível a uma situação abominável) têm maior probabilidade de sofrerem revitimização quando adultas, assim como aconteceu com Sandy. A desconexão com as emoções reduz a capacidade de sentir. Isso é prejudicial. De modo semelhante a deixar a mão em cima de uma chapa quente sem saber, Sandy tinha mais chances de ir para casa com alguém perigoso, pois ela ocultara seus sentimentos de si mesma. Sua alexitimia significava que ela tinha maior dificuldade de reagir aos indícios de que aquele homem a violentaria — uma consequência de sua tentativa compreensível de afastar a dor dos abusos passados. Sandy também apresentava ansiedade, depressão, uso de substâncias, isolamento social e solidão — aspectos relacionados à evitação.

De certo modo, parece quase injusto pedir aos sobreviventes que aprendam novas maneiras de manter sua dor (e *seria* desproporcional se a comunidade da ACT também não encontrasse maneiras de interromper a perpetração da violência e do abuso — iniciativas que abordaremos em um capítulo posterior). Porém, em prol do amor e da vida, é preciso fazer isso, pois os prejuízos são muito altos. Não apenas por conta de ansiedade, depressão, uso de substâncias, isolamento social e solidão. Em longo prazo, a evitação experiencial produz outras consequências que são igualmente perturbadoras. Se nos tornamos cada vez mais determinados a não ter sentimentos ruins, começaremos a evitar sentimentos positivos também!

Meu amigo Todd Kashdan, psicólogo da Universidade George Mason, foi um dos primeiros a esclarecer essa questão. Ele solicitou que, ao longo do dia, pessoas socialmente ansiosas escrevessem suas ações e sentimentos em seus smartphones. Os resultados evidenciaram que elas não são ansiosas o tempo todo; pessoas com ansiedade têm períodos de alegria e satisfação, por exemplo, quando são elogiadas, convidadas para eventos sociais, tiram boas notas etc. Porém, Todd constatou que as mais evitativas não são capazes de manter esses picos emocionais da mesma forma que os outros. Quando coisas favoráveis acontecem, elas se sentem bem, mas os sentimentos positivos despencam rapidamente! Se você não está disposto a sentir dor, não pode arriscar uma alegria excessiva. Afinal, quanto mais alto o voo, maior a queda. É melhor apenas se entorpecer.

Descobrimos várias maneiras de ajudar as pessoas a se tornarem cada vez menos evitativas. Decidi falar com Sandy precisamente porque sabia que ela foi capaz de mudar sua vida com alguns métodos de aceitação clássicos da ACT. Em 25 anos, desde que começou a realizar a ACT, ela se casou e criou três filhos. Sandy tem um bom emprego como fisioterapeuta respiratória e, em suas próprias palavras, é uma mulher "saudável e feliz".

Ela me contou que esses 25 anos foram repletos dos altos e baixos comuns à criação de filhos e do esforço de aprender a aceitar seu passado e seus sentimentos. Segundo ela: "Aprendi que sou mais do que minha inteligência. Aprendi a sentir." Após o falecimento de seu marido, ela desenvolveu um relacionamento longo e continuou a aplicar suas habilidades de melhoria: "Aprendi a contar mais para ele o que está acontecendo comigo e quais são meus desejos. Consigo conversar sobre sexo e intimidade. Estou em uma jornada fascinante — o aprendizado de que não tem problema ser eu mesma."

Praticamente todos os dias, Sandy trabalha sua flexibilidade psicológica. Sobre sua trajetória, ela afirma: "Sei que ela nunca será finalizada. E nem deve. Não sou uma pessoa prejudicada. Não sou fragmentada. Estou aprendendo e crescendo. Isso basta."

O Presente da Aceitação

Lembre-se de que "aceitar" provém do latim *acceptare*, que denota "receber, como um presente". Ainda podemos simbolizar esse significado quando dizemos: "Espero que você aceite esse presente como um sinal da minha admiração."

Quando escolhemos aceitar nossa experiência, dor e tudo mais, o presente recebido é a sabedoria proveniente da capacidade de sentir e lembrar inteiramente no aqui e agora, sem desaparecer na rede negativa de pensamentos sobre o passado. As outras habilidades de flexibilidade são essenciais nesse processo. A desfusão, por exemplo, nos ajuda a abandonar o julgamento de que não devemos sentir dor. O resultado é o reconhecimento dos presentes que nossa dor oferece.

Quais presentes eu poderia ter recebido da minha síndrome do pânico? Depois que comecei a me esforçar vigorosamente para desenvolver a flexibilidade psicológica, recebi muitos deles. O primeiro foi a redescoberta do meu eu de 8 anos escondido embaixo da cama, que me lembrou do meu propósito de vida. Logo, outras experiências difíceis da minha infância vieram à tona. Recordei-me de que, aos 4 anos, fui abusado sexualmente por um grupo de garotos adolescentes. Relembrar meu medo fez com que eu me tornasse mais gentil comigo mesmo. Lembrei-me do quanto foi triste presenciar minha mãe afundar na depressão e lutar contra o TOC, e do quanto meu pai parecia ansioso e estranho quando estava sóbrio. A receptividade a essas memórias me proporcionou um melhor entendimento dos clientes que enfrentavam as mesmas dificuldades. A aceitação também me ajudou a renovar a relação de amor com minha mãe. Percebi que a culpava pelos problemas do meu pai. Conversamos e pedi perdão por todos os anos que a afastei (e ela me perdoou carinhosamente). Recebi inúmeros outros presentes. Eles nem sempre são agradáveis — alguns são tristes e assustadores —, mas todos são preciosos.

Exposição de Acordo com a ACT

Após os impressionantes resultados iniciais que obtivemos no desenvolvimento de exercícios de exposição baseados na ACT, continuamos a elaborar e testar métodos para esse fim, os quais acarretaram muitas técnicas altamente eficazes. Lembre-se de que o processo envolve pessoas que, de propósito, se colocam em situações emocionalmente difíceis. Na abordagem tradicional de exposição da TCC, uma pessoa com agorafobia pode ser instruída a ir a um shopping; e alguém com medo de altura pode receber ajuda para subir uma longa escada. A ideia era que a exposição funcionava para atenuar o medo de modo satisfatório, possibilitando comportamentos sem evitação. Assim, durante o processo, as pessoas eram constantemente questionadas a fim de avaliar o quão angustiadas estavam. A mensagem era clara: a exposição é um meio para não se sentir ansioso.

Pesquisas (muitas delas inspiradas pela ACT e por outros métodos da Terceira Onda da TCC) revelaram que esse não é o motivo pelo qual a exposição é eficaz. Na verdade, ela auxilia o desenvolvimento de uma nova *relação* com a fonte de dor ou medo ao viabilizar a observação, a descrição e a aceitação das reações emocionais. Essa mudança, por sua vez, possibilita maior reação de flexibilidade, para que o novo aprendizado ocorra diante do medo ou da dor e novas formas de reação a eles sejam adquiridas. A comunidade dominante da TCC agora alcançou esse entendimento sobre a exposição, e seus métodos avançaram bastante em direção à ACT ao incluírem a aceitação, a observação consciente e o novo aprendizado, em vez de focarem a redução da ansiedade propriamente dita.

Lembre-se de que é fundamental ao processo de exposição compreender que o progresso será gradual. Os frutos do desenvolvimento da habilidade de aceitação demoram para amadurecer, e seguir etapas gradativas é melhor. Ao realizar o pivot, uma nova direção é tomada, mas avançar por ela é, de fato, um percurso.

Independente do quão bem se tenha desenvolvido a habilidade de aceitação, poderão surgir experiências que desencadearão o instinto de luta ou fuga da mente solucionadora de problemas. Este é o motivo pelo qual a ACT adiciona a prática da desfusão à exposição: para silenciar as ordens do Ditador. Apresentarei uma série de exercícios para esse fim — por exemplo, classificar emoções durante a análise de uma experiência dolorosa; anotar impulsos e se distanciar deles; e catalogar memórias desencadeadas.

Com o tempo, sua força de aceitação aumenta, novas experiências se tornam menos ameaçadoras e aprender com os períodos desfavoráveis e favoráveis fica mais viável. A flexibilidade emocional desenvolvida é essencial ao comprometimento com um novo curso de vida baseado em valores, o qual você estabelece para si mesmo.

Todos os métodos de aceitação da ACT são fundamentados em três princípios subjacentes:

1. ***A evitação causa dor.*** O passo mais importante para assumir a aceitação é reconhecer o quanto a evitação é perigosa. A ACT utiliza várias maneiras de tornar essa mensagem convincente, sendo uma delas a metáfora da areia movediça. Ao pisar na areia movediça, a ação lógica parece ser retirar uma perna e dar um passo à frente. Porém, a última coisa que se deve fazer é levantar um pé, pois essa atitude reduz pela metade a área da superfície que sustenta o seu peso. Adivinhe o que acontecerá — você afundará ainda mais. O aconselhável é se deitar sobre a lama e, gradualmente, puxar o corpo para a terra firme. A metáfora auxilia a percepção de que é realmente mais seguro aumentar o contato com o que se teme, em vez de lutar para "escapar".

2. ***A aceitação está a serviço de uma vida de valores.*** Uma modificação importante que a ACT fez na exposição consiste em instruir que ela ocorra em prol de ações valiosas. Não vá ao shopping apenas para se expor à ansiedade, mas com o propósito de comprar um presente para um ente querido. Se você evita pensamentos sobre a morte, não visite o túmulo de um ente querido apenas para vencer o medo, mas para honrar seu amor e respeito pelo falecido. De fato, compreender melhor quais são seus valores é um dos presentes oferecidos pela aceitação. Essas habilidades serão essenciais no Capítulo 13, quando começarmos a explorar os valores.

Há várias maneiras de tornar a exposição um processo mais significativo e agradável. Por exemplo, se ir ao shopping for uma prática expositiva, além de comprar presentes (afinal, fazer isso continuamente pode ser caro), é possível observar as pessoas, o que consiste em uma forma de desenvolver *habilidades do agora* — concentrar-se no momento presente em vez de se deixar levar por emoções e pensamentos evitativos. Quando vou ao shopping com um agorafóbico, espero até que ele pareça presente e questiono: "Olhe para aquela pessoa ali. Na sua opinião, qual é a profissão dela?" ou "Quem aqui tem o pior penteado?". O objetivo não é simplesmente distraí-lo da ansiedade, mas mostrar que ele pode ficar bem o suficiente para reorientar sua mente. É por isso que sempre espero até que a pessoa pareça presente. Assim, consigo reforçar o valor da aceitação demonstrada. Se você realizar esse processo com a consciência de que ele se destina à aceitação, e não à evitação, o resultado pode ser favorável.

Ademais, é possível intercalar muitas outras atividades valiosas, como ajudar um deficiente ou conversar com um vendedor a fim de alegrar o dia dessa pessoa. Até mesmo fazer uma refeição saborosa é considerado válido.

3. ***A aceitação não se trata de controle.*** As pessoas costumam abordar a aceitação como se fosse uma chave inglesa para ajustar a abertura de sua válvula emocional. Elas querem ter capacidade de controlar o processo. É um desejo compreensível, mas equivocado. A aceitação compreende a renúncia ao controle consciente — você apenas abre a válvula em circunstâncias seguras. É preciso permitir que as emoções aconteçam como devem.

À medida que praticamos a exposição, às vezes tentamos nos fechar parcialmente às emoções, o que traz sérios prejuízos aos benefícios. Quando a aceitação for necessária às experiências mais difíceis, as habilidades não estarão disponíveis.

As restrições mais comuns que as pessoas estabelecem são: tentar instituir um limite para a intensidade da dor ou do medo à qual vão se expor; e descartar a possibilidade de enfrentar certos problemas. Uma frase típica que ilustra a primeira restrição é: "Estou disposto a praticar a aceitação desde que não me sinta muito ansioso." Isso nunca dá certo. Por quê? Assim que a ansiedade aumenta um pouco, a mente começa a se preocupar com uma elevação excessiva e ultrapassa o limite definido. Isso estimula ainda mais a ansiedade e, *voilà*, você fica "ansioso demais".

Isso não significa que não seja possível estabelecer outras espécies de restrições. Por exemplo, você pode instituir um período limitado para a exposição deliberada ("Irei ao shopping por cinco minutos") e definir o tipo de situação e emoção que enfrentará. Não se apresse e realize etapas graduais. Não há um velocímetro acoplado à sua testa. Sobrecarregar-se para enfrentar depressa seus sentimentos mais difíceis é contraproducente. Comece com experiências atuais, memórias e sentimentos menos intensos. O restante pode esperar até que você desenvolva maior flexibilidade.

A metáfora consiste em dar um salto não de um penhasco, mas de uma cadeira, ou talvez de um telhado. Você é capaz de controlar as circunstâncias da aceitação e, assim, também pode, de certa forma, limitar naturalmente a quantidade de emoção à qual vai se expor. Porém, isso acontece porque a redução é provocada, e *não* porque os sentimentos são negados ou reprimidos. Um salto é um salto — mesmo que seja de um banco baixo. Quando escolhemos a aceitação, devemos nos jogar "de cabeça"; do contrário, os benefícios não se manifestarão.

Começar com fontes menos intensas de medo e dor não implica descartar a necessidade de enfrentar certos problemas. Suponha que você decida nunca enfrentar sua história de abuso sexual e, então, encontre o amor da sua vida e descubra que não consegue ter verdadeira intimidade, pois isso o lembra do abuso. Imagine que a escolha seja nunca enfrentar a morte de seu pai e, então, sua mãe descobre uma doença terminal e você não consegue apoiá-la. Somos todos obrigados a "receber o presente oferecido" por alguma tragédia espantosa. Ao nos esforçarmos para aceitar as experiências mais difíceis, nos preparamos melhor para esses conflitos.

No entanto, é aconselhável aplicar os métodos de aceitação às experiências mais difíceis somente quando todos os processos de flexibilidade forem aprendidos, pois sua flexibilidade psicológica progressiva o orientará sobre o momento certo de enfrentar os desafios subsequentes. Por esse motivo, neste capítulo, fornecerei apenas um conjunto básico de práticas imediatas. Nos Capítulos 12, 13 e 14, introduzirei práticas adicionais mais avançadas, que combinam a aceitação com o desenvolvimento de habilidades de atenção, valores e compromisso.

É importante salientar que a aceitação é melhor aproveitada com ajuda profissional. Há uma lista de inúmeros terapeutas da ACT disponível em: http://www.bit.ly/FindanACTtherapist [conteúdo em inglês].

Um Conjunto Inicial de Métodos

1. *Diga "Sim"*

Uma habilidade essencial da aceitação é estar disposto a permitir que os acontecimentos sejam o que são. Para começar a praticar, basta olhar ao redor. Quando seus olhos repararem em alguma coisa, tente perceber como é considerá-la do ponto de vista do "não", ou seja, "não, isso não é bom; isso tem que mudar; quero que isso desapareça; isso é inaceitável". Apenas olhe para uma coisa específica e adote mentalmente a abordagem do "não"; depois, avance para outro item ao examinar o ambiente e faça isso várias vezes por alguns minutos.

Agora, repita o processo com o ponto de vista do "sim", ou seja, "sim, isso é bom; é assim mesmo que deve ser; isso não deve mudar; permito que isso seja o que é". Apenas olhe para uma coisa específica e adote mentalmente a abordagem do "sim"; depois, avance para outro item ao verificar o ambiente e faça isso várias vezes por alguns minutos.

Faça uma pausa e tente perceber o quão diferente o mundo parece entre o "sim" e o "não". No Capítulo 8, pedi que você posicionasse seu corpo em duas posturas: uma que representasse seu melhor e outra que expressasse o seu pior ao lidar com experiências difíceis. Se você for como a maioria das pessoas, no primeiro caso, sua postura foi mais receptiva (por exemplo, cabeça erguida, braços abertos). As maneiras "sim" e "não" de olhar o mundo se baseiam em um mindset semelhante: receptividade e aceitação versus controle e evitação.

Uma forma de aprimorar este exercício de "sim/não" é combiná-lo com o das posturas. Dessa vez, ao realizar o ciclo do "sim", posicione seu corpo de forma receptiva — em pé ou sentado com a postura ereta, palmas para cima, braços abertos, cabeça erguida, olhos atentos, pernas afastadas. Ao realizar o ciclo do "não", assuma uma postura retraída — braços dobrados, cabeça curvada, olhar baixo, pernas fechadas, punhos fechados, mandíbula e abdômen contraídos. Observe atentamente como as experiências são distintas.

Para avançar, realize este exercício com emoções, memórias, impulsos e pensamentos específicos. Com o tempo, ocorrerá a percepção de que, ao longo da sua rotina, você sem querer assume uma postura do "não", de forma mental e talvez física. Perceber os indícios mentais e físicos pode ajudá-lo a se perceber e adotar uma postura do "sim".

2. *Um Exercício de Afeto*

Escolha um sentimento ou uma experiência difícil de aceitar e que leve a uma resistência inútil. Comece devagar. Em seguida, visualize um dos itens a seguir por pelo menos um minuto.

* **Segure sua experiência como seguraria uma flor delicada na mão.**
* **Abrace sua experiência como abraçaria uma criança que chora.**
* **Acompanhe sua experiência como acompanharia alguém com uma doença grave.**
* **Olhe para sua experiência como olharia para uma pintura maravilhosa.**
* **Caminhe pelo ambiente com sua experiência como caminharia com um bebê que chora em seu colo.**
* **Honre sua experiência como honraria um amigo, ouvindo atentamente, mesmo que seja difícil.**
* **Inale sua experiência como daria um profundo suspiro.**
* **Desista da luta com sua experiência como um soldado desistiria da guerra a fim de voltar para casa.**
* **Tome sua experiência como tomaria um copo de água fresca.**
* **Carregue sua experiência como carregaria uma foto em sua carteira.**

Essas formas metafóricas de tratar sentimentos, memórias e experiência atuais geralmente são poderosas para o desenvolvimento da aceitação. Esse fato se aplica mesmo quando você as considera e sua mente diz: "Não sei como fazer isso." No decorrer do tempo, faça uma tentativa com diferentes memórias, experiências, emoções, impulsos ou pensamentos.

3. *Uma Visão Mais Ampla*

Sentir algo doloroso ou difícil tende a fazer com que concentremos nossa atenção de forma restrita, possibilitando que a dor ou o medo predomine na mente. Ao aplicarmos uma perspectiva mais ampla à experiência, podemos receber de modo mais eficaz o presente que está oculto nela.

Reserve um momento para evocar uma experiência difícil, relembrando-a totalmente, e considere as perguntas a seguir.

* **Há uma sensação corporal específica que se associa a essa experiência? Você pode dizer "sim" a essa sensação? Reflita por um minuto. Não se apresse.**
* **Você já presenciou alguém da sua família ter dificuldades com algo semelhante a essa experiência? Se sim, consegue relembrar essa situação com o propósito de considerá-la com compaixão? Mais uma vez, não se apresse. Aproveite o que puder dessa pergunta e avance.**
* **Há um pensamento específico associado a essa experiência? Você pode dizer "sim" a esse pensamento? Considere-o como um pensamento e abandone qualquer sensação de dificuldade relacionada a ele. Apenas observe-o.**
* **Se você analisasse sua vida a partir de um futuro mais sábio, diria que há algum aprendizado nessa experiência? Faça uma pausa. Não fique tão imerso em sua mente. Não tente adivinhar ou duvidar de si mesmo. Apenas analise cuidadosamente, a partir de um você distante e mais sábio, um aspecto inerente dessa experiência que pode auxiliar sua jornada.**
* **O que essa experiência e suas dificuldades com ela sugerem ser uma preocupação profunda? Na sua dor encontram-se seus valores: o que esse aspecto doloroso diz a respeito deles e de suas vulnerabilidades? O que ele indica sobre seus desejos?**

* Se essa experiência estivesse em um livro escrito por você, como o personagem que a vivenciou se tornaria mais sábio ou vívido? Em outras palavras, em uma jornada heroica desafiadora, como o herói poderia utilizar essa experiência para propiciar vitalidade e sabedoria?

* Há outras memórias associadas a essa experiência? Você pode dizer "sim" para apenas mais uma delas? Reflita por um minuto. Não se apresse.

* Se você culpa alguém por essa experiência, consegue pensar em momentos nos quais teria agido de modo semelhante a essa pessoa? Talvez com menos intensidade? Às vezes, responsabilizamos os outros por nossas dificuldades. Ocasionalmente fazemos isso para evitar a percepção de que nosso comportamento é similar.

* Se alguém estimado tivesse dificuldades com uma experiência como essa, como você se sentiria? Qual seria sua sugestão? Imagine um amigo que tem o mesmo problema e se conecte com as duas perguntas a seguir. Como você se sente em relação a seu amigo, sabendo que ele enfrenta esse problema? O que você sugeriria que ele fizesse?

* O que você precisa fazer para abandonar seu confronto com essa experiência? Imagine que tenha escolhido algo para o qual diga "não" — do que teria que desistir para se desapegar dessa rejeição? É uma pergunta muito delicada: não se apresse. Amplie sua percepção e sua consciência. Tente sentir a resposta, em vez de pensar demais nela. Há algo ao qual você se atém?

* Se você pudesse sentir essa experiência sem qualquer defesa, o que seria capaz de fazer em sua vida? Permita-se sonhar e alcançar. Imagine que você possa levar essa experiência para acompanhá-lo em uma aventura, qual seria essa jornada?

4. *Pratique Opostos*

Esta é uma habilidade mais avançada que consiste em uma variação divertida do último método. Pratique-a sempre que perceber sua mente lhe dizendo para não pensar ou não fazer algo. É uma maneira de utilizar emoções e pensamentos temíveis como guias para experiências favoráveis de exposição.

Ao praticar este exercício com alguém exposto à situação de estar no shopping, eu questionaria: "Para onde sua mente diz que não podemos ir?" Se a resposta fosse: "Para a escada rolante", eu o levaria até a escada rolante. Sempre há uma escolha — não há necessidade de forçá-la. Seria possível optar por uma alternativa, como subir as escadas comuns, se for menos difícil, e deixar a escada rolante como um item a se comprometer em um plano de ação de comportamento posterior. Porém, não subestime este exercício, principalmente se ele incluir diversão. Já presenciei clientes retomarem territórios que abandonaram por muitos anos. É semelhante à decisão de praticar tirolesa ou bungee jumping pela primeira vez — geralmente, segundos após o início, o medo é superado por uma sensação alegre de expansão da vida. Quem sabe? Talvez um salto de paraquedas seja a próxima opção!

Capítulo 12

O QUARTO PIVOT

ATENÇÃO — VIVENDO NO AGORA

Não costumo falar muito quando viajo de avião, mas o homem que estava ao meu lado era conversador e cedi por educação. Logo eu estava fascinado. Ele era piloto comercial, morava em Nova Orleans e adorava participar de competições de barco a vela, nas quais, alegou, obtinha um êxito impressionante, especialmente em sua cidade natal. "Você deve conhecer as correntes e os ventos da região", sugeri. "É claro", respondeu ele, com certo desdém, "mas todos os habitantes conhecem". Após olhar para os lados de forma conspiratória, ele se inclinou e sussurrou que revelaria o segredo de seu sucesso. Apreciando o drama, ele fez uma pausa e disse: "Eu sinto o aroma do café."

Olhei-o com certa perplexidade, mas, não, ele não havia enlouquecido. O homem explicou sua vantagem náutica com uma história que verifiquei logo depois que desembarquei do avião.

Nova Orleans é o segundo maior porto de café dos EUA, e há alguns torradores industriais espalhados pela costa da Louisiana que ficam próximos ao rio. Cada torrador de café é conhecido por características e grãos específicos e, por esse motivo, cada um deles tem um aroma distintivo. Há quilômetros da costa, tudo que ele precisava fazer era detectar os aromas característicos e, *voilà*, sabia a direção do vento! Ao utilizar seu olfato devidamente treinado e o conhecimento sobre a cidade, ele conseguia perceber pequenas mudanças de vento com muito mais rapidez e precisão do que os outros competidores que observavam birutas ou erguiam um dedo molhado. Ele alinhava o barco antes mesmo que as pessoas se dessem conta da situação. Às vezes, os membros da tripulação insistiam no que parecia uma escolha de direção totalmente irracional, mas se acalmavam quando a mudança de vento ficava evidente.

Por dentro e por fora, estamos todos cercados de informações vastas e potencialmente importantes, que costumam permanecer despercebidas e não aproveitadas, sobretudo quando nossa atenção é restrita e inflexível. Quantos pensariam em recorrer ao olfato para avançar em uma regata? Talvez a minoria das pessoas. Porém, um cachorro ou gato não teria problema em acessar essa informação — não apenas porque esses animais têm o olfato melhor, mas porque vivem mais no presente, o que os mantém preparados para aprender com a experiência.

A incapacidade de viver no presente reduz consideravelmente as informações disponíveis. É como se jogássemos tênis usando óculos escuros com lentes riscadas por uma lixa. Nós nos distraímos com preocupações que arruínam a visão clara do momento atual.

Em menos de um minuto, posso demonstrar como nossa atenção se torna limitada. Olhe ao redor por trinta segundos e identifique todas as coisas que têm a cor preta. Catalogue todos esses itens e retorne **PARA ESSA FRASE**.

Agora, feche os olhos e relembre absolutamente todos os itens com formato retangular. Não vale trapacear!

• • • •

Pronto? Conseguiu se lembrar de todos os itens retangulares?

Se a solicitação fosse contar todos as coisas de cor preta identificadas, você teria se saído muito bem. Porém, ainda que tenha visualizado muitos itens retangulares — olhe ao redor para procurá-los —, sua atenção foi dominada pela regra "identifique coisas que têm a cor preta" e, consequentemente, sua mente absorveu apenas *parte* do que seus *olhos* enxergaram. A lição é: constantemente, a mente julgadora e solucionadora de problemas desvia nossa atenção da consciência plena referente ao momento presente.

Outra maneira de demonstrar esse aspecto é olhar ao redor e tentar descobrir o que há de errado com tudo que você vê. Procure defeitos, item por item. Faça este exercício por cerca de trinta segundos.

• • • •

Aposto que essa jornada de avaliação do "agora" fez com que você se sentisse mais em sua mente do que no ambiente. Talvez tenha surgido o pensamento de como suas visitas recentes notaram todos os defeitos e como o julgaram por conta deles. Pode ser que você tenha se repreendido pela falta de cautela em arrumar sua casa ou por não ter um melhor conceito de design. Enquanto se ocupava com esses pensamentos, duvido que tenha percebido seus dedos do pé, sua respiração ou o frescor do ambiente.

Se o aroma de café invadisse o ambiente, você provavelmente não perceberia. E se, assim como o velejador, houvesse algo a ser aprendido com sua experiência atual? Que pena... isso também escapou.

As três primeiras habilidades de flexibilidade são essenciais à capacidade de viver muito mais em sintonia com o presente e o aprendizado proporcionado por ele. Todas elas nos ajudam a realizar o pivot em direção à atenção, afastando-nos da preocupação com o passado e o futuro e nos aproximando das possibilidades do hoje. Também podemos desenvolver várias práticas para cultivar a atenção ao presente em nossa rotina. Isso nos ajuda a permanecer no caminho da vida, dia a dia, momento a momento, em conformidade com nossos valores.

O Anseio por Orientação

Ao começar a desenvolver suas habilidades de atenção, é importante compreender que a atratividade ao passado e ao futuro não advém apenas do impulso de evitar o sofrimento, mas também de um anseio positivo — o desejo profundo de saber onde estamos em nossa jornada de vida.

O anseio por orientação faz sentido, afinal, ninguém quer se perder. Se, de repente, você se encontrasse em um lugar estranho, se esforçaria intensamente para tentar descobrir como retornar. O problema é que, em vez de nos orientar em relação a onde realmente estamos e às oportunidades que temos, nossa mente solucionadora de problemas nos conduz à ruminação sobre o que aconteceu no passado e à preocupação com que acontecerá no futuro. Ficamos obcecados por perguntas como: "Por que estou aqui?"; "Como posso chegar a outro lugar?"; e "O que acontecerá? Como posso controlar isso?". Estamos presos nas ervas daninhas cognitivas de nossa mente.

Podemos nos envolver tanto com essa suposta solução de problemas que deixamos de apreciar a gentileza de uma pessoa, ligar para um ente querido ou caminhar por um bosque e desfrutar de sua beleza. Nosso desejo por uma orientação interna da mente, na verdade, acarreta a *desorientação*: ele nos impede de reconhecer a ampla variedade de escolhas de vida que estão aqui, bem à nossa frente.

O pivot da Atenção redireciona nosso anseio por orientação a um foco consciente no aqui e agora. O aspecto consciente é fundamental; ele nos ajuda a manter nossa atenção no potencial de viver todos os dias com mais significado e propósito.

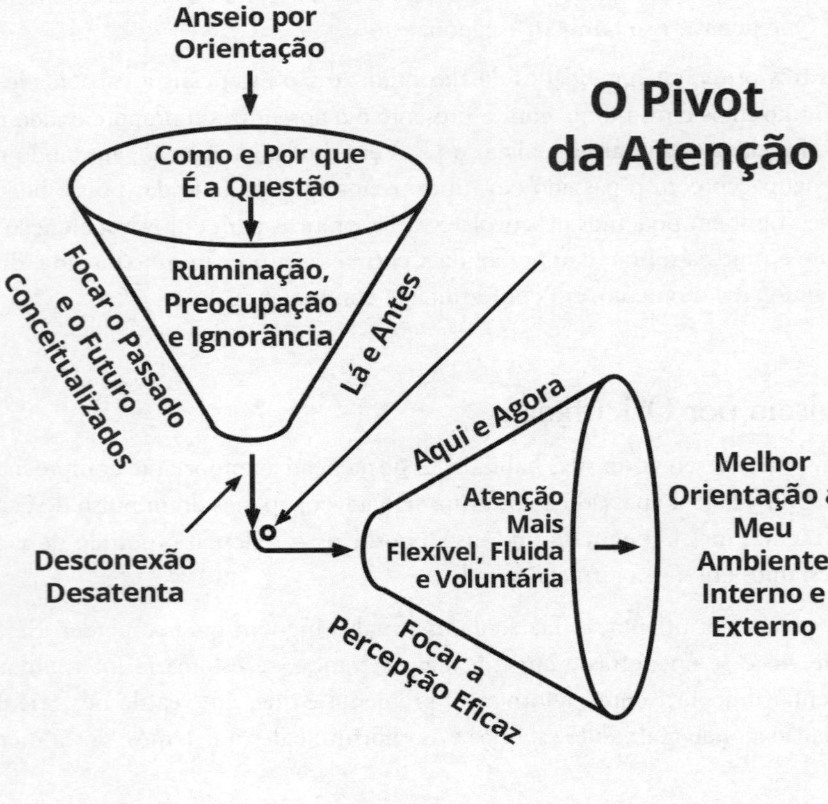

Para entender o significado de atenção plena, é útil recorrer a Jon Kabat-Zinn (um colega que é professor emérito da Faculdade de Medicina da Universidade de Massachusetts). Ele é amplamente reconhecido como um pioneiro em proporcionar uma compreensão da atenção plena à sociedade ocidental, inspirando-se na rica tradição Vipassana da Ásia. Jon define atenção plena como: "Prestar atenção de uma forma específica: com propósito, no momento presente e sem julgamentos." A ACT acrescenta que esse processo é promovido pela natureza de tomada de perspectiva do Eu transcendente. Jon concorda que a atenção plena inclui a tomada de perspectiva, mas evita completamente o "Eu".

É importante salientar a ênfase de Jon no *propósito*. Acredito que ele esteja dizendo que nossa consciência deve ser direcionada para o aqui e agora, a fim de que tenhamos a vida pretendida. A atenção plena não é, de modo algum, uma fuga das pressões e das preocupações nem das esperanças e dos medos de nossas vidas. Seus métodos tradicionais são usados para capacitar a "ação correta" — estar presente de uma maneira que nos ajude a viver de acordo com os valores escolhidos.

A técnica do velejador falante é um bom exemplo de como o propósito pode guiar a atenção. Se ele notasse o aroma presente no vento como uma maneira de se distrair da competição, seu olfato não o faria ser um capitão mais eficaz. Em vez disso, ele utilizou o aroma para se sintonizar melhor com o ambiente e decidir qual era a direção mais adequada a seguir. Em essência, isso é o que a atenção nos ajuda a alcançar.

Com esse entendimento de atenção plena, podemos perceber melhor como as outras habilidades de flexibilidade ajudam a viabilizá-la. Praticar a desfusão, conectar-se ao Eu transcendente e assumir a aceitação são ações que contribuem para o não julgamento e o afastamento da ruminação e das preocupações.

Estar Atento à Atenção Plena

Nas últimas décadas, houve um aumento da curiosidade em relação à atenção plena, e a ACT fez parte da ascensão desse amplo interesse cultural. De fato, cerca de 40% dos estudos sobre a ACT incluíram incentivos expressos à prática contemplativa, com praticamente todos eles apresentando métodos consolidados do treinamento em atenção plena. Além disso, a comunidade da ACT adicionou insights sobre o valor dessa prática, bem como precauções para não utilizá-la como forma de evitação ou atenção prejudicial ao Eu.

Considere a prática da meditação, que é um elemento central da maioria das formas de treinamento em atenção plena. Atualmente, a meditação é uma prática difundida o suficiente para identificarmos exemplos dos seus possíveis problemas. As pessoas podem se tornar meditadoras egoístas ("Você cuida das crianças! Preciso meditar!") ou meditadoras evitativas ("Estou ansioso! Preciso meditar!"). Algumas até se tornam obsessivas com a prática contemplativa, ficando viciadas em meditação virtual. Pesquisas mostram que ela é mais proveitosa quando praticada com o objetivo de adquirir habilidades de flexibilidade, não como uma fuga das pressões da vida e uma tentativa de reprimir sentimentos. Seus benefícios provêm especificamente da prática para desenvolver flexibilidade atencional *com propósito* — tornar-se mais plenamente comprometido com a vida, não "fugir de tudo".

Por exemplo, um estudo recente analisou como os meditadores e não meditadores lidavam com o desafio de realizar a tarefa de Stroop, uma medida comumente usada (e muito frustrante!) do "controle executivo" das pessoas — a capacidade de organizar informações em nossas mentes e efetivamente agir de acordo com elas. A tarefa de Stroop requer um foco extremamente rigoroso no momento presente. Na tela de um computador, surgem palavras que designam cores, como *vermelho* ou *azul*, e as pessoas precisam dizer o mais rápido possível qual é a cor de cada palavra. O truque é que as palavras não estão na cor que representam, ou seja, a palavra *vermelho* pode aparecer em azul e vice-versa. Bem, você simplesmente não viveu até ler a palavra *azul* escrita em vermelho e ter que dizer rapidamente *vermelho*. É muito difícil não deixar escapar *azul*!

Nesse estudo, os meditadores tiveram uma pontuação melhor. Quando os pesquisadores analisaram o motivo, eles descobriram que os meditadores com desempenho particularmente superior apresentavam níveis maiores de aceitação emocional. Por que isso acontece? Bem, ao tentar não se preocupar com uma resposta errada, adivinhe o que você foca? O impacto emocional da palavra anterior, e não o esforço de identificar a palavra que acabou de surgir na tela.

Em suma, à medida que nos esforçamos para ficar mais atentos, precisamos tomar cuidado para que nossa mente não transforme esse processo útil em outro método de evitação. Como uma espécie de alerta, recentemente, um estudo mostrou que o foco em observar o que está presente pode acarretar *mais* ruminação, que, por sua vez, pode resultar em mais depressão. O propósito da atenção plena é importante.

Há pouco tempo, conversei com um professor universitário que aprendeu essa lição da maneira mais difícil. Vou chamá-lo de Fred. Ele havia se saído bem ao desenvolver suas habilidades de flexibilidade psicológica com os livros de autoajuda da ACT, mas me enviou um e-mail pedindo ajuda para encontrar um terapeuta da área. Cerca de um ano depois, Fred me enviou um cartão de agradecimento contando o quão eficaz fora o processo, e eu liguei para ele a fim de saber mais.

A história de Fred é tão parecida com a minha que chega a ser assustador. Ele até mesmo teve uma variação do sonho do dinossauro quando criança! Em sua versão, Fred tentava derrotar um monstro com o feitiço certo de um enorme livro até que, finalmente, aprendeu que tinha que largar o livro e abraçar o monstro.

Fred passou vários anos desesperadores utilizando, sem querer, práticas de atenção plena como um método de evitação ou solução de problemas. Ele tentava superar intensos ataques de ansiedade que começaram enquanto palestrava em uma de suas aulas. Em poucos meses, ele transformou essa experiência no medo de falar em público (outro aspecto que temos em comum). Ele também desenvolveu um medo obsessivo de apresentar disfunção sexual após ter um pensamento obsessivo que surgiu enquanto estava com sua namorada: "Espero que a mesma coisa que acontece nas aulas não aconteça aqui!"

Para Fred, o trabalho com a atenção plena era "a busca pela solução milagrosa". Em suas palavras: "Realizei a meditação Vipassana; estudei budismo; li os livros do monge Thich Nhat Hanh; frequentei seu centro de retiro, mas, na minha mente, sempre havia o questionamento: 'Isso resolverá meu problema?' No meu pior momento, lembro-me de ficar à beira de um ataque de pânico ao tentar contar uma história ao meu melhor amigo. O mundo para além de mim mesmo se retraiu."

Quando leu sobre a ACT, logo após essa fase ruim, Fred se lembra: "Fui tomado pelo alívio de saber que poderia abandonar a busca pela solução milagrosa." Ele disse que percebeu a necessidade de alterar a forma como utilizava suas habilidades de atenção plena. "Uma das maiores mudanças consistia no fato de que eu apenas observava todo meu medo interno, momento a momento, sem pedir que ele se transformasse. Só queria entender o que estava acontecendo e, quando o medo se relacionava a algo importante para mim, eu me recusava a acreditar no 'não' e optava por dizer 'sim'."

Três meses após incluir a aceitação em sua prática de atenção plena, Fred se candidatou a uma bolsa de estudos concorrida. O processo exigia um final de semana repleto de entrevistas intensas realizadas por uma banca constituída pelos principais nomes do mundo educacional. Ele me disse que passar por isso "seria impensável três meses antes". Fred conseguiu a bolsa e continuou a progredir em sua jornada da ACT. Ano passado, ele desenvolveu uma invenção de sucesso e realizou uma exigente tour de negócios para vendê-la. Em suas palavras: "Minha vida tem uma riqueza que era simplesmente inexistente na época que eu me esforçava para achar a cura para a ansiedade. Para ser sincero, achava que nunca mais encontraria essa riqueza."

A mente de Fred ainda enfatiza a necessidade de se preocupar com certos aspectos, como falar em público e passar vergonha sexualmente. "A mente continua sendo a mente", disse. "Há dias em que ela parece tentar de tudo para me convencer, mas agora é mais fácil levá-la menos a sério. Tenho maior facilidade para focar o que mais me importa, recepcionar o medo e permitir que meu coração escolha como quero viver."

Utilizando Sua Mente como uma Lanterna

Aprender a atender ao aqui e agora pode ser comparado a aumentar o alcance da sua visão, mas de uma maneira específica. A etimologia da palavra *atender* significa, literalmente, "alongar-se, esticar-se, estender-se" em direção a algo. Ao desenvolver a atenção plena, o objetivo é ampliar o alcance de nossa consciência e a capacidade de concentrá-la em uma direção escolhida.

Anteriormente, comparei a expansão de nossa consciência presente a uma lanterna que melhora a visão. Bem, essa analogia me agrada, em parte, porque sou aficionado por lanternas. Gosto muito e tenho várias delas. No Natal passado, minha esposa me presenteou com uma que tem um feixe ajustável — amplo, médio ou estreito. Tenho outra que pode ser convertida em um lampião de acampamento que ilumina todas as direções. Ainda há uma que, na verdade, são três lanternas agrupadas — cada uma pode ser projetada em uma direção diferente.

Treinar nossa atenção é como aprender a usar lanternas de alta tecnologia. Podemos praticar ajustando nosso foco de várias formas. A meditação é apenas o mais conhecido desses métodos. Essas práticas não precisam ser complicadas ou demoradas. Muitas modalidades de meditação foram popularizadas, incluindo a redução de estresse baseada na atenção plena (MBSR, na sigla em inglês) — desenvolvida por Jon Kabat-Zinn —, a Meditação Transcendental e as tradições focadas no corpo, como ioga e zen. Elas são proveitosas, mas, ao utilizar a meditação para adquirir benefícios psicológicos, é melhor mantê-la simples e breve. Por exemplo, pesquisas sobre a meditação revelam que apenas 7% de seus benefícios são determinados pela elevada *quantidade* de prática.

A *qualidade* da prática é mais importante do que o tempo dedicado. Um pouco de meditação realizada da maneira adequada pode ser muito favorável, pois alguns dos benefícios surgem imediatamente. Um estudo recente constatou que pessoas que meditaram por quinze minutos, uma única vez, fizeram melhores decisões financeiras. Um dos pesquisadores explicou esse aspecto da seguinte forma:

> Um breve período de meditação da atenção plena pode incentivar as pessoas a tomarem decisões mais racionais, visto que elas consideram as informações disponíveis no momento presente. A meditação reduziu o foco no passado e no futuro, e essa mudança psicológica resultou em emoções negativas menores. A emoção negativa atenuada facilitou a capacidade de abandonar "custos irrecuperáveis" [desperdiçar ainda mais dinheiro em uma péssima decisão financeira].

Um Conjunto Inicial de Métodos

Focarei métodos simples que se mostraram eficazes. Se você ainda não se habituou a práticas mais complexas, recomendo começar por estas, pois cada uma delas exige apenas alguns minutos, o que possibilita sua realização regular. A prática consistente é essencial para resultados duradouros.

De preferência, adicione alguns destes métodos em seu conjunto de flexibilidade, praticando-os com frequência suficiente para decorá-los. Isso possibilitará que recorra a eles em qualquer momento que perceber sua atenção sendo atraída ao passado ou ao futuro desnecessariamente. É possível incluí-los em sua rotina — de manhã, logo após acordar; durante o banho; ao tomar café; ou, talvez, no meio ou no final do dia. Você perceberá imediatamente os efeitos positivos em sua capacidade de se concentrar nos aspectos que deseja presenciar, e isso geralmente motiva bastante a continuação dos comprometimentos diários. Considere a adesão à prática cotidiana de flexibilidade como seu compromisso inicial com uma vida mais baseada em valores.

Começarei com uma técnica simples de meditação e, depois, apresentarei alguns exercícios de flexibilidade atencional. Quando finalizar os capítulos da Parte Dois, retorne para realizar os métodos adicionais e, assim, decidir quais deseja continuar praticando.

1. *Meditação Simples*

Em seu livro *Zen Master*, Raymond Reed Hardy, meu amigo da faculdade, apresenta um método incrivelmente descomplicado de meditação. Sua sugestão não é inovadora — é apenas o início mais simples possível. Eis as instruções: sente-se com a postura ereta, com os olhos ligeiramente abertos voltados para baixo em um ângulo de 45° e mantenha um foco ameno (não desperte sua atenção visual para nenhum ponto específico). Caso não se sinta confortável em ficar com as pernas cruzadas, sente-se em uma cadeira e apoie os pés no chão. Permita que sua mente repouse em sua respiração. Sempre que perceber a distração, liberte sua mente dessa corrente de pensamento e deixe que ela se estabeleça novamente na respiração.

É isso. Faça este exercício diariamente por alguns minutos.

Como uma prática tão simples pode ser eficaz? Ela desenvolve sua força atencional. Toda vez que você constata que sua mente divagou, a capacidade de percepção é fortalecida e o foco, recuperado.

2. *Alvos de Atenção Únicos e Múltiplos*

Este exercício pode ser realizado em pé ou sentado. Em seu smartphone ou outro tipo de temporizador, defina um alarme de dois minutos. Fornecerei as instruções e, em seguida, você pode ativar o alarme, fechar os olhos e focar.

Nos dois primeiros minutos, direcione sua atenção para a sola do seu pé esquerdo. Concentre-se na sensação. O que você sente nessa parte do corpo? Tente perceber o sangue pulsando; a temperatura (fria ou quente?); a quantidade de espaço ocupada por seu pé. Observe se sua atenção se desvia e concentre-a novamente na sola do seu pé esquerdo. Continue a focar as sensações. Não pare até que o alarme de dois minutos toque.

Certo. Ative o alarme, feche os olhos e comece.

• • • •

Se você for como a maioria, sua mente divagou. Porém, em algum momento, essa constatação a trouxe de volta. É provável que também tenham surgido percepções sobre a sola do seu pé, nas quais você geralmente não pensa: sensações, qualidades, características — tamanho, formato, formigamento ou calor.

Agora, defina o alarme para dois minutos e realize o mesmo processo com a sola do seu pé direito. Tente aprofundar a consciência das sensações e das observações, como perceber mais aspectos e caraterísticas. Novamente, se sua mente divagar, traga-a de volta com gentileza.

Certo. Ative o alarme e comece.

• • • •

O que percebeu dessa vez? O tempo pareceu passar mais devagar? Sua mente lhe disse que não havia nada de novo a ser aprendido?

Agora, defina o alarme para dois minutos e tente permanecer consciente de *ambas* as solas — do pé esquerdo e do direito — ao mesmo tempo. Esforce-se para não alternar. Em vez disso, amplie o feixe de atenção para visualizar as duas de uma vez. Se sua mente se desviar, redirecione-a com gentileza.

• • • •

O que você aprendeu? O que percebeu? Suas observações e sua consciência oscilaram? Seu foco permaneceu na sola esquerda, na direita e, às vezes, em ambas? Ótimo! Direcionar-se para um pé e, depois, para o outro não apenas desenvolve a atenção no presente, mas também a *flexibilidade* atencional. Lembre-se de que o objetivo é a atenção direcionada, tanto de forma flexível quanto voluntária.

Essa é uma versão de um dos exercícios de atenção plena mais eficazes e, ainda assim, mais simples, desenvolvido pelo pesquisador Nirbhay Singh. Estudos demonstraram que ele ajuda a reduzir o comportamento agressivo em crianças ou adultos que sofrem de transtornos mentais crônicos; auxilia as pessoas a pararem de fumar; e ajuda crianças com incapacidade biológica de sentirem-se satisfeitas a não comerem em excesso. Ademais, este exercício auxilia o foco na consciência ao consolidá-la, da mesma forma que um barco é estabilizado por uma âncora. Seus pés se tornam âncoras. A consciência consolidada reduz os processos automáticos de pensamento e comportamento que impulsionam as pessoas rapidamente da raiva para a agressão; do desejo para o ato de fumar ou comer. Ela proporciona uma escolha, ao mesmo tempo que atenua a reatividade emocional e cognitiva. Às vezes, prefiro este exercício do que a prática mais comum de acompanhar a respiração. Por um lado, você pode aplicá-lo a qualquer momento e em qualquer lugar, mesmo enquanto fala (tente fazer *isso* com uma abordagem "acompanhe a respiração"!) Por outro lado, muitas formas de ansiedade envolvem dificuldades com a respiração, e focá-la pode ser um convite ao pânico.

3. *Atenção Ampla e Estreita*

Como um prolongamento do exercício da sola dos pés, você pode treinar sua mente para ampliar ou estreitar o foco por meio de um trabalho atencional com qualquer experiência sensorial enriquecedora — ouvir música é um ótimo exemplo. Programas de treinamento de atenção bem-sucedidos, como a terapia metacognitiva, costumam usar este método.

Se quiser tentar realizá-lo agora, escolha uma música que lhe agrade e que tenha vários instrumentos. Você mudará seu foco de um instrumento, ou de um grupo deles, como a seção de cordas, para outro. Antes de começar, é aconselhável planejar no que prestar atenção para que a música não assuma o controle e determine sua concentração. É possível utilizar o cronômetro do seu celular para se lembrar de mudar o foco a cada um minuto. À medida que ouvir a música, perceba a combinação de instrumentos e, em seguida, concentre sua atenção em apenas um deles, digamos, o baixo ou qualquer outro grupo. Após um minuto, foque um instrumento diferente, talvez a bateria e assim por diante. Por fim, retorne sua atenção para toda a banda ou orquestra e repita o processo uma ou duas vezes.

4. *Abra Seu Foco*

Muitas práticas ensinam a estreitar a atenção, com instruções para manter o foco e repetir palavras específicas (um *mantra*), ou olhar para determinado ponto na parede. Porém, como tenho afirmado, é igualmente importante ampliar a atenção. Uma prática de que gosto muito se chama Foco Aberto. Nessa abordagem, considera-se conjuntos inteiros de eventos de uma vez só (é preciso abrandar o foco em qualquer ocorrência específica para fazer isso). O conjunto pode ser composto de pessoas, objetos, sequências de pensamento, notas musicais — realmente qualquer coisa. Ao definir um conjunto que lhe interesse, concentre-se no espaço físico ou temporal entre os acontecimentos: por exemplo, o espaço físico entre objetos ou as lacunas entre pensamentos ou notas musicais.

Para esclarecer como este exercício deve ser realizado: observe o ambiente em que você está e se concentre sequencialmente em objetos específicos. Em seguida, abrande o foco em qualquer objeto determinado e se concentre na relação (no "espaço") entre a maioria ou todos eles. Com a prática de alguns minutos de alternância entre esses dois conjuntos, você perceberá que está utilizando estratégias atencionais distintas. É possível identificar um abrandamento e uma expansão da atenção à medida que se adota um foco aberto, e um aperfeiçoamento e um estreitamento conforme se concentra em um objeto específico.

Uma boa maneira de praticar este exercício em sua rotina é durante as reuniões de trabalho. Na próxima reunião à qual comparecer, tente alternar o foco entre um orador ou ouvinte específico e, então, em todos os participantes de uma vez só.

Métodos Adicionais

5. *Ficar Presente com o Passado*

Um dos desafios mais difíceis em focar o presente consiste no fato de que, com frequência, nossa mente é "capturada" pelo passado — memórias, emoções e pensamentos estão incorporados em nossas redes mentais e são facilmente desencadeados. Uma maneira útil para se lembrar desses gatilhos é o acrônimo PISEI-ME. Se perceber que está se afastando do momento presente, observe se não foi capturado por Pensamentos, Impulsos de ação, Sensações corporais, Emoções, Impulsos, Memórias E gatilhos de outro tipo (como previsões e avaliações). Assim que você se torna consciente desses aspectos, é capaz de retornar ao presente! Em outras palavras, o caminho para se libertar é aplicar a consciência plena ao próprio gatilho. Na maioria das vezes, você encontra esse gatilho nos elementos de PISEI-ME (que não é um acrônimo ruim, visto que, sem consciência, essas reações *irão* passar por cima de você).

A seguir, apresentarei um exercício excelente para aprender a enfrentar o gatilho.

Intencionalmente, mentalize uma memória e diga para si mesmo: "Agora estou lembrando que..." e continue a frase com uma descrição breve dessa lembrança. Por exemplo: "Agora estou lembrando que meu chefe me disse que eu nunca alcançaria nada na vida."

Ao fazer isso, fique atento a quaisquer emoções desencadeadas; reações corporais, como aperto no estômago; pensamentos que podem surgir; impulsos de ação; e outras memórias que podem aparecer. Quando finalizar a frase, presencie essas emoções, esses pensamentos e outras sensações individualmente ao afirmar, por exemplo: "Agora estou sentindo a emoção da tristeza." Se pensar: "Isso nunca deveria ter acontecido", afirme: "Estou tendo o pensamento de que isso nunca deveria ter acontecido." Se perder o controle das respostas que quer descrever, retorne à memória e reafirme-a para captá-las novamente. Caso outras memórias surjam, realize o mesmo processo.

A simples frase: "Estou tendo o pensamento de que..." é um modo poderoso de aplicar a desfusão à atenção plena, com certo distanciamento de pensamentos, emoções e impulsos, o qual possibilita que permaneçamos no presente com eles. O pensamento ou o sentimento pode ser *sobre* o passado — ou o futuro —, mas, com essas ênfases, você alerta sua mente de que a reação está ocorrendo no agora. Cultivar essa consciência desenvolve um poderoso hábito mental que pode nos ajudar a manter o foco, mesmo quando as memórias, os pensamentos e as emoções mais difíceis aparecem.

6. *Interno/Externo*

Este último exercício ajuda a desenvolver a capacidade de estarmos conscientes de nossa experiência interna, enquanto realizamos quaisquer tarefas com as quais nos comprometemos, sem que fiquemos rigorosamente obcecados.

Ao realizar uma tarefa — como jardinagem ou serviços domésticos —, preste atenção ao que você está fazendo, mas também se concentre no que acontece dentro do seu corpo. É um exercício muito parecido com focar seus dois pés. Permita que qualquer sensação física avance, mas sem obter toda a sua atenção. Onde você sente essa sensação? Observe as extremidades. Qual é a qualidade dela? Insensível/acolhedora? Tensa/calma? Vibrante/constante? Rígida/relaxada? Severa/suave? Ao fazer isso, lembre-se de continuar com a tarefa.

Agora, retorne sua atenção de forma mais plena à tarefa, mas continue consciente dessa sensação. Como essa sensação se relaciona a ela? Como seus sentimentos sobre a tarefa, e o nível de foco nela, se associam à sensação?

Seu interior está reagindo à tarefa, e seus sentimentos sobre a ela são impactados por isso. Pode ser que você esteja se sentindo profundamente satisfeito ao ver o quanto suas flores estão crescendo bem e perceba uma sensação física interna de prazer, mesmo enquanto sente certa dor nos joelhos e braços. Ou talvez esteja um pouco entediado com a tarefa e perceba que está sentindo uma leve sensação de fome. É importante permitir que sua consciência dessas interconexões surja apenas com a mudança de sua atenção de dentro para fora. Não comece a solucionar problemas e a instituir uma regra: "Tenho que encontrar uma conexão!" Este exercício consiste em foco atencional, não diagnóstico. Ele nos ajuda a manter a atenção mais flexível, para que estejamos mais plenamente presentes no momento, com nosso corpo e nossa mente. Com o tempo, isso nos ajuda a vivenciar o momento presente de maneira mais completa, mantendo-nos alertas sobre qualquer informação que possa ser útil, como o aroma de café torrado que meu amigo velejador detectava.

Capítulo 13

O QUINTO PIVOT

VALORES — AFETO POR OPÇÃO

Uma das maiores fontes de sofrimento psicológico é a perda de contato com os valores que são verdadeiramente significativos para nós. Tive uma cliente que, quando questionada sobre seus valores mais profundos, ficou em silêncio por um longo período e proferiu as palavras: "Essa é a pergunta mais assustadora que já ouvi." Após outra pausa prolongada, ela acrescentou: "Não penso sobre isso há bastante tempo" e começou a chorar.

Essa é a reação emocional mais comum à conexão profunda com nossos valores. Presenciei tal situação inúmeras vezes na terapia. Suspeito que esse também seja o motivo pelo qual lacrimejamos ao ver um recém-nascido, participar de cerimônias de casamento ou contemplar um pôr do sol espetacular. Nós nos sentimos conectados a aspectos de vida que estimamos.

O Anseio por Significado

Não há anseio mais importante para os seres humanos do que ter liberdade de escolha e seguir uma direção de vida. O senso claro de significado autodirecionado nos fornece uma fonte essencialmente inesgotável de motivação. Porém, pode ser fácil esquecer do que é realmente significativo para nós, quando buscamos objetivos socialmente conformes e gratificações superficiais. Cada tiquetaquear do relógio pode nos ridicularizar com o vazio de uma vida como esta.

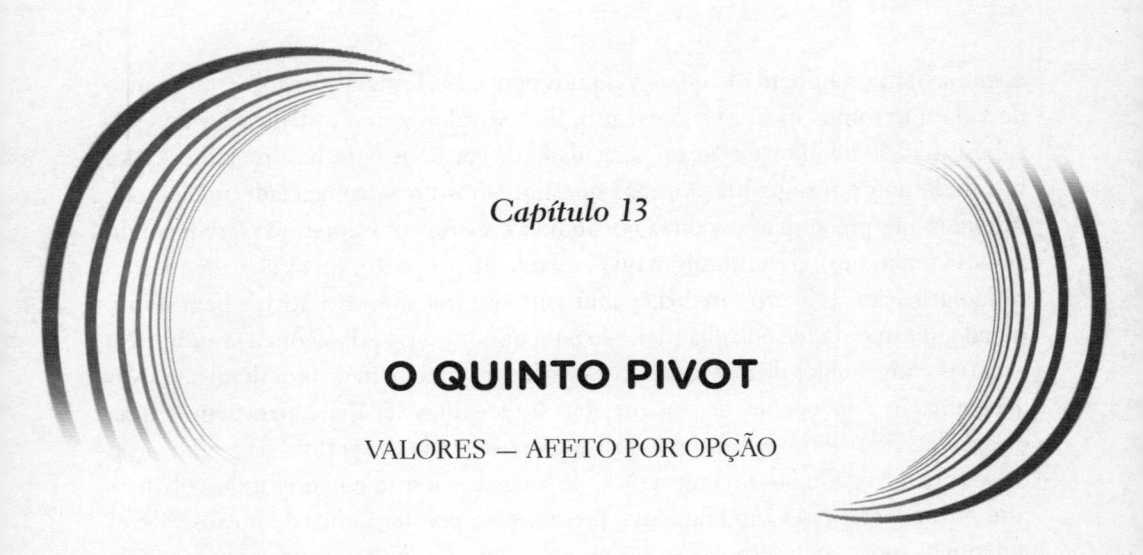

Por inúmeras razões, orientamos mal nosso anseio por significado. Uma delas é o fato de que não confiamos em nós mesmos para fazer escolhas adequadas e, assim, evitamos a liberdade que a vida nos concede. Tememos escolher um curso de vida que somos incapazes de seguir. Talvez valorizemos a dedicação de criar filhos, mas duvidamos da nossa capacidade de ser bons pais; ou desejamos obter um diploma de pós-graduação, mas questionamos nossa capacidade intelectual. Ademais, nos preocupamos com a possibilidade de nossos valores não serem condizentes com as normas culturais, o que acarreta menosprezo, exclusão e até mesmo ridicularização. Talvez permanecêssemos em um trabalho cansativo e bem-remunerado, mesmo preferindo abandoná-lo para passar mais tempo com a família, pois estamos convencidos de que as pessoas nos desprezarão se pedirmos demissão. Nos apegamos às concepções de nós mesmos e receamos ser livres para seguir uma direção de vida — talvez porque nossa autoconsciência esteja fundida à realização de ser um advogado ou um empresário de sucesso, mesmo que no fundo saibamos que nosso desejo é ser um terapeuta. Geralmente nos afastamos de nossos valores autênticos, pois queremos evitar as dores do passado. Podemos nos convencer de que não valorizamos relacionamentos amorosos porque alguém que amamos nos magoou. Por conseguinte, todas as formas de rigidez psicológica surgem da gestão inadequada do anseio por significado e autodirecionamento.

De maneira geral, nossa cultura não ajuda as pessoas a escolherem seu próprio senso de significado. Pelo contrário, somos encorajados a definir o que nos traz um senso de valor ao perseguir desejos superficiais. Confundimos as gratificações imediatas com o senso de significado e acumulamos coisas e realizações, seguindo uma enorme lista de "deveres" socialmente obrigatórios. A mensagem social predominante consiste na premissa de que nosso valor é determinado por nossas posses e pelas formas culturalmente aprovadas de êxito e conformidade com as expectativas sociais — obter sucesso no trabalho, se casar e ter filhos ou até mesmo "ser feliz". Podemos considerar esses aspectos verdadeiramente significativos, mas, se os buscarmos com o objetivo de evitar a dor da repreensão social e da autocrítica por não estarmos à altura, eles serão banais.

Considere os efeitos do materialismo — a crença de que os bens e sua aquisição acarretarão satisfação de vida. Foram realizados estudos nos quais as pessoas preenchiam questionários com afirmações como "Algumas das realizações mais importantes da vida incluem a aquisição de bens materiais"; "Eu seria mais feliz se pudesse comprar mais coisas"; e "Gosto de possuir coisas que impressionam os outros". A concordância com essas frases se correlaciona, de forma significativa, com a ansiedade, a depressão, a autoavaliação negativa e a baixa satisfação de vida.

Fama, poder, gratificação sensorial e adulação alheia são "desejos" e "deveres" insatisfatórios. Quando nos atemos a eles, o suficiente nunca é o bastante. Os bilionários questionados sobre o que é necessário para se ter dinheiro suficiente costumam responder "mais". Os budistas chamam esse estado de foco na riqueza e nas aquisições materiais de "apego" e o identificam como a causa principal do sofrimento. Perdemos de vista o que realmente nos motiva de forma duradoura e, quanto mais nos apegamos, mais infelizes e desequilibrados nos tornamos.

O pivot dos valores possibilita que redirecionemos nosso anseio por significado à busca por atividades alinhadas ao que, de fato, consideramos significativo.

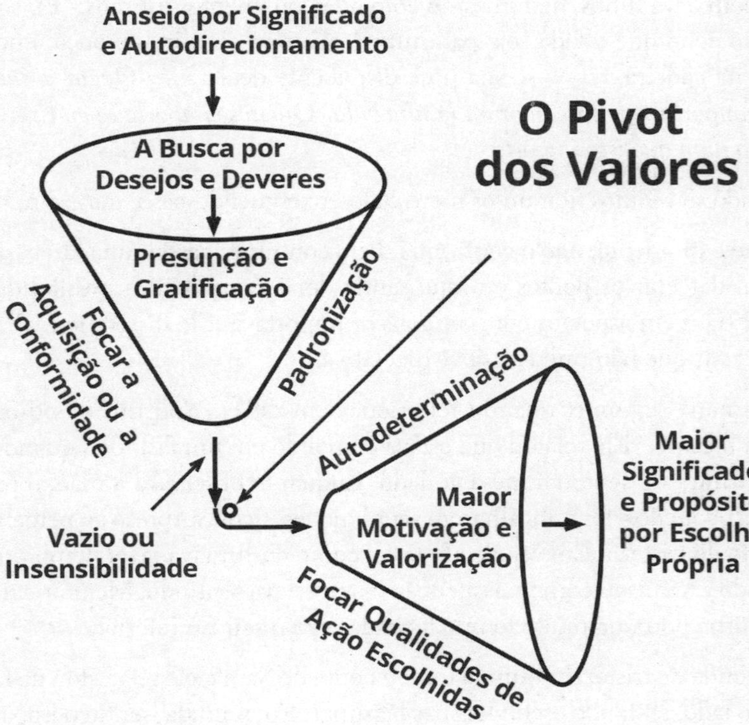

As quatro habilidades de flexibilidade que você está desenvolvendo contribuem significativamente para a realização deste pivot. A seguir, apresentarei de que modo isso ocorre.

A Aceitação Nos Possibilita Ouvir

Quando somos impedidos de nos conectar aos nossos valores por tentarmos evitar nossa dor, ironicamente, contribuímos para ela. Se, em vez disso, ouvirmos a dor e nos direcionarmos ao anseio por sentir, conseguimos identificar as discrepâncias entre a maneira que vivemos e a forma como queremos viver. A dor é como uma lanterna — basta saber para onde apontar o feixe de luz.

Certa vez, tive um cliente deprimido e ansioso, a quem chamarei de Sam. Logo no começo da terapia, ele me disse que o esforço para ajudá-lo seria inútil, pois sua vida era vazia e não havia motivo real para viver. À medida que eu tentava explorar coisas que o agradavam, ele era evasivo, e às vezes até provocativo. Por exemplo, Sam disse com imparcialidade que, de fato, não se importava com família, nem com filhos, nem mesmo com relacionamentos íntimos. "Eu simplesmente não acho que a vida seja para mim", afirmou com indiferença, enquanto se mexia na cadeira, como se sua pose displicente declarasse: *Quem se importa? Quem se importa se tenho amor na minha vida? Quem se importa se eu tiver filhos? Prove para mim que isso importa.*

Quando seus olhos fitaram os meus, não enxerguei descaso, mas, sim, dor.

Naquele momento, não o confrontei. Pelo contrário, passei uma tarefa simples para Sam: detectar os pontos em que sentia dor e considerar a possibilidade de que consistiam em aspectos com os quais se importava. Ele disse que realizaria o exercício, mas que não tinha muita expectativa.

Na semana seguinte, quando retornou, Sam disse: "Sou um mentiroso, até para mim mesmo." Ele relatou que estava comendo em um fast-food quando uma família entrou e se sentou à mesa ao lado. Enquanto observava a mãe, o pai e os dois filhos pequenos desembrulharem seus lanches, ficou surpreso ao perceber um sentimento de tristeza. Em vez de afastá-lo, como costumava fazer, lembrou-se do meu pedido e analisou com mais atenção o que estava sentindo. Metaforicamente, ele abriu uma porta há muito tempo fechada para o seu Eu interior.

Uma onda de tristeza profunda tomou conta de Sam e ele se afastou da família sentada ao lado, tentando esconder suas lágrimas. Em seguida, sentiu o impacto do anseio. Ele *ansiava* por estar em uma relação amorosa e ser pai.

À medida que relatava o acontecimento para mim nessa sessão, as lágrimas surgiam novamente e ele engasgava em suas palavras. Então, Sam me contou sobre seu longo histórico de negligência e traições traumáticas que sofreu de seus pais e padrasto na infância. Por muitos anos, ele lidara com essa dor ao tentar eliminar seu afeto e se concentrar em seu trabalho e sucesso.

Porém, seu "sucesso" não o sustentava emocionalmente. Sam era como um náufrago que decidira beber água do mar devido à sede que sentia: o efeito imediato pode ser a saciedade, mas o resultado final é uma sede ainda maior.

Para ajudar os clientes a perceberem como sua dor se associa a seus valores, digo a eles que, ao recepcioná-la, devem invertê-la e questionar: "Com o que eu preciso deixar de me importar para que a dor cesse?" Jamais conheci um sociofóbico que não quisesse estar com as pessoas de forma mais aberta; ou um depressivo que não desejasse se recomprometer determinadamente com a vida. Em nossa dor, encontramos nossos valores; na evitação, nos desconectamos deles. Sem flexibilidade emocional e receptividade, é impossível viver de acordo com os valores escolhidos.

Aliás, há alguns meses, encontrei Sam pela primeira vez em quase duas décadas. Ele constituiu uma família e fundou uma empresa que possibilitou o trabalho com inúmeras crianças ao longo dos anos. Seus dois filhos, já adultos, ajudam a administrar o negócio. Sam está orgulhoso e satisfeito com o tempo que passam juntos. Essa situação jamais seria possível se ele não tivesse usado sua dor como uma lanterna para descobrir seus valores e a direção que realmente queria seguir em sua vida.

As Habilidades da Desfusão e do Eu Nos Impedem de Julgar

A mente solucionadora de problemas adora analisar razões pelas quais devemos ou não fazer as coisas — um aspecto excelente no momento de declarar impostos ou decidir quais ações se deve comprar. Porém, é uma *péssima* maneira de selecionar valores, pois apresentar justificativas pressupõe que, para fazer escolhas, precisamos de um motivo a mais do que o fato de que isso é intrinsecamente significativo para nós. Se eu disser a mim mesmo que devo valorizar ser um bom pai porque essa é a expectativa da sociedade, me privarei da conexão com o fato de que escolhi ser um bom pai por ser algo que considero extremamente significativo. Quando nos concentramos em justificar nossos valores, concedemos domínio ao *pliance*, o que geralmente nos afasta daquilo que realmente nos importa. Ao nos distanciarmos do julgamento, conseguimos satisfazer nosso verdadeiro anseio interno por coerência; ao nos conectarmos com nossa autoconsciência transcendente, impulsionamos o anseio por pertencimento que é inerente a nossos valores.

Sempre que quero demonstrar aos meus clientes o quanto é problemático ter inúmeras razões para seus valores, levanto três dedos da mão e escondo atrás das costas. Digamos que um cliente tenha relatado satisfação consigo mesmo por ter escolhido comer salada no almoço em vez do cheeseburger que desejava. Eu pergunto a ele por que e o diálogo aconteceria mais ou menos da seguinte forma:

> *Steve:* Por que você escolheu a salada?
>
> *Cliente:* Tem menos calorias. [Justificativa 1.]
>
> *Steve:* Por que ter menos calorias é importante?
>
> *Cliente:* É mais saudável e impede o sobrepeso. [Justificativa 2.]
>
> *Steve:* Por que ser mais saudável e impedir o sobrepeso são aspectos importantes?
>
> *Cliente:* Porque viverei por mais tempo! [Justificativa 3.]
>
> *Steve:* Por que viver por mais tempo é importante?
>
> *Cliente:* ... Não sei. Apenas é! Todo mundo quer viver por mais tempo!

Tiro a mão de trás das minhas costas, mostro os três dedos levantados para o cliente e explico que esse questionamento não costuma passar de três rodadas. Ao chegar à quarta pergunta, se não antes, todos basicamente já responderam: "Não sei." Isso ajuda os clientes a perceberem que aceitam a necessidade das mais variadas razões culturalmente definidas, sem de fato compreender que a resposta não consiste em todas os *porquês* apresentados. É muito mais verdadeiro simplesmente dizer: "Porque eu *escolhi*."

Lembro-me de trabalhar o controle de peso com uma cliente diabética que, após uma conversa sobre valores, afirmou que se esforçaria para ser saudável a fim de que tivesse uma chance maior de ver sua filha crescer. Parecia verdadeiro; senti que era sua motivação autêntica. No entanto, apenas para comprovar, perguntei por que ver sua filha crescer era importante. Ela não se deixou enganar. "Não é", respondeu com certa petulância e, após um período de silêncio, me olhou por cima de seus óculos e acrescentou com uma intensidade entrecortada: "Exceto... para... mim!"

Afirmar que escolhemos livremente nossos valores não implica negar que nossas escolhas estejam condicionadas a influências familiares e culturais, como orientação dos pais e ensinamentos de crenças religiosas. Absorvemos essas instruções, mas, ao fazê-lo, exercitamos nossa habilidade de escolha, mesmo que não reconheçamos. Todas as escolhas são fundamentadas em nossa história, mas justificá-las com a lógica de que foram ensinadas é uma maneira de evitar a responsabilidade pessoal. Esse é um preceito das principais religiões — elas enfatizam que os seres humanos têm capacidade de escolher uma vida que esteja de acordo ou não com os ensinamentos religiosos. O ato afirmativo para agir em concordância com eles é frequentemente denominado "salto de fé".

As habilidades da desfusão e do Eu nos ajudam a impedir esse processo de justificativa e a nos conectar com os outros mais profundamente. Aprendemos a nos conter sempre que nossa mente apresenta razões para nosso comportamento. Essas habilidades também nos auxiliam a interromper a autorrecriminação à medida que realizamos o trabalho com valores. O Ditador pode se tornar bastante severo quando começamos a reconhecer que não vivemos de acordo com nossos valores. Ele nos repreenderá: "Eu disse, você não presta. É um hipócrita, um charlatão." Também podemos nos envolver em um questionamento excessivo sobre a escolha dos valores adequados, entrando em uma ruminação relativa à "autenticidade" deles. Ao adquirir a capacidade de desconsiderar essas mensagens desnecessárias, o trabalho com valores se torna libertador, e não punitivo.

A Atenção Ajuda a Manter o Foco na Jornada Contínua

Anteriormente, afirmei que valores não são metas, mas qualidades de vida — viver de maneira amorosa, divertida, gentil, compassiva, protetora, persistente e sincera.

Uma vez que essa distinção fica evidente, as metas podem ser úteis para manter o curso na sua jornada baseada em valores. O ponto principal é que viver com base em valores torna as metas significativas, em vez de elas serem valiosas por si só. Se você valoriza aliviar o sofrimento causado pelo vício, pode definir a meta de se tornar um conselheiro em dependência química. Obter esse certificado possibilitará a expressão do seu valor — um progresso na sua jornada. Leciono em universidades há mais de quarenta anos e presenciei muitos alunos de pós-graduação se esquecerem do motivo que os levou a buscarem o diploma, pois a meta de obtê-lo ofuscou seu valor. Após se formarem, eles questionam com certa surpresa: "E agora?" Manter-se em sintonia com o presente ajuda a evitar essa armadilha.

As metas estão no futuro até que sejam alcançadas e, então, rapidamente se tornam passado. Os valores estão sempre no presente, um fator essencial para seu poder motivacional, visto que viver todos os dias de acordo com nossos valores é extremamente gratificante.

Quando o foco primordial das pessoas é a realização futura, o que querem ou precisam "obter", elas perdem a riqueza de viver no presente, pois o anseio por orientação é contrariado. De fato, essa sabedoria importante está contida na palavra *querer* (proveniente do latim *quaerere*, que significa "buscar, procurar"). Por definição, desejos são coisas que não temos e buscamos obter. Quando os satisfazemos — conseguimos o carro, a esposa ou o emprego que considerávamos *ser* um valor —, a vida nos desmascara. Logo percebemos o quão vazias eram essas aspirações devido à sua falta de conexão com o que é verdadeiramente significativo. Nossa sede por significado e propósito escolhidos se torna insaciável.

À medida que realizamos o pivot dos Valores e permanecemos nesse novo curso, a atenção ao presente ajuda a focar nosso comportamento atual — a jornada, e não alcançar o destino.

Um benefício formidável dos valores consiste no fato de que, no instante em que os identificamos, já começamos a *vivê-los*. Não existe período de espera, não há certificado a obter. Você nunca "chegará lá", apenas "irá para lá". Isso também implica que os valores nunca serão finalizados, pois são uma fonte inesgotável de significado. Suponha que valorize ser uma pessoa amorosa. Independentemente de quantas vezes você faz coisas amáveis, sempre há mais a serem feitas.

Os efeitos do pivot dos Valores podem ser consideravelmente transformadores. Às vezes, quando os outros pivots de flexibilidade estão em prática, ele nem sequer exige um grande esforço. Um bom exemplo desse aspecto é um cliente de JoAnne Dahl, a terapeuta da ACT apresentada no Capítulo 5. Niklas era um escritor idoso e respeitado que morava em uma pequena ilha distante. Ele se tornara extremamente agorafóbico e, à medida que fugia de seu medo, sua liberdade era cada vez mais restringida. Sua vida consistia em uma ironia terrível — Niklas escrevia histórias surpreendentemente belas sobre o mundo natural à sua volta, mas ficava aterrorizado com sair de casa e aproveitar a paisagem que tanto estimava. Por esse motivo, ele se confinara por muitos anos.

A situação atingiu um ponto crítico quando Niklas precisava ir ao hospital tratar um agravamento do seu quadro de diabetes. Ele entrou em contato com JoAnne para pedir ajuda. Era difícil chegar à casa dele — ela tinha apenas um dia para tomar uma atitude.

Em vez de tentar reestruturar pensamentos amedrontadores ou amenizar sentimentos difíceis, JoAnne se concentrou em sua verdadeira curiosidade sobre a ansiedade de Niklas. Alguns minutos após conhecê-lo, ela perguntou se ele estava ansioso; óbvio que a resposta foi sim, o que consistia em uma situação excelente. JoAnne queria entender essa ansiedade, o que implicava percebê-la da mesma forma que Niklas. A terapeuta pediu: "Feche os olhos e deixe ela surgir; permita que ela faça o que quiser. Nós apenas a exploraremos como duas crianças que observam as estrelas em silêncio." Ele assentiu. A ansiedade surgiu, mas, quando JoAnne questionou com grande entusiasmo como era e onde Niklas a sentia, ela desapareceu lentamente. "Ah, não", JoAnne reclamou, se fazendo de desentendida. "Traga ela de volta! Segure-a firme para que possamos explorá-la." A ansiedade ressurgiu, mas desapareceu ainda mais rápido. "O que mais podemos fazer?", JoAnne suplicou. Durante algumas horas desenfreadas, eles trancaram a porta do quarto, se deitaram no chão, foram para fora, se afastaram da casa, deram cambalhotas em um morro, entraram em um carro (pela primeira vez em trinta anos), atravessaram pontes e, por fim, pegaram uma balsa (a mesma que Niklas precisava pegar para ir ao hospital), na qual ambos ficaram de pé no parapeito como no filme *Titanic*. Em cada avanço, a ansiedade surgia, mas, à medida que tentavam intencionalmente percebê-la de forma plena e enxergá-la com clareza, ela era sentida e desaparecia.

Nesse ínterim, Niklas ficou praticamente perplexo com a beleza da ilha que tanto amava, mas sobre a qual escrevia apenas com base em sua memória. Ao se aventurar para fora de casa, ele literalmente chorou de alegria pelo encanto da natureza. Enquanto segurava sua ansiedade como se fosse um bebê querido, Niklas percebeu que poderia novamente escolher o que importava. O trabalho com valores era mais semelhante à sensação de dar cambalhotas em um morro do que à de empunhar um chicote mental.

Para concluir o processo, JoAnne perguntou a Niklas o que ele faria se a diabetes se mostrasse controlável. De quais aspectos importantes os sintomas progressivos da diabetes o privaram? "Caminhar na praia no início da primavera", disse ele. JoAnne pediu que Niklas dissesse como eram essas caminhadas na natureza e por que elas importavam. Se, no futuro, sua condição se agravasse, o que isso lhe custaria? Ele respondeu: "Compartilhar a beleza por meio da escrita."

De forma divertida e sábia, JoAnne atraiu Niklas à possibilidade de que o sentimento pleno o libertaria para que fizesse o que realmente importava. Pessoalmente, acho que, com seu afeto alegre por ele, JoAnne demonstrou que os valores importam. Ao ficar de pé no parapeito da balsa com Niklas, ela exemplificou o que precisava ser feito. A partir desse ponto, ficou evidente que o custo potencial da doença era muito alto para que ele não a tratasse. Com alívio, Niklas percebeu que sua verdadeira essência consistia em apreciar e compartilhar a beleza e que ele tinha a capacidade de pivotar em direção ao que importava, sem que sua ansiedade precisasse desaparecer.

Niklas enfrentou seus medos e foi ao hospital para realizar o tratamento. A ida acabou não sendo uma situação difícil de "ranger os dentes". Ao descrever a experiência, ele disse que escolheu "abraçar a si mesmo e ir".

JoAnne é uma terapeuta brilhante, e, não, a maioria das lutas de décadas contra a ansiedade não terminam em uma longa sessão de um dia. Porém, há uma imensa sabedoria na história de Niklas. O que nos separa do afeto profundo? Por que nossa jornada baseada em valores não pode ser mais parecida com "abraçar a si mesmo e ir"?

Preenchendo o Questionário de Valores de Vida

Outra pessoa cuja vida foi transformada ao se reconectar com seus verdadeiros valores é Kelly Wilson, que, no final dos anos 1980, se juntou ao meu laboratório como estudante de pós-graduação e tem sido um colaborador importante para o desenvolvimento dos métodos da ACT. Ao incluir mais ênfase nos valores, ele alterou a direção do desenvolvimento da ACT. Antes de se formar em psicologia, Kelly vivenciara uma luta angustiante contra o vício, chegando a ser imobilizado em uma cama na ala de desintoxicação, onde ficava imaginando como poderia se matar. Apenas alguns anos depois, enquanto enfrentava o vício para conseguir seu diploma, ele percebeu que queria dedicar sua vida para auxiliar os outros a superarem desafios psicológicos. Kelly leu alguns dos meus trabalhos iniciais sobre a ACT e me procurou para ajudar a continuar o desenvolvimento da abordagem. Após se formar, ele criou o Questionário de Valores de Vida (VLQ, na sigla em inglês).

O VLQ traz uma série de perguntas sobre quais são seus valores e o quanto você tem vivido de acordo com eles, avaliando um conjunto de áreas da vida em uma escala de 1 a 10. É aconselhável preenchê-lo, pois ele é um ótimo primeiro passo para realizar o trabalho com valores da ACT.

O ideal é preencher o questionário sem que ninguém veja, pois, assim, é possível respondê-lo da maneira mais honesta possível, deixando de lado as pressões sociais e as reprimendas mentais de *dever* e *obrigação*. Isso é algo que compete apenas a você. Portanto, em vez de assinalar as respostas neste livro, talvez seja interessante fazer o download do VLQ no meu site http://www.stevenchayes.com [conteúdo em inglês]. Caso perceba que está se recriminando ao preencher o questionário, recue e se lembre de que os valores consistem em escolhas suas, e não as que a mente diz serem necessárias ou importantes.

QUESTIONÁRIO DE VALORES DE VIDA

A seguir, estão áreas da vida que são valorizadas por algumas pessoas. Concentre-se na sua qualidade de vida em cada uma delas. Um dos aspectos da qualidade de vida envolve a importância atribuída a diferentes áreas. Avalie a importância de cada área (circulando um número) em uma escala de 1 a 10, considerando que 1 significa que determinada área não é nada importante, e 10 implica que determinada área é muito importante. Nem todo mundo valoriza essas áreas ou se importa da mesma forma com todas elas. Avalie cada uma de acordo com seu próprio senso de importância.

1. Família (além de casamento ou parentalidade).

   1 2 3 4 5 6 7 8 9 10

2. Casamento/uniões/relacionamentos íntimos.

   1 2 3 4 5 6 7 8 9 10

3. Parentalidade.

   1 2 3 4 5 6 7 8 9 10

4. Amigos/vida social.

   1 2 3 4 5 6 7 8 9 10

5. Trabalho.

   1 2 3 4 5 6 7 8 9 10

6. Educação/capacitação.

   1 2 3 4 5 6 7 8 9 10

7. Lazer/diversão.

   1 2 3 4 5 6 7 8 9 10

8. Espiritualidade.

   1 2 3 4 5 6 7 8 9 10

9. Cidadania/vida em comunidade.

   1 2 3 4 5 6 7 8 9 10

10. Autocuidado físico (dieta, exercício, sono).

    1 2 3 4 5 6 7 8 9 10

11. Questões ambientais.

    1 2 3 4 5 6 7 8 9 10

12. Arte, expressão criativa, estética.

    1 2 3 4 5 6 7 8 9 10

Nesta parte, avalie o quão consistentes são suas ações em relação a seus valores nessas áreas. O foco não é seu ideal em cada uma delas e nem o que os outros pensam de você. Todo mundo se sai melhor em algumas áreas do que em outras. Concentre-se no seu desempenho da última semana. Avalie cada área (circulando um número) em uma escala de 1 a 10, considerando que 1 significa que suas ações foram completamente consistentes com seus valores nessa área, e 10 implica que suas ações foram totalmente inconsistentes com seus valores.

1. Família (além de casamento ou parentalidade).

   1 2 3 4 5 6 7 8 9 10

2. Casamento/uniões/relacionamentos íntimos.

   1 2 3 4 5 6 7 8 9 10

3. Parentalidade.

   1 2 3 4 5 6 7 8 9 10

4. Amigos/vida social.

   1 2 3 4 5 6 7 8 9 10

5. Trabalho.

   1 2 3 4 5 6 7 8 9 10

6. Educação/capacitação.

   1 2 3 4 5 6 7 8 9 10

7. Lazer/diversão.

   1 2 3 4 5 6 7 8 9 10

8. Espiritualidade.

   1 2 3 4 5 6 7 8 9 10

9. Cidadania/vida em comunidade.

   1 2 3 4 5 6 7 8 9 10

10. Autocuidado físico (dieta, exercício, sono).

    1 2 3 4 5 6 7 8 9 10

11. Questões ambientais.

    1 2 3 4 5 6 7 8 9 10

12. Arte, expressão criativa, estética.

    1 2 3 4 5 6 7 8 9 10

Há várias maneiras de analisar os resultados. A primeira é considerar todas as áreas que tenham pontuações de importância relativamente alta (9 ou 10) e as que têm pontuações de consistência relativamente baixa (6 ou menos), pois estas são áreas evidentemente problemáticas. Minha sugestão é focar qualquer uma delas para realizar o trabalho inicial com valores e, em seguida, avançar para outras.

Também é aconselhável calcular sua pontuação geral. Multiplique os dois números escolhidos em ambas as partes para determinada área. Por exemplo, considere a área Família. Se, na primeira parte, você circulou 10 e, na segunda, 4, então sua pontuação nessa área é 40. Para descobrir sua pontuação composta, some todos os números obtidos nesse esquema e divida o resultado por 12. A fim de ter uma noção aproximada de como sua pontuação se compara à do público em geral, o resultado composto médio é 61. Não comece a se martirizar se sua pontuação for menor que isso. Aplique a desfusão a essa negatividade. O questionário é um processo de descoberta, não uma crítica e, apesar de tudo, você embarcou nessa jornada — reconheça seus méritos. Estamos aqui para aceitar a mudança.

Se você assinalou várias das áreas como de baixa importância, considere se foi completamente honesto consigo mesmo. É perfeitamente razoável que isso ocorra com algumas delas. Você pode não se importar com a cidadania ou o meio ambiente e, se não tiver filhos, as práticas parentais de outras pessoas talvez não sejam importantes, e assim por diante. Todavia, pesquisas sugerem que o fato de muitas dessas áreas não terem importância contribui para o sofrimento psicológico. Utilize essa avaliação como uma oportunidade para admitir seus verdadeiros valores para si mesmo.

Com uma boa noção das áreas de valor nas quais gostaria de trabalhar, você está preparado para avançar.

Um Conjunto Inicial de Métodos

Nesta sessão de leitura, recomendo que você faça pelo menos o primeiro exercício. Em seguida, é possível apenas ler os outros e retornar para realizá-los posteriormente ou, se preferir, prosseguir para o próximo capítulo sobre compromisso e, depois, voltar a eles. À medida que avançar para a ação comprometida, você constatará que todos os processos de flexibilidade são relevantes, mas sobretudo os de valores, pois eles fornecem a energia motivacional necessária para a mudança de comportamento. Por exemplo, o segundo e o terceiro exercício deste capítulo são ótimas maneiras de identificar ações que você deseja se comprometer a mudar.

Não se surpreenda se esse processo provocar conflitos, pois há uma sensação perceptível de vulnerabilidade que provém do trabalho com valores. Não se admire se inesperadamente, nos próximos dias, se sentir emotivo, irritado ou ansioso. Caso se envolva em autorrecriminação ou na ruminação de dificuldades passadas, realize os pivots da Desfusão, do Eu e da Atenção. Se perceber que está afastando emoções ou procrastinando, pratique os exercícios de aceitação. Lembre-se: só dói porque é importante, e o trabalho com valores tem tudo a ver com importância.

1. *Escrita de Valores*

Gostaria que você escrevesse sobre seus valores, respondendo a um breve conjunto de perguntas que farei. De maneira aberta e sem regras, este exercício de escrita o ajudará a explorar ainda mais a história que você tem contado a si mesmo sobre seus valores e como é possível se reconectar com aqueles que são autênticos.

Pesquisas revelaram que a escrita de valores tem mais efeitos no comportamento e na saúde do que apenas pedir às pessoas que os escolham a partir de uma lista ou os declarem em poucas palavras. Este exercício pode reduzir a atitude defensiva, tornando-nos mais receptivos a informações que sugerem mudanças necessárias em nossas vidas; diminuir as respostas fisiológicas ao estresse; e atenuar o impacto de julgamentos alheios negativos. Temos uma noção de por que tudo isso acontece. A escrita de valores é mais poderosa quando amplia a importância de transcender nosso próprio ego e auto-história e nos ajuda a vincular nosso afeto ao bem dos outros. O trabalho com valores auxilia o desenvolvimento de emoções socialmente positivas, como gratidão e admiração, e da sensação de que fazemos uma diferença significativa na vida alheia.

Se esses aspectos parecerem moralistas, sugiro que afaste qualquer senso de "dever". Você não precisa da repreensão de ninguém nem da sua. Defendo o trabalho com valores, pois a ciência comprova sua eficácia em melhorar nossa vida. É apenas a nossa predisposição.

Para começar, pegue uma folha de papel e, por dez minutos, escreva sobre um valor profundamente importante da lista de áreas apresentadas no VLQ. Faça mesmo — é rápido! À medida que realizar o exercício, aborde os seguintes questionamentos:

Com o que me importo nessa área? O que desejo *fazer* para refletir essa importância? Em quais momentos da minha vida esse valor foi significativo? O que percebi ao observar os outros buscá-lo ou não? O que posso fazer para manifestar melhor esse valor em minha vida? Quando o desrespeitei? Isso foi prejudicial?

Tente concentrar sua escrita nas qualidades de vida de *sua* preferência — qualidades próprias que você considera intrinsecamente importantes. Este exercício é seu e apenas seu; não se trata de buscar aprovação ou seguir um monte de regras. Não é uma questão de evitar a culpa ou contar uma história autoexplicativa.

Caso sinta que está escrevendo uma carta para o Papai Noel — uma lista sobre o que você quer *da* vida ou *dos* outros —, reoriente a escrita para a descrição das qualidades de ação que deseja manifestar em sua vida. Se ficar estagnado, basta reescrever o que já elaborou até que ideias novas surjam. Não há como errar, visto que é uma atividade que compete apenas a você.

Não prossiga até que tenha escrito por, pelo menos, dez minutos. Confie em mim. Realize o exercício.

• • • •

Analisaremos o que você escreveu, mas, antes da verificação, considere o questionamento que fiz sobre os momentos de importância desse valor em sua vida, pois isso ajuda a reforçar seu comprometimento com ele. Para mim, uma dessas situações foi chorar embaixo da cama enquanto meus pais discutiam, o que me fez perceber que eu desejava ajudar os outros de uma nova maneira. Até hoje, assino a maioria dos meus e-mails (principalmente aqueles em que minha intenção é contribuir com recursos da ACT e afins) com a frase *paz, amor e vida*.

Questionei o que você poderia fazer para agir mais de acordo com esse valor, a fim de que fossem identificadas ações específicas com as quais se comprometer. Por fim, fiz a dolorosa pergunta sobre as vezes em que você falhou e como isso afetou sua vida, pois temos muito a aprender com a dor que, inevitavelmente, vivenciamos.

Certo. Agora, leia o que escreveu e tente extrair alguns exemplos de coisas que deseja *fazer* nessa área. Comportamento verdadeiro. Em seguida, procure menções das qualidades que almeja manifestar em suas ações. Talvez você queira fazer as coisas de forma sincera, amorosa, cuidadosa, criativa, curiosa, compassiva, respeitosa, receptiva, satisfatória, diligente, saudável, ousada, ponderada, justa, solidária, instrutiva, pacífica, divertida, simples, honesta, espiritual, imparcial, caridosa, tradicional, confiável e assim por diante. Não estamos acostumados a escrever sobre as qualidades de ação, portanto, não espere que essas palavras exatas apareçam — apenas exemplifiquei para ajudá-lo a entender o que quero dizer com qualidades. Essa não é uma lista completa… considere-a um guia resumido.

Após identificar esse conjunto inicial de ações que gostaria de adotar, você pode prosseguir para o próximo capítulo a fim de obter orientação de como se comprometer com elas. Uma outra alternativa é realizar os dois exercícios a seguir. Se decidir avançar para o Capítulo 14, certifique-se de retornar para realizá-los, pois eles se mostraram muito eficazes para o desenvolvimento de uma consciência mais profunda dos valores e para a manutenção de um curso de vida mais significativo.

2. *Desenhando a Agradabilidade*

Escolha uma área de valor — por exemplo, família, educação ou trabalho — e relembre um acontecimento, um dia ou um momento especialmente agradável que se relacione a essa área. Tente identificar uma situação real na qual você se sentiu particularmente conectado, indispensável, vivo, fluido, apoiado ou capacitado. Quem mais estava presente? O que você fazia? O que sentia ou pensava? Observe o quanto você estava consciente no agora. Reviva esse momento com a maior plenitude possível.

Em seguida, à medida que reflete sobre essa situação especial, considere o que ela sugere sobre as qualidades de ser ou fazer que você deseja concretizar. Porém, ainda não formule a resposta em palavras. Permita que o questionamento paire em sua mente e pegue uma folha de papel. Desenhe a primeira imagem que, de alguma forma, represente esse valor. Deixe que ela se forme sem a imposição de palavras. Como não estamos em uma aula de artes, abandone a autocrítica ou o autoelogio em relação à qualidade do desenho. O objetivo é se libertar do modo de avaliação verbal da mente para visualizar esse momento agradável e o que ele sugere sobre a forma como você deseja viver. Agora, relaxe e analise seu desenho.

O que a imagem sugere sobre a importância nessa área? O que você precisaria fazer para manifestar esse valor em suas ações? Tente se conectar de forma instintiva ao que deseja representar em seus momentos de vida, começando exatamente agora. A consciência é o primeiro passo. Em poucas palavras, tente expressar seu sentimento e sua percepção. Se essas palavras estiverem em sintonia com esses aspectos, escreva-as abaixo da imagem.

Denomino esse processo de consciência, reconhecimento e lembrança de *prego na parede*. Metaforicamente, essa última parte — conectar-se com o que deseja manifestar — é como um prego que sustenta a imagem na parede de sua consciência. Ao relacionar o desenho a uma afirmação verbal do que é importante para você, a consciência se fixa de forma mais segura em sua mente. Para consolidar ainda mais essas imagens em minha mente, gosto de colocá-las na tela do meu celular, na minha mesa ou até mesmo pendurá-las na parede.

3. *Transformando a Dor em Propósito*

Lembre-se de que um dos presentes da aceitação é a orientação que recebemos ao sentir nossa dor. Este exercício auxilia a percepção dos valores ocultos dentro de sua dor para que, assim, você identifique maneiras de viver mais alinhado a eles.

Certa vez, tive uma cliente que, na infância, sofreu abuso verbal e negligência. Constantemente, diziam-lhe que era estúpida, e ela acreditava. Mesmo quando era muito pequena, sua mãe desaparecia por várias semanas, e ela era repassada de parente a parente como se fosse um objeto. Já adulta, minha cliente trabalhou em um emprego malremunerado de secretária e suas relações eram um caos.

O trabalho da ACT a ajudou a perceber que toda a dor de se sentir insignificante, solitária e desamparada revelava o quão forte ela realmente era e o quanto se importava em viver uma vida que satisfizesse seus valores. Mesmo com a sensação de impotência, ela se ergueu em sua essência. Minha cliente se matriculou na faculdade comunitária e procurou terapia, se jogando de cabeça na ACT. Após apenas seis sessões, ela ingressou em um grupo de mulheres e, semanas depois, se candidatou à universidade. Ela começou a lutar em defesa de candidatos que apoiavam as questões das mulheres e se tornou uma líder da comunidade. Ela era uma estudante exemplar e obteve uma bolsa de ensino integral para cursar a pós-graduação em uma universidade da Ivy League.

Em sua dor, minha cliente encontrou a motivação para mudar sua trajetória de vida. Dentro de seu desmerecimento, estava o valor de ser gentil, aceitar as pessoas e defender os oprimidos. Em sua impotência, havia o valor de ser competente e inteligente. Dentro de sua solidão, estava o valor de se conectar com os outros e se importar com seu sofrimento.

Chegou a sua vez. Escolha uma área de valor que é muito importante, mas na qual há uma considerável discrepância entre a importância atribuída a ela e o quanto você vive de acordo com esse valor. Tente identificar pensamentos, sensações, memórias, sentimentos ou impulsos dolorosos que constituam obstáculos à vida que você gostaria de ter nessa área. Anote-os. Em seguida, considere e inverta cada obstáculo para desvendar o propósito que a dor causada tem a revelar. Escreva sua descoberta e questione: qual aspecto teria que deixar de ser importante para não causar dor?

Minha cliente poderia ter escolhido cidadania e identificado seu sentimento de desmerecimento como um obstáculo à defesa do direito das mulheres. Este exercício a faria perceber que, a fim de não provocar sua dor, ela precisaria não se importar com justiça e oportunidade para as mulheres. Ademais, minha cliente perceberia que não poderia atribuir importância ao menosprezo de sua mãe. A primeira percepção seria inaceitável para ela, enquanto a segunda se revelaria mais viável do que imaginara.

Em seguida, para cada um dos obstáculos, escreva a seguinte afirmação: *Se em [situação] eu [sentir, pensar, lembrar, perceber X], considero isso como um lembrete de que me importo com [valor].* Por exemplo, minha cliente poderia ter escrito: *Se em uma situação social eu me sentir desvalorizada, considero isso como um lembrete de que me importo profundamente com minha contribuição no mundo ao defender o direito das mulheres.* Não tenha a expectativa de eliminar a dor, mas, sim, de que ela o ajude a viver mais como uma pessoa plena.

Métodos Adicionais

4. *Escrevendo Sua História*

Este método consiste em uma modificação sutil do exercício da escrita de valores. No entanto, antes de começar a escrever, gostaria que você refletisse. Imagine que o próximo ano seja essencial para definir sua essência de vida. Se você se tornasse mais plenamente quem é, ao mesmo tempo que continua a apoiar as pessoas com quem se importa, como esse processo seria ao longo do ano? Como você deseja progredir? Que tipo de pessoa quer se tornar? Se escrevesse o capítulo do próximo ano de sua vida, qual seria o tema?

Com esse cenário em mente, reserve dez minutos para escrever sobre o ano seguinte e quem você deseja se tornar.

5. *Tenho um Segredo*

O objetivo deste exercício é fortalecer sua consciência do quão importante é agir de acordo com seus valores autênticos, em contraposição a agir em prol da aprovação social ou do estímulo ao ego.

Escolha uma ação que manifeste um valor profundo e tente planejar uma forma de praticá-la com discrição absoluta. Por exemplo, faça um favor a um amigo sem revelar que foi você; contribua consideravelmente para uma instituição de caridade sem contar a ninguém; ou, anonimamente, demonstre compaixão por um estranho necessitado.

Em algum momento desse mesmo dia, realize a escrita de valores por dez minutos. Descreva o que essa experiência significou para você e o que ela sugere sobre a prática de mais ações baseadas em valor na sua rotina. Certifique-se de não compartilhar o aprendizado deste exercício com outras pessoas. Ele consiste em fazer coisas importantes apenas porque você se importa.

Se este exercício for difícil, é interessante refletir. Talvez você revele seu plano a um amigo ou conte sobre sua boa ação após realizá-la. Perscrute o motivo. Caso essa análise seja emocionalmente desagradável, suspeito que a necessidade por aprovação social esteja ofuscando sua capacidade de encontrar seu próprio senso de significado. Nessa situação, realize uma versão reduzida deste exercício quase todos os dias até que ele se torne fácil e você consiga manter suas ações totalmente em segredo. Assim, é possível aumentar gradualmente a importância das ações praticadas.

Vários outros exercícios da ACT foram elaborados para a conexão com valores. Recomendo que você os procure (siga a estratégia de busca apresentada no início deste livro, na Nota do Autor). Desenvolver a conexão com seus valores é uma jornada que pode durar para sempre — cada passo tornará sua vida ainda mais significativa.

Capítulo 14

O SEXTO PIVOT

COMPROMISSO — AÇÃO COMPROMETIDA COM A MUDANÇA

Chegamos ao último passo na dança para ter a vida que almejamos. Sem este último pivot, arriscamos regredir em todo o avanço alcançado nos passos anteriores. Porém, assim que nos comprometemos a adquirir hábitos de ação baseados em valores, garantimos o progresso em todas as habilidades de flexibilidade. Praticar ações que nos ajudam a chegar aonde desejamos requer a aplicação das outras habilidades, o que reforça sua importância. Assim como em uma dança real, na qual todos os movimentos praticados fluem juntos em um padrão harmonioso e contínuo, a ação comprometida reúne os seis pivots em um processo saudável e ininterrupto de agir conforme suas escolhas.

Lembre-se de que a flexibilidade psicológica é, na verdade, uma única capacidade abrangente, não seis. Ela não pode ser aprendida de uma só vez, assim como é impossível aprender a dançar tango em um dia. À medida que as habilidades são desenvolvidas, elas se combinam em uma habilidade única de viver com flexibilidade psicológica. Escolher modos de vida mais significativos é a recompensa resultante dessa integração — inclusive, enfatizei essa ideia no subtítulo deste livro. É o hábito de se direcionar ao que realmente importa que torna as outras habilidades indispensáveis. Sem desenvolvê-las, é difícil comprometer-se verdadeiramente com uma nova maneira de viver. Todo esse trabalho se concretiza quando começamos a fazer mudanças em nossos padrões de vida diária.

À medida que nos comprometemos com a mudança de comportamento — de qualquer tipo —, o segredo para realizá-la é a flexibilidade psicológica. O que exatamente isso significa? Avançar com autocompaixão, e não nos repreendendo por deslizes inevitáveis ou acreditando quando nossas mentes julgadoras classificam esses deslizes, ou nós mesmos, como fracassos. Significa iniciar seu novo curso com a lucidez de que não é para impressionar os outros, elevar seu ego ou se adequar a uma nova versão do seu Eu conceitualizado. Pelo contrário, você se compromete a mudar porque isso o ajuda a se conectar com seus valores mais profundos, a partir de sua autoconsciência autêntica. Significa aceitar a dor e o risco inevitavelmente envolvidos na mudança — a dor física dos sintomas e desejos provenientes da abstinência ou a dor emocional que certamente surgirá da abertura às experiências que evitamos, como a rejeição de alguém que convidamos para um encontro ou a crítica de um progenitor complicado com o qual nos reconectamos. Por fim, significa manter a atenção no enriquecimento de se esforçar e aprender novos hábitos, em vez de se tornar obcecado pela condição estagnada de sucesso e pela distância que estamos de alcançá-la.

Para se comprometer com a aquisição de novos hábitos de vida de maneira psicologicamente flexível, a última percepção necessária é a de que não teremos competência imediata nas novas ações escolhidas. Sem dúvida, tropeçaremos ao seguir nosso novo caminho. Retrocederemos em nosso comportamento e provavelmente recorreremos à evitação. E *tudo bem* — é assim que a mudança acontece. Deslizes não são motivo para nos repreender, retornar ao autoengano ou nos entregar ao desespero. O pivot do Compromisso nos afasta do desejo nocivo por perfeição, nos direcionando à valorização flexível da satisfação intrínseca de desenvolver competência.

O Anseio por Competência

Desejamos ter capacidade de agir efetivamente no mundo: viver, amar, nos divertir e criar habilmente. Esse é o anseio por competência — ter *capacidade*.

Não precisamos aprender esse desejo; ele é inato. Basta observar crianças pequenas explorarem e brincarem para perceber sua disposição em despender várias horas no aprendizado de coisas simples, como abrir uma caixa ou quicar uma bola. Ninguém precisa dizer a elas que essas são ações necessárias ou oferecer recompensas externas para que continuem. Elas querem saber como fazer as coisas, pois a recompensa está incorporada na própria ação. À medida que crescem, as crianças passam horas a fio para aprender um novo truque de pular corda ou como construir uma torre ainda mais alta com blocos de montar. A evolução incorporou esse anseio em nós, o que é algo positivo, se considerarmos o quanto temos que aprender.

Aprender uma nova habilidade pode ser divertido, gratificante, fascinante e até mesmo confortante. Porém, todos nós já sentimos o quão difícil pode ser aprender algo que não achamos intrinsecamente interessante e satisfatório. Não nos sentimos comprometidos, podendo, inclusive, adiar a tarefa. Quando aplicadas com cuidado, as recompensas extrínsecas — recompensas que vêm de fora — podem ajudar bastante nesses casos. A empolgação de seus pais ao vê-lo amarrar os sapatos provavelmente foi o segredo para esse aprendizado; o incentivo deles pode ter feito você continuar as aulas de piano. No entanto, é importante que essas recompensas não *sobrepujem* a motivação intrínseca — que vem de dentro —, especialmente quando é você quem determina como se incentivar.

Podemos ser os responsáveis por sobrepujar nossas próprias motivações intrínsecas, pois nos extasiamos facilmente pelo desejo de impressionar, sermos admirados ou agradar aos outros, independentemente de essas realizações serem, de fato, significativas para nós. A satisfação proveniente dessas recompensas diminuirá com o tempo. Por exemplo, se buscarmos a aprovação alheia, em vez de nos concentrarmos em ajudar os outros, chegará o dia em que essa aprovação parecerá insignificante. Quando a situação se complica e não estamos bem, logo nos sentimos frustrados, temos raiva de nós mesmos e nos inquietamos impulsivamente na tentativa de encontrar uma razão para prosseguir. Podemos nos tornar obcecados em provar nossa competência ou evitar a vergonha de não sermos perfeitos. A procrastinação é uma forma de se esquivar dessas situações; a confundimos com uma maneira de distanciar os sentimentos de fracasso ou a ansiedade pela possibilidade de insucesso, mas ela apenas os intensifica. É claro que, muitas vezes, também abandonamos por completo os esforços.

Mantras culturais simplistas como *Apenas faça* não fazem jus ao processo de ação comprometida. Eles sugerem que não é algo tão difícil, mas é. Simplesmente não adquiriremos uma competência imediata de desenvolver hábitos baseados em valores. Um dos aspectos difíceis de aprender novas habilidades ou hábitos de qualquer tipo é a gratificação tardia. Ao longo da jornada de competência, não obteremos recompensas instantâneas e sentiremos muita frustração, até mesmo dor.

Um dos estudos mais famosos já realizados em psicologia analisou se crianças de 4 anos poderiam se sentar em frente a um marshmallow por vários minutos sem comê-lo, a fim de que, posteriormente, ganhassem dois marshmallows — em outras palavras, o estudo avaliou se elas eram capazes de adiar a gratificação. As crianças que conseguiram tinham mais probabilidade de obter êxito na faculdade, mais de uma década depois. É uma habilidade essencial, exclusiva dos seres humanos. Quando animais não humanos agem de acordo com um futuro distante, como esconder sementes para se alimentar na estação seguinte, é primordialmente um resultado da programação genética. Eles não têm a capacidade de pensamento simbólico para conceituar o futuro. O fato de a possuirmos é uma vantagem magnífica, pois essa capacidade possibilita que nos dediquemos ao estudo, a projetos plurianuais e a economias de aposentadoria. Porém, ela também está repleta de perigos.

Vislumbrar um futuro em que dominamos o novo comportamento com o qual nos comprometemos acarreta o *dilema da competência*: nossa mente solucionadora de problemas quer que esse futuro aconteça *agora*. Essa obsessão por sucesso vindouro e realização externa prejudica a disposição para manter o processo de desenvolvimento da competência.

Considere o exemplo a seguir.

Ensinei várias pessoas a tocarem violão e aprendi a prever quem teria um desempenho melhor: aquelas que apreciavam a música (muito ruim, talvez até mesmo atroz) que reproduziam no início. Se alguém me dissesse, na primeira sessão, que se imaginava sendo aplaudido por sua habilidade admirável ou que gostaria de ser famoso e participar de uma banda de rock, eu sabia que o processo seria difícil, pois essas pessoas estavam muito distantes de atingir esse tipo de resultado. Ater-se a esse objetivo apenas tornaria o aprendizado básico, como dedilhar ou tocar escalas simples, muito mais árduo devido a uma razão biologicamente incorporada: consequências imediatas sobrepujam as tardias. Até mesmo no nível da química cerebral subjacente, se os resultados instantâneos não são reforçadores, é extremamente difícil estabelecer hábitos comportamentais.

Há muitos anos, comprei um ukulele (o único instrumento que eu poderia comprar aos 12 anos). Aprendi apenas uma música, "Ain't She Sweet", e a toquei por pelo menos um mês sem parar. Eu adorava! Embora tenha melhorado aos poucos, durante desse mês, as pessoas literalmente se desviavam para a direção oposta quando me viam chegando (ou, melhor, me *ouviam* chegando). Minha família me mandava tocar em um quarto fechado, bem longe de todos. Não importava. Eu ficava entusiasmado com o que era capaz de fazer e, sim, com meu desempenho relativamente melhor.

Um grande problema do desenvolvimento de competência é o julgamento severo do Ditador Interno quando não alcançamos o progresso que ele acha adequado. Ele também nos convence de que o sucesso é o resultado final, e não um processo contínuo de aprendizado. Da mesma forma que o Ditador pode nos dizer que apenas apreciaremos tocar violão quando entrarmos em uma banda, ele pode fomentar pensamentos como:

* **Quanto me casar com um cônjuge atraente, me sentirei autoconfiante.**
* **Quando for famoso, deixarei de ter conflitos com a dor da minha infância.**
* **Quando tiver muito dinheiro, pararei de me preocupar com o futuro.**
* **Quando for promovido, minha ansiedade e insegurança desaparecerão.**

À medida que o Ditador desvia nossa atenção do valor intrínseco de nossos esforços atuais, incluindo o aprendizado obtido com os deslizes, e concentra nossa mente na necessidade de realização, podemos adentrar outro tipo de evitação. Apesar de suas aparências, alguns tipos de persistência são, na verdade, formas de evitação, impulsionadas pelo medo (do fracasso, digamos). O vício em trabalho e o perfeccionismo são exemplos. Essas formas rígidas de persistência causam um forte impacto negativo à saúde, além de fazer as pessoas ignorarem relacionamentos e lazer.

O pivot do Compromisso direciona o anseio por competência à aquisição de hábitos de ação baseada em valores que são verdadeiramente significativos para nós, diminuindo a procrastinação e o vício em trabalho.

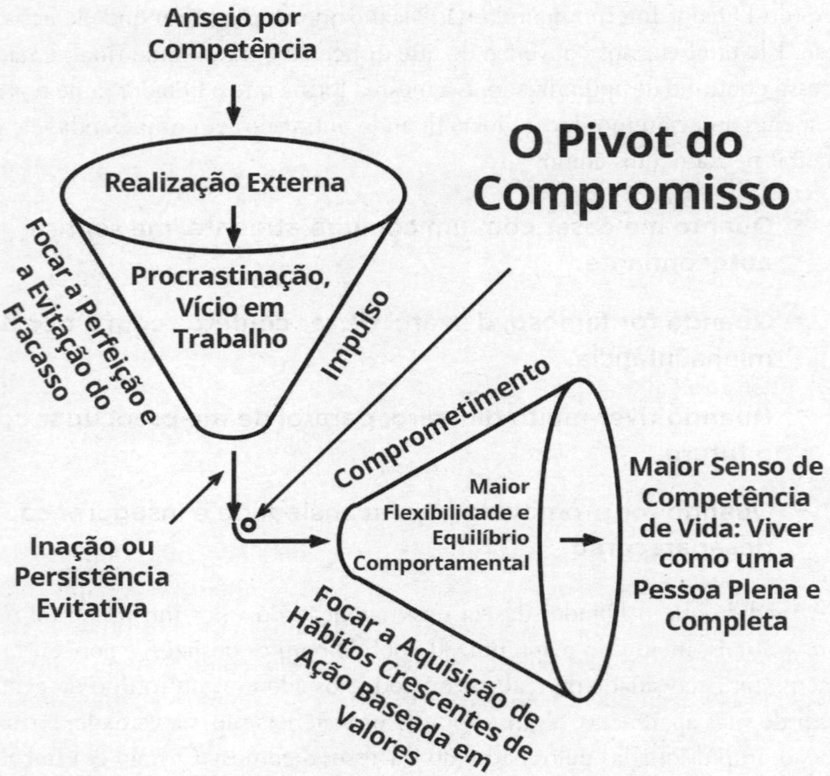

Metas SMART

À medida que nos comprometemos com um novo plano de ação, precisamos desenvolver as metas SMART: específicas (S), mensuráveis (M), atingíveis (A), relevantes (R) e temporais (T). É inútil estabelecer uma meta como "Serei melhor", pois ela não tem acréscimos de progresso. É contraproducente definir expectativas irreais como "Nunca mais me sentirei depressivo". Ademais, instituir um prazo para atingir uma meta ajuda a atenuar o senso de urgência de alcançá-la *agora*.

Se você se comprometer a ajudar os veteranos a curarem seus traumas de guerra, pode definir uma meta de obter um diploma de serviço social clínico nos próximos três ou quatro anos para que, assim, possa trabalhar com eles profissionalmente. Quando essa meta for estabelecida, talvez seja necessário realizar várias outras definições de meta para encontrar o curso certo, se inscrever e finalizá-lo. Cada um desses passos é específico, mensurável, atingível, relevante e temporal.

As outras habilidades de flexibilidade auxiliam o comprometimento com as ações que nos possibilitarão alcançar esses objetivos. A desfusão nos distancia de pensamentos e julgamentos negativos sobre o nosso progresso. Conectar-se ao nosso Eu transcendente mantém nosso foco em agir porque nos preocupamos, e não para corresponder às expectativas sociais ou evitar a culpa. A aceitação mantém nossa determinação quando a situação fica difícil. A atenção conserva a concentração no processo, e não no objetivo final — e no quão distantes estamos de atingi-lo. A conexão com nossos valores nos lembra de que essas ações difíceis devem ser realizadas em prol da vida que consideramos significativa, e não para provar a nossa autoestima ou escapar de experiências adversas.

Aproveitar o Processo

É interessante considerar o processo de desenvolvimento de novos hábitos de vida como uma jornada do herói. Talvez você já esteja familiarizado com o conceito. É o enredo básico das maiores histórias contadas nos livros, nos filmes e, mesmo antes deles, nos mitos das culturas de todo o mundo, como demonstrado pelo já falecido Joseph Campbell, renomado especialista em mitologia comparada.

A trajetória básica consiste no fato de que a rotina normal do herói é subitamente interrompida por um grande desafio que ele deve enfrentar e, de alguma forma, resolver. Infelizmente, nos mitos, o herói costuma ser um homem, mas a jornada se aplica de maneira igualmente coerente às mulheres, então adequarei a linguagem. À medida que a heroína inicia sua jornada, ela descobre que há muitos desafios internos envolvidos: medos, dor, crenças falsas ou perspectiva limitada. A heroína luta contra a insegurança, os erros e os contratempos. Então, na pior situação possível, ela chega a um momento decisivo no qual descobre seus recursos internos até então desconhecidos. Geralmente, eles são de qualidade espiritual, mas podem ser apoiados por recursos externos ou pela ajuda de amigos. A heroína encontra uma maneia de enfrentar seus medos, suas inseguranças ou suas desilusões e persistir. É comum que um Eu conceitualizado e mais limitado desapareça e surja uma autoconsciência mais ampla e receptiva ou interconectada. Por fim, ela concentra plenamente sua atenção ao compromisso com valores como honra, amor, benevolência, coragem e coletividade. Por meio de ações comprometidas, a missão é cumprida. À medida que a jornada termina, a heroína retorna à sua rotina como uma pessoa transformada.

Independentemente de ser *Star Wars, Branca de Neve, Jogos Vorazes* ou *Alice no País das Maravilhas*, esse arco narrativo fundamental está presente. Reflita.

Ao ler essa descrição da jornada do herói, espero que você tenha percebido como as habilidades de flexibilidade estão incluídas. Em essência, ela é o arco da maior aquisição de flexibilidade psicológica: enfrentar emoções e pensamentos difíceis com maior receptividade; abandonar auto-histórias restritivas; encontrar recursos internos que possibilitam novas maneiras de perceber a si mesmo e a situação; conectar-se com uma autoconsciência mais profunda e autêntica; vincular-se a um propósito escolhido e descobrir as ações que ajudam a satisfazê-lo; e, por fim, comprometer-se com essas ações de forma perseverante.

Assim, ao se comprometer com as ações que alinharão sua vida a seus valores, considere o seguinte: essas ainda seriam ótimas histórias se a heroína não tivesse que lidar com lutas internas e adversidades assustadoras e desanimadoras? E se a conquista não exigisse perseverança? Uma história com uma heroína que nunca duvida de si mesma ou nunca comete um erro seria entediante — ah, que surpresa, ela matou o dragão antes que ele pudesse causar estragos. Assim como a satisfação de se envolver na excelente história de um filme ou livro provém da experiência vicária de enfrentar desafios, a riqueza de significado e propósito na vida decorre da obstinação nas dificuldades, à medida que adquirimos habilidades de flexibilidade. Paixão sem perseverança é uma tragédia; persistência sem propósito é uma ridicularização do potencial humano.

Realizando o Pivot

Ao iniciar sua jornada, realize o pivot do Compromisso, respondendo à seguinte pergunta:

> Neste momento e nesta situação, com base na distinção entre você como ser consciente e a história que a mente conta sobre sua essência, há a disposição para vivenciar suas experiências como elas são, não como dizem ser, de modo pleno e sem qualquer defesa desnecessária, e direcionar sua atenção e seus esforços para desenvolver hábitos crescentes de comportamento que refletem seus valores escolhidos? SIM ou NÃO?

Não é de se admirar que pareça um voto de casamento, afinal, é um compromisso. Todo processo de flexibilidade reside nesse questionamento. A vida solicita essa resposta repetidas vezes — sem parar, até onde sei. Sempre que você diz "sim", sua vida se expande; quando diz "não", ela se retrai. O hábito de responder "sim" provavelmente dificultará sua vida em alguns momentos nos dias e anos adiante, mas também a tornará mais essencial e significativa, mesmo em situações de dúvida e dor.

Tudo bem se você não estiver preparado para responder "sim". Apenas mantenha seus olhos bem abertos. Caso se atenha ao "não", comprometa-se a observar como isso afeta sua vida e, depois, retorne à pergunta.

Na verdade, não se pode evitar essa pergunta. Não porque há um imperativo cósmico de que você deve, em algum momento, "acertar", mas, sim, porque a vida nos oferece o potencial da ação comprometida diariamente, a cada instante. É assim que funciona. Assim como possuímos o conhecimento interno sobre o valor das outras habilidades de flexibilidade, também é inerente a consciência de que temos o poder para realizar as ações que mudam nossa vida. Percebemos a possibilidade de nossa própria intervenção.

Portanto, aqui está a vida, questionando novamente:

> Neste momento e nesta situação, com base na distinção entre você como ser consciente e a história que a mente conta sobre sua essência, há a disposição para vivenciar suas experiências como elas são, não como dizem ser, de modo pleno e sem qualquer defesa desnecessária, e direcionar sua atenção e seus esforços para desenvolver hábitos crescentes de comportamento que refletem seus valores escolhidos? SIM ou NÃO?

Caso responda "sim", chegou o momento de avançar para as etapas de ação.

Na introdução da Parte Dois, salientei que a ACT complementa a utilidade de outros métodos de mudança de comportamento baseados em evidências. É impossível apresentar todos eles neste capítulo ou abordá-los integralmente na Parte Três. Dessa forma, é aconselhável considerar os exercícios disponibilizados como um guia que precisa ser adequado às especificidades dos desafios enfrentados. As habilidades podem ser aplicadas a qualquer esforço — aula, trabalho, esporte, dieta, saúde mental, saúde física, programa de exercícios ou relacionamentos. Escolha qualquer um dos métodos de aquisição de hábitos de ação conforme corresponderem ao seu tipo específico de mudança. Afinal, a ACT consiste em flexibilidade!

Além disso, sinta-se à vontade para recorrer a outras ciências da mudança de comportamento. Há uma vastidão de conhecimento sobre o assunto, incluindo métodos para desenvolver habilidades sociais, aprender a se comunicar com seu cônjuge, adquirir habilidades de gestão, superar a procrastinação e gerenciar melhor seu tempo. As habilidades de flexibilidade complementarão essas abordagens. Caso você opte por se aprofundar na literatura, considere o seguinte alerta: foque métodos baseados em evidências, cujos efeitos positivos tenham sido comprovados por vários estudos publicados em periódicos importantes. Geralmente, os conselhos que carecem dessa base científica criteriosa são enganosos.

Se você estiver em tratamento ou planeja iniciá-lo, é provável que o terapeuta ou médico possua conhecimento sobre os métodos mais úteis para a mudança comportamental almejada. Se estiver comprometido com algum programa de mudança de comportamento, aplique suas habilidades de flexibilidade para adotar as ações necessárias.

Um Conjunto Inicial de Métodos

Nos capítulos anteriores, apresentei diversos exercícios iniciais antes de prosseguir. Porém, considerando que a aquisição de novos hábitos de comportamento deve ser realizada de forma incremental ao longo do tempo, neste capítulo, disponibilizarei apenas dois métodos iniciais a serem praticados por, pelo menos, algumas semanas à medida que você retorna aos métodos adicionais dos capítulos anteriores para continuar desenvolvendo as outras habilidades de flexibilidade. Como mencionado, a mudança comportamental é difícil e, geralmente, é melhor começar devagar. Manter a prática das outras habilidades será muito útil para abordar compromissos cada vez mais complexos.

Às vezes, uma experiência inicial com a ACT faz com que as pessoas realizem rapidamente grandes mudanças em seu comportamento, como aconteceu com Alice Lindquist, cuja história apresentei no Capítulo 5. Ela voltou ao trabalho após anos de sofrimento em uma vida reclusa devido à morte de seu filho. Será maravilhoso se uma mudança radical como essa for possível para você após a leitura deste livro e a realização dos exercícios. Porém, é fundamental não pensar que isso é um *dever*. *Não* se martirize com essa regra inútil!

Aconselho que você inicie seus esforços de mudança comportamental com a aplicação desses dois métodos a algumas das ações com as quais gostaria de se comprometer e que anotou no exercício de escrita de valores do capítulo anterior.

Continue trabalhando nelas até que os comportamentos se tornem fáceis e você esteja totalmente comprometido com eles. Em seguida, incorpore os métodos adicionais deste capítulo em seus esforços de mudança de comportamento.

Após concluir todos os exercícios de cada capítulo da Parte Dois, elabore seu próprio conjunto da ACT com seus métodos favoritos e continue a praticá-los regularmente. Na introdução da Parte Três, abordo maneiras de conceber seu conjunto e desenvolver uma rotina de prática. Os capítulos dessa parte oferecem orientações de como continuar aplicando as habilidades a novas áreas de desafio em sua vida.

Certo, chegou o momento de começar a se comprometer com novas ações!

1. *Faça Pequenos Ajustes*

O aspecto maravilhoso (e terrível) do comportamento humano consiste no fato de que ele tende a se sustentar. A vida incorre em padrões comportamentais. Fazemos o que fazemos porque é o que sempre fizemos. É possível que isso se torne problemático por todas as razões descritas: podemos incidir em hábitos psicologicamente rígidos. Porém, ao longo do tempo, pequenas mudanças de direcionamento comportamental podem acarretar uma grande mudança de direção. O segredo é ajustar seus esforços.

Inicialmente, é melhor realizar mudanças simples e rápidas. Se você deseja ler mais e assistir menos à televisão, após o trabalho, não ligue a TV até que tenha lido por trinta minutos. Ainda que o compromisso definido seja pequeno, é proveitoso deixá-lo ainda menor. Estabeleça quinze minutos de leitura ou elimine um programa que considera dispensável, mas ao qual sempre acaba assistindo (é realmente necessário rever mais episódios de A *Guerra dos Cupcakes*?).

Não importa o quão pequeno seja o compromisso. Você está progredindo.

Porém, toda regra tem uma exceção. Não é possível atravessar um abismo com dois saltos. Por exemplo, se você tentou a estabelecida abordagem de redução de danos para lidar com um vício e não teve êxito, talvez seja o momento de assumir um compromisso total com a sobriedade. Esse é um caso de adequar os métodos praticados ao seu desafio. A boa notícia é que as habilidades de flexibilidade psicológica auxiliam esses saltos extremamente desafiadores.

2. *Trabalhe Novos Hábitos em Rotinas Estabelecidas*

É sensato criar novos hábitos comportamentais inicialmente apoiados em suas atividades regulares, de modo que eles possam incitar o novo comportamento. É muito mais fácil associar hábitos do que substituí-los completamente. Por exemplo, suponha que você queira comer mais frutas e menos açúcar refinado, mas costuma pegar um biscoito logo após acordar. Se você tomar café pela manhã, concentre-se em criar o hábito de pegar uma maçã enquanto serve seu café, sentar-se em sua cadeira favorita e dar uma pequena mordida antes do seu primeiro gole.

Ou suponha que você queira ser mais eficiente em gerenciar seus hábitos de trabalho. Você pode definir uma meta de responder a todos os e-mails diariamente para que sua caixa de entrada não fique cheia demais. Provavelmente alguns dias serão difíceis, você não conseguirá responder a todos e poderá desistir. Se, em vez disso, a escolha for responder e-mails por, digamos, trinta minutos durante o café da manhã (com uma maçã!), será muito mais fácil estabelecer esse hábito.

Métodos Adicionais

3. *Desenvolva Hábitos de Bússola Reversa*

Em um capítulo anterior, falei sobre como criar hábitos opostos às insistências de sua mente. É possível aplicar essa prática ao compromisso com novas ações. Por exemplo, acredito que herdei de minha mãe uma tendência a pensamentos obsessivos de contaminação e desenvolvi uma estratégia de "bússola reversa" para combatê-los. Suponha que, ao sair do banheiro na universidade, eu me lembre de que "a maçaneta da porta pode estar contaminada". Se percebo que o pensamento está me dominando, pegarei na maçaneta para sair do banheiro, esfregarei minha mão no rosto ou até colocarei na boca um dedo que tocou a maçaneta. Geralmente, não são necessárias mais do que algumas ações de bússola reversa para que o pensamento deixe de ser um incômodo.

É claro que, se eu estiver em um banheiro público que pareça realmente perigoso, não teria problemas em evitar a maçaneta. As ações de bússola reversa não devem se tornar compulsivas. Elas apenas ajudam a criar pequenos hábitos necessários para afastar o Ditador Interno.

Você pode desenvolver hábitos de bússola reversa para todos os tipos de comportamento que deseja mudar. Por exemplo, descobri que, quando estou tentado a procrastinar, realizar alguns minutos da tarefa que desejo evitar me ajuda a ter energia para continuá-la posteriormente naquele dia ou no dia seguinte, em vez de sucumbir ao caos, adiando a tarefa por longos períodos. Se você pretende *não* fazer algo, como roer as unhas, pode tentar reverter o hábito ao criar, deliberadamente, um hábito melhor que interfira nesse que você deseja reduzir — um caso de aplicação da ACT a métodos estabelecidos de outras áreas. A reversão de hábitos é um método da psicologia comportamental que envolve treinamento de conscientização (percepção de que você está prestes a roer as unhas), seguido da prática de um novo hábito que intervém no antigo, como pegar e segurar uma caneta ou lápis. Pesquisas recentes mostraram que a reversão de hábitos é ainda mais poderosa quando combinada com os métodos da ACT.

4. *Pratique o "Só Porque Eu Escolhi"*

Outra ótima maneira de fortalecer suas habilidades de compromisso é sempre fazer algo um pouco difícil "só porque sim". Quando nos comprometemos com valores, às vezes nossa mente avalia essas escolhas de modo que elas perdem seu aspecto mais profundo. Ela pode facilmente transformar um valor em outro argumento para nos desencorajar.

Uma maneira divertida de contornar isso é praticar comportamentos de compromisso que são estabelecidos "só porque eu escolhi", sem nenhuma outra justificativa possível. Reitero: comece devagar. A seguir, apresento alguns exemplos:

- **Ficar uma semana sem uma comida preferida, só porque sim.**
- **Por um mês, deitar uma hora mais cedo do que o normal e levantar uma hora antes, só porque sim.**
- **Envergonhar-me de propósito ao vestir algo um pouco diferente (por exemplo, uma camiseta chamativa ou meias discrepantes) semanalmente, só porque sim.**

Quando estava tentando me livrar da síndrome do pânico, eu realizava cada vez mais exercícios deste tipo: por horas, dias e, então, meses. Um dos compromissos finais foi ficar um ano sem sobremesa — não porque era importante, mas precisamente porque não era! Certa vez, tive um deslize (coloquei uma colher de sorvete na boca, lembrei e tive que cuspir). Desconsiderando essa exceção, atingi minha meta. Comecei a acreditar que poderia fazer o que me propunha e que, por si só, esse era um grande benefício para mim.

Por que esse método é favorável? Ele diminui a tendência de adentrar o estado mental de julgamento que afirma que devemos manter compromissos, pois isso é *importante*, e não porque é uma escolha ou um hábito. De repente, a voz julgadora do Ditador nos diz: "*Devo* ser alguém que mantém um compromisso", "Serei uma pessoa péssima se não mantiver meu compromisso" (Eu conceitualizado) ou "Vou me sentir culpado se não mantiver meu compromisso" (evitação experiencial). Antes que percebamos, estamos nos "comprometendo" com base na formação de um covil de culpa, vergonha, autodepreciação, autocrítica, conformidade e evitação emocional. Ao nos comprometermos com algumas ações "só porque sim", ficamos mais conscientes do surgimento nocivo desses outros motivadores.

5. *Ninguém É uma Ilha*

É mais provável que compromissos públicos ou compartilhados sejam mantidos, desde que não transfiramos a responsabilidade por nosso comportamento para os outros. Talvez seja por isso que certos compromissos importantes da vida (por exemplo, casamentos) incluam rituais que solicitam o testemunho e apoio da comunidade. É claro que isso é complicado, pois a mente pode afirmar que agora são os outros que precisam fazer o trabalho árduo, mas as habilidades de flexibilidade podem ajudar a manter esse processo controlado.

Há outra razão pela qual é proveitoso pensar nos outros ao fazer compromissos: nossos padrões de comportamento não nos afetam apenas como indivíduos. Eles também impactam as pessoas ao nosso redor. Todos os pais enfrentam esse desafio ao ver seus filhos corresponderem — até mesmo reproduzirem — a seus traços comportamentais mais desejados e abomináveis. Sociedades e comunidades reagem da mesma forma. Se você mudar seu comportamento, é maior a probabilidade de que uma mudança semelhante ocorra nos seus amigos, nos amigos dos seus amigos e nos amigos dos amigos dos seus amigos. Isso pode significar que milhares de pessoas participam do seu sucesso (talvez várias estejam supervisionando-o enquanto você lê este livro!).

Quando você compartilha um compromisso, seus amigos precisam perceber que ele integra sua missão principal. Defender-se de críticas ou necessitar de controle externo não é o objetivo. Trata-se de compartilhamento e afeto. É favorável que seus amigos saibam sobre os pivots de flexibilidade e percebam quando você está preso, evitativo ou envolvido em uma auto-história, pois, com um cuidadoso incentivo, eles podem ajudá-lo a permanecer no curso. Esses são os benefícios que você busca.

Parte Três

INTRODUÇÃO: UTILIZANDO SEU CONJUNTO DE MÉTODOS PARA PROGREDIR

Apenas conhecer os passos e saber como colocá-los em prática não faz a dança da flexibilidade psicológica. Na dança de verdade, começamos a nos divertir quando combinamos passos com criatividade, adequando-os aos de nossos parceiros. Da mesma forma, a verdadeira satisfação de aprender as habilidades de flexibilidade provém de sua associação contínua para enfrentar os desafios da vida — a fim de que nos direcionemos ao que realmente importa... *nós*. Essa é a dança da flexibilidade.

Os exercícios apresentados nos capítulos anteriores proporcionaram uma experiência pessoal sobre como as habilidades ajudam a enfrentar certos desafios. Se você aplicou os exercícios a uma questão urgente, continue a fazê-lo, mantendo a prática das habilidades. É provável que já tenha as utilizado em outros desafios e recorrido a elas diariamente, à medida que os problemas surgiam. Nesta parte do livro, os objetivos consistem em encorajar você a continuar desenvolvendo as habilidades e a aplicá-las a mais áreas de sua vida.

Às vezes, o treinamento de flexibilidade psicológica acarreta progressos significativos. As pessoas sentem que "resolveram" o problema que as incentivou a experimentar a ACT e, consequentemente, abandonam o trabalho com as habilidades. Essa é uma atitude lamentável, pois a prática contínua e a aplicação consciente em novas áreas de vida possibilitam o progresso de acordo com os valores escolhidos.

É preciso continuar praticando, pois formas rígidas de pensamento e ação sempre surgirão de surpresa. Hoje de manhã, vivenciei um exemplo. Tenho uma cafeteira preferida que faz café fresco em uma xícara de cada vez. Após alguns anos de funcionamento eficaz, nos últimos seis ou oito meses, ela começou a apresentar um problema. O café ficava muito fraco para o meu gosto, mesmo que eu preenchesse o filtro até a borda e pressionasse o botão "forte". Testei tipos diferentes de café; prensei ainda mais o pó. Nada funcionou.

Minha esposa ouviu minhas reclamações e fez a gentileza de me presentear com uma cafeteira nova. O manual de instruções estava bem ali, enquanto eu abria a caixa, então decidi folheá-lo, ainda que soubesse como usar o aparelho. Logo descobri algo que havia esquecido (se já tivesse lido sobre isso antes). O folheto alertava: *Não preencha demais o filtro! Se o fizer, o café ficará fraco, pois a água não o filtrará; ela sairá pelo tubo de excesso. Importante: não prense o pó.*

Afe! A cafeteira estava ótima! Permiti que a regra do senso comum "para mais, use mais" dominasse meu comportamento. Jamais me ocorreu que talvez a regra certa fosse "para mais, use menos".

Essa atitude consiste na fusão; na falta de variação; no café fraco e na compra desnecessária de uma cafeteira novinha em folha! Não é propriamente uma tragédia, mas um bom exemplo de como as habilidades podem auxiliar todos os nossos esforços, grandes ou pequenos.

Estruturando Seu Conjunto da ACT

Para transformar a prática de desenvolvimento das habilidades em um hábito, é útil elaborar um conjunto dos seus exercícios preferidos. A seguir, apresento um exemplo com alguns dos meus métodos favoritos dentre aqueles que propus. Não o considere como o *melhor* — é apenas um exemplo de um conjunto inicial adequado. Preencha sua própria tabela com seus exercícios prediletos.

CONJUNTO SIMPLIFICADO DA ACT

DESFUSÃO	Cante Seus Pensamentos	Nomeie Sua Mente	Escreva Pensamentos em Cartões e Carregue-os no Bolso
ACEITAÇÃO	Pratique o Oposto	Dê aos Sentimentos Difíceis uma Cor, um Peso, uma Velocidade e um Formato	Pratique Soltar a Corda
ATENÇÃO	Analise Suas Sensações Corporais	Observe Alvos de Atenção Únicos e Múltiplos	Abra Seu Foco
EU	Reescreva Sua História	Detecte Quem Está Observando	Lembre-se do "Não Sou Isso"
VALORES	Escreva Seus Valores	Pratique o "Tenho um Segredo"	Organize Seus Valores
COMPROMISSO	Encaixe Novos Hábitos em Rotinas Estabelecidas	Compartilhe Seu Compromisso com um Bom Amigo	Vincule os Valores às Metas SMART

Durante os próximos meses, pelo menos, limite sua prática ao conjunto inicial até que os exercícios sejam tão habituais que ocorram naturalmente à medida que forem necessários. A essa altura, adicione um método de cada vez. Você não precisa ficar entediado com nenhum exercício específico, pois há várias opções disponíveis online e nos inúmeros livros sobre a ACT. Observe a eficácia do método adicional; se não for útil, descarte-o e avance para outro.

Aplicando Amplamente as Habilidades

Pesquisas avaliaram os efeitos da ACT no enfrentamento de uma grande variedade de dificuldades, as quais, além das já mencionadas, incluem recuperar-se de transtornos alimentares; enfrentar as pressões de desempenho na universidade, no trabalho, nas artes ou nos esportes; lidar com o estresse; superar o medo do câncer; encarar o preconceito etc. O treinamento da ACT ajudou as pessoas a ganharem medalhas de ouro nas Olimpíadas, gerenciarem empresas da *Fortune* 100, melhorarem seu desempenho no xadrez e impulsionarem o talento artístico.

A mente diz que o aprendizado em uma área é transferido para outras. Bem, isso pode ser verdade, mas não é um processo automático. É preciso se esforçar conscientemente para aplicar as habilidades em cada vez mais áreas da sua vida. Os capítulos da Parte Três compartilham insights obtidos a partir de pesquisas e do trabalho da ACT com os clientes sobre o motivo pelo qual as habilidades de flexibilidade são tão benéficas para tipos específicos de desafios. Nos desafios contemplados, exploro os aspectos que os tornam tão difíceis e demonstro como certas habilidades de flexibilidade são especialmente úteis para lidar com eles. Por exemplo, ao tentar se recuperar do abuso de substâncias, a vergonha é uma questão difícil, e os exercícios da desfusão e do Eu diminuem sua força. Também disponibilizo alguns exercícios adicionais que foram eficazes para certos tipos de desafios.

Ao escolher novos desafios e domínios de vida aos quais aplicar suas habilidades, siga um processo básico semelhante ao realizado com pessoas que apresentavam dor crônica, o qual descrevi no Capítulo 8. Lembre-se de que o primeiro passo solicitava que elas escrevessem sobre como queriam que fossem suas vidas em cada uma das áreas da Bússola de Vida e, em seguida, identificassem as barreiras que atrapalhavam e as emoções difíceis e os pensamentos inúteis que as estagnavam. Podemos complementar esse processo agora, aprofundando os anseios que motivam a vida humana, antes de selecionar os passos que você pode seguir.

As áreas abrangidas no Capítulo 8 foram: trabalho, relações próximas, parentalidade e filhos (não é necessário ter filhos para se preocupar com esse domínio), educação, ambiente, amigos, bem-estar físico, família, espiritualidade, estética (como arte ou beleza), comunidade e lazer. Após escolher uma nova área ou um novo desafio específico, lembre-se do que está em risco ao considerar o esquema a seguir, integrado pelos seis anseios. Pondere cada um deles à medida que avalia a situação, observando as barreiras que surgem quando você acessa suas necessidades e seus anseios mais profundos em determinada área.

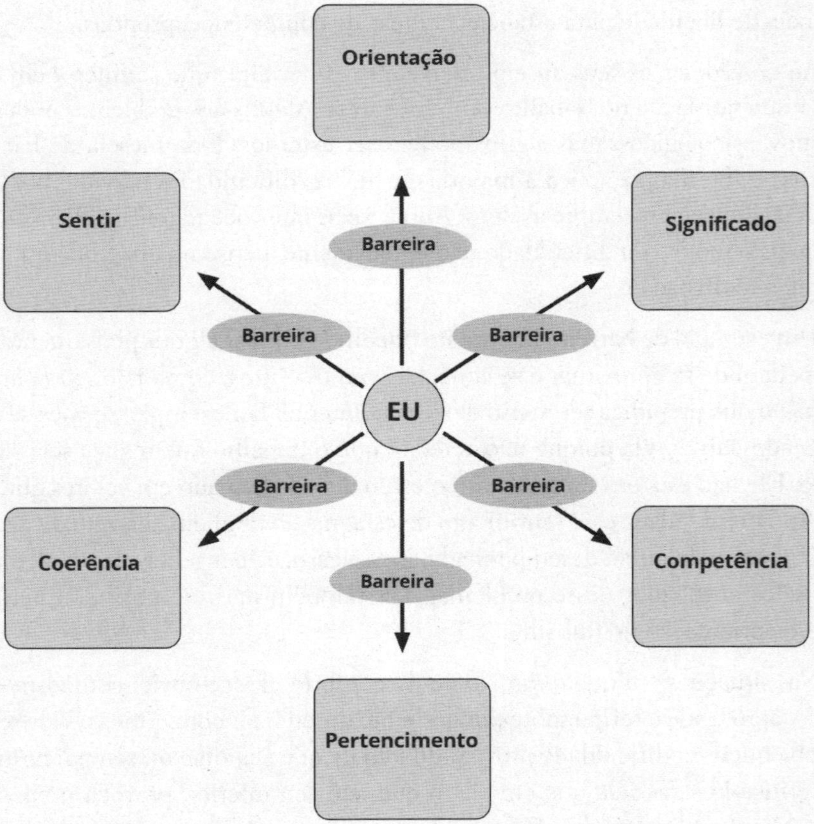

Digamos que você esteja se sentindo infeliz no trabalho. Alguns dos motivos podem ser óbvios, como ter um chefe extremamente crítico ou muitas tarefas atribuídas. Porém, é possível que seja difícil detectar o que está errado. Nesse caso, identifique as reações que conseguir. Suponha que você se sinta como apenas mais um funcionário, invisível e menosprezado; ou talvez se sinta estagnado, como se realizasse um trabalho insignificante.

Verifique se os problemas contêm em si alguns ou todos anseios básicos. Sentir-se invisível ou menosprezado provavelmente reflete um anseio por pertencimento. Um sentimento de insignificância ou de estagnação sugere uma falta de significado autodirecionado. Sentir-se apenas mais um funcionário implica uma ausência de liberdade para estabelecer áreas de competência próprias.

Ao considerar os seus anseios, deixe que as barreiras que se interpõem entre você e sua satisfação no trabalho venham à tona. Alguns dos problemas podem ser internos, psicológicos, mas alguns podem ser externos. Essa mescla de barreiras externas e internas se aplica à maioria das nossas dificuldades na vida, por isso é essencial considerar sempre as duas. Anote todas que você identifica. Para aquelas nas quais o motivo da dificuldade não está evidente, pense no que pode estar subjacente à insatisfação.

Um exemplo de barreira interna no trabalho pode ser alguns pensamentos que o impedem de se aproximar e se conectar com os outros, como *não sou bom o suficiente*, o que prejudica seu senso de pertencimento. Por exemplo, se você se sente estagnado, talvez seja porque não acredita que o trabalho que realiza seja significativo. Ele não está em sintonia com o estilo de vida baseado em valores que você almeja. Porém, talvez esse sentimento de estagnação também acarrete divagações que o afastam da tarefa desempenhada. Nesse caso, é aconselhável complementar os anseios envolvidos nesse problema, pois também há uma potencial perda do senso de orientação no trabalho.

Nas situações em que o motivo do desconforto parece óbvio, como um chefe crítico, aprofunde e reflita sobre por que é tão difícil lidar com críticas. Talvez você perceba que essa dificuldade provém do fato de que sua mãe ou seu pai costumavam criticá-lo à medida que crescia, o que, em seu interior, provoca uma antiga voz crítica. Inclua esse aspecto em sua lista de barreiras.

Depois, escreva o conjunto de soluções que tem aplicado para lidar com essas barreiras. Talvez a lista seja longa, mas apresento alguns exemplos a seguir:

- **Não comparecer a uma reunião de equipe semanal que talvez seja muito crítica.**
- **Ficar em silêncio nas reuniões para desviar a atenção.**
- **Esforçar-se para garantir pontuações altas em sua próxima avaliação de desempenho.**
- **Manter contato com um colega que também gosta de conversar sobre os problemas e as pessoas difíceis no trabalho.**

Agora é o momento de utilizar as habilidades de flexibilidade para verificar se suas soluções funcionam. As duas primeiras da lista apresentada são claramente evitativas. Elas oferecem alívio de curto prazo de sentimentos e pensamentos negativos, mas em detrimento da participação, o que provavelmente apenas amplia a sensação de invisibilidade e falta de pertencimento ou competência, e prejudica a reputação com chefe e colegas. Tentar garantir uma avaliação de desempenho perfeita pode ser bom, mas é pertinente considerar se essa motivação ocorre, em parte, pelo medo das críticas, e não pelo desejo intrínseco de alcançá-la. Se evitar críticas é um fator determinante, é importante perceber que isso pode ser autodestrutivo, visto que, geralmente, o processo exige que os gerentes forneçam algum feedback negativo. E a amizade com um colega? Ter amigos de trabalho é incrível, mas conversar constantemente sobre sua infelicidade pode ser uma forma de ruminação, sobretudo se o colega tiver um sentimento recíproco em relação a todas as razões pelas quais o ambiente de trabalho é ruim, levando você a fazer mais do mesmo. É útil desabafar para amenizar o anseio por pertencimento, mas isso pode intensificar sua infelicidade, acarretando uma "câmara de eco" repleta de julgamentos relacionados ao trabalho. Não é uma boa ideia. Nem mesmo os cães urinam em suas próprias camas.

Vale a pena observar os pensamentos e os sentimentos que surgem ao considerar seu problema. Quais as mensagens negativas de repreensão do Ditador? De quais emoções você está tentando escapar? Quais são as memórias que o assombram? Elas podem incluir pensamentos dolorosos, como *Meus colegas não me respeitam* ou *No trabalho, não posso fazer nada com que me importo* e uma essência profunda de *Talvez eu não seja bom o suficiente*. Também é possível sentir raiva associada ao senso de invisibilidade.

Certo, você está preparado para começar a aplicar seu conjunto de métodos. Inicie com um ou dois exercícios de atenção para adentrar uma perspectiva consciente. Em seguida, realize o trabalho com a desfusão para se distanciar dos pensamentos negativos. Faça um exercício de valores para esclarecer como a sua forma de trabalhar pode estar desalinhada com os valores escolhidos. Talvez você perceba que reclamar com seu colega é conflitante com o valor de franqueza e que seria mais benéfico conversar com seu chefe sobre os problemas. À medida que emoções difíceis são desencadeadas durante o trabalho, aplique a aceitação a elas. Realize um exercício do Eu para atenuar a auto-história e acessar sua parte que sabe como se conectar com os outros. Talvez você descubra que se acusa de ser incompetente ou conta a história de que é menosprezado no trabalho por ser desinteressante ou antipático. É interessante finalizar essa análise profunda com o compromisso de uma pequena ação a ser realizada no dia seguinte, por exemplo, se manifestar e compartilhar uma sugestão em uma reunião agendada. Essas situações compreendem aplicações das seis habilidades!

Agora, comece a aplicar o aprendizado adquirido a cada vez mais experiências no trabalho. Se estiver em uma reunião e começar a sentir que ninguém está interessado em sua contribuição, faça um breve exercício de desfusão em sua mente. Caso seu chefe comente algo desagradável com você, realize um exercício de aceitação quando estiver sozinho. Se o Ditador o atormentar com alguma mensagem negativa por causa dessa crítica, aplique seu talento de desfusão a ela.

Após uma semana, em uma sessão orientada na sua casa, você pode continuar o trabalho com a atenção, a desfusão, o Eu, os valores e a aceitação. Depois, reserve um tempo para analisar cuidadosamente quais medidas concretas podem ser tomadas para melhorar a situação e, então, estabeleça pequenas metas SMART compatíveis com seus valores. Elas podem consistir em conversar com amigos sobre como aceitar melhor as críticas; perguntar ao chefe sobre a possibilidade de assumir uma responsabilidade adicional que seja significativa para você, bem como solicitar sua orientação e seu feedback crítico (em essência, evitar os golpes de um chefe difícil ao mesmo tempo que desenvolve maior autodeterminação); explorar a possibilidade de uma transferência na empresa; ou começar a pesquisar uma nova oportunidade de trabalho em um site de empregos.

Nesse processo, você pode descobrir que, para determinado desafio, precisará trabalhar mais algumas habilidades do que outras. Por exemplo, talvez perceba que pode aplicar muito bem a desfusão a pensamentos como *Não sou bom o suficiente*, mas que emoções negativas, como o ressurgimento da dor causada pelas críticas que recebia quando criança, ainda o afetam. Nesse caso, é preciso focar práticas relativamente mais intensivas das habilidades de aceitação. É possível que você atribua esse aspecto ao medo do que pode acontecer. Nessa situação, verifique novamente se as metas estão realmente alinhadas com seus valores. Se estiver bastante desconectado da percepção de quais deles são autênticos em relação ao trabalho, realize exercícios de valores mais intensivos. No entanto, também é importante continuar aplicando todas as habilidades ao desafio.

O progresso em alguns desafios pode demorar mais do que em outros. Isso é completamente comum; não desanime. Você começou a dançar e está se movimento com uma flexibilidade crescente. Lembre-se sempre de que a vida baseada em valores não se trata de atingir metas impostas, mas, sim, de seguir sua nova direção escolhida.

Busque Mais Desafios Ativamente

No Capítulo 21, abordarei minha experiência com o zumbido no ouvido [tinnitus]. Nunca havia enfrentado um problema de aceitação como esse. Assim que notei a conexão, demorei apenas alguns dias para resolver a situação, mas demorei anos para perceber que precisava aplicar minhas habilidades ao problema. Ao buscar continuamente novas maneiras de desafiar suas habilidades, você pode ter um desempenho melhor do que o meu. Se sua vida está praticamente livre de problemas, isso é magnífico! É possível aplicar suas habilidades para torná-la ainda mais gratificante. Como? Encontre um novo problema! Sério. Analise tudo o que fazemos por diversão e pense em novas formas de criar desafios. Quebra-cabeças, game shows, esportes, competições diversas, fundar uma empresa, aprender um idioma ou um instrumento musical e, sim, aprender a dançar.

Após aplicar suas habilidades a alguns desafios importantes de maneira centrada, transformando-as em hábitos, você pode continuar a desenvolvê-las aos poucos, como se fosse uma melhoria de vida contínua. Uma forma excelente de escolher um novo problema consiste em refletir sobre os anseios redirecionados aos pivots de flexibilidade: sentir, pertencimento, competência, autodirecionamento significativo, coerência e orientação. Nas áreas de vida apresentadas no Capítulo 13, considere cada um desses anseios e como é possível se esforçar mais para satisfazê-los.

Digamos que a área seja família. Como você pode se esforçar mais no anseio por sentir? Talvez aprofundar sua conexão emocional ao ouvir mais e explorar questões difíceis com sua família; trabalhar a compaixão e, deliberadamente, sentir o mesmo que seus familiares; ou compartilhar mais seus sentimentos com eles.

Você pode fortalecer seu senso de conexão com alguns familiares mais distantes ao escrever e telefonar mais para eles, fazer favores; solicitar ajuda responsavelmente; ou enviar cartas de valorização e gratidão.

É possível trabalhar sua competência ao participar de um workshop de comunicação ou ler sobre como incentivar uma vida familiar saudável. Uma opção é dizer "sim" com mais frequência a atividades que sua família aprecia e das quais você não gosta ou não tem certeza.

Você pode compartilhar seus valores e vulnerabilidades mais abertamente com seus familiares e pedir que façam o mesmo.

Uma alternativa é deixar de estar "certo" sobre algum acontecimento ou problema passado e se concentrar no que é funcionalmente mais útil no momento para suas relações familiares.

Quando estiver com sua família, é possível praticar a atenção no "agora". Olhe nos olhos deles; empenhe-se mais em estar interessado e menos em ser interessante. Ratifique, escute e esteja presente — abandone conselhos simples.

Abordei os anseios por sentir, pertencimento, competência, autodirecionamento significativo, coerência e orientação, criando um novo, entusiasmante e crescente conjunto de problemas. Não há motivo para deixar de aplicar as habilidades de flexibilidade a novas possibilidades. Aconselho a *realizar algo diferente todos os dias* — alguma coisa que envolva seus valores e exija abertura e atenção. Para garantir que seu foco seja amplo, sugiro percorrer todas as áreas de valor, concentrando-se em cada uma por sete dias ou duas de uma vez.

Compartilhe o Enriquecimento

Muitos de nós aprendemos a teoria econômica de que as pessoas são fundamentalmente egoístas. É assim que a "mão invisível" do mercado funciona — os humanos são chamados de *Homo economicus*. No entanto, essa visão da natureza humana é comprovadamente falsa. A ciência da evolução constatou que, na verdade, somos seres profundamente pró-sociais, com uma tendência natural de ajudar os outros. Somos *Homo prosocialis*, como definiu meu colega Paul Atkins. Sim, podemos ser egoístas quando a mente atrapalha e a inflexibilidade psicológica assume o controle, mas 99% dos valores humanos são pró-sociais. À medida que você se esforça para progredir em sua vida, um ótimo plano é *fazer uma gentileza todos os dias* para um amigo, familiar, colega ou desconhecido — algo compassivo e imparcial que seja importante para você e para a pessoa. Ao agir assim, pratica-se o apoio à flexibilidade com flexibilidade, o que é essencial para estender os processos flexíveis aos outros (assunto que abordaremos melhor no Capítulo 19). Se você não sabe como começar, não tenha pressa e realize o Tenho um Segredo (disponível no Capítulo 13): ações gentis e anônimas são incrivelmente poderosas. O Ditador não sabe como reagir a elas!

Assim como antes, percorra todas as áreas de valor e todos os anseios. Por exemplo, para cidadania, ajude alguém a chegar até o local de votação; para trabalho, participe de um projeto com o qual um colega tem dificuldades. Você sempre pode encontrar novas maneiras de viver mais de acordo com seus valores, o que enriquecerá cada vez mais sua vida e a dos outros.

Leitura dos Capítulos da Parte Três

Sinta-se à vontade para ler qualquer capítulo que mais lhe interessar. Se alguns deles, ou partes deles, não se relacionarem a problemas enfrentados por você ou seus entes queridos, pode desconsiderá-los tranquilamente. Porém, é aconselhável não se esquecer deles, pois, em algum momento, podem ser úteis. Este livro foi escrito como um recurso contínuo de vida.

Aconselho que você leia pelo menos o Capítulo 15, que trata da adoção de comportamentos saudáveis; o Capítulo 17, que aborda o desenvolvimento de relações; e o Capítulo 21, que discorre sobre como a ACT apoia a transformação social. Arrisco dizer que todos nós poderíamos nos beneficiar ao adotar alguns comportamentos favoráveis a nossa saúde física. Também nunca conheci ninguém que não precisasse de ajuda para lidar melhor com o estresse dos relacionamentos.

O Capítulo 21 demonstra como a ACT pode ser aplicada a uma escala social mais ampla, por exemplo, em uma escola ou comunidade. Acredito que você se emocionará com a história sobre como o treinamento da ACT ajudou uma cidade de Serra Leoa a combater efetivamente um surto de ebola e a lidar com o sofrimento pela morte de entes queridos. Esse esforço é apenas um exemplo das maneiras pelas quais a ACT é utilizada para resolver grandes problemas sociais. Por exemplo, a OMS criou um projeto de autoajuda da ACT e o aplicou com sucesso a um programa para refugiados na África. Peço que leia esse capítulo, pois espero que você compartilhe do meu entusiasmo pelo fato de o treinamento de flexibilidade psicológica ser muito promissor para ajudar a solucionar os diversos males sociais, comportamentais, econômicos e ambientais que assolam comunidades, países e, de fato, o mundo. Talvez você se inspire a divulgar a mensagem e apoiar o ensino da ACT do modo que puder — proporcionando o treinamento para sua equipe de trabalho ou orientando sua família. Com o ritmo da vida atual e todas as suas pressões, todos têm a ganhar com o aprendizado da flexibilidade psicológica.

Capítulo 15

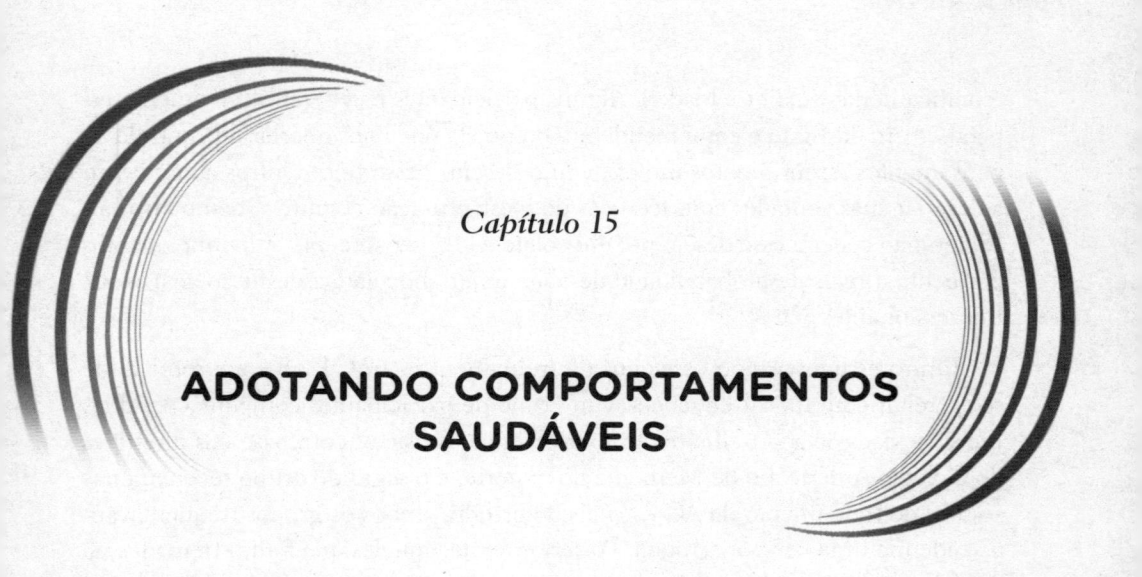

ADOTANDO COMPORTAMENTOS SAUDÁVEIS

Recentemente, um estudo amplo que analisou os efeitos de todos os fatores de risco conhecidos para problemas de saúde, tais como exposição à poluição, falta de água limpa e hipertensão, apresentou uma constatação surpreendente: cerca de dois terços dos problemas de saúde ocorrem devido ao comportamento, e não a infecções, toxinas e predisposição genética. Que tipos de comportamentos? Apenas para citar alguns: fumar, beber, se alimentar de forma não saudável, não se exercitar, não cuidar da higiene bucal e não dormir bem.

Nesse ínterim, do dinheiro aplicado em assistência médica, uma porcentagem irrisória é investida no auxílio à mudança de comportamentos nocivos. Na medicina ocidental, intervenções físicas, como medicamentos ou cirurgias, constituem o método principal para tratar problemas de saúde, mesmo que apresentem seus próprios riscos e tenham efeitos limitados para certos casos. Intervenções psicológicas comprovadas são prescritas muito raramente. Porém, como indivíduos, podemos nos encarregar disso. Convenhamos: sabemos muito bem como deveríamos agir. A questão é que adotar novas rotinas, e principalmente mantê-las, pode ser intimidador.

Habilidades da ACT São Comprovadamente Eficazes

Apresentarei dois breves exemplos. Um estudo recente solicitou que, por uma semana, mais de cem pessoas aficionadas em chocolates carregassem uma sacola repleta deles e não comessem nenhum (se você for chocólatra como eu, sabe que é praticamente uma crueldade!). Alguns participantes receberam treinamento específico em desfusão e compreenderam como ela pode nos libertar do controle de pensamentos e sentimentos inúteis, como desejos desse tipo. Outros aprenderam a desafiar suas vontades com técnicas de reestruturação cognitiva, como afirmar: "Se eu não ceder a esse desejo por chocolate, ele desaparecerá." Adivinhe quantos por cento a mais de probabilidade de não comer chocolate a desfusão acarretou? Impressionantes 326%!

Outro estudo avaliou os efeitos do treinamento da ACT no compromisso de se exercitar com mais frequência. Um grupo de participantes compareceu a duas breves sessões de aconselhamento sobre exercícios físicos, com base nas diretrizes do Colégio Americano de Medicina do Esporte, e o segundo grupo recebeu duas sessões de treinamento da ACT. Antes do estudo, ambos os grupos frequentavam a academia uma vez por semana. Posteriormente, aqueles que foram treinados na ACT aumentaram sua frequência em 65% no mês seguinte, reduzindo-a para um aumento de 30% nas sete semanas subsequentes. No mesmo período, os outros participantes *diminuíram* a frequência de exercícios em 24%.

Afe!

A realidade é que apenas aconselhamento e mesmo mensagens rigorosas sobre a importância da mudança comportamental simplesmente não são aspectos muito motivadores — eles podem até desmotivar. Quase ninguém precisa ouvir sermão. De verdade. Não há necessidade. O que precisamos é de ajuda para nos libertar do controle de pensamentos e emoções inúteis que atrapalham o processo de mudança. Neste capítulo, abordarei como as habilidades de flexibilidade auxiliam a dieta e o exercício, o enfrentamento do estresse — um dos principais responsáveis por problemas de saúde — e a melhora do sono.

Dieta e Exercício

Se você tem dificuldades para se manter em uma dieta e desenvolver hábitos alimentares mais saudáveis em longo prazo, saiba que não está sozinho. Cerca de um a cada sete adultos fizeram dieta em determinado ano. Infelizmente, muitas das informações disponibilizadas por inúmeros livros, vídeos, programas online e serviços de alimentação não têm um fundamento científico satisfatório. Verificou-se que mesmo os melhores e mais abrangentes programas baseados na ciência resultam na perda de apenas 5% a 10% da massa corporal ao longo de dois anos de acompanhamento.

Considere um dos mais eficazes, o Programa de Estilo de Vida [Lifestyle], Exercícios, Atitudes, Relacionamentos e Nutrição (LEARN, na sigla em inglês) para Controle de Peso, desenvolvido pelo psicólogo Kelly Brownell, da Universidade Duke, que talvez seja o principal especialista do mundo em psicologia do emagrecimento (e que, por acaso, também é um dos meus melhores e mais antigos amigos). Esse programa ensina várias estratégias para reduzir hábitos alimentares prejudiciais, como comer fora de casa; evitar períodos de abstinência, que podem resultar em compulsão alimentar; contar calorias; e se comprometer com metas específicas de exercício. Além disso, ele também aconselha as pessoas a se distraírem de pensamentos relacionados à comida, direcionando-os deliberadamente a outros aspectos e praticando reflexões benéficas como *Se eu não comer esse biscoito, em algum momento, o impulso desaparecerá*. Essa abordagem pode ser bastante proveitosa, mas a ACT foi considerada mais eficaz. Em outro estudo que solicitou que as pessoas se abstivessem de comer chocolate, os participantes que receberam trinta minutos de treinamento da ACT apresentaram 30% menos probabilidade de cederem ao desejo. Eles também se tornaram muito menos propensos de considerarem seus impulsos alimentares aversivos e devastadores do que as pessoas que realizaram trinta minutos de treinamento do LEARN. Isso ocorre porque a ACT ajuda significativamente no enfrentamento de desafios que contribuem para a alimentação não saudável e a ausência de exercícios.

Ao investigarmos por que o treinamento da ACT é eficaz para a mudança de hábitos alimentares e de exercícios, constatamos que um dos motivos é que as habilidades de flexibilidade ajudam as pessoas a lidarem com as emoções difíceis e o diálogo interno negativo que originam a alimentação inadequada e a evitação de atividade física. Para se acalmar, muitos adquirem o hábito de comer por motivos emocionais, como situações de solidão, tristeza ou estresse.

A vergonha também é um problema comum para as pessoas que controlam o peso. É fácil ser capturado pela vergonha tóxica e pelo autoestigma por estar acima do peso e fora de forma. Não é de se admirar. A ridicularização dirigida àqueles que enfrentam problemas relacionados ao peso é deplorável. Embora piadas discriminatórias contra deficientes, racistas, sexistas ou homofóbicas felizmente tenham se tornado tabu, brincadeiras sobre pessoas acima do peso ainda são toleradas, ainda que não sejam *nem um pouco* engraçadas. De um quarto a um terço dos adultos estão insatisfeitos com seu corpo. Mesmo os médicos, que deveriam ter mais cuidado, humilham seus pacientes por conta do sobrepeso.

Por experiência própria, conheço muito bem esse sentimento de vergonha. Anos atrás, eu pesava 106kg, cerca de 18kg a 22kg acima de um peso saudável, e precisei utilizar todas as minhas habilidades da ACT para chegar aos 80kg ou 85kg, que consegui manter desde então. Minha mente tentava me "motivar" com vergonha e culpa, o que não ajudava em nada. Não consegui fazer *nenhum* progresso até realmente abandonar esses sentimentos.

Para avaliar com precisão o papel da vergonha e do autoestigma na batalha com problemas de peso, meus alunos e eu elaboramos um questionário para medir o nível de vergonha relacionada ao peso. A quantidade desse sentimento e a intensidade de pensamentos negativos que constatamos são terríveis. Muitas pessoas concordam com declarações como *Fiquei acima do peso porque sou fraca*; *Outros pensam que não tenho autocontrole por causa dos meus problemas de peso*; ou mesmo *Outros têm vergonha de estar perto de mim por causa do meu peso.*

Ai.

As pessoas tendem a realizar a fusão com pensamentos desse tipo na esperança de que eles motivem a mudança. Fazer isso é como se extenuar antes de disputar uma corrida.

Para avaliar o impacto de um único dia de treinamento da ACT em pessoas com sobrepeso e obesidade, nossa equipe de pesquisa conduziu um estudo *totalmente* focado em vergonha e autoestigma. Todos os 84 participantes haviam realizado, por pelo menos seis meses, um programa organizado de emagrecimento, e cerca de um terço deles ainda não o tinha finalizado. Metade dos participantes foi aleatoriamente designada para aprender a aplicar as habilidades da ACT a emoções e pensamentos negativos. Nada foi dito sobre como perder peso, pois nosso objetivo não era realmente esse, mas, sim, ajudá-los a se sentirem melhor consigo mesmos e melhorarem sua qualidade de vida. Em comparação a um grupo de controle, aqueles que receberam o treinamento da ACT relataram uma redução considerável no sofrimento psicológico e na vergonha relacionada ao peso, e um aumento significativo na qualidade de vida. A grande surpresa foi que muitos deles também perderam peso, em média pelo menos 2kg nos três meses de acompanhamento. A compulsão alimentar diminuiu quase 50%, enquanto a do grupo de controle *aumentou* quase na mesma proporção. Igualmente importante, os participantes do grupo da ACT relataram que sua angústia em relação ao peso reduziu de forma considerável, *mesmo que não tenham emagrecido.*

O desgaste físico do exercício é outro grande impedimento com o qual a aceitação também ajuda. Até atletas podem ter um desempenho melhor ao focarem sua disposição de vivenciar sensações desagradáveis. Porém, ironicamente, o exercício compulsivo também é impulsionado pela evitação de emoções ainda mais difíceis, como medos relacionados à aparência.

O trabalho com valores da ACT nos motiva a manter nossos esforços. A abordagem típica para motivar as pessoas a se exercitarem consiste em mensagens do tipo "Apenas faça", como "Continue!", o que, na verdade, pode ser *inútil* para muitos. Em um estudo que conduzimos com participantes de uma aula de spinning, distribuímos cartões para que lessem enquanto pedalavam. Alguns tinham mensagens no estilo de comando, como *Mantenha as costas retas e pedale com intensidade*!, enquanto outros adotavam uma abordagem da ACT, lembrando-os de um objetivo ou valor de vida relacionado ao exercício e que era importante para eles, como *O exercício melhorará meu sistema respiratório* ou *O exercício fará minhas roupas vestirem melhor*. De fato, o aconselhamento típico de treinamento *diminuiu* o esforço das pessoas na aula, e as mensagens de valor o aumentaram.

Um dos aspectos mais problemáticos dos esforços de tantas pessoas para emagrecer e ficar em forma é o fato de fazerem isso *para os outros*. Elas não encontram valor intrínseco no processo. Alimentar-se bem e se exercitar pode, de fato, ser extremamente gratificante por si só: sentimos uma vitalidade maior quando cuidamos do nosso corpo. Tenha cautela com valores como "boa aparência", que podem acarretar auto-objetificação e autojulgamentos severos. Prefira se concentrar nas vantagens de um estilo de vida saudável, como transmitir uma dedicação à saúde para seus filhos e viver por mais tempo.

O trabalho com valores também ajuda com a vergonha. Por exemplo, para uma de minhas clientes, Susan, que estava com 45kg de sobrepeso, a vergonha de sua aparência corporal ao se exercitar era o principal obstáculo à atividade física, pois ela sentia vergonha de como sua gordura balançava quando corria. O momento decisivo foi o surgimento de sinais precoces de diabetes. Quando auxiliei Susan a aprofundar seus valores relacionados ao exercício, ela se surpreendeu ao constatar que seu maior desejo não era ter uma boa aparência, mas, em suas palavras, retornar ao interior de seu corpo, para que pudesse dançar, abraçar, jogar boliche, esquiar, nadar e brincar. Em outras palavras, ela queria se sentir confortável sendo ela mesma e viver como almejava, sem se autoinfligir com mensagens negativas. Ao ter essa percepção, Susan constatou que a autorrepreensão era uma violação de valores. Conforme aprendia a adotar uma perspectiva positiva para sua saúde, sucedeu-se um aumento nos exercícios. Ao longo do ano seguinte, ela perdeu 22,5kg e sua saúde psicológica e física melhoraram rapidamente.

O diálogo interno negativo é outro impedimento significativo para manter uma rotina de dieta e exercício. As pessoas se repreendem com mensagens como *A quem quer enganar? Você não tem a força necessária!* ou adotam um pensamento defensivo e inútil como *Preciso de um sorvete para me confortar, dane-se!* Exercícios de desfusão ajudam a quebrar seu feitiço.

E as habilidades do Eu? Muitas pessoas que estão presas ao comportamento nocivo elaboram uma auto-história negativa e imperiosa, como *Sou gordo, nasci desse jeito e sempre serei assim* ou *Tenho pouca resistência à dor, sou um covarde*. As habilidades do Eu trarão esses aspectos à tona e o ajudarão a se libertar.

Como as práticas de atenção podem ajudar? Uma das maiores frustrações em tentar manter uma alimentação mais saudável e uma rotina de exercícios é a demora dos resultados. O alcance do objetivo parece estar distante. Sempre que pensar no progresso restante, realize exercícios de atenção para retornar seu foco ao momento e ao reconhecimento de que desenvolver hábitos é um processo gradual. Você pode continuamente redirecionar sua atenção ao progresso atual.

Por fim, os exercícios de compromisso o auxiliarão a definir e cumprir as metas SMART. A maioria das dietas divulgadas na mídia são radicais e, às vezes, realmente danosas. Muitas aulas de exercício e recomendações de frequência são excessivamente desgastantes. Utilize suas práticas de compromisso para elaborar sua própria estratégia e descobrir o que é mais eficaz para você.

Para realizar a avaliação que mede a quantidade de vergonha que você sente em relação ao seu peso ou por estar fora de forma, acesse meu site http://www.stevenchayes.com [conteúdo em inglês]. Em seguida, escreva todas as emoções negativas que sente e as mensagens nocivas com as quais se repreende, e aplique sistematicamente o seu conjunto de métodos a esses pensamentos e essas emoções. Depois, é aconselhável realizar os exercícios adicionais disponíveis nos capítulos da Parte Dois. Também é possível adquirir maior aconselhamento nos livros dedicados a aplicar a ACT à alimentação e à atividade física. A seguir, apresentarei apenas alguns conselhos complementares que considero úteis para melhorar a aptidão física em concordância com a ACT.

Compreenda Seu Corpo e Faça o que Funciona

A variedade de conselhos sobre dieta e exercício é espantosa. Embora faça sentido tentar acompanhar as informações mais recentes e experimentar sugestões apoiadas por pesquisas, muitos aconselhamentos sobre dieta, em particular, não são embasados na ciência, e podem, inclusive, ser contraditórios. A gordura é terrível; não, depende. O açúcar é péssimo, mas, calma, adoçantes artificiais são nocivos.

Faça escolhas racionais e experimente-as. Lembre-se: variação, seleção e preservação. Mantenha apenas o que for eficaz. Aquilo que funciona para os outros pode não ser bom para você. Por exemplo, muitos programas sugerem um café da manhã reforçado. Porém, no meu caso, essa refeição deve ser leve e tardia, com algumas nozes e uma maçã, pois sinto que, para meu corpo, é melhor assim. Mesmo as nozes são mais apropriadas do que, digamos, pecãs. Denomino esse aspecto de *conhecimento corporal*.

Observo e ajusto esses padrões há anos (outros exemplos do meu conhecimento corporal consistem em reduzir o consumo de farinha e limitar minha janela de alimentação para menos de oito horas). Não costumo me surpreender quando leio estudos que corroboram o que *constatei com meu próprio corpo*. No entanto, há alguns meses, fiquei surpreso com um estudo que, de fato, *avaliou* os efeitos da ACT associados com (espere) nozes! Eis que, embora a ACT por si só seja mais eficaz do que os cuidados habituais, foram comprovados resultados ainda melhores com o acréscimo de nozes. Aparentemente, meu corpo não foi o único a reagir dessa forma!

Você pode ser diferente. Não siga o meu padrão: observe a ciência e experimente. Preste atenção ao seu corpo e deixe que ele o instrua. A vida se transforma de acordo com *suas escolhas*.

Concilie-se com Seus Desejos

Na próxima vez que sentir um desejo surgir, faça o seguinte: em vez de combatê-lo, recue e observe-o tal como ele é. É possível até qualificá-lo como "desejo". Não resista, apenas analise e questione-se:

1. **Se seu desejo tivesse um formato, qual seria?**
2. **Se tivesse uma cor, qual seria?**
3. **Se tivesse um tamanho, o quão grande ou pequeno seria?**
4. **Ele parece sólido, como um objeto, brilha, flutua, vibra ou se movimenta?**

5. **Qual parte do seu corpo ele habita? Você o vivencia em sua cabeça? Em sua barriga? Em outro lugar?**

6. **Há emoções que se relacionam a esse desejo? Você se sente ansioso, estressado, triste, irritado ou algo do tipo?**

Agora, imagine que você possa alcançar e tocar seu desejo. A princípio, cumprimente-o, por assim dizer. Tente, em algum momento, abraçá-lo, metaforicamente envolvendo-o em seus braços como se fosse uma criança. Sinta empatia por seu desejo, percebendo o quanto ele anseia por atenção.

É possível fazer tudo isso sem agir de acordo com seu desejo. Na verdade, você pode carregá-lo enquanto pratica outras ações de sua escolha. Ele desaparecerá no momento oportuno. Do contrário, deixe que o acompanhe pelo tempo necessário. Seu desejo não é você — é apenas uma parte de você.

Realize Exercícios Breves Sempre que Puder

A demanda por sucesso rápido e considerável acarreta mais fracassos do que qualquer outra regra verbal. Na área de exercício, um dia, *breve e imediato* vencerá *extenso e posterior.* Escolha exercícios curtos para inserir ao longo do dia, associe-os às suas atividades regulares e adquira o hábito de realizá-los. Se sua mente reclamar que eles são insignificantes, concorde com entusiasmo e continue a praticá-los.

A seguir, apresento alguns exemplos de como começar.

* **Quando estiver na fila de qualquer lugar, lentamente faça dorsiflexões.**

* **Se tiver tempo e for seguro, opte sempre por subir as escadas. Sempre.**

* **No mercado, pegue um litro de leite e, enquanto faz compras, realize rosca bíceps ou tríceps até que sinta seu músculo (uma contagem de oito elevações e quatro inclinações é suficiente — sim, há pesquisas sobre isso!). Se um dia me encontrar em um aeroporto, provavelmente estarei fazendo esse exercício com minha maleta. As pessoas olharão de modo estranho, mas e daí?**

* Pela manhã, enquanto espera seu café ficar pronto, faça agachamentos.
* Faça flexões todas as noites antes de deitar, com o objetivo de atingir a mesma quantidade da sua idade (sim, consigo chegar a 70 flexões).

Escolha um "Amigo da Vergonha" e Ultrapasse Seu Limite

Se suas habilidades possibilitam métodos avançados de desfusão a nível social (consulte o Capítulo 8), faça atividades físicas com amigos que estejam dispostos a passar por demonstrações comuns de vergonha. Realize essa prática apenas se tiver a intuição de que está realmente preparado. Digamos que seu amigo também esteja tentando emagrecer e se disponha a caminhar com você, mas ambos sentem vergonha do modo como o corpo balança durante a atividade física. Façam camisetas com frases como *Meu corpo balança. Dane-se!* e usem juntos nos exercícios.

No momento oportuno, essa prática pode ser extremamente libertadora e até mesmo divertida! Considere-a uma Declaração de Independência mental, como se enfatizasse que não há problema em ser você mesmo, *de verdade*.

Lidando com o Estresse

O estresse excessivo é uma das agressões mais generalizadas e perniciosas à saúde e ao bem-estar em geral. Ele implica a supressão do sistema imunológico e o desenvolvimento de doenças crônicas, incluindo diabetes, câncer e problemas cardiovasculares. O trabalho é uma das fontes principais de estresse e, geralmente, acarreta baixa satisfação, exaustão emocional e esgotamento. Inúmeros estudos realizados com profissionais de diferentes áreas de estresse elevado, como enfermagem, serviço social e ensino, constataram que o aprendizado das habilidades de flexibilidade auxilia consideravelmente a redução de níveis de estresse e seus efeitos negativos.

As habilidades da ACT são úteis para lidar com o estresse, pois seus efeitos prejudiciais provêm mais da *reatividade* do que dele próprio. Há dois tipos de estresse: o ruim e o bom. Tarefas estressantes incluem desafios positivos, como desenvolver novas relações, buscar oportunidades de emprego, participar de competições esportivas e criar filhos. Não devemos eliminar o estresse pela exclusão de desafios almejados. É claro que também existe o estresse causado por pressões indevidas, principalmente profissionais, e por empecilhos de todos os tipos, como ficar preso no trânsito a caminho do trabalho ou percorrer processos burocráticos que consomem muito tempo.

No caso de algumas fontes de estresse, eliminá-las é o mais adequado, e há muitos métodos excelentes para esse objetivo. Mudar-se para um local com um bom trajeto pode ser uma escolha inteligente. Se seu chefe é hostil, talvez seja aconselhável trocar de emprego. Se puder encontrar maneiras de reduzir sua carga de trabalho de forma que continue a atender aos requisitos de desempenho e a conduzir sua vida profissional a uma direção valorizada, não hesite. Se perceber que atividades físicas ajudam a reduzir o estresse, esse é outro motivo fantástico para se comprometer com exercícios regulares. Passar mais tempo com amigos e familiares também é importante.

Porém, caso se concentre no estresse e tente combatê-lo mentalmente, é possível que uma rede de pensamentos negativos assuma o controle, intensificando ainda mais o impacto. Frank Bond, que conduziu uma pesquisa pioneira sobre a aplicação da ACT ao trabalho, criou uma metáfora que me agrada: considere a si mesmo como uma pia, e as fontes de estresse como torneiras. Uma maneira de reduzir o nível de estresse seria fechar essas torneiras, mas tão eficaz quanto seria abrir o ralo e permitir que o estresse escoe.

Pesquisas mostraram que as habilidades auxiliam *ambas* as tarefas: enfrentar e alterar a situação estressante, bem como aprender a reduzir a reatividade ao estresse. Isso foi comprovado anos atrás, no primeiro estudo que a ACT realizou sobre o estresse no local de trabalho: a ACT diminuiu a reatividade de funcionários de call center. Além disso, mesmo que o estudo não os tenha encorajado, esses profissionais se esforçaram para conseguir mudanças saudáveis no ambiente de trabalho.

A aceitação é especialmente útil para lidar com o estresse, pois muito dele provém de fatores de vida que não podemos mudar. Digamos que seu chefe seja desagradável. Seu estresse pode ser intenso porque você se concentra no quão injusto é o comportamento dele e deseja ser capaz de alterá-lo. Porém, é provável que isso não seja possível. Talvez você enfrente uma doença debilitante ou seus familiares detestem suas opiniões políticas. Aceitar aspectos inalteráveis é o primeiro passo na busca por abordagens mais construtivas para lidar com eles.

As outras habilidades de flexibilidade ajudam a lidar com o estresse por várias razões importantes. Uma delas é que parte do estresse é causada pela identificação excessiva com nosso trabalho e nossas realizações. Nossa autoconsciência se torna demasiadamente envolvida no nosso cargo — "sou médico" — ou na necessidade de ser considerado um certo tipo de profissional — "tenho alto desempenho". Muitas empresas reforçam esses aspectos com avaliações de funcionários, as quais sugerem que somos definidos pelo rendimento, sem quase nenhuma consideração da existência de suporte necessário para um desempenho adequado. Ademais, muitos chefes fazem com que nos engajemos em automonitoramento excessivo e autocrítica prejudicial ao enfatizarem os problemas identificados em nosso desempenho e raramente nos elogiarem. Os locais de trabalho são caldeirões de julgamento e pressão de conformidade social. Eles podem provocar o Ditador, que surge com um fluxo constante de autorrepreensão, o que muitas vezes prejudica nossa eficiência nas tarefas, acarretando ainda mais autocrítica e estresse.

A desfusão ajuda no distanciamento desse diálogo interno negativo ao "abrir o ralo". As habilidades do Eu nos lembram de que não somos os papéis desempenhados ou as percepções que os outros têm de nós, mas, sim, o "eu" interior. Talvez seu chefe o caracterize como desorganizado. Conectar-se com seu Eu transcendente o ajudará a perceber que, embora ele o considere dessa maneira, não é *quem você é*. Ao não nos identificarmos com essas caracterizações, somos capazes de ouvir as críticas de maneira construtiva. Isso, por sua vez, nos auxilia a fazer mudanças comportamentais que aliviam o estresse, como não procrastinar. A tomada de perspectiva do Eu também faz com que nos coloquemos no lugar daqueles cujo comportamento nos estressa e percebamos que o comentário desagradável de um cônjuge ou a explosão de um chefe geralmente se relaciona mais a eles e ao estresse que sentem do que conosco.

Desenvolver a atenção nos ajuda a focar tarefas pendentes, e não a preocupação de como as realizaremos. Quando estamos profundamente absorvidos no momento, é comum descobrirmos que mesmo as tarefas que mais causam estresse são, na verdade, muito agradáveis. O trabalho com valores nos ajuda a assumir desafios significativos, apesar do estresse decorrente. As habilidades de compromisso nos auxiliam a reduzi-lo com a elaboração de metas viáveis, as quais nos fazem progredir em vez de estagnar devido à ansiedade, que apenas intensifica o estresse.

Para começar a aplicar a ACT a qualquer estresse enfrentado, escreva sua lista de barreiras e as maneiras utilizadas para lidar com elas. Os seus gatilhos de estresse consistem em qualquer aspecto que o cause — pessoas, desafios, problemas ou pensamentos e emoções de qualquer tipo. Se você está estressado por conta de uma doença, a situação causadora pode ser um procedimento médico ou a espera da consulta devido à preocupação com o que o médico lhe dirá. No caso de estresse no trabalho, os gatilhos podem incluir reuniões com o chefe ou apresentações, enquanto o estresse em casa pode ser provocado pela tentativa de fazer uma criança dormir. Você entendeu como funciona.

Uma boa maneira de realizar este exercício é escrever cada situação em um pedaço de papel, analisá-las e ordená-las em dois grupos: um intitulado "mudar a situação", que comporta ações que podem ser tomadas para aliviar o estresse; e outro denominado "mudar a relação com a situação", que integra os aspectos inalteráveis. Em seguida, para cada alteração possível, utilize as habilidades de flexibilidade a fim de ponderar o motivo pelo qual você ainda não realizou as ações que podem melhorar as situações e se comprometa com um conjunto de metas SMART.

Para os aspectos inalteráveis, concentre-se em aceitar a situação e aprender com ela. Digamos que você esteja muito estressada com seu papel de mãe, mas tenha confiança de que age de forma adequada. Mesmo assim, os autojulgamentos negativos a atormentam quanto à sua suficiência. O estresse não diminuirá com o esforço ainda maior para ser uma boa mãe; na verdade, é provável que ele aumente. Sua tarefa é tornar-se menos *reativa* ao estresse inevitável que sente. Realize a desfusão para se distanciar da voz crítica. Diga rapidamente: "Sou uma péssima mãe" (conforme praticar, abrevie a frase para "péssima mãe", pois isso facilita a repetição) até que consista em palavras sem sentido. Anote todas as suas autorrecriminações em pedaços de papel e carregue-os. Se você estiver realmente preparada para abandonar essa autocrítica, escreva *Péssima mãe* em uma etiqueta e use-a durante passeios em família.

Aplique seu autoaprendizado para reelaborar a história que conta a si mesma sobre o tipo de mãe que você é e deixar de se comparar às noções fabulosas da sociedade a respeito da maneira adequada de educar filhos. A parentalidade é complicada e frustrante, pois os bons momentos vêm acompanhados de raiva e aborrecimento. Como não ser estressante? Lembre-se sempre de que seu estresse ocorre porque você é uma boa mãe que se preocupa em criar seus filhos satisfatoriamente.

A seguir, apresentarei algumas práticas adicionais que são especialmente úteis para lidar com o estresse.

Pratique um Hábito de Flexibilidade Vinculado

a um Fator de Estresse

Escolha uma ação recorrente que não seja estressante, mas que está seguramente vinculada a um estressor. Suponha que um fator de estresse seja encontrar seu chefe pela manhã, e o aspecto vinculado seja dirigir para o trabalho. Digamos que você perceba que encontrar seu chefe é estressante, em parte, por conta dos pensamentos sobre a forma como ele o julga, por exemplo: *Ele acha que não sou muito inteligente*. Todos os dias, enquanto dirige para o trabalho, aplique alguns minutos de desfusão a esse tipo de pensamento. Caso goste de cantar, entoe *Ele não é inteligente* na melodia que preferir. Após alguns dias de prática, dirigir para o trabalho pode ser mais divertido e útil para reduzir a reatividade ao estresse.

Passageiros Estressores no Ônibus

Uma das metáforas da ACT mais comumente utilizadas é "os passageiros no ônibus". Imagine que você esteja dirigindo um que se chama "sua vida". Assim como qualquer ônibus, passageiros entram à medida que o veículo avança. No seu caso, eles são memórias, sensações corporais, emoções condicionadas e pensamentos interconectados. Se você prestar atenção aos passageiros estressores, como a ansiedade de ser criticado, desviará os olhos do trajeto. É natural querer expulsá-los do ônibus, mas isso requer uma parada, o que interfere na chegada ao local pretendido. Nesse ínterim, alguns passageiros são tão desagradáveis que simplesmente se recusam a sair, o que acarreta um confronto substancial. A alternativa saudável é continuar a dirigir e manter o foco no percurso.

Para transformar essa metáfora em um exercício, escreva alguns de seus passageiros estressores em cartões e carregue-os durante a próxima semana. Sempre que recordar essa atividade, dê um tapinha no local que abriga esses cartões, como se recepcionasse os estressores no ônibus da vida chamado "você", e lembre-se novamente de quem é o motorista. Talvez não seja possível escolher seus passageiros... mas, como condutor, é você o responsável por decidir o caminho.

Sono

Uma grande ironia da insônia é o fato de que parte dela decorre da consciência do quão importante é dormir bem. Um dos principais indicadores da falta de sono é o enredamento em preocupações e pensamentos negativos, incluindo a apreensão devido à necessidade de adormecer. Tenho certeza de que pessoas que dormem mal conhecem bem esse problema. Você deita, começa a se inquietar com algum evento futuro, ou se ater à solução de problemas ou ao planejamento, e essa incapacidade de dormir provoca a preocupação com ter uma boa noite de sono.

Tentar adormecer é uma das maiores frustrações que podemos vivenciar. O esforço não é descabido, pois o prejuízo da falta de sono é atroz.

Várias pesquisas revelaram uma multiplicidade de efeitos nocivos. Pessoas com padrões de sono insatisfatório incorrem em custos de saúde de 10% a 20% mais altos do que aquelas que dormem bem. O sono inadequado também prejudica o funcionamento cognitivo, como a memória operacional e a solução de problemas, e pode causar ou agravar a depressão e a ansiedade, acarretando a irritabilidade — fatores que diminuem a qualidade de nossas relações. Além dessas consequências, há prejuízos para os indivíduos, as empresas e a sociedade em geral no que diz respeito a dias de trabalho perdidos e decisões inapropriadas que também podem afetar outras pessoas, como as realizadas por profissionais da saúde acometidos pelo cansaço.

Estudos da ACT sobre dor crônica e depressão comprovaram que dormir melhor é um efeito colateral favorável dos processos de flexibilidade. Ademais, estudos-piloto da ACT sobre insônia estão apresentando bons resultados. Porém, esta é uma área na qual ainda não foram realizados amplos estudos científicos controlados da ACT. A abordagem de tratamento mais apoiada é a terapia cognitivo-comportamental para insônia (TCC-I) e muitos clientes devem começar com ela, mas com a intenção de associá-la às habilidades de flexibilidade. Deixe-me explicar.

Geralmente, a TCC-I é aplicada em algumas sessões (entre cinco e oito) que são guiadas pelo terapeuta e focam hábitos benéficos para o sono, como evitar fumar e consumir cafeína ou álcool no fim do dia; se exercitar antes de deitar; estabelecer um horário regular de sono; utilizar a cama apenas para dormir e fazer sexo (não para ler, mandar mensagens ou assistir à TV); e limitar o tempo que se permanece acordado na cama, a fim de que ela não seja associada à insônia. Por exemplo, é comum aconselhar as pessoas a saírem da cama caso não consigam adormecer em vinte minutos. O tratamento também integra a reestruturação de pensamentos catastróficos (por exemplo, "Preciso dormir ou arruinarei a reunião e serei demitido" pode ser alterado para "Seria bom dormir, mas, seja como for, consigo lidar com a reunião"). Muitas vezes, técnicas de relaxamento são ensinadas, e as pessoas são advertidas a não *tentarem* dormir de forma consciente.

Embora a abordagem funcione bem para muitos, ela é ineficaz para alguns. Uma razão pode ser o problema com a reestruturação cognitiva. Mudar os pensamentos para uma determinada direção implica levar seu conteúdo a sério. É preciso identificá-los e avaliá-los para tentar alterá-los, o que pode, de fato, fortalecer o domínio deles sobre sua mente e despertá-lo.

Para resolver esse problema, os pesquisadores aplicaram uma associação do treinamento da ACT com uma forma modificada da TCC-I a um paciente que obtivera efeitos benéficos da abordagem cognitivo-comportamental, mas que reincidira em insônia. Ele foi submetido a três novas sessões de TCC-I, com a instrução de não realizar a reestruturação cognitiva dos pensamentos que o mantinham acordado. Ele também recebeu seis sessões de treinamento da ACT, nas quais foi ensinado a aceitar esses pensamentos e a sensação de cansaço causada pela falta de sono. As técnicas incluíam aplicar o exercício "folhas no riacho" aos pensamentos e imaginar que seu cansaço era um objeto, descrevendo sua forma, cor e tamanho, além de um exercício de desfusão, como os apresentados no Capítulo 9. Ele também trabalhou com valores, comprometendo-se a realizar atividades que evitava, mas adorava, como ler à noite (ele temia que isso deixasse sua mente ativa) ou agendar passeios de fim de semana com sua família (ele receava estar cansado demais para fazê-los). No final da terapia, o paciente relatou sentir mais energia, conseguir lidar melhor com seu cansaço e aprimorar seu relacionamento familiar. Portanto, embora eu não recomende o uso da ACT como tratamento inicial, se a TCC-I não surtir efeitos suficientes, tente adicionar métodos da ACT e não fazer a reestruturação cognitiva.

Um exercício baseado na ACT que sugiro e considero útil para a dificuldade de dormir consiste em uma variação do método de atenção "foco aberto", apresentado no Capítulo 12. Propositalmente, coloque sua mente em um modo de atenção ampla e imprecisa. Talvez ajude considerar essa prática como uma forma vagarosa, indistinta e imparcial de observação atenta, identificando cuidadosamente qualquer atividade mental que se destaque, mas sem interesse excessivo. Basta acolher passivamente o que surgir em sua mente, da mesma forma que você "acolhe" a água quente de uma banheira. Não se concentre tanto em pensamentos ou outras experiências como nos exercícios típicos de atenção; observe com calma o que surge, perceba os espaços vazios e não faça nada com essas experiências e lacunas. Talvez seja útil conceber este exercício como um desemprego temporário: não há trabalho nenhum a fazer. Enquanto seu corpo sabe como dormir, sua mente solucionadora de problemas não tem esse conhecimento. Essa prática ajuda a convencê-la de que não há nenhum esforço a ser realizado.

Por fim, é aconselhável consultar a obra *The Sleep Book* [“O Livro do Sono”, em tradução livre], escrita pelo Dr. Guy Meadows, um psicólogo inglês que administra uma clínica do sono inteiramente baseada na ACT. Ele desenvolveu uma abordagem detalhada da ACT para a terapia do sono, a qual utiliza em sua clínica.

Capítulo 16

SAÚDE MENTAL

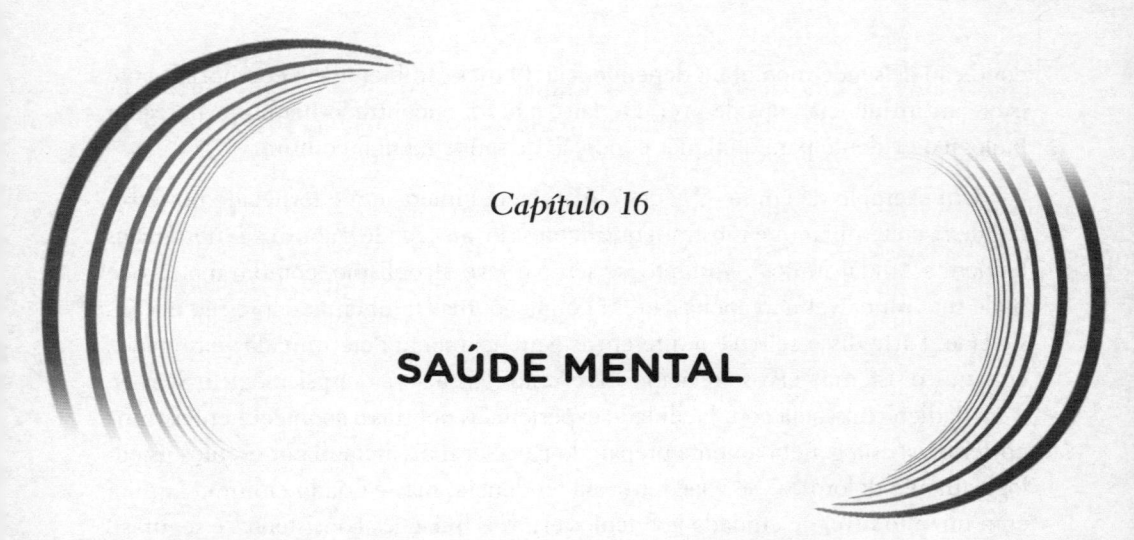

Na mídia popular, e até mesmo nas conversas informais de pesquisadores, as condições de saúde mental têm sido caracterizadas como *doenças*, como se depressão, TOC e dependência química fossem comparáveis a câncer ou diabetes. Não são. Para se qualificar como uma doença, a condição precisa ter uma causa originária conhecida (uma *etiologia*), se expressar por processos identificados (uma *evolução*) e responder de maneiras específicas ao tratamento. As condições de saúde mental não cumprem esses critérios. Na verdade, a comunidade médica se refere a essas condições como síndromes, e elas são diagnosticadas de modo impreciso, por meio de listas de sintomas. Se as pessoas manifestarem pouco mais da metade dos sintomas da lista, supõe-se que elas têm uma condição.

O grupo de psiquiatras e psicólogos incumbidos de elaborar o mais recente conjunto de nomes das síndromes está consciente desse fato. Um artigo escrito pelos desenvolvedores observou que tratar síndromes como se fossem equivalentes a doenças "tem maior probabilidade de ocultar do que esclarecer as descobertas das pesquisas", pois os estudos baseados nelas podem "nunca ter êxito em descobrir suas etiologias subjacentes. Para que esse objetivo seja alcançado, uma mudança de paradigma ainda desconhecida talvez precise ocorrer". Eu e meus colegas concordamos e tentamos provocar uma transição para uma abordagem mais orientada ao processo a fim de compreender as condições de saúde mental.

O conhecimento popular da saúde mental foi extremamente direcionado para um ponto de vista médico. Um exemplo é a ideia de que as condições de saúde mental e a dependência química são basicamente determinadas pelos genes. Agora que podemos mapear todo o genoma de centenas de milhares de pessoas, sabemos que sistemas genéticos inteiros representam apenas uma pequena fração de certa condição de saúde mental ou dependência. O meio ambiente e o comportamento exercem influência considerável. De fato, não foi encontrado nenhum marcador biológico evidente para qualquer condição de saúde mental comum.

Um exemplo de como os genes e o ambiente interagem é fornecido por estudos de risco familiar que mostram que depressão, ansiedade e abuso de substâncias tendem a "andar juntos". Portanto, se seu pai teve alcoolismo, como o meu, você pode ser vulnerável não apenas a essa condição, mas também à depressão e à ansiedade. Parte disso se deve a diferenças geneticamente determinadas na rapidez com que o sistema nervoso relaciona os eventos passados à dor psicológica. Se você é "irritadiço" e associa com facilidade experiências neutras a acontecimentos ruins posteriores, está geneticamente preparado para ser mais afetado por eventos psicologicamente dolorosos. Se você tem essa tendência, mas é criado em uma família com um alto nível de cuidado e vínculos estáveis (relações consistentes e seguras), tudo pode ficar bem. Mesmo quando coisas ruins acontecem, se seus pais não são exemplos de evitação experiencial, os problemas podem não se originar. Porém, considere uma pessoa que está geneticamente preparada a reagir a eventos negativos e mesclar experiências dolorosas ou abusivas, principalmente na ausência de segurança e carinho, e inclua várias tradições familiares de evitação e inflexibilidade. *Voilà*, essa é a fórmula para problemas de saúde mental.

Diversos estudos mostram que aprender as habilidades psicológicas pode acarretar melhorias notáveis no enfrentamento dos desafios de saúde mental, geralmente com maiores resultados de longo prazo e menos efeitos colaterais do que os medicamentos. As condições de saúde mental são frequentemente caracterizadas por excessos de comportamento que podem ser adaptativos em alguns contextos. Por exemplo, pensar em como aprender com os erros do passado não é algo ruim, mas permitir que esse padrão se torne um ciclo de ruminação definitiva prenuncia a depressão. As habilidades de flexibilidade nos motivam a considerar pensamentos e comportamentos que anulam a influência de um repertório limitado de reflexões e atitudes nocivas, e a focar o que é eficaz. Naturalmente, o resultado é um equilíbrio maior, essencial para progredir com propósito.

Se você enfrenta problemas de saúde mental, considere a leitura de livros como este um complemento à ajuda profissional, não uma substituição. Obter tratamento quando se está em dificuldades é imprescindível, e muitas pessoas falham nesse aspecto. Infelizmente, uma das principais razões para essa omissão é o estigma. Pesquisas indicam que, em todo o mundo, uma em cada cinco pessoas vivenciará uma condição de saúde mental comum durante determinado ano, e que uma em cada três enfrentará algum tipo de desafio de saúde mental ao longo da vida. No entanto, muitas pessoas têm opiniões julgadoras sobre essas condições. Várias acreditam que as lutas mentais são uma fraqueza de caráter. Aquelas que sofrem de transtornos mentais são classificadas como incompetentes, perigosas ou irreparavelmente "fragmentadas", o que causa distanciamento social e discriminação na contratação.

O resultado: pessoas com tais condições geralmente escondem seus sintomas, até mesmo dos entes queridos, e evitam tratamento ou apoio. De fato, apenas uma em cada cinco procurará assistência de um profissional de saúde mental. Isso é uma tragédia, sobretudo porque tratamentos cientificamente consolidados estão disponíveis. Em outras palavras: existe ajuda.

O estigma também pode ser internalizado por meio da autoculpabilização e até mesmo da autodepreciação. Mensagens culturais equivocadas, como "pense positivo", apenas incentivam mais evitação e pioram a situação. A ACT ajuda as pessoas a lidarem com a dor do estigma e se distanciarem das mensagens inúteis.

Se você buscar tratamento, as habilidades da ACT complementarão esses esforços. A ACT é conhecida o suficiente pela comunidade terapêutica profissional para que você possa dialogar com seu terapeuta sobre a melhor forma de incluí-la. É possível complementar o tratamento com pesquisas online sobre como a ACT e os processos de flexibilidade estão em consonância com as abordagens e os conceitos utilizados pelo profissional escolhido. Outra alternativa é procurar um terapeuta pelo link: http://bit.ly/FindanACTtherapist [conteúdo em inglês].

A essa altura do livro, você provavelmente compreende por que a ACT é oportuna para os desafios mentais: ela intensifica um modo diferente da mente, um que é mais observador, apreciativo e fortalecedor, e menos crítico e insensato. As habilidades de flexibilidade atenuam o impacto das automensagens nocivas e ajudam a adentrar o presente, fazendo com que consigamos recepcionar, perceber e nomear emoções difíceis que ecoam de nossa história. Isso estabelece as bases para que possamos focar nossos valores autênticos e agir para torná-los centrais em nossa vida.

Os exercícios de compromisso propiciam o auxílio necessário para seguir as etapas indicadas — as metas SMART definidas por você ou as recomendadas por um terapeuta ou programa. As práticas da ACT podem reforçar outros programas elaborados para lidar com problemas de saúde mental, como AA, grupos de apoio ou programas online.

Uma abordagem geral adequada para aplicar a ACT às dificuldades de saúde mental consiste em, mais uma vez, considerar as barreiras internas que contribuem para a adversidade enfrentada e fazer uma lista das estratégias que você utiliza para lidar com elas. É comum identificar maneiras óbvias de começar a aplicar os exercícios do seu conjunto de métodos a essas barreiras.

Todas as habilidades de flexibilidade são relevantes, mas algumas serão particularmente úteis para certas condições. Por exemplo, por causa do papel proeminente da ruminação na depressão, o poder dos exercícios de desfusão para libertar-se de seu controle pode ser especialmente benéfico. No caso da ansiedade, os exercícios de exposição são vantajosos, e o trabalho com aceitação e valores os tornará ainda mais possíveis e úteis. Para o abuso de substâncias, a aceitação ajuda muito no enfrentamento do desconforto físico e psicológico ocasionado pelos desejos, bem como da dor emocional que as pessoas frequentemente tentam entorpecer. A própria experiência o ajudará a focar as habilidades que considerar mais proveitosas, mas é preferível trabalhar com os outros métodos do seu conjunto também, pois eles reforçarão seu progresso.

A seguir, apresentarei uma orientação mais específica sobre condições comuns.

Depressão

Se você tem depressão, provavelmente sabe que ela é bastante comum, mas não o quanto. A depressão é a principal causa mundial de incapacidade — cerca de 350 milhões de pessoas em todo mundo lutam contra ela, incluindo um em cada vinte norte-americanos com mais de 12 anos.

Ainda que medicamentos antidepressivos sejam úteis em curto prazo para pessoas profundamente deprimidas, muitas não respondem a eles. Para a maioria, os efeitos não são significativos, e o uso em longo prazo ou em altas doses acarreta o risco de uma lista ampla de efeitos colaterais, como disfunção sexual e risco elevado de reincidência. Comparavelmente, a psicoterapia se mostrou eficaz para a depressão em curto prazo, com efeitos colaterais menores e mais benefícios após a interrupção do tratamento. No caso da depressão maior, os pesquisadores ainda tentam descobrir se existe uma vantagem em associar terapia com medicamentos, mas, para depressão menor, essa combinação não é significativamente mais eficaz. Enquanto não houver uma conclusão, é importante verificar a pesquisa atual da melhor maneira possível antes de concordar com qualquer plano de tratamento.

Considerando que talvez você já esteja em terapia ou ponderando qual tipo de terapia procurar, apresentarei algumas orientações sobre a ACT em relação a outras opções. Por muitos anos, a principal forma de terapia prescrita para a depressão tem sido a TCC tradicional, e vários estudos demonstraram que ela pode ter resultados favoráveis. Porém, o motivo de sua eficácia ainda é confuso. Como mencionado anteriormente, muitos estudos indicaram que os benefícios da TCC se devem em grande parte aos elementos comportamentais, não apenas à reestruturação de pensamento. Nesse ínterim, dezenas de estudos randomizados analisaram os efeitos da ACT na depressão, e até agora ela se mostrou tão profícua quanto a TCC. Além disso, conhecemos melhor o motivo de sua eficácia — ela desenvolve flexibilidade psicológica, possibilitando uma precisão maior dos alvos imediatos de mudança.

Por exemplo, conforme observado, a ruminação é um dos principais fatores que contribuem para a depressão. A pesquisa da ACT revelou parte do motivo. Pesquisadores analisaram pessoas que sofreram uma grande perda a fim de verificar se a ruminação fazia com que ficassem deprimidas; a resposta foi sim, mas apenas quando ruminavam para evitar emoções difíceis. Se sua mente simplesmente retornar repetidas vezes à perda, sem se esforçar para evitar a dor, a ruminação acabará por diminuir e, se for o caso, não causará um dano considerável.

Suponha que você tenha sofrido uma grande perda, como o suicídio de um amigo próximo. É comum o questionamento: "Há algo que não percebi?" ou "Por que não liguei para ele e perguntei como estava?". No entanto, se você revive o passado para evitar a dor da perda, não conseguirá se conectar totalmente ao amor que sentiu por seu amigo e será menos propenso a contatar outros amigos para obter apoio. Há o risco de ficar "preso" nesse estado que chamamos de depressão.

A ACT está vinculada à TCC tradicional, e muitos terapeutas dessa abordagem estão dispostos a recorrer à ACT para complementar os elementos da TCC que sabemos que são úteis, principalmente os comportamentais. Os pivots de flexibilidade podem ser associados com facilidade a praticamente qualquer método devidamente validado. Um exemplo é a Ativação Comportamental (BA, na sigla em inglês), um dos melhores tipos de terapia para depressão. Resultados excelentes foram constatados em pesquisas que a combinaram com a ACT.

A BA foi desenvolvida por Neil Jacobson, um bom amigo já falecido que fez residência na mesma época que eu. Ele associou práticas de aceitação a métodos para auxiliar pacientes a agirem mais de acordo com o que se importam, concentrando-se em comportamentos de substituição. Se uma pessoa dorme até tarde para tentar escapar de sentimentos depressivos, pode ser recomendado um comportamento substituto de caminhar pela manhã. Geralmente, é elaborado um cronograma de atividades de substituição positiva para ajudar a atingir metas e, assim, desestimular a evitação emocional.

A BA e a ACT concordam em relação à inutilidade de tentar alterar diretamente o conteúdo dos pensamentos que contribuem para a depressão e à eficácia em ajudar as pessoas a perceberem os efeitos negativos das estratégias de evitação. A ACT acrescenta práticas de desfusão, Eu e atenção e enfatiza que as ações devem ser realizadas em prol da vida valorizada. Essas habilidades ajudam as pessoas a se comprometerem com comportamentos de substituição. Se estiver realizando a BA, converse com o profissional responsável sobre como incluir a ACT nela.

Não posso finalizar essa parte sem um breve agradecimento a Neil, já que ele foi um dos primeiros apoiadores da ACT. Neil me contatou quando estava prestes a finalizar seu segundo grande estudo sobre a BA, o qual demonstrava que ela era melhor do que a TCC tradicional. Ele me disse que era o momento de organizar uma "revolução contextual" a partir da associação dos meus métodos iniciais da ACT com os da BA e outras novas técnicas da TCC recentemente desenvolvidas. Concordei com entusiasmo e comprei uma passagem de avião para ir a Seattle planejar a revolução. Porém, Neil faleceu tragicamente de ataque cardíaco alguns dias antes da viagem. Acabei declarando a chegada da Terceira Onda da TCC (da qual a ACT é o principal exemplo) por conta própria, mas a Terceira Onda certamente teria se beneficiado muito caso esse defensor da ciência estivesse vivo!

Ansiedade

Cerca de 12% das pessoas em todo o mundo vivenciarão algum tipo de desafio de ansiedade durante determinado ano, e espera-se que até 30% delas enfrentem uma condição de ansiedade ao longo da vida. A boa notícia é que pesquisas demonstraram que a ACT é altamente eficaz em vários tipos diferentes. A seguir, apresentarei alguns dos resultados e destacarei algumas orientações específicas sobre como adaptá-la para lidar com a ansiedade.

O padrão de tratamento da ansiedade, assim como da depressão, é a TCC. Em muitos estudos, a ACT provou ser semelhante ou um pouco mais eficaz para a ansiedade do que a TCC tradicional. Um estudo satisfatório foi realizado por uma equipe de pesquisa da UCLA supervisionada pela professora de psicologia Michelle Craske — uma das melhores pesquisadoras de TCC do mundo. Em sessões que contabilizaram um total de doze horas, os participantes receberam aconselhamento individual uma vez por semana, com base na ACT ou na TCC.

Ao final, ambos os grupos apresentaram uma melhoria significativa, porém, em um acompanhamento realizado após doze meses, o grupo da ACT mostrou um progresso muito maior. Esses participantes avançaram em sua vida e se comprometeram com comportamentos e pensamentos significativamente menos evitativos e negativos. As habilidades de desfusão e aceitação foram responsáveis por essa diferença.

A comunidade da ACT descobriu algumas maneiras essenciais de adaptar as práticas de flexibilidade à ansiedade. Elas dizem respeito à forma de interação com a exposição a gatilhos de ansiedade — um componente principal do tratamento tradicional para fobias, transtorno de ansiedade social e TOC. Os terapeutas da ACT constataram que, em vez de começar imediatamente a exposição, antes é melhor desenvolver habilidades de desfusão e aceitação e realizar o trabalho com valores. Por exemplo, em um estudo de doze sessões com resultados consistentes, os exercícios de exposição não foram introduzidos até a sexta sessão. As cinco primeiras foram dedicadas totalmente às habilidades de flexibilidade, a fim de que os participantes recorressem ao aprendizado da ACT ao enfrentarem o desconforto da exposição. A desfusão e a aceitação ajudam com pensamentos e sentimentos difíceis, e vários estudos mostraram que é mais fácil realizar a exposição se as atividades forem significativas para as pessoas. Digamos que você tem ansiedade social e uma atividade recomendada é participar de uma festa. Esse tipo de socialização pode não ser do seu interesse. Em vez disso, você pode usar o trabalho com valores para identificar atividades que evita e que realmente gostaria de realizar — participar de uma aula de ginástica, por exemplo.

Outra modificação na exposição tradicional é que os pacientes são instruídos a iniciar atividades relativamente fáceis de gerenciar e avançar até as mais desafiadoras. A ACT não valoriza a quantidade de desconforto que a atividade provoca. Sua abordagem consiste na liberdade para escolher as atividades que preferir, fáceis ou desafiadoras, pois elas são importantes para você.

Se descobrir que não está tão preparado para a exposição como pensava e tiver que parar, ou se talvez sofrer um ataque de pânico, não deixe seu Ditador derrotá-lo. Vencer uma luta contra a ansiedade é uma jornada que inevitavelmente implicará alguns momentos difíceis. Desde o meu último ataque de pânico, há 23 anos, às vezes fico muito ansioso, mas consigo realizar atividades que induzem a ansiedade, como dar palestras para grandes públicos, ao utilizar minhas habilidades sempre que a percebo se aproximando. Para ser sincero, escrever este livro é um exemplo. Se for um grande sucesso, quem sabe? Talvez a Oprah me ligue.

Imagina!!!

Um exercício que considero útil como prática regular é o da bússola reversa, o qual apresentei anteriormente. Usei o exemplo de me atribuir a tarefa de esfregar as mãos no rosto, caso tivesse um pensamento obsessivo sobre limpeza ao sair de um banheiro. Para aplicar essa técnica à sua própria ansiedade, faça uma lista de atividades que você evita para não desencadeá-la e comece a realizá-las, uma a uma. Por exemplo, talvez sua mente tenha dito que é muito assustador andar de montanha-russa, participar de uma aula de dança, viajar sozinho, concordar em dialogar com um grupo da igreja, cantar em um bar de karaokê, andar de tirolesa, contar a um amigo o quanto ele é importante ou qualquer uma de inúmeras coisas como essas. Tente fazer pelo menos uma dessas atividades da sua lista toda semana e, durante o exercício em si, trabalhe suas habilidades de atenção plena, incluindo atenção, aceitação, desfusão e Eu.

Aprendi a nunca dizer "nunca" em relação à ansiedade e à vida. Espero e desejo que eu consiga me amparar mesmo se a Oprah ligar!

Abuso de Substâncias

As habilidades de flexibilidade complementarão toda abordagem de recuperação do abuso e dependência de substâncias — programa de doze passos, tratamento residencial, aconselhamento individual, uso de agonistas e antagonistas (por exemplo, metadona para dependência de opiáceos), entrevista motivacional, gerenciamento de contingência etc. Estudos controlados verificaram que o treinamento da ACT melhora os resultados durante o programa de tratamento e ajuda a manter a abstinência após finalizá-lo. As habilidades também auxiliam a busca por tratamento, o que é uma enorme barreira para muitas pessoas que enfrentam qualquer tipo de problema.

Em um dos primeiros grandes estudos sobre a ACT para abuso de substâncias, foram analisados os efeitos das habilidades associadas à manutenção com metadona para pessoas que lutavam contra o vício em opiáceos. Em uma avaliação de acompanhamento de seis meses, 50% dos pacientes do grupo da ACT estavam sóbrios, como demonstrado por exames de urina, em comparação com 12% dos que receberam metadona e orientação medicamentosa padrão.

Nos anos subsequentes, vários estudos satisfatórios sobre a ACT para abuso de substâncias revelaram que ela parece auxiliar uma ampla variedade de tipos específicos. Aprendemos muito sobre o porquê. Por um lado, o uso de substâncias, com frequência, é motivado pela evitação. Enquanto algumas pessoas simplesmente começam por curtição, ou porque seus amigos o fazem, e acabam aumentando o consumo, outras são atraídas a usar drogas nocivas ou beber em excesso porque buscam entorpecer pensamentos e sentimentos difíceis, de forma consciente ou não. Ao enfatizar o poder da aceitação e os danos causados pela evitação, o treinamento da ACT ajuda a diminuir a capacidade das substâncias de enganar seus usuários. Há uma frase que gostamos de usar: "ACT — eliminamos a diversão da dependência!" Sim, é uma brincadeira, mas o objetivo é sério. A evitação real funciona por completo *apenas se você não souber que recorre a ela*. A partir do momento que *compreender* o uso de substâncias como um mecanismo de evitação, adquire a oportunidade de escolher uma direção diferente. Evidentemente, o processo é desafiador.

A recuperação envolve tanto os desafios físicos da abstinência quanto os desafios psicológicos do abandono de hábitos profundamente arraigados. Além disso, o abuso de substâncias é um dos problemas mais estigmatizados que alguém pode desenvolver, e internalizar esse senso de estigma é um poderoso indicador de resultados insatisfatórios. Essa internalização é intensificada pela inflexibilidade psicológica, mas pode ser atenuada pelo aprendizado das habilidades de flexibilidade.

As habilidades de aceitação auxiliam o enfrentamento do sofrimento físico e psicológico proveniente da abstinência. As muitas maneiras pelas quais o corpo e a mente se opõem aos esforços para interromper o uso consistem em um aspecto desafiador do abuso de substâncias, com desejos e outros sintomas que costumam motivar recaídas. A aceitação pode ajudar a se manter abstinente e interromper o ciclo de feedback negativo.

As habilidades da ACT também podem auxiliar as pessoas a superarem pensamentos compulsivos sobre o uso e reduzir os efeitos de gatilhos psicológicos profundamente arraigados. Lembre-se: a RFT explica que redes densas de relações se fixam em nossa mente, e pensamentos incorporados nelas podem ser desencadeados a qualquer momento. Pesquisas neurocientíficas sobre dependência mostraram que esse processo exerce influência, pois todos os tipos de indícios relacionados ao uso de substâncias podem provocar pensamentos correlatos. Alguns são óbvios, como ver um comercial de cerveja ou sentir o cheiro de maconha, mas outros podem estar totalmente fora de nossa consciência.

Os terapeutas têm esse conhecimento, e é por isso que um componente-padrão da maioria dos programas de tratamento de abuso de substâncias é evitar gatilhos. O problema é que o nível em que podemos controlar a exposição a eles é limitado, visto que as redes de relações em nossa mente são muito elaboradas. Por exemplo, podemos relacionar um parente que não vemos com frequência ao consumo de álcool, pois sempre há bebida nas situações em que o encontramos. Se escutarmos alguém dizer uma frase já dita por esse parente, nosso cérebro imediatamente evoca a bebida à mente. Até os esforços para abster-se se associam ao uso, como quando percebi que o pensamento *Você está calmo e relaxado* provocava minha ansiedade. Da mesma forma, pensamentos sobre o uso podem desencadear uma reação física semelhante à real, ainda que mais moderada. Por exemplo, quando aqueles com histórico de uso de cocaína assistem a vídeos de pessoas utilizando essa droga, seu cérebro reage com uma liberação de dopamina semelhante à que obteriam se de fato a consumissem.

A ACT nos propicia um outro caminho para o progresso: reduzir o impacto dos gatilhos sempre que ocorrerem. Erradicar todos os indícios e desejos é irrealista, mas desenvolver habilidades de aceitação e compromisso cria margem para que pensamentos e impulsos indesejados percorram nossa mente sem nos convencerem a agir de acordo com eles, diminuindo gradualmente o impacto. Essas habilidades contribuem para a estratégia que Alan Marlatt, amigo, colega e pesquisador sobre alcoolismo já falecido, definiu como "surfar o impulso".

O aprendizado da ACT também enfraquece o diálogo interno negativo tão frequentemente autoinfligido por pessoas que lutam contra o abuso de substâncias. A autorrecriminação intensa contribui para a dor da dependência, incitando ainda mais o impulso de evitação por meio do uso. A recriminação após uma recaída pode ser particularmente cruel. Além disso, a dor do estigma e da vergonha provocada por ela abarcam obstáculos poderosos à busca por ajuda. Muitas pessoas adiam essa busca até o problema se tornar extremo ou elas chegarem ao fundo do poço. Aprender a se distanciar da voz interior da vergonha e da culpa e se considerar novamente como uma pessoa plena, que é muito mais do que a soma de comportamentos adictivos, são atitudes que favorecem a autocompaixão.

O trabalho com valores auxilia a reconexão com as aspirações de vida, possibilitando que as pessoas enxerguem além do fascínio poderoso do alívio passageiro suscitado pelo entorpecimento da dor e se comprometam com a mudança de comportamento.

Por fim, o abuso de substâncias é uma companhia frequente de outros desafios de saúde mental, como depressão e ansiedade, para os quais a ACT também é muito útil. O vínculo com os transtornos de humor é tão intenso que pessoas que apresentam um deles têm o dobro de probabilidade de se tornarem dependentes químicas, sobretudo se forem psicologicamente inflexíveis.

Se você estiver em tratamento ou deseja buscá-lo — o que aconselho se o uso de substâncias for um problema —, é possível incluir exercícios da ACT para complementar os esforços. De fato, a ACT apoia amplamente o processo dos doze passos popularizado pelo AA e incorporado às abordagens de muitos centros de tratamento. A estratégia dos doze passos compartilha a ênfase da ACT em aceitar aquilo que não podemos mudar e alinhar a vida aos valores por meio do compromisso com ações específicas. A famosa Oração da Serenidade, apresentada de forma ligeiramente modificada no programa de AA, pede serenidade para aceitar o que não se pode alterar, coragem para mudar o que se pode — o comportamento e as situações influenciadas por ele — e sabedoria para compreender a diferença. A ACT utiliza a ciência para orientar essa distinção sábia.

Há pouco tempo, testamos a aplicação do treinamento da ACT especificamente à vergonha de pessoas em tratamento para uso de substâncias, o comparamos a um programa-padrão dos doze passos e constatamos que ele reforça os efeitos da internação. Ademais, embora ambos os grupos tenham apresentado melhoria inicial, o acompanhamento revelou que os clientes expostos à ACT mantiveram o progresso, apresentando melhores resultados do que as pessoas que tiveram apenas o auxílio dos doze passos.

Como a ACT é baseada em evidências, associá-la ao programa tradicional dos doze passos também soluciona a objeção apresentada à abordagem do AA: ela não é científica. Além disso, aqueles que se interessam pela técnica dos doze passos, mas se sentem desmotivados por algumas de suas características, como a forte ênfase na espiritualidade, podem recorrer ao livro *The Wisdom to Know the Difference* ["A Sabedoria para Compreender a Diferença", em tradução livre], escrito por Kelly Wilson, meu ex-aluno que está em recuperação de longo prazo da dependência de heroína. A obra orienta o leitor por uma abordagem dos doze passos completamente fundamentada na perspectiva da ACT.

A conclusão é que, independentemente da abordagem anterior ou atual que você ou um ente querido adotou para vencer o uso de substâncias, o desenvolvimento das habilidades de flexibilidade psicológica ajudará.

Para iniciar o processo, aconselho focar o trabalho com valores e revisitá-lo regularmente à medida que se desenvolve as outras habilidades. Ao perceber com clareza como o uso de substâncias impede uma vida compatível com valores verdadeiros e aspirações vitais, adquire-se a motivação poderosa para resistir à dor do processo.

Para conferir o quanto a inflexibilidade evitativa pode estar interferindo no seu uso de substâncias, realize a avaliação elaborada para medir a flexibilidade relativa ao abuso de substâncias em: http://www.stevenchayes.com [conteúdo em inglês].

Kelly Wilson concentra a mensagem da ACT para a dependência em uma única pergunta: *Neste exato momento, você aceitará o triste e o agradável, acreditará em histórias sutis sobre o que é possível e será o autor de uma vida com significado e propósito, retornando a ela com bondade sempre que perceber que está se afastando?* Abandonar a dependência é uma jornada destemida; a jornada de um herói. Esse questionamento é semelhante a um mapa de como proceder: em cada momento de escolha, ele auxiliará as pessoas em recuperação a encontrarem o caminho para casa.

Transtornos Alimentares

Talvez a primeira coisa a dizer sobre transtornos alimentares (TAs) seja que alguns deles são condições médicas extremamente graves e que o tratamento profissional deve ser procurado imediatamente após a detecção de indícios. Eles estão entre as condições de saúde mental mais difíceis de tratar, com altos índices de fracasso e recaída após o êxito no tratamento inicial. Embora os TAs tendam a ser considerados um problema feminino — são mais comuns em mulheres —, o diagnóstico em homens tem aumentado. Cerca de 20 milhões de mulheres e 10 milhões de homens nos Estados Unidos enfrentarão um TA clínico durante suas vidas, e a primeira década deste século constatou um aumento de 66% no diagnóstico masculino. Como é o caso de todas as condições de saúde mental, suas causas são complexas e ainda não foram bem compreendidas, envolvendo o que parece ser uma ampla variedade de fatores genéticos, neurobiológicos, psicológicos e sociais.

Uma certeza é que a evitação emocional é relativamente alta em pessoas com TA. A inanição autoimposta, a compulsão e a purgação são motivadas, pelo menos em parte, pelo desejo de evitar pensamentos e sentimentos difíceis — sobre a imagem corporal ou outros problemas da vida, como o medo da intimidade ou do fracasso. As pessoas com TA costumam usar ativamente a supressão do pensamento como uma forma de evitação experiencial, e, quanto mais o fazem, pior são seus sintomas. Isso ajuda a explicar por que muitas delas lidam com depressão e ansiedade, que também são fortemente prenunciadas pela evitação. Ademais, verificou-se que a ruminação, sob a forma de diálogo interno negativo sobre imagem corporal e de pensamentos obsessivos sobre alimentação e peso, contribui significativamente para o desenvolvimento e a persistência de TAs. A ACT ajuda a neutralizar todos esses fatores.

Um dos aspectos mais difíceis do tratamento é que as pessoas com TA são muitas vezes ambivalentes ou contrárias em relação a ele. O trabalho com valores da ACT ajuda-as a perceberem como elas subverteram outras aspirações de vida em sua busca pelo controle de peso e, em seguida, assumirem um autêntico compromisso de realinhar sua vida com seus valores.

Além disso, a extrema submissão à elaboração de regras relacionadas à alimentação é uma das principais características do comportamento de TA, e um número relativamente alto de pessoas que sofrem desse transtorno também enfrenta o TOC. A desfusão auxilia a libertação do controle dessas regras.

O trabalho com o Eu pode ajudar as pessoas com TA a encontrarem um espaço onde se sintam bem, mesmo com pensamentos como *Estou muito gorda* ou *Meu corpo é asqueroso*. Uma autoconsciência transcendente propicia um alicerce para a plenitude.

A ACT também ajuda com a ansiedade — um problema comum para pessoas com transtorno alimentar. O psiquiatra Emmett Bishop, que desenvolveu um programa de tratamento de TAs baseado na ACT, explicou-me que eles são muito difíceis de tratar em parte porque a restrição alimentar proporciona um alívio significativo de emoções negativas que atormentam, com a ansiedade sendo essencial a essa perturbação. Pesquisas mostram que cerca de dois terços das pessoas com TA também têm um transtorno de ansiedade. Emmett diz que elas atingem "um pico adaptativo de evitação experiencial" e compara o efeito ao de medicamentos contra a ansiedade, conhecidos como ansiolíticos. Segundo ele, a ACT ajuda as pessoas a "saírem do pico e lidar com a ansiedade resultante". Em suas palavras: "Nossos pacientes estão perdidos em um emaranhado de detalhes ansiosos." O treinamento de flexibilidade os ajuda a criar uma coerência mental saudável que se concentra em seus valores, e não na preocupação de monitorar momento a momento o quão bem seguem suas elaboradas regras alimentares.

Como a TCC ainda é o padrão de excelência para o tratamento psicológico de transtornos alimentares, talvez o caminho mais sensato seja acrescentar habilidades da ACT para apoiar suas abordagens tradicionais. Um estudo recente fez exatamente isso com um programa online que combinava a TCC com a ACT. Os elementos da TCC se concentraram na realização de mudanças iniciais e na estabilidade de padrões alimentares saudáveis, observando a valorização excessiva do peso e da forma corporal e trabalhando em questões centrais, como dificuldades interpessoais ou perfeccionismo. O trabalho com valores da ACT foi incluído para motivar a mudança; e o trabalho de aceitação e atenção plena foi utilizado para abandonar o perfeccionismo e o pensamento rígido. O estudo constatou que quase 40% das pessoas que acessaram o site foram ajudadas, em oposição a apenas 7% que não tiveram acesso a ele.

Em 2013, o poder de incluir o treinamento da ACT em um programa para o tratamento de TAs foi avaliado empiricamente por um estudo realizado no Renfrew Center. Um grupo de pessoas com TA recebeu o tratamento padrão do centro, que envolve métodos comuns, como pesagem regular, exposição a alimentos temidos e normalização de hábitos alimentares. Outro grupo recebeu o tratamento-padrão, bem como a opção de participar de oito sessões noturnas de treinamento em grupo, que combinavam instruções em diversas habilidades da ACT. Qualquer um que comparecesse a pelo menos três sessões concluiria o treinamento, portanto, a participação nas práticas era às vezes limitada. Ainda assim, o estudo revelou que aqueles que receberam treinamento da ACT demonstraram significativamente menor preocupação com seu peso e maior ingestão de alimentos — quase o dobro — do que o grupo sem a ACT. Durante o acompanhamento de seis meses, menos pessoas do grupo da ACT foram reinternadas.

Êxitos como esse fizeram com que muitos programas de tratamento de TA nos Estados Unidos adotassem a ACT como abordagem principal. O programa de Emmett Bishop é um exemplo. Ele fundou o Eating Recovery Center, com instalações em vários estados. Um dos aspectos que me agrada no programa de Emmett é que, com cautela, ele coleta dados de todos os pacientes tratados e os publica periodicamente, algo raro e respeitável. Recentemente, Emmett publicou resultados de seiscentos pacientes. Ele constatou que 60% deles foram consideravelmente auxiliados por seu programa de tratamento amplamente baseado na ACT e que as mudanças na flexibilidade psicológica anteciparam intensamente a melhora.

A medida de flexibilidade psicológica relacionada à alimentação que Emmett utiliza consiste em uma modificação de uma versão que eu e Jason Lillis, um ex-aluno, publicamos anos atrás. Ela pede que as pessoas avaliem afirmações como:

* **Preciso me sentir melhor com minha aparência a fim de ter a vida que desejo.**
* **Outras pessoas dificultam a minha aceitação.**

* **Não faz sentido ter intimidade se não me sinto atraente.**
* **Se meu peso aumentar, significa que falhei.**
* **Meus impulsos por comida me controlam.**
* **Preciso me livrar dos impulsos por comida para me alimentar melhor.**
* **Se eu comer algo inadequado, o restante do dia é um desperdício.**
* **Eu deveria ter vergonha do meu corpo.**
* **Preciso evitar situações sociais em que as pessoas possam me julgar.**

Para determinar seu nível de flexibilidade, realize a avaliação completa em http://www.stevenchayes.com [conteúdo em inglês].

Quando pedi que Emmett resumisse a sabedoria obtida de seu trabalho com milhares de pessoas que enfrentam TAs, me identifiquei profundamente com sua conclusão: "Em vez de se ater a detalhes ansiosos de momento, identifique os valores primordiais de sua vida e siga-os de maneira aberta, curiosa e flexível." Todos nós podemos nos beneficiar desse conselho e, se você ou um ente querido tiver um TA, espero que ele indique o caminho para a recuperação.

Psicose

Não quero finalizar este capítulo sem mencionar a psicose. O já falecido Albert Ellis, amigo e desenvolvedor da terapia racional-emotiva comportamental (TREC), apreciava a ACT, mas uma vez me disse: "Steve, a ACT é para ——— intelectuais" (se você conhecesse Al, saberia que ele proferiu vários palavrões na parte ———). Pedi uma explicação e ele declarou, por exemplo, que ela não funcionaria para pessoas com alucinações ou delírios.

Imediatamente realizamos um estudo para verificar.

Se você já assistiu a *Uma Mente Brilhante*, que conta a história de John Nash, matemático vencedor do Prêmio Nobel, praticamente constatou o que tentamos ensinar. No filme, Nash ficou tão enredado em seus delírios que estava prestes a perder sua família e sua ocupação acadêmica. Em vez disso, ele aprendeu a observar psicologicamente seus sintomas a certa distância, e não lutar contra eles ou consenti-los. Esse distanciamento possibilitou que ele se concentrasse mais no que realmente importava (sua família e seu trabalho) — o cerne da abordagem da ACT para lidar com a psicose.

Agora sabemos que até mesmo três a quatro horas de ACT podem acarretar uma redução significativa na reinternação durante o ano subsequente, pois ela altera a forma como as alucinações e os delírios afetam uma pessoa. O desenvolvimento da flexibilidade faz com que eles provoquem menos angústia, menos crença de que são literalmente verdadeiros e menor impacto comportamental. A depressão que comumente se instaura após um surto psicótico também diminui. O trabalho ainda é recente, mas está evoluindo muito bem com uma série de estudos e programas em todo o mundo.

Discordo do meu falecido amigo. Os processos de flexibilidade não são para intelectuais, mas para todos nós, independentemente do tipo ou da gravidade das experiências que enfrentamos. Psicóticos vivenciam um estigma intenso, pois tendem a ser considerados como indivíduos que têm uma doença cerebral ou uma falha genética que os faz parecerem extremamente "diferentes". Isso não é verdade. Assim como em todas as condições mentais, ainda não sabemos por que as pessoas têm alucinações ou delírios, mas ouvir vozes (por exemplo) não é, por si só, mais incapacitante do que dor crônica, ansiedade ou perda dolorosa. Pessoas são pessoas, apenas isso, e um crescente número de pesquisas sugere que os processos de inflexibilidade aumentam o impacto e talvez até o surgimento de alucinações e delírios. Pessoas que ouvem vozes e outras que lidam com essas experiências não são "diferentes". Internamente, todos carregamos um pouco daquilo que suscita graves problemas de saúde mental. A saúde mental não é uma questão "deles", é uma questão "nossa". Espero que, com o tempo, consigamos aprender a direcionar a mesma compaixão que a ACT nos ensina a ter com nossas próprias lutas mentais para aqueles que enfrentam os desafios mais profundos.

Capítulo 17

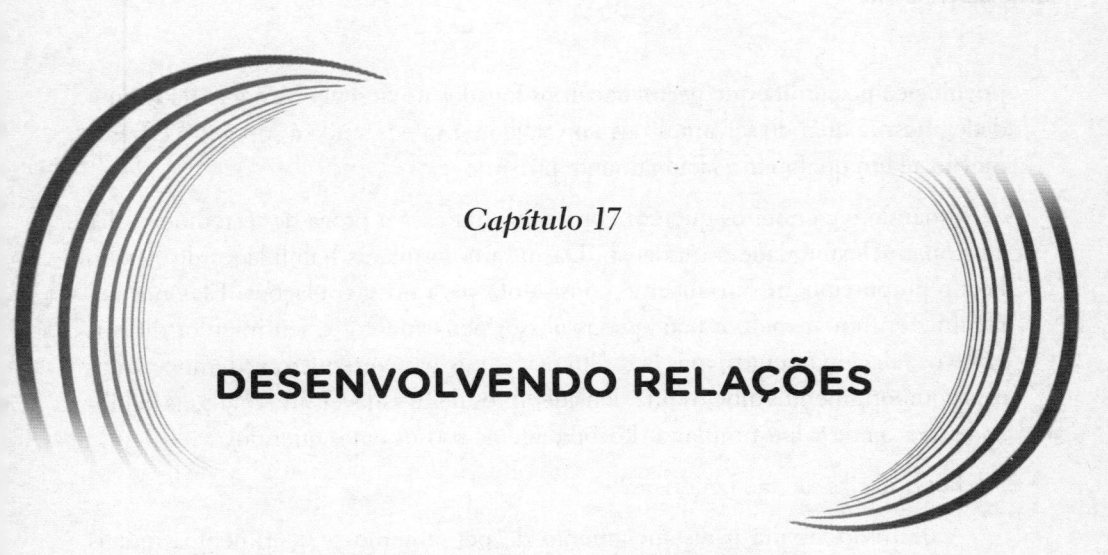

DESENVOLVENDO RELAÇÕES

Sempre que peço que meus clientes ou participantes de workshop considerem rigorosamente seus valores, sei o que presenciarei — a importância das pessoas para as pessoas. Nossas relações com namorados, cônjuges, filhos, pais, amigos e colegas de trabalho são fundamentais para o nosso bem-estar. Temos essa compreensão e nossos valores a manifestam.

Somos feitos para nos relacionarmos com os outros. Apenas o ato de olhar nos olhos de alguém querido libera opiáceos naturais, como se a sua neurobiologia afirmasse: “Essa conexão é boa para você.” Porém, é claro, vínculos saudáveis também exigem um desenvolvimento cuidadoso. Um aspecto que nos aproxima ainda mais das pessoas é a capacidade de compartilharmos o que importa, nossos pensamentos e sentimentos, de forma aberta e sincera, e de ouvir atentamente e com receptividade, em vez de julgar ou ficar na defensiva, quando elas agem do mesmo modo. Entretanto, costumamos esconder nossos pensamentos e sentimentos verdadeiros daqueles com quem nos importamos, da mesma forma que fazem conosco.

Considere as relações amorosas e as maneiras pelas quais a raiva ou a mágoa nos motivam a nos fechar, em vez de arriscarmos perder a compostura e provocar conflitos. Podemos ter receio de que nosso parceiro se enfureça caso compartilhemos que estamos irritados ou magoados com algo que ele fez ou deixou de fazer. Talvez não queiramos parecer vulneráveis; ou sentimos medo de que nosso parceiro se distancie.

Tudo isso é compreensível. Porém, há uma fórmula simples sobre relações para se ter em mente: em um contexto que mantém uma conexão segura, intimidade = valores compartilhados + vulnerabilidades compartilhadas. A flexibilidade psicológica possibilita que permaneçamos focados no desenvolvimento da intimidade, mesmo quando sentimos raiva ou mágoa. Ela nos ajuda a superar o estresse inevitável em qualquer relacionamento próximo.

Quando engenheiros querem construir uma casa à prova de terremotos, eles adicionam flexibilidade à fundação. Da mesma forma, as habilidades de flexibilidade proporcionam um alicerce consistente para nossas relações. Elas nos auxiliam a enfrentar melhor não apenas nossos pensamentos e sentimentos difíceis sobre os relacionamentos, mas também os das pessoas com quem nos importamos e os comportamentos alheios que consideramos desagradáveis. Ademais, as habilidades nos ajudam a estimular a flexibilidade de nossos entes queridos.

Por que elas são tão benéficas?

A desfusão auxilia o distanciamento de pensamentos e sentimentos inúteis sobre os outros e como eles nos trataram, e conscientemente rejeita o comportamento negativo que pode ser desencadeado, como um ataque de raiva. As pessoas apreciam essa tolerância e ela tende a inspirá-las a serem menos negativas e reativas também. Esse aspecto favorece uma comunicação cuidadosa e zelosa que não ameaça a desistência ou o término do relacionamento.

O apego a um Eu conceitualizado ocasiona distância entre nós e os outros. Com frequência, pressionamos involuntariamente nossa família e nossos amigos a apoiarem essa autoimagem, embora eles percebam que ela está distorcida devido ao fato de nos conhecerem bem. A conexão com a autoconsciência transcendente enfraquece essa tendência, nos ajudando a inserir nosso Eu pleno e verdadeiro nas relações e reconhecer a plenitude alheia.

A aceitação nos ajuda a sermos honestos conosco sobre a dor que sentimos em um relacionamento, o que, por sua vez, nos permite expressar esses sentimentos para os outros, em vez de ocultá-los ou agir de maneiras inúteis, como ameaçando desistir na tentativa de eliminar a dor. É claro que, em certos momentos, a desistência é baseada na segurança ou no autocuidado, como sair de uma relação abusiva, mas a aceitação da dor também auxilia esses casos.

A atenção nos impede de reiterar erros passados em nossa mente ou imaginar dores e decepções futuras, e, em vez disso, nos ajuda a focar o potencial de conexão e apego saudável no presente. Os outros percebem que buscamos aproveitar ao máximo as oportunidades do momento, e isso os encoraja a fazer o mesmo.

Realizar o trabalho com valores nos reorienta à importância dos relacionamentos, nos ajuda a desenvolver relações com base em valores compartilhados e, conforme o caso, a aceitar algumas diferenças de valores. Pesquisas revelaram que a habilidade de escolher os próprios valores está relacionada à capacidade de se apegar de modo saudável aos outros, provavelmente porque é mais fácil reconhecer e tornar real o desejo de apego e pertencimento quando ele é uma escolha que fazemos, em vez de sentirmos que é algo fora de nosso controle.

Importar-se com os outros não é apenas uma questão de sentimentos, é claro; precisamos realizar ações que desenvolvam os relacionamentos, como iniciar conversas necessárias ou se comprometer com mudanças de comportamento construtivas, mesmo que não tenhamos disposição. A prática do compromisso auxilia essas ações, que podem ser bastante difíceis, como perdoar, abandonar o conflito e fazer pequenas coisas amáveis de maneira ativa, consistente e atenciosa.

Aplicar as habilidades de flexibilidade às relações implica não apenas direcioná-las aos nossos próprios comportamentos, pensamentos e sentimentos, mas também aos dos outros. Considere a desfusão. Até agora, o foco deste livro tem sido principalmente o distanciamento de nossas mensagens hostis sobre nós mesmos. Porém, também podemos utilizar a desfusão para nos afastarmos de nossos julgamentos severos em relação aos outros, possibilitando que demonstremos mais compreensão e bondade. Além disso, as pessoas perceberão essa atitude, o que, por sua vez, lhes dará mais espaço para analisarem seus próprios pensamentos e comportamentos de modo mais receptivo, pois elas se tornam menos defensivas. Também podemos usar a desfusão para nos distanciarmos dos ríspidos julgamentos alheios, os quais tendemos a internalizar e depois infligir a nós mesmos. Assim, nos tornamos menos defensivos em nossas interações com os outros.

Ao estender o autotrabalho aos outros, conseguimos aplicar as mesmas lições aprendidas sobre o quão inúteis podem ser nossas auto-histórias ao reconhecimento de que também elaboramos histórias sobre outras pessoas. Fazemos suposições sobre o que pensam e sentem e por que se comportam de determinada forma, geralmente sem questionar o que está acontecendo com elas. Provavelmente já vivenciamos alguém fazendo isso conosco e não gostamos nem um pouco.

Para evitar essa atitude, podemos usar as mesmas práticas de tomada de perspectiva do eu/aqui/agora abordadas no Capítulo 10, a fim de nos conscientizarmos da caracterização que fazemos dos outros e considerarmos explicações alternativas do comportamento alheio, colocando-nos em seu lugar e olhando através de seus olhos.

Em parte, a ampliação social da aceitação consiste em demonstrar compaixão pelos outros, mesmo quando eles podem nos causar dor. Reconhecer que as pessoas sentem sua própria dor nos ajuda a evitar as armadilhas de reagir com insultos ou de nos afastarmos delas. Estender a aceitação também envolve a disposição de compartilhar a dor que essas pessoas nos causam, apesar do receio em fazê-lo. Muitas vezes, presumimos que os outros sabem que nos magoam, quando, na verdade, eles desconhecem esse fato. Compartilhar esse aspecto de maneira não acusatória pode ser difícil, mas também pode acarretar progressos.

Estender o trabalho com valores implica compartilhar nossos valores com os outros e aprender sobre os deles, conversando de maneira respeitosa, em vez de fazer suposições. Dessa forma, estabelecemos o respeito mútuo em relação às aspirações de vida e entendemos como ajudar uns aos outros a satisfazê-las.

A ação comprometida é ampliada pela cooperação na identificação de abordagens mais eficazes para solucionar problemas e buscar objetivos em conjunto. Uma das principais fontes de frustração e rancor nas relações é a tendência de querer mudar algum comportamento alheio que nos incomoda ou nos magoa. Geralmente, as pessoas resistem à mudança e ficamos ainda mais irritados. Quando nos reconectamos aos outros com base em valores compartilhados, é muito mais fácil definir metas SMART e concordar com compromissos que sejam bons para ambas as partes.

É possível aplicar a maioria dos exercícios da Parte Dois a qualquer relação que deseja desenvolver. Digamos que esteja ressentido com seu cônjuge. Para se distanciar do pensamento negativo sobre ele, anote-o e pratique o exercício “Considere o Pensamento como Um Objeto”, disponível no Capítulo 9, no qual se questiona a forma do ressentimento, a velocidade com que se movimenta etc. Outra alternativa é elaborar um baralho com esses pensamentos, carregá-lo com você e aplicar os exercícios de desfusão que achar mais úteis.

Caso elabore a história de que seu cônjuge é totalmente insensível, aplique o exercício de reescrita da auto-história a ela. Se retornar aos capítulos da Parte Dois, constatará que utilizar os exercícios dessa maneira nos problemas de relacionamento é apenas um pequeno passo, e, de fato, as pessoas que aprendem as habilidades o seguem naturalmente.

Ajudando os Outros a Desenvolverem Flexibilidade

Um passo adicional para estender as habilidades de flexibilidade àqueles com quem nos importamos consiste em utilizá-las a fim de ajudá-los a desenvolverem sua própria flexibilidade. À medida que aprendemos o valor das habilidades, desejamos que as pessoas que estimamos também se beneficiem com maior autoaceitação, menos envolvimento em pensamentos e sentimentos dolorosos e mais comprometimento com mudanças comportamentais necessárias. Podemos ser muito úteis no desenvolvimento da flexibilidade, mas é importante fazer isso de forma psicologicamente flexível.

Suponha que uma mãe consciente sobre a ACT tenha interesse em desenvolver a aceitação da sua filha adolescente, pois percebeu que ela está cercada por medos sociais, o que é muito comum na adolescência, e que começou a tentar evitar esses medos afastando-se de alguns amigos e atividades que apreciava. A mãe se vê dizendo à filha: "Você precisa aprender a aceitar seus sentimentos" e "Não precisa ter tanto receio do medo. Ele não a prejudicará. Apenas sinta-o!".

O objetivo é louvável, mas é provável que essas afirmações não ajudem muito. Recue para perceber que o conselho bem-intencionado da mãe possivelmente parecerá julgador, e não é de se admirar: ela está impondo regras à filha.

Péssima ideia.

Se o propósito é aumentar a aceitação, é necessário fazer isso de *maneira acolhedora, imparcial e baseada em valores*. Há uma fórmula de garantia:

> **R**eforçar a flexibilidade, **F**omentar as habilidades e **T**ransmitir o exemplo em direção ao desenvolvimento!

Adoro essa fórmula, não apenas por ser útil (e é), mas também porque ela compõe o acrônimo:

> RFT em direção ao desenvolvimento!

(Não posso evitar… isso ainda me faz sorrir.)

Em essência, significa que, para ajudar as outras pessoas a desenvolverem sua flexibilidade, devemos *reforçar* interações receptivas, conscientes e baseadas em valores sobre as dificuldades que as vemos enfrentar, de uma maneira que *fomente* as habilidades e *transmita* o exemplo positivo rumo à flexibilidade. Atuamos *a partir de* um espaço de flexibilidade interna, *em direção ao* desenvolvimento alheio *com* as habilidades.

Como isso pode ajudar a mãe consciente sobre a ACT? A seguir, apresento uma sequência de perguntas que ela poderia considerar.

* **Se é doloroso presenciar a dificuldade desoladora de sua filha, você pode começar por aceitar e compartilhar esse fato?**

Isso é instigante. Significa convidar a filha a perceber sua própria dor de uma maneira que possa levá-la a ter mais abertura e curiosidade sobre esse sentimento.

* **Você pode fazer perguntas subjetivas à sua filha sobre seus sentimentos sem avançar rapidamente para "ajuda" ou "mudança", apenas ouvindo com receptividade e curiosidade?**
* **É possível ter essa conversa com sua filha sem sugerir que ela deve socorrê-la da dor e da autocrítica que você sente pela dor dela? Você consegue demonstrar a ela que está bem com suas emoções? Por exemplo, chorar seria um problema?**
* **Você pode dizer que estará com ela em seus momentos de dor, independentemente do quão difícil isso seja?**

Todas essas situações consistem em transmitir o exemplo; neste caso, é demonstrar a habilidade de aceitação, incitando a filha a sentir suas próprias emoções.

O diálogo real poderia ocorrer da seguinte forma:

> *Mãe:* Magoa ver você sofrer em uma luta contra o medo. Isso me dói o coração. Já estive em situações muito parecidas e me lembro do quão desamparada e desesperançosa me senti — quase como se não fosse

certo ser eu mesma. Acreditava que deveria ser consertada para que os outros quisessem estar comigo. Você está passando por algo assim?

Filha: Até falar sobre isso é difícil. É um lugar sombrio.

Mãe: Entendo. Você estaria disposta a me ajudar a entender um pouco mais sobre como é isso? Talvez só um pouquinho? Não estou tentando consertar nada — apenas quero ver seu interior. O que você sente é importante para mim. Como é quando esses sentimentos realmente surgem?

Se a filha se abrir e compartilhar, a mãe deve aproveitar o momento para aprofundar a conexão e o afeto entre elas. Por exemplo, suponha que a filha diga que tem receio de que o medo a oprima. A mãe pode responder:

> Obrigada por dividir isso comigo, por confiar em mim. Sinto-me mais próxima de você quando sei o que sente, mesmo que seja um sentimento difícil de compartilhar e de ouvir.

Quanto mais você trabalha nessa abordagem para ajudar os outros a desenvolverem sua própria flexibilidade, mais natural será o processo. Essa é uma maneira poderosa de fortalecer os vínculos em suas relações, gerando maior flexibilidade interpessoal, a qual se torna reciprocamente reforçada.

Além dessas orientações gerais sobre a aplicação das habilidades às relações, é importante conhecer algumas descobertas específicas sobre a flexibilidade em tipos determinados de relacionamentos. A seguir, discutirei um pouco mais sobre parentalidade; depois, abordarei questões particulares de relações amorosas, incluindo o problema do abuso; e concluirei com uma reflexão de como a ACT pode ser aplicada para combater o preconceito.

Meu objetivo não é estabelecer um programa detalhado para a saúde do relacionamento em nenhuma dessas áreas. Essas discussões se destinam a possibilitar insights da ACT. Se você enfrenta sérios problemas de relação, recomendo que busque ajuda profissional. As abordagens usuais de terapia para relacionamentos que se integram facilmente à ACT incluem a terapia focada nas emoções, o Método Gottman e a terapia comportamental de casais.

Parentalidade

É difícil ser pai ou mãe.

Eu bem sei. Quando o pequeno Stevie for para a faculdade, fará 55 anos ininterruptos que crio filhos no período de desenvolvimento (atenção, *Guinness World Records*).

A parentalidade envolve uma combinação turbulenta de emoções. Assim como a mãe que lida com a luta da filha contra medos sociais, é difícil ver nossos filhos sofrerem, serem rejeitados, cometerem erros, tropeçarem e caírem. Porém, é maravilhoso observá-los superarem obstáculos, progredirem, encontrarem a coragem de serem mais plenamente eles mesmos e descobrirem seu próprio senso de propósito na vida.

Pesquisadores descobriram que a inflexibilidade psicológica dificulta a interação saudável com nossos filhos, principalmente quando nos sentimos vulneráveis ou estressados. Por outro lado, os pais psicologicamente flexíveis são mais capazes de aprender boas habilidades parentais e aplicá-las quando necessário.

Um dos aspectos mais complicados da criação dos filhos é estarmos constantemente demonstrando, instigando e reforçando a flexibilidade *ou* a inflexibilidade neles. Não podemos evitar esse impacto. Quando nossos filhos presenciam nossa própria flexibilidade ou inflexibilidade, eles a internalizam.

Isso é importante.

A inflexibilidade *parental* prenuncia significativamente a ansiedade das *crianças*, seu mau comportamento e a possibilidade de desenvolverem traumas reais se situações ruins acontecerem. Por exemplo, caso haja um tiroteio em uma escola próxima ou uma tempestade destrutiva na cidade, é possível prever quais crianças passarão por dificuldades. Não são as particularmente ansiosas, mas as que têm pais inflexíveis.

Um estudo recente realizado por pesquisadores da ACT na Austrália acompanhou 750 crianças e seus pais por um período de seis anos — do ensino fundamental ao final do ensino médio. Ao longo do estudo, os filhos de pais intransigentes e autoritários, com baixa afetuosidade ou sensibilidade emocional e controle excessivo, apresentaram redução na flexibilidade psicológica. Para piorar a situação, à medida que as crianças se tornavam menos flexíveis, seus pais tendiam a reagir com mais autoritarismo, adentrando um terrível ciclo de feedback.

Evidentemente, por alguns motivos importantes, a flexibilidade pode ser difícil quando se trata de parentalidade. Por um lado, como pais, devemos definir algumas regras para nossos filhos, e fazê-lo sem sermos excessivamente rígidos com eles é um delicado ato de equilíbrio. Afinal, as regras impostas às crianças têm como objetivo protegê-las e ajudá-las a se tornarem seres responsáveis, atenciosos e competentes. É assustador, para não dizer revoltante, quando elas ignoram nossa orientação.

A dança da flexibilidade na parentalidade consiste em apoiar a autonomia e a liberdade de seu filho para fazer suas próprias descobertas e escolhas de valores, ao mesmo tempo que você estabelece limites razoáveis e apropriados para a idade, monitorando-o e disciplinando-o de formas consistentes e sensatas. É o que os especialistas denominam de parentalidade *autoritária*, um termo que indica outra questão complicada na orientação de nossos filhos. Eles tendem a querer que sejamos autoridades.

Quando são pequenos, nossos filhos esperam que tenhamos todas as respostas sobre a vida (claro que eles amadurecem e logo abandonam essa expectativa). Podemos facilmente assumir o papel de conselheiros oniscientes, em vez de desenvolver em nossos filhos a consciência de que não há uma resposta "certa" para muitos dos questionamentos da vida, o que significa que inevitavelmente enfrentarão desafios na descoberta de suas próprias respostas. Garantir a liberdade para superarem essas dificuldades pode ser difícil. A única pergunta que faço quase diariamente ao meu filho de 12 anos é: "O que foi difícil para você hoje?", pois quero que ele reflita sobre suas próprias habilidades em realizar coisas difíceis.

Para evidenciar como o aprendizado da ACT pode ser útil, apresentarei um exemplo a partir de uma das perguntas mais desafiadoras que os pais podem enfrentar, a qual tive que responder para todos os meus filhos.

Entre 8 e 14 anos, todos os meus quatro filhos compartilharam pensamentos um pouco suicidas comigo, perguntando, cada um à sua maneira: "Qual é o objetivo da vida se iremos morrer?" Como psicólogo, me beneficiei do conhecimento de que tais pensamentos são comuns em crianças e adolescentes — a maioria dos estudantes de ensino médio concorda com a afirmação *Pensei em me matar, mas não tentei de verdade*. Pensamentos desse tipo conduzem facilmente as crianças a pensarem que estão sozinhas, isoladas e que são diferentes dos outros. Insights da ACT ajudam a compreender que pensamentos suicidas refletem a tentativa da mente de "solucionar o problema" do sentimento interno negativo — mesmo que isso nos mate. Eles não são indícios de que estamos fragmentados, mas, sim, de que precisamos superar o modo mental de solução de problemas para aprendermos como suportar o sofrimento emocional.

Dentre todos os meus filhos, Charlie foi quem me fez uma pergunta sobre o significado da vida de maneira mais provocativa. Ele praticamente exigiu que eu *provasse* que a vida não é vazia e insignificante (com um tom que sugeria: "E se você não puder, então por que eu *não deveria* me matar?").

Eu sabia que a ideia de que a vida precisa *provar* seu significado é perigosa: nossa mente julgadora pode contornar tudo o que apresentamos a ela. O significado importa quando ele se trata de uma escolha. Tentar oferecer provas ao meu filho levaria a escolha a uma decisão lógica. É um impulso natural, mas pode realmente fomentar uma ideia perigosa. Foi um momento complicado.

Minha resposta deixou Charlie sem reação. Eu disse: "Sempre temos pensamentos como esse. Também tenho! Até hoje." Seus olhos se arregalaram um pouco. "Então, vamos em frente. 'A vida é vazia e insignificante. Esse é o segredo. Independentemente do que fizer, nada tem sentido, pois você morrerá de qualquer forma e, no final, o Sol é apenas uma grande bola de gelo.' Consideremos essa afirmação como algo determinado." Ele parecia um pouco espantado e estava pronto para argumentar, não concordar. Após me aproximar, acrescentei: "Amo você e sei que você me ama. Tudo o que nossa mente tem a dizer também é verdade." Anos depois, Charlie me disse que essa conversa foi um divisor de águas em sua juventude, pois ele percebeu que poderia decidir o que era significativo e que não precisava vencer uma discussão com sua mente para validar sua escolha.

Os dados atuais sobre a melhor forma de abordar a suicidalidade se encaixam bem nos insights da ACT: normalizar, validar o sofrimento, enquadrar a questão como um esforço para lidar com a dor e o propósito e incentivar etapas ativas que ajudarão a fazer isso de maneira saudável. Se for evidente que seu filho luta com pensamentos persistentes, altamente angustiantes, envolventes ou focados em planos de morte concretos, é preciso buscar ajuda profissional. É possível procurar psicólogos clínicos treinados pela ACT, que ajudarão você e seu filho a percorrerem a sequência "normalizar, validar, reformular, ativar".

Em relação aos estresses diários mais regulares da parentalidade, para se manter alerta sobre ser flexível com seus filhos, sempre que se sentir frustrado com eles ou surgir o impulso de impor regras severamente, faça uma pausa e realize depressa os seguintes passos em sua mente:

1. Mostre-se e verifique. Comece com o que se passa com você. Está irritado? É por que sente medo? Insegurança? Talvez você esteja apenas cansado ou esgotado. Talvez o comportamento do seu filho o faça se lembrar de acontecimentos traumatizantes da sua vida, como um acidente. Reserve um momento para recepcionar seu sentimento com curiosidade e sem julgamento severo. Se sua percepção for difícil, reconheça essa dificuldade para si mesmo antes de mudar o foco para como apoiar a flexibilidade do seu filho nessa situação.

Por que esse é o primeiro passo? Porque a parentalidade com flexibilidade será apenas uma encenação se houver fusão e evitação. Seus filhos perceberão isso instantaneamente.

2. Adote uma perspectiva. Conceda um momento para tentar se colocar no lugar do seu filho com empatia e compaixão. Temos a tendência de tratar o comportamento dos nossos filhos como se fosse um problema de matemática. Em vez disso, considere seu filho como uma história maravilhosamente contada — com uma atitude de admiração. Você e seu filho estão prestes a redigir as próximas linhas dessa história. O que seu filho anseia escrever? O que ele teme nessas linhas?

3. Confira seus valores. Concentre-se no quão importante é se comportar com flexibilidade em relação ao seu filho. Lembre-se de que estamos em uma jornada quando se trata de valores, e o progresso é mais importante do que a perfeição. Considere o que você pode fazer nesse momento para incentivar seu filho a ter maior abertura, consciência e ação baseada em valores.

Essa fórmula tripartida o ajudará a passar pelas fases difíceis da parentalidade, preservando seus valores e sua relação com seus filhos. É preciso combinar esses passos com habilidades específicas (disciplina consistente e sensata, supervisão adequada, recompensas positivas e outros comportamentos reais que quaisquer bons livros científicos sobre habilidades parentais explorarão), mas esses três passos auxiliarão a característica parental mais importante de todas: estímulo.

Relacionamentos com Parceiros Amorosos

Quanto mais você praticar a aplicação das suas habilidades de flexibilidade com seu parceiro, mais rapidamente será capaz de, no calor do momento, se lembrar dos insights obtidos, escutar sem considerar pensamentos e emoções inúteis, e dialogar e se comportar de forma construtiva, em vez de reincidir em padrões negativos. Uma questão especial a ser abordada é a comunicação em prol da conexão emocional, que promove um apego mais seguro.

Pesquisas mostraram que as pessoas capazes de se afastar dos seus julgamentos sobre os outros tendem a ficar mais satisfeitas com seus relacionamentos de longo prazo. É muito mais fácil amar uma fantasia do que uma pessoa. Quando usamos nossas habilidades de flexibilidade para permanecermos conectados e sermos compreensivos, mesmo quando nossa mente nos diz para criticar ou nos distanciar de nossos parceiros, eles sentem o amor e a segurança que a flexibilidade proporciona. É provavelmente por isso que nossos parceiros ficam mais satisfeitos quando aceitamos pensamentos e sentimentos difíceis, tanto sobre nós mesmos quanto sobre eles. A principal razão para a satisfação reforçada é que pessoas psicologicamente flexíveis têm maior êxito na identificação e na comunicação de seus próprios sentimentos e valores, o que aprofunda os relacionamentos como áreas de segurança e crescimento.

Para desenvolver uma melhor comunicação e conexão emocional com seu parceiro, recomendo dois exercícios benéficos ao estímulo de maior compartilhamento e afeto.

1. Reserve dez minutos para que cada um de vocês faça o exercício de escrita de valores do Capítulo 13. Realize-o em qualquer área compartilhada, como criação de filhos, diversão, trabalho em conjunto, administração de dinheiro ou elaboração de uma casa. Não escreva sobre reclamações ou problemas em relação a seu parceiro ou relacionamento, mas, sim, sobre seus valores. Quais são eles? Por que são importantes? Qual é a consequência quando você se esquece deles?

Após escreverem, revezem a leitura em voz alta. Ouça seu parceiro com "olhos e ouvidos atentos" e peça que ele faça o mesmo por você. Certifique-se de estar totalmente presente, orientando seu corpo em direção ao seu parceiro e olhando para ele em vez de escutar com a cabeça baixa, por exemplo. Não comente, corrija ou conteste. Apenas ouça, atenciosamente. Depois de ouvir o que seu parceiro escreveu, repita para ele (que também está de "olhos e ouvidos atentos") e verifique se você compreendeu de forma adequada. Se o seu entendimento não for exatamente o que seu parceiro quis dizer, ele pode esclarecer. Então, reitere até que ele confirme que você realmente entendeu. Em seguida, é sua vez de compartilhar seus valores e passar pelo mesmo processo.

Após cada um ter a chance de ser ouvido, é o momento de compartilhar sentimentos e pensamentos que surgiram durante o exercício. Cuidado para não caírem em um ciclo de críticas. Mantenham em mente a fórmula "RFT em direção ao desenvolvimento", realizando este exercício a partir de, em direção a e com suas habilidades. Atenham-se ao propósito: uma área segura em que cada um de vocês pode ser quem é de forma mais plena.

> 2. Realize uma versão do exercício "Desfusão e Compartilhamento Social" com seu parceiro (é o último método adicional do Capítulo 9). Em um cartão, cada um de vocês deve escrever, em no máximo duas palavras, uma barreira interna que está disposto a abandonar, como o medo de compartilhar a irritação com seu parceiro ou a raiva de uma mágoa passada. Certifiquem-se de que não seja uma crítica secreta ao outro. Em seguida, mostrem os cartões.

Por dois ou três minutos, cada um de vocês deve declarar como se sente com essa barreira; compartilhar pensamentos sobre sua origem (por exemplo, quando criança, expressar a irritação apenas provocava uma grande discussão); considerar os prejuízos de evitar essa barreira ou se enredar em pensamentos sobre ela; e, em seguida, comprometer-se com ações para superá-la. Certifique-se de utilizar todas as suas habilidades de desfusão e aceitação nesse processo (por exemplo, "Estou tendo o pensamento de que..."). Então, na seguinte ordem, o ouvinte deve compartilhar uma reação emocional resultante, um aspecto de admiração pela forma como seu parceiro lidou com a barreira e, por fim, uma área similar ou coincidente. Essa é uma forma de compartilhar suas vulnerabilidades em um contexto que pareça seguro, de modo que seja improvável se abster ou ameaçar abandono.

Combatendo o Abuso

Em todo o planeta, 30% das mulheres com 15 anos ou mais sofreram violência — física, sexual ou ambas — de um parceiro íntimo durante a vida. Os homens também são abusados, mas com menos frequência. Relacionamentos abusivos têm um impacto negativo na saúde mental e comportamental, e as habilidades de flexibilidade podem ajudar a combatê-los.

Geralmente, as pessoas que sofrem abuso enfrentam vergonha, culpa e ansiedade, e, como vimos, as habilidades nos ajudam a lidar com todos esses aspectos. A flexibilidade também auxilia na proteção de abusos futuros. O risco de revitimização aumenta de forma considerável se os sobreviventes de abuso forem psicologicamente inflexíveis. Precisamos que nossos sensores busquem parceiros que sejam bons para nós, o que é difícil para quem é afetado pela evitação experiencial.

A ACT ajuda a realizar ações difíceis para sair de relacionamentos abusivos. Muitas vezes, as pessoas que sofrem abusos são simplesmente instruídas a "terminarem a relação", como se isso fosse fácil. Pode ser uma façanha hercúlea, e as habilidades de flexibilidade ajudam os sobreviventes a reconhecerem o que é difícil, ao mesmo tempo que enfatizam o compromisso de mudança, suscitando autocomprovação e fortalecimento.

Um estudo que demonstrou o quão eficaz é o treinamento da ACT para ajudar as pessoas a se recuperarem de abusos foi conduzido por colegas e minha esposa, Jacqueline Pistorello, usando um programa online baseado em um livro que ela e Victoria Folette escreveram para sobreviventes de trauma. Dos 25 participantes, 96% sofreram agressão sexual, 84% foram estuprados e 60% vivenciaram abuso físico. Na metade dos casos, os responsáveis pela violência foram parceiros íntimos. Os participantes realizaram seis sessões online por vídeo de introdução às habilidades de flexibilidade aliadas a exercícios. Ao final do estudo, quase metade se recuperou do trauma, de acordo com a magnitude das mudanças nos sintomas relatados, enquanto um terço melhorou significativamente.

Existem outros bons programas para trauma. A terapia de exposição e a terapia de processamento cognitivo estão entre as melhores e, atualmente, ambas possuem mais dados que a ACT, motivo pelo qual as recomendo. Porém, esses programas também são auxiliados pela receptividade e pela conexão com os valores; portanto, as habilidades de flexibilidade provavelmente beneficiarão qualquer abordagem escolhida.

Reduzindo o Abuso com a ACT

Se você acompanhar o discurso da mídia sobre esse problema crítico, é compreensível esperar que, em última análise, resultados positivos surjam de campanhas públicas ou da criminalização pertinente do abuso cometido por parceiros íntimos. Não é provável que aconteça. A OMS concluiu que o processo penal não constitui um impedimento e, embora as campanhas públicas acarretem um melhor apoio às ações do governo, elas não reduzem significativamente o abuso em si.

O tratamento psicológico obrigatório para agressores também demonstrou resultados desanimadores. As duas intervenções mais comuns são a terapia cognitivo-comportamental e uma abordagem de conscientização chamada Modelo Duluth, que, muitas vezes, são usadas em conjunto. Infelizmente, ambas mostraram apenas uma pequena redução em agressões e abusos futuros (cerca de 5% ou menos no total).

Uma nova abordagem é necessária.

Os esforços para usar o treinamento da ACT com perpetradores de violência doméstica estão nos estágios iniciais, mas até agora, em termos comparativos, se mostraram poderosos. Na abordagem da ACT, os agressores nunca são humilhados, criticados ou repreendidos. Pesquisas revelam que a maioria deles foi vítima de abuso quando criança, o que, muitas vezes, ocasiona um comportamento evitativo profundamente arraigado em relação ao enfrentamento de um sentimento de vergonha ou ameaça de perda. *Isso não é justificativa para o abuso.* Não devemos esquecer que a violência doméstica é um crime, mas o simples fato empírico é que envergonhar esses abusadores não reduz sua violência, principalmente porque a vergonha costuma ser um gatilho. Então por que fazê-lo?

A abordagem da ACT consiste em trabalhar na elaboração da abertura emocional dos homens, bem como na conscientização dos valores de seus relacionamentos. Para criar flexibilidade interpessoal, a intervenção segue a regra "RFT em direção ao desenvolvimento"; com um processo compassivo, comprometido e sem julgamentos. As sessões de grupo apresentam as habilidades de flexibilidade, e os participantes recebem tarefas sobre como aplicá-las a momentos desafiadores da relação. Durante o tratamento, os clientes preenchem formulários diários de acompanhamento sobre os precipitantes emocionais do abuso e as consequências de seus comportamentos. Os homens são ensinados a reconhecer que estão sendo emocionalmente evitativos e, como solução, praticar o envolvimento em ações consistentes com os valores pessoais escolhidos.

O primeiro teste dessa abordagem foi conduzido por Amie Zarling, psicóloga da Universidade Estadual de Iowa, em um estudo randomizado e bem controlado que foi realizado com perpetradores que se voluntariaram para tratamento e publicado em um dos melhores periódicos de psicologia clínica do mundo. Foi constatado que três meses de sessões semanais da ACT (em comparação com um grupo de apoio) surtiram efeito considerável, com base em relatos dos parceiros dos participantes. Nos seis meses seguintes ao tratamento, a violência física diminuiu 73%, e a agressão verbal ou psicológica, 60%. Testes das habilidades de regulação emocional dos homens indicaram que as melhorias nas habilidades de flexibilidade foram responsáveis pela diminuição do abuso.

Quando li esses resultados, fiquei empolgado, mas cauteloso, pois eram participantes voluntários supostamente motivados a interromperem seus abusos. A maioria dos perpetradores *não* realiza tratamento de forma espontânea: o tribunal diz que eles precisam fazer. Ainda funcionaria nesse caso?

Aparentemente sim.

No estudo seguinte que Zarling conduziu, ela trabalhou com homens em todo estado de Iowa que foram ordenados pelo tribunal a procurarem tratamento. Um número significativo deles, quase 3.500, que havia sido preso por agressão doméstica foi submetido a um grupo de tratamento com treinamento da ACT ou com Modelo Duluth aliado à TCC. Os resultados surpreenderam a comunidade de violência doméstica. No ano subsequente, os registros de prisão mostraram que os membros do grupo da ACT receberam 31% menos acusações de agressão doméstica adicionais e 37% deles tinham menos acusações violentas de qualquer tipo. Esse é um efeito muito mais significativo do que os poucos pontos percentuais esperados pela área.

Reitero, essa pesquisa ainda é preliminar e o acompanhamento de um ano é apenas o começo. Não me convencerei até que os resultados sejam replicados e os acompanhamentos mostrem que são duradouros. Porém, certamente, o trabalho realizado até o momento é muito esperançoso. Nesse ínterim, o estado de Iowa ficou tão impressionado que implementou o programa a nível estatal.

Superando o Preconceito

É difícil falar sobre preconceito; tendemos a considerá-lo como algo que os outros — pessoas ruins — têm em seus corações e suas mentes, mas a triste verdade é que ele existe em todos nós. A boa notícia é que a ACT oferece uma poderosa forma de combater essa chaga social profundamente arraigada.

Em parte, o preconceito ocorre devido ao aprendizado cultural — de pais, escolas, mensagens e representações nocivas difundidas na mídia. Porém, ele é enraizado muito facilmente por causa de nossa herança evolutiva. Os seres humanos evoluíram em pequenos grupos que formaram identidades sociais consistentes. Infelizmente, embora a identificação tenha sido boa para o vínculo e a cooperação intragrupos, ela também resultou em competição com outros pequenos grupos. Nós nos dividimos em *grupos internos* e *grupos externos* e, ao desenvolvermos culturas distintas, criamos histórias de "alterização".

Percorremos um longo caminho desde a vida em pequenos grupos tribais apinhados ao redor de fogueiras nas savanas abertas, correndo o risco iminente de sofrer um ataque dos grupos concorrentes. Porém, nossa mente ainda pensa em termos de "nós contra eles". Pesquisadores mostraram o quão forte é esse impulso ao dividirem aleatoriamente as pessoas em dois grupos. Embora os participantes soubessem que a divisão era randômica, eles ainda consideraram seu grupo melhor do que o outro.

Essa alterização instintiva é terrivelmente obsoleta. Somos um único povo, e essa não é uma questão de mera moralização. Pesquisas genéticas mostraram o quão profunda e completamente os seres humanos são iguais em sua biologia. Pense da seguinte maneira: não faz muito tempo que tínhamos os mesmos pais. Quem dera se apenas essa compreensão fosse suficiente para nos impedir de alterizar, mas, infelizmente, pesquisas revelaram que essa tendência está arraigada em nós.

Muitos cientistas sociais argumentaram que a diversificação social constante combaterá inexoravelmente o preconceito, mas o processo de mudança é mais complexo do que isso. Mesmo sem pesquisas, deveríamos ter percebido essa complexidade, visto que o viés de gênero está enraizado em todos nós e homens e mulheres interagem intimamente desde o início da existência da humanidade; do contrário, não estaríamos aqui.

Em 2007, Robert Putnam, cientista político da Universidade Harvard, publicou um estudo amplo sobre o impacto da diversidade na vida comunitária. Ele descobriu que quanto mais diversificada for uma comunidade, menos as pessoas confiam nas outras, mesmo dentro de seus "próprios" grupos. Menos elas votam, se voluntariam, doam para caridade e trabalham em projetos comunitários. Em outras palavras, Putnam concluiu que, à medida que a diversidade aumenta, as pessoas se abstêm de muitos dos processos de formação comunitária. Não basta viver em um mundo diversificado — para usufruir dessa diversidade, também precisamos viver no espaço fornecido por mentes flexíveis.

Isso deve-se ao fato de que o cerne do problema é a profunda integração do preconceito às nossas redes de pensamento. Estudos volumosos foram realizados sobre *viés implícito* — alterização e estereótipos negativos dos quais não temos consciência. Se você perguntar às pessoas suas opiniões sobre grupos estereotipados, elas tendem a dar respostas que se encaixam naquilo que querem achar que acreditam. Atualmente, os métodos de RFT fornecem os melhores testes de vieses implícitos, e os resultados mostram que a maioria das pessoas abriga estereótipos negativos em relação àqueles que consideram integrar grupos externos.

O preconceito se fixa facilmente em nós, gostemos ou não. Portanto, a fim de combatê-lo mais efetivamente, necessitamos mudar a maneira como nossa mente o enfrenta. Precisamos desenvolver mentes modernas para este mundo moderno em que vivemos. Fiquei profundamente satisfeito ao descobrir que a ACT pode ajudar. Desde criança, sofro com a brutalidade do preconceito e como ele afeta todos nós, inclusive a mim mesmo. Também aprendi o quão profundamente o preconceito definiu o destino de meus ancestrais judeus e o presenciei sendo direcionado aos meus filhos.

Na época do jardim de infância, sabia que testemunhara algo importante no dia em que me sentei ao lado de minha mãe, que assistia à nossa pequena televisão em preto e branco enquanto um homem esquisito, com um bigode pequeno, vociferava abruptamente palavras alemãs incompreensíveis, parando apenas para ouvir o bramido de uma multidão invisível. De repente, minha mãe saltou para frente, cuspiu na tela da televisão, desligou-a e saiu da sala.

Naquele tempo, eu não sabia que o homenzinho esquisito iniciara uma guerra brutal que fora finalizada há menos de uma década. Também não sabia que minha mãe fora avisada por seu próprio pai alemão, quando ele foi tomado pelo fervor à pátria, para nunca contar a ninguém que ela tinha "sangue corrompido". Eu nem sequer sabia seu nome verdadeiro — não era Ruth Eileen Dreyer, como sempre alegara, mas o revelador Ruth Esther. Passaram-se vários anos antes que eu soubesse a verdade e descobrisse que metade de suas tias e seus tios maternos haviam morrido aglomerados em "casas de banho" cujo objetivo não era purificá-los, mas eliminar sua impureza do mundo.

A primeira vez que me deparei com o preconceito em estado bruto foi por causa de Tom, meu amigo de infância. Ele sempre proferia palavras maldosas contra "neguinhos", "cucarachas" e "sangues-ruins", as quais aprendia com seu pai, que era ainda pior. Isso me incomodava. Até briguei com ele certa vez em uma tentativa de fazê-lo parar, pois sua atitude parecia inadequada.

Naquela época, o único argumento possível era dizer que minha mãe não gostaria daquilo. Os insultos dele não me afetavam diretamente, pois eu ainda não sabia que era um "sangue-ruim", que me casaria com duas latinas e muito menos que adotaria uma filha afro-americana. Não sabia que me conectaria aos três grupos que ele mais gostava de odiar.

O mais frustrante foi que seus insultos imergiram em minha mente, independentemente do meu desprezo por eles. Constatei isso ao perceber como minha mente poderia ultrapassar décadas de experiência familiar, preferindo dar voz a um momento cruel em que éramos crianças.

Eu, Tom e um outro amigo chamado Joe fomos de bicicleta até o boliche. Enquanto nos preparávamos para jogar, Tom comentou de forma estranha: "Parece que vai chover." Ele e Joe se entreolharam e riram. Não entendi o que estava acontecendo, pois não era possível olhar para fora e o céu estava limpo quando pedalamos até lá. "Parece que vai choveeeer", repetiu Tom em voz alta, tentando segurar o riso com Joe. Finalmente, notei um homem negro que se aproximava e podia nos ouvir. Caiu a ficha. Uma nuvem preta estava a caminho. Chuva. Entendeu?

Fiquei horrorizado e me senti um pouco enjoado. Porém, em minha mente, também surgiu o pensamento de que eu estava muito aliviado por não ser o alvo da zoação.

Avancemos uma década. Eu, minha primeira esposa hispânica e nossa filha afro-latino-americana de 3 anos (minha esposa teve Camille antes de nos casarmos, e eu a adotei depois) estávamos em uma piscina de um clube particular em Salem, Virgínia, no verão de 1973. Nosso anfitrião, um membro do clube, fora embora mais cedo, e nós ficamos para nadar um pouco mais. Não muito tempo depois que ele partiu, uma mulher pomposa, com cabelos loiros volumosos, caminhou cautelosamente em nossa direção, usando o tipo de vestido de algodão estampado que as mulheres do sul vestiam na época. Ela estava sorrindo, mas parecia forçado. Depois de nos olhar alternadamente, ela anunciou que era a secretária social do clube, acrescentando: "Sua bebê é bem morena." No começo, pensei que ela estava preocupada que Camille se queimasse no sol, mas o sorriso falso em seu rosto, digno do Coringa do Batman, rapidamente me fez perceber a situação.

Estávamos sendo expulsos da piscina por causa de nossa filha multirracial. Nós, ou pelo menos ela, não éramos bem-vindos ali.

Não me lembro de sentir raiva — apenas espanto e nojo, e depois um sentimento de ansiedade por não ser capaz de proteger completamente minha doce garotinha de situações como *essa*.

Avancemos mais alguns anos. Minha filha, então adolescente, estava absolutamente maravilhosa, vestida a rigor para um baile na escola. Quando a observei se aproximar e vi seu lindo rosto, uma voz, espontânea e indesejada, surgiu em minha mente. O equivalente auditivo de um sorriso falso — era a voz de Tom, dizendo muito claramente: *Parece que vai choveeeer.*

Tom estava presente, agora rindo e zombando *da minha família por meio da minha própria mente.* Não importava que, por repetidas vezes, eu tivesse presenciado e abominado a injustiça racial, de perto e pessoalmente. Dessa vez, eu não seria eximido — a crueldade casual desses insultos racistas estava *em mim*.

Foi apenas no ano passado que contei à minha filha a história da voz de Tom surgindo em minha mente naquele dia. Camille foi muito gentil e honrada: "Amo você, papai", disse ela. "Todos nós temos fardos assim para carregar."

Sim, temos.

Mensagens culturais desfavoráveis foram incorporadas em nossas mentes. Talvez tenhamos ouvido uma piada sobre a AIDS ou testemunhado o viés de gênero. Estereótipos étnicos negativos permeiam a mídia. Mesmo se os detesta ou é vítima deles, você os conhece, pois habitam sua rede cognitiva. Isso significa que eles estão eternamente disponíveis para causar danos, mesmo quando não é sua intenção.

Se formos extremamente honestos conosco, reconheceremos que algumas das inúmeras formas que aquele homenzinho esquisito de bigode sabe assumir se escondem dentro de nós. Todos nós. Se você observar com atenção, poderá vê-lo no reflexo do espelho. Se acessar as partes rígidas, protegidas, assustadas, irritadas e julgadoras de seu próprio coração, constatará que ele reside ali.

Porém, você pode aprender a aplicar esse reconhecimento para reduzir o *impacto* nocivo dessa sua parte e, assim, diminuir um pouco a probabilidade de que seu próprio privilégio invisível oculte o modo como você a transmite aos outros, apesar de suas melhores intenções. Ao aplicar as práticas da ACT à verificação de seus preconceitos implícitos, você pode se tornar mais atento a eles e alinhar suas ações com suas crenças conscientes. Considerando que tentar suprimir pensamentos preconceituosos pode, de fato, *impulsionar* o viés implícito, a atenção plena e a desfusão possibilitam que pensamentos prejudiciais sejam menos dominantes. Pesquisas mostram que isso nos ajuda a ser mais eficientes, comprometendo-nos com ações positivas para combater o preconceito.

Por que exatamente a flexibilidade psicológica é eficaz?

Meu laboratório pesquisou esse aspecto. Estudamos as diversas formas de preconceito: viés de gênero; preconceito contra pessoas com sobrepeso; discriminação com base em orientação sexual; discriminação étnica; e muitas outras. Esperávamos que, sob as diferenças superficiais, houvesse um núcleo comum, e nossa pesquisa confirmou isso. Descobrimos que todas as formas de preconceito podem ser, em grande parte, explicadas pelo *distanciamento autoritário*. A "alterização" ocorre devido à crença de que somos distintos de um grupo "alheio" e, por essas pessoas serem diferentes, representam uma ameaça que precisamos controlar. Em outras palavras, o preconceito envolve a inflexibilidade interpessoal.

Quando meu laboratório examinou quais fatores psicológicos levavam algumas pessoas a se apegarem mais ao distanciamento autoritário do que outras, descobrimos três características principais: a incapacidade relativa de adotar a perspectiva alheia; a incapacidade de sentir a dor dos outros quando se assume a perspectiva deles; e a incapacidade de ser emocionalmente aberto à dor alheia ao realmente senti-la — em outras palavras, evitação experiencial. Se esses três processos forem invertidos em uma direção positiva (chamada *conectividade flexível*), não apenas o preconceito diminui, mas a satisfação com outros grupos aumenta.

Com base nessas descobertas, desenvolvemos intervenções da ACT que reduziram significativamente o preconceito, originando estudos bem-sucedidos realizados sobre vieses relacionados a peso; orientação sexual; HIV/AIDS; preconceito racial; e pessoas com problemas de saúde mental, abuso de substâncias e saúde física. Fazer algo a esse respeito internamente sempre exige um primeiro passo: olhar e ouvir.

De certo modo, as formas de preconceito mais prejudiciais e difíceis de erradicar são invisíveis, pois se baseiam em privilégios. Um homem pode acreditar que está absolutamente isento do viés de gênero e ainda falar mais em reuniões, ou prontamente supor que deve liderar o grupo por causa de suas habilidades, sem a consciência de que essas ações consistem em discriminação de gênero. A pessoa branca que, com honestidade e certo orgulho, afirma "Não penso sobre raça" pode não estar ciente do quanto isso demonstra privilégio quando um vizinho negro tem que jogar seu filho adolescente no mundo todas as manhãs, sabendo que é mais provável ele ser preso ou baleado porque é negro e, portanto, *precisa* pensar sobre raça.

É injusto e irresponsável pedir que aqueles que pagam o preço do privilégio façam todo o trabalho árduo para corrigi-lo; portanto, o primeiro passo deve ser perscrutar. Você pode presumir com segurança que abriga preconceitos que não percebe na maioria ou mesmo em todas as principais áreas (por que *não o faria*?), então aprenda mais sobre os indicadores indiretos que o auxiliarão a identificá-los (já apresentei dois na área de gênero, por exemplo). Indicadores indiretos ajudarão a detectar todas as formas de preconceito — mesmo as inicialmente invisíveis.

Após fazê-lo, peça às pessoas próximas que sofreram preconceito que o ajudem a observar suas próprias formas invisíveis. Por exemplo, quando começo com o *mansplaining*, minha esposa me olha de relance. Não pense que me sinto bem. Pessoalmente, tenho vontade de colocar um saco de papel na cabeça ao sair de casa, pois, quando acendo as luzes mentais, percebo mais preconceito em mim, não menos. Não importa. É uma jornada digna e isso me ajuda a agir para mudar.

Depois que realizar esses esforços, você estará preparado para um exercício simples que constatamos ser poderoso:

1. ***Reconhecimento.*** Recue e observe suas próprias tendências para julgar os outros (ou a si mesmo), ou estabelecer preconceitos com base em privilégios, e aplique o máximo possível de autocompaixão e receptividade emocional a essa consciência. Quando surgem pensamentos prejudiciais ou ações enviesadas como essa? Abandone qualquer tendência para acreditar neles ou aumentar sua importância pela evitação de percebê-los ou pela autocrítica de abrigá-los. Esses são pensamentos, sentimentos e hábitos invisíveis. Eles são seus. Você não tem culpa, mas é responsável. Apenas observe sua existência, conscientemente ampliando sua percepção da acentuada tendência cultural negativa que todos nós carregamos.

2. *Conexão.* Deliberadamente, assuma a perspectiva daqueles que a sua mente julga, sentindo como é estar sujeito ao estigma e ao preconceito, às vezes até sem que a pessoa tenha qualquer consciência do dano causado. Não fuja da dor de perceber esse custo; não permita que ele se transforme em culpa ou vergonha. O objetivo é a conexão e a propriedade. Permita que a dor de ser julgado ou magoado por alguém que não tem essa percepção se incorpore a você. Ao fazê-lo, conscientize-se de como causar essa dor ao outro contraria seus valores.

3. *Compromisso.* Direcione o desconforto da propriedade e a dor da conexão à motivação para agir. Comprometa-se com medidas concretas possíveis para atenuar o impacto do estigma e do preconceito sobre os outros, incluindo as formas invisíveis. Isso pode significar aprender a escutar mais; manifestar-se ao ouvir piadas que subestimam o preconceito; compartilhar com responsabilidade o seu reconhecimento; recuar para que outros possam avançar; ingressar em um grupo de defesa; e fazer amizade com membros de grupos que sua mente julga. Elabore um plano para realizar algumas das ações definidas e as cumpra com cuidado e atenção, não para eliminar o que você carrega, mas para orientar a dor interna à compaixão e aos valores humanos.

É possível praticar este exercício regularmente. Ao enfraquecer o domínio de seus vieses implícitos com a conectividade flexível, você constatará o aumento da sua satisfação de estar com pessoas de todos os tipos, independentemente do quão diferentes elas pareciam antes.

O triste fato é que, se não contribuirmos para a resolução do problema do preconceito, ajudaremos a perpetuá-lo. Inevitavelmente, se não aprendermos a identificar nosso privilégio invisível ou os pensamentos sutilmente preconceituosos à medida que percorrem nossa mente, de certa forma, seremos coniventes com os estereótipos e a desumanização dos outros com base neles, apoiando sem querer o viés subjacente e transmitindo-o à próxima geração. É difícil admitir nossa conivência para nós mesmos e diminuir o impacto de vieses implícitos. Porém, podemos fazê-lo ao nos esforçarmos.

Sim, minha amada Ruth Esther com seu "sangue corrompido"; sim, Tom, meu amigo de infância incitador de ódio; sim, minha linda filha negra; sim, reflexo do Steve no espelho; sim, sim, nós podemos.

Capítulo 18

APLICANDO A FLEXIBILIDADE AO DESEMPENHO

Os seres humanos naturalmente anseiam por competência, o que é bom. Desde a infância, temos coisas para aprender, montanhas para mover, jogos para jogar e competições para vencer. As habilidades de flexibilidade são muito úteis em todos esses esforços. Neste capítulo, primeiro discutirei como elas ajudam nos desafios gerais de desempenho — na escola, no trabalho, nas artes ou nos esportes. Em seguida, analisarei como podem ser aplicadas à vida profissional, incluindo a transformação de gerentes em melhores líderes e o aproveitamento do poder da flexibilidade pelas empresas. Por fim, abordarei como auxiliam um conjunto de problemas típicos do treinamento esportivo.

Comecemos pela função do trabalho com valores. Uma das maneiras pelas quais o treinamento da ACT ajuda no desempenho de qualquer esforço é nos relembrando de focar valores quando corrermos atrás de nossos objetivos. Quando se trata de desempenho, isso pode ser muito difícil. Por um lado, estamos sob intensa pressão social para alcançá-los. Provavelmente todos já ouvimos a velha máxima: "Não é questão de vencer ou perder, mas de como se joga." É possível que tenhamos revirado os olhos para essa afirmação — é mesmo? Diga isso ao meu chefe, treinador ou aos meus pais!

Discutimos o quanto a motivação intrínseca é importante na vida baseada em valores. Quanto ao desempenho, um problema em permanecer intrinsecamente motivado é que muitos motivadores extrínsecos são impostos a nós, e seu uso irregular ou inadequado pode interferir no desenvolvimento da motivação baseada em valores. Na escola, um desejo saudável de se sair bem pode se transformar no sentimento de que *precisamos* tirar notas altas, senão... A evitação das ameaças mentais logo sobrepuja as motivações intrinsecamente positivas para aprender. Além disso, em muitas escolas, as crianças enfrentam esquemas de provas que afastam formas criativas e eficazes de aprendizagem pela descoberta.

No trabalho, muitos recebem metas específicas e o desempenho é medido por avaliações anuais vinculadas a bônus e aumentos de salário. Com frequência, somos incentivados de uma maneira transacional grosseira, com o atrativo de recompensas financeiras ou a ameaça de advertência ou demissão. Nos esportes profissionais, há o imperativo de agradar os fãs, bem como a recompensa de salários elevados. Mesmo em competições atléticas, apresentações musicais, teatrais ou de dança amadoras, medalhas e troféus transmitem, alto e bom som, a mensagem de que a participação só vale se houver conquista.

Recompensas externas são boas — poucos trabalhariam de graça. O segredo é utilizar suas habilidades de flexibilidade para direcionar o foco aos benefícios intrínsecos do desempenho, possibilitando que as recompensas concretas facilitem, e não substituam, as ações baseadas em valores.

Reserve um momento para considerar o diálogo interno negativo sobre qualquer problema de desempenho enfrentado. O Ditador pode se tornar infernal nos motivando a alcançar os sinais externos de sucesso: "*Se não tirar a nota máxima nessa disciplina, você será um perdedor*"; "*Você não é promovido há três anos, qual o seu problema?*". Anote essas mensagens e aplique os exercícios de desfusão a elas. Isso o ajudará a percebê-las sempre que começarem a tagarelar. Nesse caso, você pode dizer: "Obrigado, mas tenho tudo sob controle." Uma opção é escrevê-las em cartões, carregá-los com você e tocá-los sempre que ouvir os disparates. Sua percepção ficará cada vez melhor e seu interesse por elas diminuirá.

Não há nada de errado em querer ter sucesso, desde que as realizações buscadas estejam alinhadas aos valores escolhidos, e não à evitação de medos e dúvidas. O trabalho com Valores e o Eu contribuirá consideravelmente para a preservação do foco nas recompensas intrínsecas da conquista. Reservar um tempo para refletir sobre como seu trabalho árduo atende às suas aspirações de vida pode auxiliar a percepção das correções de curso necessárias. Talvez seja preciso sair antes do trabalho para passar mais tempo com seus entes queridos ou para perseguir outras paixões. Ou talvez você tenha permitido que o alcance de algum objetivo no esporte prejudicasse a satisfação de praticá-lo ou de aperfeiçoar suas habilidades.

Em qualquer desafio de desempenho, anote os valores pleiteados por sua dedicação. Com sorte, você constatará que alguns deles são genuinamente significativos, como apoiar sua família e proporcionar alegria aos outros. Porém, você também pode perceber que alguns deles compreendem principalmente a conformidade social e a sustentação de uma imagem de si mesmo, como impressionar colegas de trabalho ou ganhar dinheiro suficiente para que outros o tratem com respeito. Utilize seu conjunto de métodos para analisar se sua auto-história está demasiadamente associada a certos indicadores externos de conquista.

As habilidades de flexibilidade também ajudam com os muitos estresses emocionais envolvidos no desempenho, que incluem ansiedade, medo do fracasso e do sucesso, e a dor da decepção e da vergonha provenientes de falhas inevitáveis. Há também o tormento da autorrecriminação pelos erros; a dor das críticas de um professor ou chefe; a raiva suscitada por obstáculos no caminho, como burocracia desnecessária; e o estresse de ser testado constantemente na escola ou receber muitas tarefas no trabalho.

Pratique exercícios de aceitação para lidar com esses desafios emocionais. É possível aplicar sistematicamente as práticas de aceitação do seu conjunto de métodos a eles. Por exemplo, escolha uma área ou situação específica de desempenho que seja complexa e anote as emoções difíceis que ela provoca. Em seguida, realize os exercícios Diga "Sim" e de Afeto, apresentados no Capítulo 11.

No calor do momento, à medida que emoções e pensamentos negativos surgirem, recorra a suas práticas de desfusão. Os exercícios de atenção também ajudarão ao desviar seu foco da batalha interna e redirecioná-lo à tarefa em questão. Se conseguir alguma privacidade, realize o método de Meditação Simples apresentado no Capítulo 12. Em qualquer situação, você pode executar rapidamente o exercício de direcionamento da atenção às solas do pé, disponibilizado no mesmo capítulo. Ao praticar regularmente esses e outros métodos de atenção, você constatará que pode recorrer a eles mesmo nos momentos mais intensos.

As práticas de atenção e desfusão também são úteis para um dos efeitos mais perniciosos de nossas preocupações com o desempenho, o fenômeno conhecido como *choking* [entrar em colapso sob pressão], muito comum nos esportes. Estamos tão distraídos com as preocupações sobre nosso desempenho que erramos um arremesso ou desviamos os olhos da bola. O *choking* também ocorre na escola e no trabalho, quando ficamos ansiosos com uma prova ou apresentação, por exemplo. Se isso for um problema, recorra a seus exercícios favoritos de desfusão e atenção sempre que se sentir no limite. Com o tempo, você ficará cada vez melhor em retornar seu foco para a ação do momento.

A mensagem da ACT sobre desempenho pode ser resumida em uma frase: o desempenho elevado é melhor alcançado não por medo, julgamento e evitação, mas com atenção plena, compromisso e amor.

Solucionando a Procrastinação

Um obstáculo comum ao desempenho é a procrastinação, uma forma de evitação emocional e, por esse motivo, as habilidades da ACT ajudam a combatê-la. A pesquisa da ACT revelou que a procrastinação é prenunciada pela inflexibilidade psicológica. O estresse e a ansiedade decorrentes de uma tarefa são atenuados brevemente pelo adiamento, mas essa recompensa menor e mais rápida pode acarretar falhas consideráveis de desempenho. Mesmo que você consiga concretizar de forma satisfatória um projeto após finalmente se dedicar a ele, adquirir uma reputação de procrastinador pode impedir seu progresso, principalmente no trabalho.

Programas da ACT para procrastinação foram desenvolvidos. Eles ensinam as pessoas a seguirem três passos quando percebem que estão estagnadas em uma tarefa: (1) fazer uma pausa consciente e reconhecer pensamentos e sentimentos existentes; (2) aplicar a aceitação e a desfusão; e (3) escolher agir com base em valores.

Se quiser tentar essa abordagem, durante a próxima semana, assim que perceber que está procrastinando, pratique um ou dois exercícios de atenção por alguns minutos. É como lançar uma âncora de atenção em seu corpo. Uma boa estratégia é visualizar o impulso da procrastinação e observar as sensações corporais. Ao identificar cada uma delas, respire como se quisesse acolhê-las conscientemente. Se sentir seu abdômen contrair, por exemplo, direcione a respiração para ele. Por trinta segundos ou mais, realize o mesmo processo com as emoções e pensamentos percebidos.

Se quaisquer pensamentos ou sentimentos inúteis surgirem, utilize seus métodos de desfusão e aceitação para observá-los.

Em seguida, avalie quais de seus valores são contemplados na realização da tarefa e considere o seguinte: qual o prejuízo de não corresponder a esse valor? Por fim, com a inspiração para se libertar da procrastinação, defina um pequeno conjunto de metas SMART que o farão avançar. Comece com um comportamento, por menor que seja.

Aprendizado e Criatividade

Um tipo especial de flexibilidade — a flexibilidade cognitiva, abordada no Capítulo 9 — também é uma ferramenta poderosa para o desempenho. O foco anterior consistia em aplicá-la para não ser escravizado pelas regras inúteis do Ditador; agora, é enfatizar seu grande auxílio ao aprendizado e à criatividade, aspectos muito importantes no desempenho. Os resultados obtidos em pesquisas sobre a flexibilidade cognitiva são tão surpreendentes que o assunto merece destaque.

O desempenho em qualquer um de nossos esforços é consideravelmente aprimorado pela capacidade de considerar, de forma fluida, muitas alternativas para enfrentar um desafio, mantendo-as em nossa mente e testando-as. Nossa habilidade para solucionar problemas é mais criativa quando possibilitamos que as ideias se interliguem em nossa mente, inclusive as contraditórias, criando margem para possibilidades inesperadas ou até mesmo noções aparentemente absurdas, a fim de ganhar força. Nas pesquisas sobre criatividade, esse aspecto é denominado *pensamento lateral*, o qual, como demonstrado por estudos, suscitou muitas das inovações mais importantes devido às novas conexões estabelecidas. Por que um celular precisa ser apenas um celular? Por que não pode ser também um reprodutor de música? Melhor ainda, por que não pode ser um computador?

Os pesquisadores da ACT e da RFT criaram programas de treinamento para desenvolver a flexibilidade cognitiva do enquadramento relacional com base na velocidade, precisão e sensibilidade contextual. Os resultados dos testes que avaliaram os efeitos na solução intelectual de problemas são surpreendentes. Vários estudos revelaram que essa habilidade cognitiva se correlaciona consideravelmente com as pontuações tradicionais de QI. Mais entusiasmante foi a descoberta de que *treinar* a flexibilidade cognitiva até que as relações sejam fluidas pode aumentar significativamente a pontuação de QI. Ao longo de vários meses, alguns estudos mostraram um aumento de 9 a 22 pontos em crianças — muito além da melhoria de 2 ou 3 pontos que os programas de treinamento de QI costumam suscitar. Ainda não há estudos publicados em relação à pontuação em adultos. No entanto, o treinamento de flexibilidade cognitiva baseado na RFT constatou alguns resultados promissores em um pequeno estudo randomizado com idosos (idade média de 78 anos) que apresentam doença de Alzheimer leve a moderada. O grupo de controle recebeu apenas medicamentos comumente prescritos — em três meses, a doença se agravou levemente (como esperado, considerando que ela é progressiva). Além de medicamentos, o grupo experimental recebeu uma hora semanal de treinamento em flexibilidade do enquadramento relacional. Seu funcionamento cognitivo melhorou de forma moderada — uma diferença estatisticamente significativa. Ainda não se sabe o que aconteceria com o treinamento prolongado, pois serão necessárias mais pesquisas para descobrir.

No Capítulo 10, apresentei alguns exercícios de tomada de perspectiva que solicitam respostas para perguntas como: "Tenho um copo e você, uma caneta; se eu fosse você e você fosse eu, o que você teria?" ou, com maior complexidade, "Agora eu tenho um copo e você, uma caneta, mas ontem eu tinha um livro e você, um celular; se hoje fosse ontem e ontem fosse hoje, eu fosse você e você fosse eu, o que você teria nesse momento?". Estes são questionamentos de flexibilidade cognitiva. Para respondê-los, é necessário utilizar, de maneiras incomuns, as relações de tomada de perspectiva de pessoa e tempo. O treinamento de flexibilidade cognitiva aplica muitos desses exercícios em uma ampla variedade de relações, com o objetivo de aumentar a velocidade ao mesmo tempo que se mantém a precisão. Pratiquei esses jogos por muitas horas com meus filhos, principalmente enquanto estávamos no carro, e constatei o quanto os resultados são poderosos.

Observe com que rapidez você consegue responder à seguinte pergunta:

Se dentro fosse fora, em cima fosse embaixo, bonito fosse feio e eu colocasse um coelho bonito dentro de uma caixa e a fechasse, o que você veria?

Rápido! Responda! Rápido!

Há alguns anos, fiz a mesma pergunta para cerca de duzentos psicólogos em uma apresentação sobre RFT. Minha filha Esther, na época com 6 anos, estava sentada na primeira fileira. Após três ou quatro segundos de silêncio constrangedor, enquanto o ambiente repleto de doutores praticamente se inquietava para encontrar a resposta certa, eu disse: "Essie?" De forma imediata e um tanto desdenhosa, ela respondeu (como se fosse fácil demais): "Você veria um coelho feio em cima da caixa."

Exatamente.

Esther desenvolvera grande destreza em relação a esse tipo de pensamento devido à nossa prática no carro. Durante anos, no trânsito, passamos o tempo com jogos cognitivos que eu inventava de improviso e cuja resposta correta exigia que o enquadramento relacional fosse rápido, preciso e flexível. À medida que ela ficava um pouco mais velha, nos revezávamos para pensar em um item e desafiar o outro a respondê-lo com precisão e rapidez (ela conseguiu me surpreender diversas vezes). Após compreender o ponto principal, você pode elaborar um item satisfatório em menos de um minuto e praticá-lo com as crianças enquanto dirige (também o fiz com adultos). É mais ou menos da seguinte forma:

No Trânsito

> *P*: [ao parar no sinal vermelho] Se vermelho fosse verde e verde fosse vermelho, o que eu deveria fazer agora?
>
> *R*: Seguir.
>
> *P*: Se eu fosse você e você fosse eu, quem estaria dirigindo?
>
> *R*: [resposta da criança] Eu.
>
> *P*: Se ondulada fosse esburacada e plana fosse o oposto, qual estrada você escolheria: plana ou ondulada?
>
> *R*: Plana.
>
> *P*: [ao se aproximar do sinal verde] Se vermelho fosse verde e verde fosse vermelho, e à frente fosse atrás e atrás fosse à frente, o que eu deveria fazer agora?
>
> *R*: Avançar — o sinal vermelho está atrás.

A seguir, apresentarei alguns outros exercícios para aumentar sua flexibilidade cognitiva e identificar opções úteis que, do contrário, seriam perdidas.

Utilidades para um Objeto

Escolha um objeto... um copo descartável, por exemplo. Rapidamente, diga em voz alta todas as coisas que poderia fazer com ele. Reserve trinta segundos e anote o número total de ideias e de diferentes categorias ou funções (digamos que você pensou em usá-lo para guardar joias, fazer um abafador auricular ou um nariz de palhaço — três ideias e duas funções diferentes).

Dia do Oposto

Escreva uma sequência de frases que expressem uma opinião sua, mas empregue palavras que são opostas ao seu ponto de vista. Por exemplo, para expor sua opinião sobre seu amor à natureza e a necessidade de preservá-la, escreva: *Detesto coisas artificiais e elas não devem destruir a natureza.*

Transforme Pensamentos em Metáforas

Considere um pensamento negativo sobre um problema de desempenho e elabore uma forma metafórica para expressá-lo, revelar sua negatividade e sugerir outras maneiras de agir quando ele surgir. Por exemplo, se o pensamento for uma versão evasiva de *Eu deveria desistir*, é possível transformá-lo em *Eu deveria desistir... como alguém que vai dormir no sofá*. Se for um pensamento autodestrutivo que acarreta o vício em trabalho, como *Deveria trabalhar ainda mais e ignorar meu cansaço*, ele pode ser alterado para *Deveria trabalhar ainda mais... como um cavador de valas cansado que recebe o mesmo salário independentemente da profundidade que cava*. Em seguida, transforme a metáfora em uma abordagem positiva ao problema — *E se eu levantar do sofá, me alongar e prosseguir?* ou *E se eu sair da vala, guardar minha pá, voltar para casa e passar um tempo com meus filhos?*

Lidando com Limitações no Trabalho

Se você dorme 8 horas por noite (e espero que durma), a cada ano, sobram-lhe 5.840 horas acordado. Se trabalhar em tempo integral, mesmo sem considerar as tarefas que leva para casa, é provável que mais de um terço dessas horas sejam despendidas no trabalho.

Para muitos, esse tempo é bem menos gratificante do que deveria ser, totalmente desanimador ou até psicologicamente punitivo. Em parte, isso se deve às pressões e medos internos que infligimos a nós mesmos, mas também à natureza dos ambientes de trabalho e de gerenciamento. Pesquisas de opinião mostram que a maioria das pessoas não está engajada em seu trabalho ou sofre com chefes ruins que são líderes ineficazes.

O problema é que, por mais que saibamos o que está errado, geralmente não podemos fazer muito para mudar a maneira como nossos gerentes nos conduzem ou melhorar os processos burocráticos que nos frustram. Em essência, a maioria dos locais de trabalho são ambientes bastante rigorosos, repletos de todos os tipos de regras e limitações sobre como conduzir nosso trabalho. Felizmente, há muito que podemos fazer para mudar a forma como reagimos às adversidades da vida profissional. Na introdução da Parte Três, apresentei uma descrição básica de como aplicar as habilidades para se tornar mais feliz e realizado no trabalho.

A seguir, há alguns métodos adicionais para direcionar a energia das frustrações sobre o que não podemos mudar no trabalho ao foco do que *podemos* fazer.

Modele Seu Trabalho com Seus Valores

O termo *job sculpting* ["modelagem profissional", em tradução livre], cunhado pelos especialistas em carreira Timothy Butler e James Waldroop, significa encontrar maneiras de adaptar melhor o trabalho a seus interesses e suas habilidades a fim de que ele seja mais satisfatório. Embora isso possa exigir uma grande mudança de carreira, que pode ser auxiliada pelas habilidades de flexibilidade, é possível identificar formas mais brandas de mudanças que trazem retornos significativos.

A forma mais simples é reexaminar o trabalho e reconectar-se com a satisfação de alguns aspectos que muitas vezes são ofuscados pelos nossos descontentamentos. Podemos redirecionar nossa atenção de forma consciente e encontrar maneiras de despender mais tempo nessas tarefas gratificantes. Às vezes, é uma questão de analisar como dedicamos nosso tempo e identificar formas de sermos mais eficientes em algumas tarefas, utilizando esse tempo como preferimos. Isso também pode exigir o passo maior de discutir com o chefe nosso interesse por uma combinação diferente de responsabilidades. Para tanto, podemos recorrer ao aprendizado de ação comprometida. Assim como devemos estabelecer metas SMART — específicas, mensuráveis, atingíveis, relevantes e temporais — nas outras áreas de nossas vidas, as solicitações que fazemos para modificar a descrição de nosso trabalho devem ser SMART, não apenas para nós, mas também para a empresa.

Esse é o momento em que faço um apelo para cada gerente e executivo. Você será um líder melhor se conceder a seus funcionários o tipo de liberdade para o *job sculpting* e modelar a flexibilidade com eles de outras maneiras — de formas que a promova. Se você for cético em relação aos benefícios, observe os resultados do primeiro grande estudo que analisou a relação entre flexibilidade psicológica e desempenho no trabalho, o qual foi conduzido em 2003 por uma equipe liderada pelo psicólogo Frank Bond. Em dois intervalos, com um ano de diferença, questionários avaliaram a quantidade percebida de controle sobre o trabalho de cada um dos quatrocentos funcionários, bem como sua flexibilidade psicológica e saúde mental. Ao longo do ano, todos os erros que cada trabalhador cometia no computador foram registrados automaticamente.

Os funcionários que sentiam muito pouco controle sobre seu trabalho cometeram mais erros por hora e apresentaram problemas de saúde mental durante o ano inteiro. O mesmo aconteceu com os trabalhadores inflexíveis. Os melhores resultados de trabalho foram observados entre aqueles que sentiam um ambiente de trabalho flexível *e* tinham boa flexibilidade psicológica. Vários estudos confirmaram essas constatações.

Conclusão: a flexibilidade é benéfica aos negócios. Tanto os funcionários que pretendem melhorar seu próprio desempenho quanto os gerentes e líderes da empresa que buscam ajudá-los a fazê-lo devem observar a seguinte fórmula: funcionários flexíveis + ambientes de trabalho flexíveis = sucesso.

Qual a melhor forma de promover a flexibilidade na equipe? Modelando-a. Pesquisas revelam que os líderes que gerenciam com flexibilidade psicológica auxiliam os funcionários a fortalecerem suas próprias habilidades de flexibilidade. O que isso compreende? Ajudá-los a satisfazerem seus anseios principais por competência, significado escolhido e pertencimento no trabalho. Inspirar as pessoas a se esforçarem por mais do que o ganho próprio de curto prazo — estabeleça uma missão de equipe, uma visão e uma identidade de grupo que estimule os trabalhadores a se envolverem e colaborarem mais. Atender às necessidades emocionais dos membros da equipe e fornecer a eles o feedback e os recursos necessários para prosperar. Compartilhar abertamente as dificuldades enfrentadas pela equipe e até seus próprios erros, o que capacita os funcionários com informações essenciais para que possam ser mais úteis na descoberta de soluções e na aquisição de confiança. Quando os líderes utilizam recompensas individuais como incentivos, eles garantem que não pareça uma transação grosseira, mas uma expressão de reconhecimento autêntico como parte integrante do compromisso de longo prazo.

Mantenha o Aprendizado

Uma das principais causas de insatisfação no trabalho é sentir-se estagnado nas mesmas rotinas antigas, pois temos a impressão de que não estamos aprendendo e crescendo. Todos somos capazes de tomar a iniciativa de nos ensinar novas habilidades. Isso pode parecer uma perspectiva assustadora, mas podemos direcionar nossas habilidades de flexibilidade para nos comprometermos com ela. Há uma infinidade de cursos e programas de treinamento disponíveis online.

Esse desenvolvimento proativo de habilidades também pode ajudar com a atual ansiedade generalizada sobre o futuro dos empregos. Especialistas no assunto alertaram que a automação ocupará o lugar de muitos funcionários e que aprender a trabalhar com as novas tecnologias, como inteligência artificial e aprendizado de máquina, ou como mudar do trabalho administrativo e fabril para o de serviços humanos, são maneiras de "blindar a carreira para o futuro". A aplicação das habilidades de flexibilidade ao aprendizado contínuo é uma ótima maneira de se preparar para esse admirável mundo novo do trabalho.

Consulte a Matrix

Geralmente, no ambiente de trabalho, não podemos fazer uma "pausa" para praticar as habilidades de flexibilidade; precisamos ser muito ágeis. A comunidade da ACT desenvolveu várias ferramentas mentais que você pode usar para se lembrar do seu aprendizado da ACT rapidamente. Uma de que particularmente gosto e aplico de forma satisfatória em contextos organizacionais é chamada Matrix, um modelo inicialmente desenvolvido por Kevin Polk. O coração e a mente dessas figuras ambulantes representam seus pensamentos e sentimentos, os quais ninguém mais pode ver, e as mãos e os pés retratam suas ações manifestas.

Primeiro, escreva as respostas para as quatro perguntas a seguir, inserindo versões breves em cada quadrado da Matrix, começando pelo canto superior direito e avançando no sentido anti-horário:

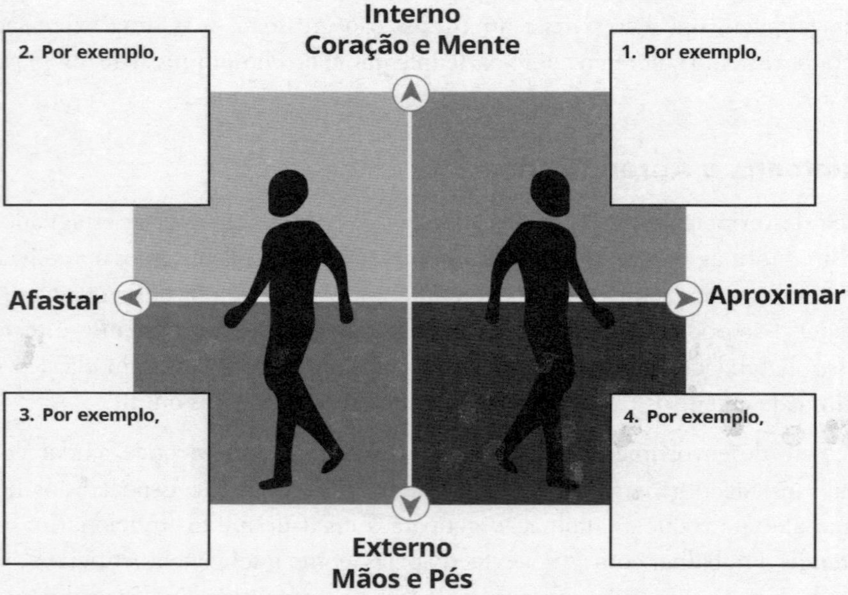

As perguntas são:

1. *Na área profissional, quais são os aspectos internos dos quais você mais gostaria de se aproximar?* Penso em exemplos como o contentamento proveniente de ajudar os clientes ou de ser gentil com seus colegas de trabalho, a satisfação de ser sincero e autêntico, e o pensamento de que se está fazendo uma diferença positiva no mundo.

2. *No trabalho, quais são os aspectos internos que mais o impulsionam na direção oposta?* Penso em exemplos como o ressentimento por ser menosprezado, o medo de parecer ridículo e a incerteza sobre suas próprias habilidades.

3. *O que você está fazendo quando se afasta dos aspectos dos quais deseja se aproximar?* Penso em exemplos como permanecer calado nas reuniões, fofocar e evitar responsabilidades de forma deliberada.

4. *O que você está fazendo quando avança na direção escolhida?* Penso em exemplos como comparecer preparado às reuniões, fazer sugestões e escutar ativamente as ideias alheias.

5. *O último passo não é uma pergunta. Analise a figura e, no ponto em que as duas linhas se cruzam, detecte quem está observando as respostas escritas. Considere essa conexão como um vínculo do seu Eu transcendente com o "agora" desses impulsos de afastamento e aproximação. Lembre-se de que você pode escolher qual direção seguir.*

Após preencher a figura, revise-a regularmente até que a consolide em sua memória. Nos momentos difíceis do trabalho em que desejar recorrer às suas habilidades, relembre-as depressa e percorra mentalmente os quadrados, atualizando-os à medida que definir ajustes adequados à situação atual. Em seguida, detecte quem está observando e confira se essa verificação da Matrix fornece apoio e orientação.

Desempenho Esportivo

Todo mundo que pratica um esporte sabe como a voz do Ditador pode atrapalhar o desempenho, pois ficamos enredados em pensamentos sobre o que deveríamos estar fazendo. A flexibilidade psicológica ajuda a silenciar todas as mensagens para que possamos focar o necessário — o fluxo do jogo. Essa abordagem não apenas acarreta níveis mais baixos de angústia entre os atletas, mas também melhor desempenho em comparação às intervenções da psicologia do esporte tradicional, como o treinamento de habilidades psicológicas, composto de estabelecimento de metas, treinamento de relaxamento e de atenção e gerenciamento da ansiedade.

Pesquisas mostraram que a ACT não auxilia apenas o esporte físico, mas outros tipos de competição esportiva ou situações de desempenho. Por exemplo, a classificação de jogadores de xadrez internacionalmente notórios foi aprimorada em estudos randomizados de treinamento da ACT. O benefício parece derivar da minimização dos efeitos emocionais ocasionados por erros e da redução de movimentos impulsivos. Da mesma forma, músicos, atores e outros utilizaram a ACT com êxito para lidar com a ansiedade de desempenho que interfere em sua arte.

A ACT ajuda a corrigir uma grande quantidade de conselhos equivocados dados aos atletas, mesmo por treinadores e consultores profissionais. Por exemplo, a fim de se planejarem, eles geralmente são ensinados a realizar treinamento mental para visualizar os movimentos de seus adversários, mas o que se imaginou nem sempre acontece. Por esse motivo, a melhor preparação mental é a prática da atenção, com o objetivo de aumentar a acuidade de observação das ações do adversário no momento do jogo.

De modo semelhante, os atletas geralmente são ensinados a se distraírem da dor, pensando em algo agradável, ou a se concentrarem apenas em sua forma corporal. Ambas as maneiras comuns de treinamento têm limites notáveis. Como parte de sua dissertação, Emily Leeming, uma aluna minha, realizou um estudo recente com atletas de competição do CrossFit — um programa de movimentos funcionais constantemente variados e executados em alta intensidade. Considere-o como um campo de treinamento para atletas olímpicos que praticam vários esportes ao mesmo tempo. No nível competitivo, essas pessoas se exercitam tanto que praticamente suam sangue. Ela solicitou que, em um ângulo de 90º, segurassem um peso de 1kg afastado do corpo até que não aguentassem mais. (Demora apenas alguns minutos. Tente. Segure 1L de leite e constate.) Em um grupo, ela pediu que os participantes focassem sua forma, mantendo o braço a 90º; em outro, requisitou que pensassem em algo agradável para se distraírem dos sentimentos angustiantes; e, em um terceiro grupo, aconselhou que se concentrassem na aceitação do desconforto. Mesmo nesses grupos de exercício de elite, o treinamento sobre aceitação aumentou significativamente a capacidade de persistência (quase 25% em algumas comparações), enquanto as outras duas abordagens não produziram benefícios. É importante que os atletas estejam atentos ao seu grau de dor e reajam de maneira bem ajustada. Do contrário, eles correm o risco de lesão. Os processos de flexibilidade promovem essa abertura. Pesquisas também revelaram que, caso os atletas sofram lesões, a eficácia da reabilitação é mais provável se forem psicologicamente flexíveis devido a uma melhor adesão aos requisitos da recuperação.

Se você deseja aplicar suas habilidades da ACT ao desempenho esportivo, é aconselhável começar com qualquer exercício de treinamento difícil, enfadonho ou doloroso. Aplique as habilidades de flexibilidade à sua prática, talvez uma por dia em sua sessão de exercícios. A seguir, apresentarei alguns exemplos:

Dia da desfusão. Ao se exercitar, fique atento a pensamentos que interferem no seu envolvimento com a atividade, como *Esse aparelho está acabando comigo* ou *Detesto abdominais*, e aplique seus métodos de desfusão favoritos a eles.

Dia da aceitação. Ao perceber uma sensação difícil que é inofensiva, mas que você sabe que o incita a desistir, concentre sua atenção nela e diga a si mesmo: *Estou disposto a senti-la, está tudo bem.* Imagine que você a suscitou de propósito, o que consiste em uma maneira de abandonar sua atitude defensiva e se tornar o autor de sua experiência.

Dia do agora. Pratique a flexibilidade atencional e, à medida que se exercitar, tente identificar quais estratégias atencionais reforçam seu treinamento. Por exemplo, se estiver pedalando, concentre sua atenção em todas as sensações corporais e, em seguida, no cenário ao seu redor. Depois, retorne-a para seu corpo, focando a sensação de impulsionar os pedais e observando sua respiração. Tente prestar atenção aos aspectos que você geralmente não nota ao se exercitar, como os sons do ambiente ou o vento que seca o suor da sua pele.

Dia da perspectiva. Quando começar a sentir desconforto ou a ficar entediado, questione: O que você diria a si mesmo se estivesse se observando de longe? Qual conselho daria a si mesmo se estivesse em um futuro mais sábio e distante?

Dia dos valores. Lembre-se das qualidades que mais deseja demonstrar em relação à forma como se dedica ao seu treinamento. Por exemplo, talvez você queira ser amigável com as outras pessoas que se exercitam à sua volta, em vez de se fechar e se concentrar apenas em si mesmo, ou talvez deseje expressar gratidão ao seu treinador. Encontre maneiras de agir de acordo com elas.

Dia do compromisso. Tente modificar sua rotina a fim de aprimorar seu treinamento, como adicionar mais alguns terríveis abdominais ou utilizar algum aparelho que você evita.

Inevitavelmente, o desempenho nos esportes implica algum nível de dor e certos fracassos. Porém, assim como o desenvolvimento da flexibilidade física o ajuda a otimizar seu desempenho ao mesmo tempo que reduz o ônus envolvido, a manutenção da sua flexibilidade psicológica também o fará.

Capítulo 19

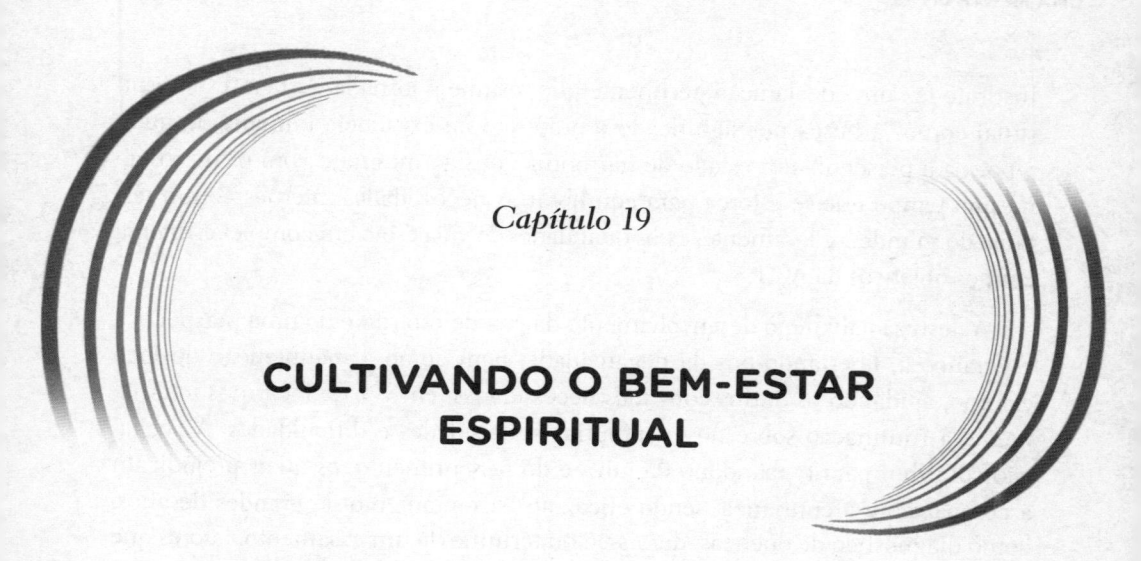

CULTIVANDO O BEM-ESTAR ESPIRITUAL

O bem-estar espiritual é um importante contribuinte para a saúde mental e física, fato corroborado por uma pesquisa científica ampla e que independe de religião ou crença em Deus. Ainda que, durante grande parte da história registrada, a espiritualidade tenha sido promovida sobretudo por meio de tradições e práticas religiosas, como a oração e a contemplação bíblica, mais recentemente, seu cultivo foi incentivado por métodos integrantes dessas tradições, como ioga e meditação da atenção plena, mas que podem ser adotados como práticas seculares. Quaisquer que sejam as maneiras pelas quais você busque fomentar seu próprio bem-estar espiritual, as habilidades da ACT serão úteis. Uma consideração breve da natureza do bem-estar espiritual esclarecerá o motivo. No final deste capítulo, abordarei como a ACT é compatível com todas as tradições de fé e como ela pode reforçar o envolvimento com práticas religiosas específicas.

Embora não exista uma definição universal de bem-estar espiritual, uma ampla variedade de fontes descreve as seguintes características essenciais: sentimento de paz de espírito; harmonia consigo mesmo e com os outros; profundo senso de conexão com os outros; compaixão por si mesmo e pelos outros; sentido de domínio da vida que transcende os limites do mundo material e as limitações do eu; sentimento de viver com significado e propósito; capacidade de confiar em si mesmo; reverência pela vida; e fé ou esperança na vida. O National Wellness

Institute fez uma declaração pertinente que resume a jornada do bem-estar espiritual como "a busca por significado e propósito na existência humana, levando a pessoa a perseguir um estado de harmonia consigo mesma e com os outros ao mesmo tempo que se esforça para equilibrar as necessidades internas com o restante do mundo." Claramente, essas qualidades de vida estão em completa sintonia com os objetivos da ACT.

A desfusão auxilia o desenvolvimento da paz de espírito e de uma perspectiva esperançosa, libertando-nos da negatividade, bem como a manutenção do foco externo, ajudando os outros com suas necessidades, em vez de focarmos internamente a ruminação sobre nossas próprias necessidades e dificuldades. A aceitação contribui para o abandono da raiva e do ressentimento, os quais prejudicam a compaixão e a confiança, sendo eficaz ao enfrentamento de grandes desafios, como diagnóstico de doenças, demissão ou término de um casamento, fatores que podem abalar nossa fé na vida. O trabalho com valores preserva o foco nos aspectos repletos de significado e propósito, e as ferramentas de compromisso nos ajudam a nos comprometer com uma programação contínua de ações que estabelecem o bem-estar espiritual. Além de atingir outras pessoas e formar uma comunidade, como participar do trabalho voluntário que há muito pretendemos, essas ações devem contemplar o direcionamento interno, como oração e meditação.

Esse aspecto remete às habilidades de atenção e Eu, pois contribuem para o bem-estar espiritual de maneiras fundamentais, mas um pouco mais complicadas de reconhecer — motivo pelo qual, no momento, me concentrarei nelas. Essas habilidades auxiliam o que chamo de conexão proposital com a transcendência.

Para muitos, a crença em uma dimensão espiritual é consolidada pela experiência intensa de transcendência do estado normal da vida — descrita como um profundo senso de infinitude, de unicidade com um âmbito de vida que supera as restrições físicas de tempo e lugar, e do eu como pessoa individual com atributos particulares. Geralmente, a experiência envolve uma autoconsciência diferente, que pode incluir a sensação de que o próprio ser está se incorporando ao universo — aspecto denominado de estado de *consciência cósmica*. Muitos guias espirituais e autores de livros populares sobre espiritualidade, como Eckhart Tolle, descreveram tais experiências como decisivas em sua vida, da mesma forma que, evidentemente, muitos ensinadores religiosos têm feito por milênios.

Tais experiências já foram caracterizadas como extremamente raras. O psiquiatra Richard Bucke, que estudou o fenômeno e, em 1901, publicou o influente livro *Consciência Cósmica*, estimou que ele é vivenciado por apenas uma pessoa em um milhão. Essa conjectura foi amplamente aceita por muitos anos. Porém, há algumas décadas, os pesquisadores descobriram que essas experiências são, de fato, muito mais comuns. Estudos revelaram que entre um terço e quatro quintos de todos os adultos relatam tê-las. Essa variação considerável é parcialmente explicada pelo fato de que muitas pessoas que as vivenciam relutam em falar sobre elas. Algumas temem parecer loucas; outras consideram essas experiências difíceis de descrever ou sentem que elas são tão especiais e pessoais que, assim como um beijo marcante de alguém amado, até parece errado descrevê-las por meio de palavras.

Tenho convicção de que essas experiências não são incomuns, em parte porque vivenciei uma delas naquela noite agarrado ao tapete, quando realizei os primeiros pivots para lidar com minha ansiedade. Experimentei uma poderosa sensação de transcendência, como se eu saísse de meu próprio corpo e olhasse para mim mesmo. A partir desse ponto, fiz escolhas de mudança de vida que, após quase quatro décadas, ainda permanecem comigo. Ao me levantar do tapete, imediatamente percebi que tivera uma experiência espiritual. Um ano depois, o primeiro artigo que redigi quando comecei a desenvolver a ACT foi intitulado: "Making Sense of Spirituality" [Compreendendo a Espiritualidade, em tradução livre].

Embora essas experiências não sejam incomuns, elas não são universais e raramente se repetem em sua forma mais profunda. Um dos meus objetivos no desenvolvimento da ACT tem sido ajudar as pessoas a cultivarem um senso de conexão mais duradouro com esse lugar de transcendência. Podemos experimentar pequenas conexões diárias com a transcendência, que oferecem inspiração e orientação, da mesma forma que um ínfimo feixe de luz em uma sala escura o impede de esbarrar nos móveis. Os métodos de atenção e Eu são relevantes para proporcionar esse feixe de luz. Em seguida, explicarei o porquê e apresentarei alguns exercícios que considero poderosos.

Praticando a Tomada de Perspectiva

Lembre-se de que desenvolvemos nossa autoconsciência quando aprendemos as três relações de tomada de perspectiva: eu — você; aqui — lá; agora — depois. Já apresentei vários exercícios para aumentar a consciência do nosso Eu observador. Pedi que você olhasse para si mesmo a partir de um futuro mais sábio; que se afastasse mentalmente de si mesmo e se observasse; e se visse através dos olhos de um amigo ou conselheiro admirado. Em cada caso, pedi que perpassasse seu foco pelas três sequências de perspectiva — agora/depois; aqui/lá; eu/eles. Imaginar um futuro mais sábio transfere a consciência do *agora* para o *depois*; se distanciar mentalmente e olhar para trás desloca a consciência do *aqui* para o *lá*; visualizar um conselheiro o observando da perspectiva dele altera a consciência do *eu* para *você*. Em outras palavras, o primeiro exercício promove um sentido transcendente de tempo; o segundo cultiva um sentido transcendente de espaço; e o último estabelece o sentido de transcender os limites do Eu e conectar-se com os outros no âmbito da unicidade espiritual.

No meu primeiro artigo sobre a ACT, especulei o motivo. Presumi que uma característica das intensas experiências de transcendência consiste na capacidade de vivenciar a percepção de *ambos* os extremos das três sequências de tomada de perspectiva, todas de uma vez. É como se, ao mesmo tempo, víssemos através dos olhos do *eu* e do *você*, estivéssemos no *agora* e no *depois*, e no *aqui* e no *lá*. Adentramos um domínio mental que não é caracterizado por essas divisões. É como se participássemos de uma consciência maior e abrangente, de "todos, em todos os lugares, sempre", pois, de alguma forma, nossa mente se abre para uma consciência perceptiva de *ambos/e*, em vez da convencional *cada/ou*. Pesquisas sobre experiências transformacionais de vários tipos confirmam esse aspecto ao constatarem que o pensamento divergente *ambos/e* é crucial para essas experiências.

De certo modo, a própria consciência fornece as bases para a experiência espiritual. Compreender o fundamento cognitivo da consciência origina métodos para investir intencionalmente esse recurso de espiritualidade em nossa vida cotidiana. A seguir, há dois exercícios para praticar regularmente.

O primeiro associa a tomada de perspectiva à aceitação a fim de promover compaixão por si mesmo e pelos outros. A compaixão é um traço distintivo do bem-estar espiritual; ela é um ótimo começo se o interesse for expandir a consciência.

É melhor gravar a leitura lenta e em voz alta deste exercício e depois utilizar a gravação para poder realizá-lo com os olhos fechados. Insira uma breve pausa após cada frase e, nos sinais de interrupção, detenha-se por alguns segundos.

Escolha um local tranquilo e confortável, onde você não seja interrompido. Com os olhos abertos, comece pela percepção de seus sentimentos — detecte algo que possa ver e analise-o, observando sua visão. Em seguida, perceba algo que possa tatear, alcance-o e toque nele, observando a sensação. Depois, feche os olhos e identifique algo que possa ouvir. À medida que se observar percebendo essas coisas, reflita apenas por um instante que você é a pessoa que observa. Permaneça nessa consciência por alguns momentos.

. . . .

Então, gentilmente, concentre sua atenção em uma emoção dolorosa que sentiu no último dia. À medida que se abrir para essa experiência, tente fazê-lo com uma sensação de cordialidade e sabedoria, como se estivesse expandindo sua consciência, sua simples capacidade de percepção, de modo que ela envolva totalmente a emoção. Observe sua respiração e, a cada expiração, expanda um pouco mais esse sentimento de bondade e força, como se envolvesse cuidadosamente essa emoção na consciência compassiva. Expanda até experienciar cada centímetro desse sentimento intencionalmente: com gentileza, amabilidade e compaixão.

. . . .

Agora perceba que há outras pessoas em outros lugares e em outros momentos que sentem emoções difíceis exatamente assim. Imagine que você possa atravessar o espaço e o tempo e levar seu sentimento crescente de compaixão a elas, como se guiasse sua consciência para fazer o mesmo que você. Outros sofrem, muitas vezes sem culpa própria. Imagine uma pessoa que sofre dessa maneira — ela precisa sentir uma emoção difícil e não sabe como. Você não precisa conhecê-la pessoalmente. Em sua mente, guie-a na expansão de seu senso de autobondade e consciência, como se conduzisse as mãos alheias para segurar algo cuidadosamente. Observe sua respiração e, a cada expiração, se aproxime mentalmente e imagine que, aos poucos, vocês dois, juntos, envolvam essa emoção em uma consciência compassiva. Continue a expandir a emoção até que ambos experienciem cada centímetro desse sentimento intencionalmente: com gentileza, amabilidade e compaixão. Não importa se sua mente diz que você não tem essas qualidades... basta imaginá-las e estar atento de maneira gentil, amável e compassiva.

• • • •

Por fim, à medida que encontrarem esse lugar de bondade e consciência, imagine que *sua* emoção dolorosa possa ser adicionada à mistura. Juntos, vocês estão, aos poucos, envolvendo as emoções difíceis um do outro na consciência compassiva. Tente se permitir ser um *receptor* de compaixão, bem como um doador. Abandone as defesas desnecessárias que o impedem de receber a compaixão alheia. Possibilite que sua consciência envolva a dor — a sua, a da pessoa imaginada e a de todos que sofrem em qualquer lugar — no poder da bondade humana.

• • • •

Permaneça nesse espaço em silêncio até que decida retornar ao ambiente e, em seguida, abra os olhos.

O segundo exercício auxilia o desenvolvimento da perspectiva *ambos/e*. Pode parecer um pouco estranho, mas se atenha a ela e constate o que se revela.

Para realizá-lo, você precisa gravar a si mesmo e ouvir a gravação. Leia o roteiro devagar e com uma voz suave e relaxada; ao final de cada frase, pause por um momento; a cada sinal de interrupção, acrescente alguns segundos.

Comece com uma análise receptiva de suas experiências sensoriais. Em que você está tocando agora? O que está ouvindo?

Em seguida, detecte quem está observando. Perceba, apenas por um momento, que você está aqui e consciente. Há uma pessoa por trás de seus olhos.

• • • •

Agora lembre-se de olhar nos olhos de alguém que você conhece muito bem. Pode ser um bom amigo, um cônjuge, um namorado, qualquer um. Na vida real, talvez você não olhe nos olhos dessa pessoa por muito tempo, mas, neste exercício, imaginaremos que não há problema em fazê-lo. Visualize esses olhos e fite-os.

Ao se lembrar dessa experiência, observe que você não está apenas fitando os olhos alheios, mas que também pode ver essa pessoa como ela o vê.

Para experienciar como é *isso*, apenas por um instante, imagine assumir a perspectiva dessa pessoa e olhar para si mesmo por meio dos olhos *alheios*. Reserve um momento para observar seu rosto e, então, perceba seus *próprios* olhos olhando.

Porém, esses olhos que você fita, os seus, também estão atentos. Eles veem a outra pessoa fitando-os. Tente perceber essa consciência de fato. Os olhos imaginados não são apenas *órgãos* denominados "olhos". Você está observando olhos que veem. Tente perceber isso. Quando conseguir, retorne ao início para ser "você mesmo" novamente, olhando os olhos alheios que o fitam de volta.

• • • •

Finalmente, por um minuto ou mais, continue mudando de perspectiva da mesma maneira que fez. Cada vez que for evidente que você (ou, na imaginação, a outra pessoa) está sendo visto, permaneça nessa experiência como se fosse observá-la com cuidado e depois mudar de perspectiva. Lenta e calmamente, alterne essas duas perspectivas. Ao fazê-lo, observe que você e a outra pessoa não estão totalmente separados. Na consciência, vocês estão interconectados... como se os limites entre vocês dois estivessem atenuados e houvesse uma qualidade de *ambos/e* ou *nós* à consciência, não apenas uma de *cada/ou* ou *eu*.

Este exercício é profundamente espiritual porque desenvolve nosso senso de conexão cósmica com os outros. Pratiquei variações dele muitas vezes e, sempre que o faço, alcanço um senso de *nós*. Lembre-se de que a RFT argumenta que desenvolver esse senso foi essencial para criar a via de mão dupla das relações simbólicas que resultaram em nossa consciência avançada. Nós somos os primatas sociais. A conexão com os outros é benéfica e faz parte do que nos torna humanos.

Após praticar este exercício, acredito que você perceberá que começou a carregar esse senso de *nós* em sua vida diária, tornando-se mais consciente da interconexão que todos temos uns com os outros, com apenas um breve olhar ou um momento de consideração. Mais intensamente, você perceberá as pessoas o olhando e as fitará com maior afinco, sentindo os vínculos de consciência que nos interconectam em nossa humanidade.

Cultivando o Perdão

Associar a tomada de perspectiva à desfusão ajuda a promover outro aspecto das intensas experiências espirituais — o desejo de perdoar. O perdão é uma força poderosa para a conexão, possibilitando que afastemos todos os ressentimentos do passado e avancemos em um novo caminho da vida sem esse fardo debilitante.

Como este exercício não precisa ser gravado, não há sinais de interrupção. No entanto, certifique-se de não realizá-lo apressadamente. Faça uma pausa em cada etapa e prossiga apenas quando sentir que ela está concluída, o que exige certa reflexão.

Permita que sua mente se concentre em alguém que você tende a julgar. Pode ser uma pessoa que o irrite; que você desaprove; que o magoe de alguma maneira; ou que você responsabilize por um erro.

Independentemente do que for, apenas por um momento, permita que seus julgamentos em relação a essa pessoa emerjam. Não acredite neles nem os justifique, mas também não tente eliminá-los. Considere-os como algo que *você está fazendo* — não algo que estão fazendo com você. Cuidado para não julgar seus julgamentos. O objetivo é apenas assumir a responsabilidade (é possível transformá-la em *resposta-habilidade*) pelos julgamentos. Deixe-os ser como são e trate a si mesmo gentilmente. Mesmo se houver fatos por trás dos julgamentos, tente perceber que eles ultrapassam esses fatos — isso é algo que você está fazendo.

Quando você compreender os tipos de julgamento que essa pessoa suscita, deixe sua mente se fixar nas outras pessoas julgadas de maneira semelhante. Quem mais o irrita pelas mesmas razões? Há quanto tempo ocorre esse padrão? Em qual situação esse tipo de julgamento ocorreu pela primeira vez? Ele estava presente na infância? Na sua família? Reitero: não julgue os julgamentos, apenas observe-os e perceba que consistem em algo que você está fazendo.

Em seguida, tente identificar um aspecto de *seu* comportamento em que se baseia para julgar os outros. Se critica bastante alguém porque ele parece manipulador, confira se não há momentos em que *você* aparenta ser manipulador, talvez até manipulando a si mesmo. Se criticar bastante alguém porque ele parece convencido, verifique se não há situações em que *você* aparenta ser convencido.

Se a vergonha surgir, tenha cuidado com a mensagem oculta *Eu sou ruim*. Distancie-se desse autojulgamento ao observar sua própria experiência com curiosidade imparcial: *Veja só, eu fiz* X e *minha mente me julgou*.

Agora é um momento de escolha. Você está disposto a se presentear com o perdão? A partir desse ponto, está disposto a avançar como uma pessoa plena sem invalidar o julgamento sobre si mesmo ou se ater a ele? Você poderia se permitir um novo começo? Poderia aliviar seu fardo?

Por fim, retorne à pessoa que você tende a julgar. Poderia oferecer a ela o mesmo presente? Não responda de imediato — permaneça com o questionamento.

Isso *não* significa que você desconsiderará as atitudes nocivas dessa pessoa. É essencial não invalidar a si mesmo ou não alterar os fatos a fim de perdoar. O perdão *significa* considerar certas atitudes como inadequadas, ao mesmo tempo que você se dispõe a "aliviar o fardo" relacionado a essa pessoa. O objetivo é renunciar à necessidade de provar o fato de que ela o prejudicou. Esse é o presente de um novo começo, que não se baseia na negação da verdade, mas na escolha de abandonar a raiva e a dor. É possível se afastar de seus julgamentos e de seus efeitos ao permitir que eles sejam o que são. Coloque-os em folhas e deixe que flutuem.

Também é útil proferir a seguinte afirmação, de preferência em voz alta. Porém, se não estiver sozinho e isso não for possível, repita-a mentalmente.

"Eu escolho perdoar, ainda que não esqueça. Estou disposto a abandonar o enredamento em meus julgamentos... em relação a mim e aos outros. Sinto-me preparado para me conceder mais do que havia antes dessas experiências me levarem a julgar a mim mesmo e aos outros. Estou pronto para 'per-doar'."

Escolhi colocar os exercícios nessa ordem pelo seguinte motivo: tendemos a ter dificuldade em perdoar os outros até que tenhamos nos perdoado. A palavra *perdão* deriva do latim *perdonare* — uma junção de *per-*, que denota "total, muito", com *donare*, que significa "doar, entregar". Constatei que isso me ajuda a lembrar que perdoar é um presente que entregamos a nós mesmos, o qual inclui alguns dos aspectos que existiam antes. À medida que "aliviamos o fardo" em relação aos outros, podemos fazê-lo conosco ao abandonar não a inocência ignorante, mas a inocência experiente, e fazer a escolha consciente e sábia de recomeçar.

ACT e Religião

Algumas pessoas que praticam uma fé religiosa podem questionar se a ACT é compatível com seus ensinamentos. Certamente não sou a autoridade no assunto, mas acho válido ressaltar que a ACT foi adotada por vários líderes religiosos de todas as crenças. Por exemplo, quando os capelães das forças armadas dos EUA recentemente decidiram treinar seu grupo em atendimento psicológico, a ACT foi um dos três métodos selecionados (além da entrevista motivacional e da terapia de solução de problemas). Os capelães são de todo tipo de fé religiosa, e a ACT foi escolhida em parte porque todas essas diferentes tradições escriturais são compatíveis com o desenvolvimento das habilidades de flexibilidade. Eu coeditei um livro sobre a ACT para ser utilizado por clérigos e conselheiros pastorais. Ao escrevê-lo, analisamos as escrituras do cristianismo, judaísmo, hinduísmo, budismo e islamismo, e descobrimos muitas passagens que aconselham as pessoas a viverem de acordo com processos de flexibilidade.

Por que as tradições religiosas e a ACT têm pontos em comum? Todas as grandes religiões do mundo surgiram depois que a origem da linguagem escrita acelerou consideravelmente o desenvolvimento de nossas habilidades de pensamento simbólico e o surgimento do Ditador Interno. Talvez seja por isso que todas as principais tradições religiosas incluam formas antigas de reduzir o domínio automático do pensamento analítico e crítico — cânticos, contemplação silenciosa, meditação, dança, oração meditativa, consideração de *koans* e de outros questionamentos que não podem ser respondidos analiticamente e orações constantes.

Se tiver interesse em ler mais sobre como associar seu aprendizado da ACT à sua prática religiosa, consulte os livros escritos para terapeutas sobre como adaptar a ACT ao trabalho com clientes de tradições religiosas específicas.

Encontrei um estudo de caso recente que é esclarecedor. Uma devota cristã cipriota grega que enfrentava o câncer de mama aplicou a ACT à sua prática religiosa. Ela temia profundamente a morte, pois presenciara o próprio irmão mais velho sucumbir ao câncer. Durante a quimioterapia após uma mastectomia, essa mulher passava os dias na cama, chorando e receando por sua vida. Ela se entregou à depressão e à ansiedade. Um questionário de valores baseado na ACT (disponível no Capítulo 13) revelou que ela queria ser "uma boa cristã que está próxima de Deus e mostra sua crença por meio de ações", mas também que sentia não estar vivendo de acordo com esse valor, embora ele fosse profundamente importante.

Ao seguir um curso da ACT, ela começou a orientar seus rituais religiosos de uma maneira diferente que não era apenas mais consistente com a ACT e com a ciência do comportamento, mas também mais profundamente relacionada ao significado subjacente de sua própria tradição religiosa. Por exemplo, ela começou a pedir a Deus que a ajudasse a aceitar seu medo e a viver mais de acordo com seus valores, em vez de orar para eliminar seus medos. Essa simples mudança auxiliou o direcionamento da energia de seu medo da morte e da perda para o engajamento e a participação, e não para a repressão e o isolamento social. Como resultado, ela se tornou muito mais ativa em seu grupo da igreja e encontrou formas de vincular tarefas menores a seus valores. Após oito sessões, afirmou ter retomado seu antigo eu. Sua doença potencialmente fatal se tornara uma fonte de força.

Essa história é uma prova comovente do papel da espiritualidade na promoção da saúde física e mental. A espiritualidade é uma característica natural da vida humana que beneficia a todos. Estamos em uma jornada espiritual no sentido mais amplo desse termo. Fiquei satisfeito ao descobrir que as habilidades de flexibilidade podem ajudar as pessoas a progredirem nessa jornada, fomentando a capacidade de compromisso com uma vida de consciência, significado e conexão compassiva.

Capítulo 20

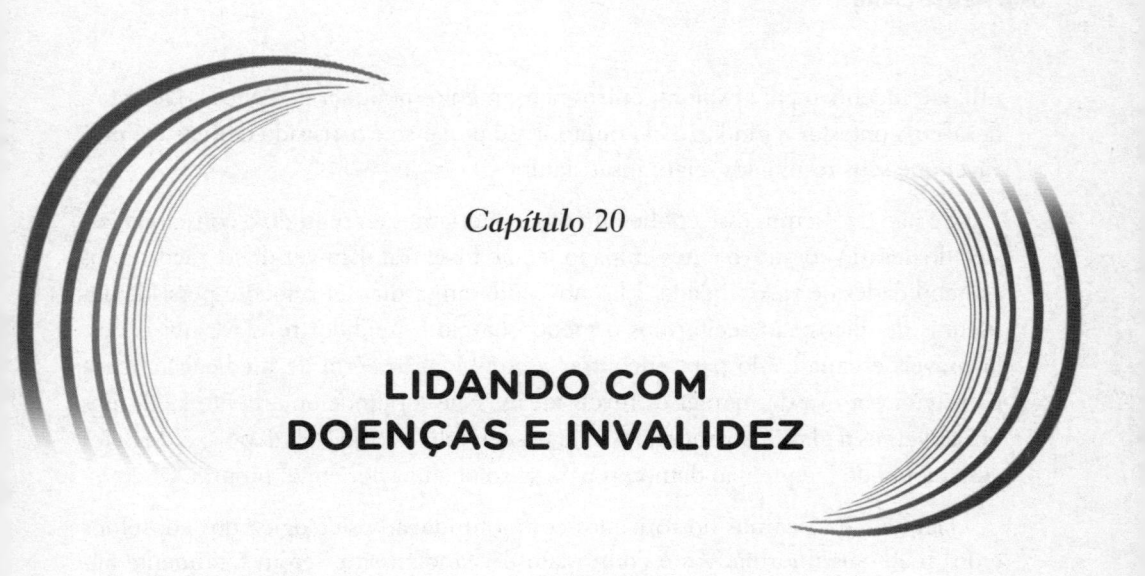

LIDANDO COM DOENÇAS E INVALIDEZ

Se você ou um familiar já enfrentou uma doença séria ou uma condição crônica, sabe como isso pode ser psicologicamente difícil, não apenas para a pessoa que está doente, mas também para cuidadores, amigos e família que presenciam a luta de seu ente querido. No entanto, os profissionais da saúde tratam apenas minimamente o lado psicológico desses desafios, quando o fazem. Pior ainda, as informações fornecidas sobre como lidar são muitas vezes equivocadas, incentivando as pessoas a simplesmente pensarem positivo ou se esforçarem mais para cumprirem as orientações médicas.

Minha esposa e eu nos deparamos com essa situação quando ela foi diagnosticada com diabetes gestacional na gravidez do pequeno Stevie. O regime de dieta e exercícios inicialmente prescrito se mostrou insuficiente para controlar o problema, e aplicações de insulina foram necessárias. Recebemos uma série de informações sobre a condição e a importância de controlar os níveis de açúcar no sangue de Jacque. A principal abordagem para nos motivar foi o aviso ameaçador de que, se não seguíssemos cuidadosamente as instruções, nosso bebê poderia ser prejudicado. Para nos ajudar a lidar com a ansiedade sobre a saúde de nosso filho, um pequeno conjunto de materiais incentivava não apenas o pensamento positivo, mas também a reavaliação cognitiva "conforme as regras" — fomos aconselhados a tentar pensar racionalmente e detectar, desafiar e mudar pensamentos negativos.

Mesmo sob a responsabilidade de um especialista (imagine de um panfleto!), esse tipo de reestruturação e reavaliação cognitiva clássica é difícil de implementar adequadamente e, talvez por isso, tenha benefícios limitados quando os resultados de todos os estudos relevantes são combinados. Flexibilidade cognitiva? Sim. Ela é útil, e o incentivo para explorar outros pensamentos pode ser proveitoso. Detectar, desafiar, contestar e mudar? Não muito. Esse processo é arriscado demais e é provável que seus resultados sejam insatisfatórios.

Se não tivéssemos esse conhecimento, poderíamos ter seguido o conselho clássico do desafio cognitivo e nos culpado se não fosse útil. Em vez disso, recorremos às habilidades de flexibilidade. Elas nos ajudaram a manter o foco e persistir nas leituras de glicose ao aceitarmos o medo quando o medidor revelava níveis desfavoráveis e canalizá-lo para encontrar a combinação certa de medicação, dieta e exercícios a fim de manter os níveis ideais. Não foi emocionalmente fácil, mas nos ativemos a elas, e o pequeno Stevie nasceu feliz e saudável; depois, o diabetes gestacional de Jacque não demorou para se solucionar por conta própria.

Jacque e eu ficamos horrorizados com a limitação psicológica dos conselhos e dos materiais informativos e com o fato de, ainda assim, serem totalmente alinhados ao padrão de assistência ao diabetes em geral. Assim como a maioria dos pacientes, recebemos materiais aprovados pela Associação Americana de Diabetes (ADA, na sigla em inglês). Se o diabetes de Jacque permanecesse no pós-parto, provavelmente seríamos encaminhados a um grupo educacional para passar por várias horas de treinamento de como controlar a doença, conduzido por um educador certificado em diabetes. Em outras palavras, o sistema de saúde disponibilizaria todas as informações *médicas* necessárias. Concordo, elas são essenciais, mas não são *suficientes*; as pessoas também precisam de ferramentas psicológicas eficazes.

É por isso que a ACT é um dos modelos mais utilizados na atenção primária. Meu bom amigo Kirk Strosahl, codesenvolvedor da ACT, e Patti Robinson, sua esposa, elaboraram o Modelo de Saúde Comportamental da Atenção Primária para acrescentar flexibilidade psicológica e métodos relacionados nos sistemas de saúde regulares. Em parte, como consequência, muitas das pesquisas sobre o valor do treinamento da ACT focaram o auxílio ao enfrentamento de doenças e invalidez, com resultados gerais impressionantes.

Considere um estudo realizado com mais de quatrocentos sobreviventes de câncer colorretal. A fim de evitar a reincidência, esses pacientes precisavam aumentar a atividade física e alterar consideravelmente sua dieta. Um grupo de pacientes recebeu a educação habitual, incluindo folhetos e boletins informativos, enquanto outro grupo, além desses materiais, recebeu treinamento da ACT, o qual consistia em onze telefonemas ao longo de seis meses. No acompanhamento de um ano, o grupo da ACT foi 44% mais capaz de atingir as metas de exercício e melhorar os hábitos alimentares.

Talvez esse resultado fosse esperado, porém, o mais surpreendente foi que os participantes do grupo da ACT também apresentaram um progresso significativo no denominado *crescimento pós-traumático* — a mudança psicológica positiva que às vezes sucede a adversidade. Para medi-lo, os pacientes responderam a várias declarações de qualidade de vida, como sobre relacionamentos (por exemplo, *Adquiri um novo senso de proximidade com os outros*), novas possibilidades (*Desenvolvi novos interesses*), melhora da perspectiva de pontos fortes pessoais (*Sei que posso lidar com as dificuldades*), mudança espiritual positiva (*Minha fé religiosa foi fortalecida*) e um senso maior de significado (*Reconheço mais o valor da minha própria vida*). As pessoas do grupo de cuidados habituais não apresentaram nenhuma mudança significativa nessas áreas, mas, em média, todos os pacientes do grupo da ACT constataram um crescimento pós-traumático considerável — uma melhoria de cerca de 15% em seis meses, a qual foi mantida por um ano.

Estudos mostraram resultados semelhantemente promissores no crescimento pós-traumático de pessoas que têm esclerose múltipla, doença cardíaca, paralisia cerebral, lesão cerebral, epilepsia, HIV/AIDS e várias outras condições. As habilidades de flexibilidade também ajudam as pessoas a se tornarem mais resistentes ao desenvolvimento de problemas de saúde desde o começo.

Esse fato foi corroborado por um estudo realizado na Suíça com mais de mil participantes em uma rara *amostra representativa* — os resultados podem ser generalizados de forma confiável para todo o país. Os pesquisadores confirmaram o conhecimento geral de que o estresse diário e o baixo apoio social prenunciam uma ampla variedade de problemas de saúde física e mental. Eles também constataram que o grau em que esses fatores afetam a saúde está extremamente relacionado à inflexibilidade psicológica. Por exemplo, as pessoas que obtiveram baixa pontuação nos testes de flexibilidade apresentaram um aumento de 60% nos níveis de depressão, à medida que os estressores diários se intensificaram para um nível alto. Porém, aquelas com alta pontuação de flexibilidade demonstraram um crescimento de menos de *um décimo* na depressão, à medida que os estressores se elevavam!

As habilidades de flexibilidade também auxiliam as inevitáveis dificuldades emocionais e físicas provenientes do envelhecimento. Na cultura ocidental moderna, recebemos pouca instrução sobre como envelhecer de modo psicologicamente saudável, pois ela está repleta de discriminação etária. Como resultado, o envelhecimento é frequentemente temido, e muitas pessoas se esforçam intensamente para tentar afastá-lo com incontáveis produtos e serviços. Permanecer *saudável* à medida que envelhecemos é um objetivo magnífico, mas tentar *negar* o envelhecimento e a inevitabilidade de perder competências, amigos ou funções não é saudável. Todos nós envelheceremos se vivermos o suficiente.

Pesquisas mostraram que os idosos com grandes habilidades de flexibilidade vivenciam menos depressão e ansiedade em tratamentos de longo prazo, bem como no final da vida durante os cuidados paliativos. Eles experimentam menos sofrimento antecipado sobre enfrentar a morte. A flexibilidade também melhora a aceitação de receber ajuda dos cuidadores e a capacidade de compensação à medida que perdem áreas de funcionamento.

Esses e vários outros resultados de pesquisas não deixam dúvidas de que o aprendizado das habilidades de flexibilidade deve ser considerado um elemento essencial da assistência médica. É possível aplicá-las ao gerenciamento de quase qualquer doença física, complementando praticamente todo protocolo de tratamento prescrito. A seguir, analisaremos alguns exemplos.

Dor Crônica

Em todo o mundo, uma epidemia de dor crônica tem intrigado os pesquisadores da área da medicina. Não é apenas o fato de que a dor crônica está aumentando de forma considerável, mas também que os países com alguns dos melhores sistemas de saúde e leis de proteção ao trabalhador ergonomicamente mais sensatas investem uma quantidade impressionante de seu produto nacional bruto em invalidez, sobretudo associada à dor crônica. A Escandinávia é um exemplo. Em média, de 1980 a 2015, os países escandinavos dedicaram 4,3% de seu produto interno bruto (PIB) aos custos de incapacidade e invalidez, a maioria relacionados ao trabalho.

As alegações efetivas de incapacidade não atingiram esse nível nos Estados Unidos (o país despende 1,1% de seu PIB em incapacidade e invalidez), mas ainda é muito. Os custos médicos da dor crônica ficam entre metade e dois terços de US$1 *trilhão*. Em 2012, mais da metade da população norte-americana sofreu com a dor nos três últimos meses — uma epidemia amplamente silenciosa que afeta mais pessoas que câncer, diabetes, ataque cardíaco e derrame *combinados*. Nesse ínterim, os EUA lideraram o mundo na tentativa (infrutífera) de tratar a dor crônica com opiáceos. Essa abordagem pode, de fato, ter reduzido os custos, mas não porque resolveu o problema — ela transferiu o ônus para os pacientes e suas famílias e acarretou a crise de saúde pública do vício generalizado em opioides.

Por que isso aconteceu de repente? O mundo moderno agora tem muito mais chances de causar danos físicos às pessoas do que antes? Dificilmente. A mudança se deve em parte à maneira como abordamos e tratamos a dor em si.

Há cerca de vinte anos, nos EUA, os médicos foram incentivados pela organização de acreditação hospitalar e outras a considerarem a dor como "o quinto sinal vital", tão importante na avaliação da saúde do paciente quanto temperatura, pressão arterial, frequência respiratória e frequência cardíaca. A intenção era oferecer às pessoas mais assistência para lidar com a dor, algo mais do que urgente. O problema é que o principal meio de ajudá-las tem sido a prescrição de medicamentos a fim de *eliminar* a dor, e não de gerenciar seu impacto psicossocial em curto e longo prazos. As abordagens psicológicas receberam *muito* menos apoio do sistema de saúde, em parte porque o tratamento da dor se atém ao modelo errado. É realmente uma pena, pois pesquisas revelam que o treinamento da ACT (e outras abordagens psicossociais) pode auxiliar as pessoas a lidarem consideravelmente com o sofrimento da dor crônica e a evitarem seu desenvolvimento desde o início.

O grande desafio da dor crônica consiste no fato de que, diferentemente da dor aguda de uma lesão ou cirurgia, ela parece estar profundamente arraigada em um sistema neurobiológico denominado *rede de memória aversiva persistente*. É dor, mas não proveniente de processos sensoriais agudos em algum tecido corporal lesionado. Considere a experiência de pessoas que sentem dor crônica nos membros, como nas mãos. Às vezes, elas suplicam para que suas mãos ou membros sejam amputados a fim de parar a dor. Um pedido lógico, mas uma péssima ideia: 85% das pessoas que têm um membro removido ainda sentem dor, mesmo que ele tenha desaparecido! Isso ocorre não devido ao dano dos nervos pela amputação, mas porque a dor já não estava mais no membro, visto que se transferiu para o sistema nervoso central e se incorporou ao nosso cérebro, da mesma forma que as memórias.

Se a dor persistir por três meses (o critério usual para considerá-la "crônica"), há quase 80% de chance de que se mantenha pelos próximos quatro anos. Se esse critério for elevado para seis meses ou um ano, as estatísticas pioram ainda mais. Em adultos, pelo menos, a eficácia da ACT para dor crônica não se deve principalmente à eliminação da dor (o que também não ocorre com nenhuma outra intervenção psicológica baseada em evidências, como a TCC tradicional). O poder da ACT reside na diminuição do nível de sofrimento causado pela dor crônica, minimizando, assim, sua interferência na vida. Esse aspecto ajuda as pessoas a manterem suas atividades regulares *com* a dor, não em oposição a ela.

Se uma mensagem da ACT integrasse a abordagem geral da dor, ela atenuaria o desenvolvimento da dor crônica? Ainda é cedo para saber, mas alguns trabalhos com crianças que têm dor crônica sugeriram que o treinamento da ACT pode ajudar a impedir que a dor seja permanentemente arraigada. Vários centros de dor de nível mundial, como o Instituto Karolinska, em Estocolmo (onde as cerimônias do Prêmio Nobel acontecem), utilizam amplamente a ACT com crianças. Esse trabalho mostrou que a ACT parece reduzir a dor sentida mais notoriamente nelas do que nos adultos, talvez porque a dor esteja menos enraizada psicológica e neurobiologicamente nas crianças. Novas evidências sugerem que o mesmo pode acontecer com os adultos se a ACT for implementada no momento apropriado das situações de dor aguda, antes que ela se torne crônica (por exemplo, aplicá-la antes de uma cirurgia na coluna).

Incentivar as pessoas a desenvolverem habilidades de aceitação para lidar com a dor não deve ser interpretado como "recomponha-se e enfrente a situação". *Aceitação* pode ser uma palavra forte para pessoas com dor crônica. Afirmar que elas devem aceitar sua dor pode parecer uma forma de dizer: "Por favor, não fale sobre sua dor, é muito perturbador para mim", o que não é humano nem benéfico.

A aceitação da ACT não é, de forma alguma, uma negação ou depreciação da dor, mas uma forma de estabelecer a flexibilidade para deixar de viver com a dor e começar a *VIVER* com a dor, associando a aceitação à desfusão e às ações comprometidas. Aprendemos a acompanhar a dor quando retomamos uma vida alinhada com os valores escolhidos.

No Capítulo 8, descrevi uma intervenção da ACT para pessoas com dor crônica. Você pode seguir essa abordagem usando seus exercícios favoritos e, então, adicionar mais métodos à sua prática. Se não houver nada a ser feito, é aconselhável tentar o exercício apresentado a seguir, o qual considero útil para lidar com a dor. Eu o aplico a um de seus efeitos mais frustrantes — interferência no sono.

Após realizar o trabalho de atenção — durante dois ou três minutos, costumo fazer a meditação da atenção plena, focando a respiração —, retorno a concentração para a parte de mim que observa minha respiração. Em outras palavras, me acesso como um "Eu observador". A partir desse ponto, cuidadosamente direciono minha atenção para onde sinto a dor. À medida que o faço, tento "soltar a corda" do impulso de controlá-la ou de me distrair — sem hesitar, comandar, dispersar, apenas observando. A cada sensação percebida, tento alcançar o "sim", ou seja, abrir-me ao sentimento com um senso de equanimidade. Se pensamentos negativos interrompem, aplico a desfusão a eles até que desapareçam. Em seguida, retorno a atenção à minha respiração, percebo minha parte observadora novamente e volto a me concentrar na dor e em uma forma de chegar ao "sim". Quando a sensação perde força, tento identificar outras sensações com as quais luto e, se as encontro, repito o processo.

Diabetes

Os dados sobre os resultados para pacientes evidenciam os limites da abordagem-padrão para o tratamento de diabetes. Mais de 8% da população mundial a desenvolverá, a maioria do tipo 2 — uma resistência adquirida à insulina. Nos EUA, o número se eleva para mais de 10%, o que é um número subestimado, pois muitos casos de diabetes tipo 2 não são diagnosticados. É um enorme e crescente problema de saúde mundial, impulsionado, em parte, pelo aumento espetacular da obesidade.

Felizmente, na maioria dos casos, a doença pode ser controlada com mudanças na dieta e exercícios, alinhados a medicamentos. Porém, muitas vezes, os pacientes não aderem rigorosamente aos regimes apropriados. As complicações que resultam do diabetes descontrolado são graves, incluindo doenças cardiovasculares, perda de membros e cegueira.

Com a expectativa de que o treinamento da ACT ajudasse os pacientes a controlarem melhor sua doença, Jennifer Gregg, minha aluna, conduziu um estudo comigo e com outros colegas. Ela testou os resultados de seis horas de orientação aprovada pela Associação Americana de Diabetes em comparação a um programa que reduziu o currículo da ADA quase pela metade, substituindo-o por três horas e meia de treinamento da ACT. As sessões da ACT ensinaram os pacientes a afastarem pensamentos assustadores sobre sua condição e a gerenciarem adequadamente a ansiedade envolvida, além de trabalharem com valores para se comprometerem com as mudanças de comportamento necessárias.

Jennifer e eu desenvolvemos uma avaliação da flexibilidade psicológica específica para pensamentos e sentimentos sobre o diabetes, a qual foi preenchida por todos os participantes antes e após o treinamento. Descobrimos que as pontuações de flexibilidade psicológica daqueles que receberam apenas a orientação sobre diabetes diminuíram cerca de 3%, enquanto as pontuações daqueles que também receberam treinamento da ACT melhoraram quase 20%. Ao final dos três meses de acompanhamento, constatamos que o número de pacientes no grupo da ACT que tinham um controle do diabetes foi significativamente maior do que o grupo de orientação. Controlar o diabetes significa manter os níveis de glicose no sangue baixos o suficiente pelo tempo necessário para evitar a maioria das complicações da doença (medidos pela hemoglobina A1c — um biomarcador dos níveis médios de glicose no sangue). Para os pacientes do grupo de orientação, a porcentagem no controle do diabetes diminuiu ligeiramente, de 26% para 24%, enquanto no grupo da ACT ela quase dobrou, de 26% para 49%. Se esse grau de mudança fosse mantido, ele prenunciaria uma redução de quase 80% na perda de membros e cegueira ao longo dos anos.

Quando essas constatações foram publicadas em 2007, causaram alvoroço na área de pesquisa e tratamento do diabetes, e alguns pesquisadores questionaram o estudo. Porém, em 2016, os resultados foram totalmente replicados por uma equipe de pesquisa independente que conduziu um estudo ainda maior. Tenho certeza de que, no futuro, haverá alguns êxitos e fracassos, à medida que aprendermos a abordar esse problema. Não estou afirmando que a ACT é a panaceia para o tratamento do diabetes, mas parece que o foco na flexibilidade psicológica pode acrescentar um elemento importante.

Se você lida com o diabetes, aplique todo o seu conjunto de métodos aos pensamentos e emoções difíceis sobre sua condição e se comprometa com as mudanças de comportamento que você e seu médico acharem necessárias. Anote todas as barreiras enfrentadas para realizar essas mudanças. Solte a corda em relação a elas e comece a utilizar seu conjunto de métodos da ACT.

A seguir, apresentarei um exercício adicional que constatei ser muito útil para o enfrentamento do diabetes ao aplicá-lo em um workshop. Você pode realizá-lo com amigos de confiança ou familiares.

Comprometa-se com uma ação ou um conjunto de ações e os valores ou propósitos escolhidos e correspondentes. Depois, com o seu grupo reunido, levante-se e declare como você quer ser em relação ao seu diabetes. O que deseja que suas ações reflitam? Por que e de que forma isso é importante? Qual foi a consequência quando você se esqueceu desse aspecto? Em seguida, manifeste seu compromisso com as ações a serem tomadas. Seja específico o suficiente, evidenciando como você agirá. Utilizamos a expressão *assumir uma posição* para exprimir um compromisso consistente — ora, este exercício consiste em assumir uma posição a favor de sua saúde.

Câncer

Em algum momento, quase 40% da população será diagnosticada com câncer. Embora a comunidade médica tenha feito grandes avanços no desenvolvimento de métodos mais eficazes de detecção e tratamento, até mesmo a Academia Nacional de Medicina dos EUA se preocupa com o fato de que o foco no desafio psicológico decorrente do câncer tenha sido tardio. Cerca de 30% dos pacientes vivenciam depressão, ansiedade e estresse, mas geralmente recebem pouca ou nenhuma terapia.

As pessoas com câncer costumam se culpar por contraírem a doença (principalmente fumantes com câncer de pulmão) ou por não buscarem depressa o diagnóstico médico, apesar de apresentarem sintomas. As mensagens sociais de que elas devem manter a positividade dificultam a comunicação do estresse proveniente do diagnóstico. Amigos e familiares podem se sentir desconfortáveis ao debaterem o medo e a dor de seus entes queridos. O abandono de atividades da vida é comum — devido ao cansaço, que configura um sintoma generalizado do câncer (assim como de seu tratamento), mas também porque os pacientes não querem que seus entes queridos os vejam em uma situação desfavorável.

Além disso, o desafio de combater o câncer não termina com a conclusão do tratamento, mesmo que bem-sucedido. O medo da reincidência pode persistir por vários anos. Muitos sobreviventes vivenciam a invalidez de longo prazo e alguns não são capazes de voltar ao trabalho, o que pode não apenas suscitar estresse financeiro, mas contribuir para um sentimento amplamente relatado de falta de significado e propósito na vida.

O treinamento das habilidades da ACT demonstrou uma melhoria significativa na capacidade de enfrentamento desses inúmeros desafios, sobretudo para lidar com os sintomas comuns de depressão, ansiedade e medo da reincidência.

Uma descrição útil da adaptação das práticas da ACT aos desafios específicos do câncer foi fornecida pelas psicólogas Julie Angiola e Anne Bowen, que detalharam a experiência de uma paciente. Essa mulher de 53 anos tinha câncer epitelial do ovário em estágio IIIC, que reincidira duas vezes após o tratamento inicial. Dois meses após a segunda reincidência, quando precisou ponderar a sugestão de uma quimioterapia adicional por seu oncologista, ela iniciou sessões com um terapeuta da ACT. Relatou que oscilava entre a apatia e as "preocupações ininterruptas", que estava tão cansada que tinha dificuldades para levantar da cama e que se envergonhava de seu comportamento. Apesar de querer passar mais tempo com o marido, não desejava ser um fardo para ele e, por isso, começara a dormir no quarto de hóspedes.

O terapeuta perguntou a ela que tipo de vida queria ter, ajudando-a a considerar o que a vida com valor significava e, depois, a fez identificar as barreiras que a impediam de viver dessa forma. Ela também realizou avaliações de flexibilidade psicológica e valores, com pontuações altas em evitação, mas também em valores específicos, como passar tempo com a família, socializar com amigos, participar de atividades de lazer e sentir bem-estar físico. A avaliação evidenciou que, no entanto, ela não estava agindo de acordo com eles. Considerando sua alta pontuação de valores, o terapeuta conduziu uma boa quantidade de trabalho com valores vinculados às ações com as quais ela poderia se comprometer. Então, ele progrediu para a aceitação, aplicando muitos dos exercícios de desfusão, Eu, aceitação e atenção, apresentados nos capítulos da Parte Dois. Ela conseguiu melhorar significativamente sua qualidade de vida e retomar as atividades que valorizava.

É possível adaptar o trabalho com habilidades de flexibilidade às descobertas sobre os problemas enfrentados. Por exemplo, se a ansiedade ou o pensamento ruminante for uma adversidade, talvez seja melhor começar com o trabalho de desfusão e atenção. Se a autoculpabilização e a vergonha forem questões difíceis, é aconselhável iniciar com o Eu.

Tinnitus

Minha experiência pessoal me ensinou o valor das habilidades de flexibilidade para o enfrentamento de condições crônicas de saúde. Tinnitus é o nome do zumbido incessante no ouvido, o qual pode ser bastante incapacitante. O tratamento mais comum é a terapia de habituação do zumbido (TRT, na sigla em inglês), que utiliza aconselhamento terapêutico para interpretação do ruído de maneira benigna (como um sinal neutro) e máquinas de som ou outros dispositivos para habituar as pessoas ao zumbido. A ideia subjacente à TRT é a de que o cérebro percebe erroneamente o estímulo neural sutil no ouvido como ruído, mas não o faria se o ponto de ajuste geral do som fosse maior. É como se o barulho de um ar-condicionado fosse horrível em um ambiente silencioso, mas dificilmente notado em um bar barulhento.

Eu gostava de ouvir punk rock e aqueles cantores tatuados e sem camisa rugindo como motores de avião. Décadas depois, o tinnitus foi o resultado. Como os estudos sobre TRT (os efeitos são fracos) não me impressionaram, optei apenas por ignorar o zumbido, esperando que desaparecesse. Eu usava tampões para evitar mais danos. Porém, ele ficou cada vez mais alto. E mais alto. E mais alto! Esse deslize gradual para um sofrimento cada vez maior demorou cerca de três anos. A aplicação da ACT só me *ocorreu* quando, em minha mente, percebi o pensamento de que o zumbido apenas cessaria se eu me matasse.

Percorri um longo caminho e apliquei totalmente minhas habilidades de aceitação, desfusão e atenção. Ao finalizar o processo, sabia que funcionaria. O efeito foi praticamente imediato. Em dois dias, não sofri mais com o zumbido. Nem um pouco. Ele nunca ressurgiu.

O ruído não desapareceu, mas se tornou algo como o barulho do sistema de ventilação em um hotel — quem presta atenção nisso? Agora, vários anos depois, ele permanece (mais alto!), mas *nunca* me incomoda. Raramente o escuto, a menos que eu fale ou (como neste momento) escreva sobre ele. Não importa: respeitosamente, recusei a solicitação de minha mente para que eu me preocupasse com o ruído.

Uma aceitação tão rápida só foi possível porque pratico as habilidades de flexibilidade há décadas, e não estou sugerindo que esses efeitos imediatos ocorram de cara para os novos adeptos da ACT. Porém, considerando meu resultado positivo, contatei o pesquisador sueco Gerhard Andersson, talvez o principal especialista mundial em abordagens psicológicas para o tinnitus. Juntos, desenvolvemos o Questionário de Aceitação do Zumbido, uma avaliação de flexibilidade psicológica com doze itens concernentes ao zumbido, que, certamente, prevê seu sofrimento consequente. Agora sabemos que a inflexibilidade psicológica transforma a intensidade do ruído no impacto de vida negativo decorrente do tinnitus, mesmo após os sintomas de ansiedade e depressão serem considerados.

Gerhard e sua equipe conduziram um teste com 64 pacientes distribuídos aleatoriamente em dois grupos: um passaria pela TRT e o outro receberia dez sessões de treinamento da ACT, com cerca de uma hora de duração cada. No acompanhamento de seis meses, 55% dos pacientes do grupo da ACT apresentaram melhora significativa no grau de interferência adversa do zumbido em sua vida, como impedir o sono profundo ou provocar ansiedade ou depressão — quase o triplo dos 20% que relataram melhora após a TRT.

A equipe sueca me convidou para ajudá-la a determinar se o aumento da flexibilidade psicológica explicava essa diferença. Sim. Além disso, esse fato era perceptível na forma como os pacientes começaram a falar sobre seus problemas após algumas sessões da ACT! Monitoramos a frequência com que eles faziam afirmações que sugeriam o uso das habilidades de flexibilidade em relação a pensamentos e emoções sobre o tinnitus. Por exemplo, se uma pessoa dissesse: "Tive o pensamento de que o barulho era perturbador", em vez de uma declaração mais enredada como: "O barulho era perturbador", era bem mais provável que, após seis meses, ela sentisse menos sofrimento e interferência do zumbido.

Ainda não há um tratamento principal para o tinnitus, mas esse é um ótimo começo. Minha própria experiência sugere que, às vezes, a aceitação deve ocorrer da seguinte forma: *Não me importo e você não pode me obrigar. Não há mais nada que eu possa aprender com o ruído.* (Observação para minha próxima vida: Não fique perto dos alto-falantes ao ouvir punk rock no volume máximo. Certo. Entendido.)

Acredito que muitos eventos da vida (dor fantasma, invalidez funcional permanente etc.) podem chegar a esse ponto. Sim, a aceitação implica receber o presente oferecido. Porém, após explorar inteiramente determinado aspecto, sua versão final pode ser parecida com: "Isso é algo muito enfadonho para se preocupar" ou "Não dou a mínima", como no livro *A Sutil Arte de Ligar o F*da-se*, de Mark Manson.

Doença Terminal

Os métodos da ACT se mostraram úteis em ajudar as pessoas com um diagnóstico de doença terminal a lidarem com o medo e a tristeza de enfrentar a morte. As habilidades de flexibilidade auxiliam as pessoas a sentirem menos angústia e direcionarem suas energias a atividades de final de vida mais significativas. Por exemplo, um estudo foi realizado com mulheres que tinham câncer de ovário em estágio avançado. Quase 85% das pessoas nessa condição morrerão dentro de alguns anos. Um grupo dessas pacientes foi designado para um tratamento comumente prescrito de doze sessões terapêuticas que incluíam treinamento de relaxamento, reestruturação cognitiva e orientações sobre como enfrentar a inevitabilidade da morte. O outro grupo recebeu doze sessões de desenvolvimento de habilidades da ACT. As sessões eram realizadas onde pudessem ser organizadas, considerando o tratamento intensivo das participantes, como em salas de quimioterapia, de infusão e de exames.

As pacientes submetidas ao treinamento da ACT apresentaram vários resultados consideravelmente melhores — menor supressão do pensamento e ansiedade e depressão bem mais baixas. Além disso, enquanto as pacientes do grupo da TCC lidaram com a ansiedade de maneiras aparentemente mais distrativas, como assistindo mais TV, o grupo da ACT agiu de formas mais significativas, como ligando para os filhos, definindo a partilha de seus bens após a morte, certificando-se de que seu testamento estava em ordem e escrevendo cartas para amigos e familiares.

As habilidades de flexibilidade também podem nos ajudar a alcançar um estado de aceitação em relação à morte de entes queridos e a passar o tempo que nos resta com eles de maneira mais significativa. Aprendi isso da maneira mais difícil.

Minha família era extremamente evitativa em relação a enfrentar a morte. Meu pai morreu quando eu tinha 24 anos e cursava a faculdade do outro lado do país. Após minha irmã me avisar, minha mãe logo ligou e se empenhou em me incentivar a não comparecer ao funeral. Eu era pobre, lembrou-me. E ela não podia ajudar muito financeiramente, disse.

Segui o conselho, usando as despesas como desculpa. Desde aquele momento, me arrependo profundamente dessa decisão.

Há alguns anos, quando minha irmã, Suzanne, me telefonou e disse que a pneumonia de minha mãe, então com 92 anos, se agravara, imediatamente peguei um avião de Reno para Phoenix. No momento em que cheguei ao seu leito, ela não estava mais falando ou abrindo os olhos, mas mexeu lentamente a cabeça quando Suzanne disse: "Steve está aqui."

Cercado por minha irmã e seus filhos adultos, Adam e Meghan, sentei-me com a mão na minha mãe e, por horas, observei enquanto sua respiração diminuía e seus pés escureciam à medida que seu corpo parava de funcionar. Minha mente se desviou para a última vez que a vi.

Ela se esquecera de que eu a visitaria — sua mente não conseguia mais manter novas informações. Quando entrei na sala da casa de repouso em que minha mãe morava, ela exclamou com uma voz frágil: "Steven! Meu filho!" Com orgulho, ela disse baixo para uma mulher sentada ao seu lado: "Ele é famoso" e, contagiada por sua imodéstia materna, logo acrescentou: "Ele é psicólogo." Em seguida, voltando-se para mim, como se quisesse lembrar seu amado filho do que era *realmente* importante na vida, concluiu calmamente, mas com convicção: "Ele ajuda as pessoas."

Minha mãe exemplificou a vida baseada em valores e se esforçou até o fim para orientar seus filhos a fazerem o que era *certo*, não o que era superficialmente atrativo. O tipo de pessoas que éramos sempre foi o que mais importou para ela. À medida que sua vida chegava ao final, fiquei muito agradecido por podermos ficar juntos, vivenciando nossa tristeza, nosso reconhecimento e nosso amor um pelo outro de forma plena a cada último momento precioso.

A apreciação dessa despedida permanecerá comigo até meu último dia. Dizemos que a morte de um ente querido é terrível, e é, mas esses momentos sagrados também estão repletos de admiração, se abrirmos nossos corações para percebê-la. O amor e a dor da perda são indissociáveis e não existem de outra forma.

Espero que, ao enfrentar a perda de entes queridos, as habilidades de flexibilidade o ajudem a experienciar a sensação de paz e a plenitude do amor que habita a tristeza de sua passagem.

Capítulo 21

TRANSFORMAÇÃO SOCIAL

Estamos em uma espécie de disputa contra nós mesmos. Se lermos as entrelinhas de nossa comunicação uns com os outros, perceberemos o questionamento geral: podemos nos desenvolver cultural e psicologicamente com rapidez suficiente para evitar desastres? O desastre específico varia de acordo com o tuíte, a publicação no Facebook, o blog ou a coluna sobre o aquecimento irreparável do planeta, o impulso de uma epidemia ou a simples concepção de um mundo infernal no qual nossas crianças não podem ser felizes.

Este livro ajuda a explicar o teor dessa disputa. Será que nós, seres humanos, podemos aprender a estar em paz conosco e agir com sabedoria, mesmo que a linguagem e a cognição humanas pareçam criar uma série interminável de barreiras? A ciência e a tecnologia — produtos dessas habilidades — são magníficas, mas também insensatas. A internet nos conecta, mas também nos sobrecarrega com informações difíceis e julgamentos desafiadores. Os aviões nos aproximam, mas também soltam mais gases de efeito estufa na atmosfera do que qualquer outra invenção. Somos capazes de tornar o mundo praticamente inabitável e, em um lugar assim, não podemos mais confiar no foco "individual" — precisamos de um foco "coletivo" que nos possibilite cooperar com os outros para enfrentar esses desafios.

O que nos falta é o desenvolvimento e a aplicação da evolução e do conhecimento da ciência comportamental para atender às necessidades do mundo moderno. O prejuízo dessa ausência é perceptível no surgimento de problemas de saúde mental, dor crônica e abuso de substâncias, e na desordem lastimável que suscitamos ao tentar solucioná-los com medicamentos. Também a percebemos em nossa incapacidade de promover comportamentos saudáveis, enfrentar desafios provenientes de doenças físicas, resolver o problema de preconceitos e estigmas ou atenuar nossa política. Constamos essa omissão em nossas casas, escolas e locais de trabalho.

O tema deste livro consiste no fato de que *temos* uma forma de avançar, assim que reconhecermos a natureza do desafio que enfrentamos. Por meio dos princípios da evolução e da ciência comportamental, podemos progredir conscientemente, tornando-nos mais capazes de lidar com os desafios da vida e transformar nossos lares e sociedades. Muitas das habilidades necessárias são conhecidas e podem ser ensinadas a crianças, pais, professores, trabalhadores, gerentes, médicos, pacientes, assistentes sociais e àqueles que buscam atendimento. Acredito que, se desenvolvermos essas habilidades de maneira ampla, elas podem ser úteis para combater os muitos males sociais, comportamentais, econômicos e ambientais que assolam indivíduos, comunidades e países inteiros.

Essa esperança pode parecer grandiosa, mas eu gostaria de compartilhar uma história que me inspira a acreditar nesse potencial. Ela versa sobre a aplicação do treinamento da ACT para ajudar pessoas de uma comunidade devastada a abrirem seus corações e mentes à adoção da mudança radical de comportamento a fim de salvar vidas.

Se houver alguma nação na Terra com a menor probabilidade de cultivar a flexibilidade psicológica, poderia ser Serra Leoa. Quase três quartos da sua população de 6,2 milhões vivem com menos de US$1 por dia. O sistema de saúde é precário e a atenção à saúde mental, tal como é compreendida no Ocidente, praticamente não existe. Há alguns anos, o país abrigava um único psicólogo com doutorado e um psiquiatra aposentado. Não acho que essa triste situação tenha mudado.

Além disso, Serra Leoa foi devastada por uma guerra civil que durou uma década e terminou em 2002, deixando 50 mil mortos, uma infraestrutura arruinada e aproximadamente 20 mil amputados. O futuro do país está agora nas mãos de cidadãos que, na infância, foram recrutados como soldados para matar aldeões com facões, ou que foram estuprados ou mutilados, às vezes na frente de suas famílias.

Com tantos traumas já enfrentados, em 2014, Serra Leoa sofreu novamente. No início do referido ano, o vírus Ebola atingiu o país e não demorou para que mais de 8 mil pessoas fossem infectadas, resultando na morte de quase 4 mil delas. A OMS lutava para conter o surto, que provavelmente se espalhou para Serra Leoa dos países vizinhos Guiné e Libéria.

Centenas de especialistas em doenças contagiosas de todo o mundo se reuniram e milhões de dólares foram enviados pelos países desenvolvidos. Clínicas caras foram construídas (muitas finalizadas somente após o término da crise). Especialistas militares ajudaram a conter a agitação civil e obrigaram o cumprimento das recomendações epidemiológicas para impedir a propagação da doença. No entanto, especialistas em saúde mental *não* foram incluídos nos esforços.

Por que *psicoterapeutas* seriam úteis na luta contra o Ebola? Porque não é apenas a doença que é infecciosa, mas também o medo de ser infectado, o que dificulta ainda mais o combate ao vírus. Na Guiné, constatamos essa situação de uma forma assustadora, quando alguns dos moradores das comunidades infectadas ficaram tão aterrorizados com os profissionais de saúde em trajes de proteção que mataram os intrusos com facões. Eles também esconderam parentes enfermos das autoridades ou permitiram que escapassem para as aldeias vizinhas, disseminando a doença.

Os Estados Unidos também testemunharam a disseminação do medo no país. Os profissionais de saúde que retornaram de outras partes da África (países sem infecção pelo Ebola) foram colocados em quarentena por longos períodos, sem motivo lógico. Um único caso da doença nos EUA se tornou notícia nacional.

Conter uma epidemia sempre requer mudança de comportamento e, nesse aspecto, a psicologia tem muito a oferecer. Em Serra Leoa, o próprio povo utilizou a ACT e os princípios evolutivos para abandonar as práticas sagradas de beijar e lavar os moribundos e os mortos, que são culturalmente exigidas para honrar os laços familiares e promover a passagem dos espíritos dos falecidos para o outro mundo.

Essas práticas precisaram mudar, pois quando o Ebola reivindica uma vida, o vírus emerge à superfície da pele à medida que a pessoa transpira. Beijar e lavar os corpos dos mortos são maneiras certeiras de se tornar uma das próximas vítimas. A única maneira segura de tratar pacientes é colocá-los em quarentena e, se for o caso, os corpos daqueles que falecem devem ser imediatamente selados em sacos plásticos e queimados.

É fácil para os governos impor tais políticas e, talvez, com armas suficientes, aplicá-las. No entanto, forçar o cumprimento ocasiona uma sociedade culturalmente traumatizada. Uma abordagem psicológica mais humana e eficaz era necessária. Felizmente para o distrito em torno de Bo, a segunda maior cidade do país, os moradores treinados na ACT ajudaram a criar uma maneira de os membros da comunidade aceitarem as exigências.

Beate Ebert, uma psicóloga alemã, estabelecera uma clínica de saúde mental da ACT em Bo para ajudar as pessoas a lidarem com os horrores da guerra e a pobreza arrasadora. O país praticamente não dispunha de serviços de saúde mental. Beate iniciou seu trabalho para se tornar uma treinadora da ACT após participar de um workshop de dois dias que ministrei em Londres vários anos antes. Desde o começo, seu interesse principal era aplicar a ACT para promover a transformação social.

Ela fundou uma organização sem fins lucrativos chamada Commit and Act, cuja missão é "proporcionar apoio psicoterapêutico a pessoas traumatizadas em áreas de conflito". Em 2010, Beate começou a viajar para Serra Leoa a fim de oferecer treinamentos da ACT. Uma de suas aprendizes foi Hannah Bockarie, uma jovem e excelente assistente social. Na época com 29 anos, ela estava interessada na psicoterapia por razões comunitárias e pessoais.

Hannah crescera durante a guerra e presenciaria muitas crianças serem feridas. Ela também tinha sido uma vítima. Prestes a completar 16 anos, Hannah foi capturada por guerrilheiros. Ela conseguiu escapar e se esconder em um pântano, mas os soldados a encontraram. À medida que se aproximavam, ela ouviu um deles dizer: "Vamos matá-la assim que a acharmos." Felizmente, eles não o fizeram. Em vez disso, a colocaram na prisão do acampamento, onde ela foi abusada e permaneceu em condições horríveis por semanas. Ela conseguiu escapar novamente e passou a adolescência escondida.

Por fim, Hannah conseguiu canalizar a dor e o trauma de sua experiência para ajudar os outros. Ela se voluntariou ao Médicos Sem Fronteiras e, com o apoio das Nações Unidas, se formou em serviço social. Depois que a ACT a ajudou a enfrentar suas próprias mágoas, Hannah se tornou uma parceira imprescindível de Beate na expansão do treinamento da ACT em Serra Leoa. A ACBS, associação profissional que orienta o desenvolvimento da ACT, soube de seu trabalho e angariou fundos para que Hannah e vários outros terapeutas fossem aos EUA obter mais treinamento, além de enviar instrutores da ACT para Serra Leoa a fim de treinar mais profissionais.

Quando Beate fundou a clínica Commit and Act em Bo, Hannah foi nomeada como diretora. Dispor de um recurso como esse era algo tão especial que o povo de Serra Leoa organizou um desfile em comemoração à abertura.

Programas especiais foram estabelecidos para vítimas de violência tribal e mulheres que, quando crianças, haviam sido vendidas para o trabalho escravo, muitas vezes se tornando escravas sexuais. Várias centenas de clientes foram tratados individualmente, em grupos e em workshops. Uma avaliação da Universidade de Glasgow mostrou que os participantes ficaram mais conscientes, menos enredados em seus pensamentos e mais felizes, mesmo entre aqueles com estresse pós-traumático (um problema comum em um país devastado pela guerra por mais de uma década).

Então o surto de Ebola se instaurou. Em poucas semanas, Hannah foi nomeada diretora regional de combate ao Ebola, pois a clínica Commit and Act era uma das poucas entidades estabelecidas que poderiam auxiliar a mudança comportamental. Ao reconhecerem a necessidade de convencer toda a comunidade a aceitar a quarentena e a queima de corpos, Hannah e Beate contataram a mim e outras pessoas da ACBS em busca de ajuda.

Eu estava colaborando com David Sloan Wilson, biólogo evolucionista mencionado anteriormente, para associar a ACT ao trabalho de Elinor Ostrom, falecida vencedora do Prêmio Nobel. Ela identificara oito princípios pelos quais os membros das comunidades podem se unir para resolver problemas, como gerenciar recursos comuns limitados — pastagens e áreas de pesca, por exemplo. Nosso objetivo era desenvolver uma abordagem mais eficaz para promover a cooperação pró-social e o afeto nas comunidades. Denominamos a combinação dos princípios de Ostrom com a ACT de Prosocial. Hannah e Beate acataram a abordagem e tentaram segui-la para fazer com que comunidade enfrentasse o desafio do Ebola. Elas começaram a realizar o treinamento Prosocial com grupos de aldeões no distrito de Bo, ensinando os princípios de Ostrom e associando informações educacionais sobre o Ebola a ferramentas de instrução e intervenção retiradas da ACT.

O treinamento da ACT incluía a ferramenta chamada Matrix, apresentada no Capítulo 18, para ensinar as pessoas a analisarem os valores internos dos quais queriam se aproximar, perceber as barreiras emocionais e cognitivas que as afastavam deles e considerar o que seria necessário para tornar seu comportamento mais baseado em valores. As aldeias precisaram refletir sobre como aplicar essa conexão de valores, alinhada aos insights de Ostrom a respeito da cooperação em grupo, para enfrentar o desafio do Ebola. Hannah desafiou os membros da comunidade a encontrarem alternativas para honrar seus entes queridos sem que precisassem orar sobre seus corpos, lavá-los e beijá-los. Em um dos primeiros treinamentos, um dos aldeões sugeriu uma solução poderosa.

Serra Leoa é um país exuberante, com grandes bananeiras. Essa pessoa sugeriu usá-las para criar um novo ritual: cortar uma parte do tronco da árvore, lavá-la da maneira tradicional, envolvê-la em um lençol branco limpo e colocá-la em um tapete para ser uma espécie de totem para os mortos. Os enlutados poderiam carregá-lo, beijá-lo, orar sobre ele, abraçá-lo e até enterrá-lo como um símbolo da pessoa com Ebola.

Se essa ideia lhe parecer estranha, considere alguns rituais religiosos tradicionais do Ocidente. Fui criado como católico e aprendi que, por meio do ritual, as hóstias são transubstanciadas no *verdadeiro corpo de Cristo*. Se 1,2 bilhão de pessoas podem participar dessa prática, por que o povo de Serra Leoa não pode usar um tronco de bananeira como substituo de seus entes queridos? Quando a epidemia se alastrou em Bo, esse ritual ajudou as pessoas a protegerem tanto a comunidade quanto o núcleo essencial de suas tradições culturais. Por conseguinte, nos meses críticos durante o final da primavera e o verão de 2014, Bo teve a menor taxa de aumento no Ebola entre os oito distritos altamente infectados.

O treinamento da ACT também ajudou as pessoas com Ebola a enfrentarem seu destino terrível. Uma delas foi um homem que se recusava a fazer o exame de sangue para verificar se contraíra a doença. Ele estava apavorado. "Se alguém se aproximar de mim, cuspirei nele!", gritou para os funcionários hospitalares. Guardas armados foram chamados para mantê-lo no hospital. Por dias, ninguém sabia como agir. O homem disse a um guarda que preferia levar um tiro do que dar seu sangue. Os funcionários estavam com raiva e medo dele.

Quando Hannah soube da situação, pediu permissão para vê-lo. Ela recorda: "Na ACT, dizemos que as pessoas estão 'enredadas' em pensamentos, e ele tinha o seguinte conceito fixado em sua mente: 'Não vou deixar ninguém chegar perto de mim. Não posso enfrentar isso. Não pode ser verdade.'" Ela vestiu todo o equipamento de proteção, sentou-se na cama dele, se apresentou e perguntou: "Com o que você se importa? Morrer aqui sozinho?"

Ele respondeu que estava sofrendo, pois ninguém tinha permissão para tocá-lo — as pessoas preferiam matá-lo do que fazer isso. "Agora todo mundo está contra mim", disse. "Sou inoportuno, problemático. Estou intimidado."

Hannah retorquiu: "E como você tem *agido* em relação a isso?"

O homem olhou para Hannah como se ela não tivesse entendido e afirmou: "Se eu estiver infectado, vou disseminar a doença."

Ela respondeu: "Mas o que você quer representar em sua vida em meio a isso tudo?" Ele ficou quieto por um tempo e, então, desabou, chorando descontroladamente. Com palavras pausadas, o homem disse que sua família era o mais importante — queria estar perto dela. Ele queria que seus familiares soubessem que os amava. Ele queria que o respeitassem.

"Então tome algumas atitudes", sugeriu Hannah, com muita calma. "Deixe que coletem seu sangue. Manifeste o amor por sua família. Demonstre-o."

Ele fez o exame e, como temia, estava infectado e logo teria uma morte terrível. Porém, Hannah o ajudou a perceber que ele poderia direcionar a energia de sua dor para o amor à família, e não para a raiva e a intimidação. Sua família agora poderia visitá-lo com equipamentos de proteção e dizer o quanto o amava. Seus familiares perceberiam que ele estava aceitando seu destino com coragem e dignidade, em vez de, posteriormente, saberem sobre suas ameaças e delírios.

Algumas semanas antes do falecimento desse homem, Hannah fora à aldeia dele para fornecer um treinamento ACT/Prosocial e, como resultado, sua família sabia como agir após sua morte. Seus familiares permitiram que seu corpo fosse levado e incinerado e, com amor, enviaram seu espírito para o além com um enterro adequado, orando, lavando, beijando e enterrando um tronco de bananeira.

Após o Ebola, a cultura em Serra Leoa foi devastada. Em todo o país, famílias se desfizeram e a violência sexual e doméstica está aumentando. Porém, o caminho mais gentil e socialmente transformador percorrido pela clínica Commit and Act continua a gerar benefícios. Em Bo, um movimento de mulheres para combater a violência, especificamente a doméstica, surgiu a partir do Prosocial. Pela primeira vez, homens que abusam de mulheres são presos e serviços comportamentais são fornecidos a sobreviventes e perpetradores. Recentemente, o governo de Serra Leoa considerou a clínica Commit and Act um dos principais motivos de redução da violência sexual contra meninas na cidade (acesse http://commitandact.com [conteúdo em inglês]). A recuperação continua, utilizando os processos de flexibilidade para promover a transformação social.

EPÍLOGO

Em todo o mundo, a flexibilidade psicológica está sendo reconhecida como uma habilidade essencial de vida em clínicas, locais de trabalho, igrejas, órgãos governamentais e escolas. A cada pessoa que aprende as habilidades, a cultura progride um pouco, a comunicação humana suaviza e a conexão aumenta.

Claro que não é apenas a ACT. Os programas de meditação se difundiram; grupos baseados em valores estão crescendo; e dificilmente abrimos uma revista ou ligamos o computador sem nos depararmos com blogs, livros populares, programas de TV ou filmes que, de alguma forma, focam a flexibilidade psicológica. Os leitores deste livro a reconhecerão, mesmo que o meio específico utilize outros termos. Por exemplo, dezenas de milhões de crianças têm assistido a filmes ou desenhos animados sobre a importância da flexibilidade psicológica (se quiser conferir um exemplo incrível, acesse http://bit.ly/StevenUniverseSong [conteúdo em inglês]). É gratificante para mim o fato de que, nos últimos 35 anos, a ACT tenha contribuído para o estímulo dessa mudança no foco cultural.

Podemos fazer muito mais para promover processos evolutivos saudáveis em nossas vidas, lares e comunidades. Os leitores deste livro têm um papel importante nesse aspecto. Espero que, a essa altura, você esteja convencido de que cumpri a promessa feita no início: apresentar um breve conjunto de processos cientificamente comprovados que capacitam a realização do que importa em quase todas as áreas. Espero também que você tenha se inspirado para ajudar outras pessoas a aprenderem sobre os processos de flexibilidade e que já tenha constatado benefícios em sua vida e nas vidas daqueles que ama.

Nesse caso, considere o fato de que a mudança social começa quando alguém faz a escolha simples de avançar. Se este livro foi útil para você, meu pedido nestas últimas páginas é que você avance. Peço que compartilhe e aproveite bem o que aprendeu. Não importa muito se usa os termos empregados. O que importa mais são as coisas reais que faz ou incentiva nos outros. Quando você se abre, capacita outras pessoas a fazerem o mesmo. Quando assume a perspectiva alheia, ou esclarece os valores escolhidos e caminha em direção a eles, ajuda a criar uma conexão humana e uma motivação saudável. Quando possibilita que outras pessoas saibam que existe uma alternativa ao enredamento mental e à evitação emocional, concede o presente da esperança. Todos esses fatores levam a um mundo mais gentil e acolhedor, reduzindo as experiências negativas que impulsionam a inflexibilidade.

A vida é um tormento se nos deixamos dominar pelo Ditador Interno. Quando nos libertamos de seu controle, logo alcançamos outro modo da mente — como diz o título deste livro, uma mente livre que nos direciona ao que realmente importa.

Os alicerces já estão dentro de nós. Se você visualizar um pôr do sol deslumbrante, terá a sabedoria intuitiva de dizer "uau" à medida que abre bem os olhos para apreciar plenamente o momento. Você não dirá: "Falta um pouco mais de rosa." Esse modo "uau" da mente não se restringe à beleza. Se amanhã uma criança chorar e lhe contar uma história pessoal terrível, ao ouvir atentamente, talvez você diga "uau" para assimilar a dor que ela sente. Você não dirá: "Vamos falar sobre algo um pouco menos perturbador?"

Este livro não abordou nenhum ensinamento que você, em um nível profundo, já não soubesse em sua própria alma. O objetivo foi apresentar os *princípios* que possibilitam o seu progresso de vida em uma direção escolhida, com o aproveitamento do poder da flexibilidade psicológica — a força de uma mente livre.

A humanidade está em uma corrida para criar um mundo mais gentil, flexível e baseado em valores — em outras palavras, um mundo mais amoroso, capaz de enfrentar os desafios que nossos próprios desenvolvimentos científicos e tecnológicos suscitam. Se não aprendermos como estabelecer mentes modernas para este mundo moderno, nos aproximaremos cada vez mais do desastre.

Nenhum de nós sabe o que acontecerá, mas, com base na história da humanidade, acredito que a comunidade humana progredirá para enfrentar o desafio. Aposto em nossa capacidade de escolher o amor em detrimento do medo. Isso só é possível com uma pessoa, casal, família, empresa e comunidade de cada vez. Quando aprendemos a controlar nossa *própria* mente e nos tornamos mais capazes de nos abrirmos, nos mostrarmos e nos direcionarmos ao que importa, acendemos uma luz na escuridão que ajuda os outros a fazerem o mesmo. Há uma boa palavra para isso: *amor.*

Sabemos o quanto ele é importante. Nossa criança interna de 8 anos que chora também sabe. No fundo, todos sabemos que o amor não conduz o caminho, ele é o caminho.

Paz, amor e vida, meus caros.

— S.

Estenda a Sua Mão

Esqueçamos o mundo por um instante recuemos e
retornemos ao silêncio e ao sagrado do agora

você está ouvindo? Essa respiração o convida a escrever a
primeira palavra de sua nova história

o início de sua nova história é:Você é importante

você é necessário — aliviado e desarmado

disposto a dizer sim e sim e sim

Perceba o sol brilha, dia após dia tenha fé ou não os
passarinhos continuam a cantar sua canção mesmo
quando você se esquece de cantar a sua

pare de questionar: Sou bom o suficiente? Apenas
pergunte Estou me mostrando com amor?

A vida não é uma retaé uma abundância de presentes, por
favor — estenda a sua mão

— *Julia Fehrenbacher*

NOTAS

Capítulo 1: A Necessidade de Pivotar

3 **Esse computador no seu bolso**: https://www.quora.com/How-much-more-computing-power-does-an-iPhone-6-have-than-Apollo-11-What-is-another-modern-object-I-can-relate-the-same-computing-power-to.

3 **a leucemia matou**: Centro de Controle de Doenças. "Trends in Childhood Cancer Mortality — United States, 1990–2004". http://www.cdc.gov/mmwr/preview/mmwrhtml/mm5648a1.htm.

3 **as mortes por malária diminuíram**: National Cancer Institute, *SEER (Statistics, Epidemiology, and End Results) Cancer Statistics Review 1975–2011*, 2014. https://seer.cancer.gov/archive/csr/1975_2011/

4 **a Organização Mundial da Saúde (OMS) classificou-a como a principal causa**: http://www.who.int/mediacentre/factsheets/fs369/en/. Um bom resumo do nível atual do ônus mundial das dificuldades de saúde mental pode ser encontrado em Steel, Z., Marnane, C., Iranpour, C., Chey, T., Jackson, J. W., Patel, V., & Silove, D. (2014). The global prevalence of common mental disorders: A systematic review and meta-analysis 1980–2013. *International Journal of Epidemiology*, 43, 476–493. DOI: 10.1093/ije/ dyu038.

4 **portadores de um transtorno de ansiedade**: Kessler, R. C., Aguilar-Gaxiola, S., Alonso, J., Chatterji, S., Lee, S., Ormel, J., Ustün, T. B., & Wang, P. S. (2009). The global burden of mental disorders: An update from the WHO World Mental Health (WMH) surveys. *Epidemiology and Psychiatric Sciences*, *18*, 23–33.

4 **sofrimento mental frequente**: Moriarty, D. G., Zack, M. M., Holt, J. B., Chapman, D. P., & Safran, M. A. (2009). Geographic patterns of frequent mental distress: U.S. adults, 1993–2001 e 2003–2006. *American Journal of Preventive Medicine*, *46*, 497–505.

4 **o mundo ser mais perigoso**: Pinker, S. (2012). *Better angels of our nature: Why violence has declined*. Nova York: Penguin.

5 **Elas prenunciam**: Essas alegações serão amplamente documentadas nos capítulos posteriores; portanto, em vez de incluir aqui uma longa lista de estudos, uma maneira fácil de avaliar a verdade geral do que estou dizendo é acessar o Google Acadêmico e inserir o termo ["flexibilidade psicológica", "evitação experiencial" ou "aceitação e compromisso"]. Ao consultar os quase 18 mil resultados que essa pesquisa exibirá, você rapidamente encontrará centenas de bons exemplos desse trabalho. Se tiver acesso a uma biblioteca acadêmica, a mesma pesquisa no Web of Science mostrará cerca de 2.200 artigos de periódicos

acadêmicos. Vários outros são adicionados a cada semana.

5 **livros como este**: Confira a nota anterior, mas, para estudos que mostram que ler apenas um livro da ACT pode ser útil, consulte, por exemplo, Muto, T., Hayes, S. C., & Jeffcoat, T. (2011). The effectiveness of acceptance and commitment therapy bibliotherapy for enhancing the psychological health of Japanese college students living abroad. *Behavior Therapy*, *42*, 323–335. É possível encontrar uma lista crescente de tais estudos em http://www.contextualscience.org (pesquise "state of the evidence" [conteúdo em inglês]).

7 **elas nos fazem piorar:** Wood, J. V., Perunovic, W. Q. E., & Lee, J. W. (2009). Positive self-statements: Power for some, peril for others. *Psychological Science, 20*, 860–866.

7 **A rigidez psicológica prenuncia**: Se você procura referências que apoiam as alegações ousadas desse parágrafo, parabéns. Você tem um ceticismo saudável e ele será útil para a consideração dos argumentos deste livro. Dito isso, ainda não é o momento de apresentar várias referências nas notas finais. Portanto, tenha um pouco de paciência, pois cada uma dessas alegações serão abordadas posteriormente.

7 **as últimas:** Farach, F. J., Mennin, D. S., Smith, R. L., et al. (2008). The impact of pretrauma analogue GAD and posttraumatic emotional reactivity following exposure to the September 11 terrorist attacks: A longitudinal study. *Behavior Therapy*, 39, 262–276.

8 **também começará a evitar a alegria**: Kashdan, T. B., & Steger, M. F. (2006). Expanding the topography of social anxiety: An experience-sampling assessment of positive emotions, positive events, and emotion suppression. *Psychological Science*, *17*, 120–128. DOI: 10.1111/j.1467-9280.2006.01674.x.

8 **há consequências horríveis**: Panayiotou, G., Leonidou, C., Constantinou, E., et al. (2015). Do alexithymic individuals avoid their feelings? Experiential avoidance mediates the association between alexithymia, psychosomatic, and depressive symptoms in a community and a clinical sample. *Comprehensive Psychiatry*, *56*, 206–216.

8 **Denomino esse aspecto mental de Ditador Interno**: Sou um psicólogo comportamental, então talvez pareça estranho falar muito sobre "mentes", mas tudo o que quero dizer com essa palavra é o conjunto de habilidades de aprendizado relacional superiores que temos e que possibilitam a criação e o seguimento de regras simbólicas. Uma "mente" é um repertório de enquadramento relacional; um "modo da mente" é uma maneira de aplicar esse repertório. Explicarei o que é o aprendizado relacional posteriormente.

13 **que está "escondido" internamente**: Frances, A. (2013). Saving normal: An insider's revolt against out-of-control psychiatric diagnosis, DSM-5, big pharma and the medicalization of ordinary life. *Psychotherapy in Australia*, *19*, 14–18.

13 **essa situação só se agravou**: Você pode reunir essas estatísticas de fontes com o Olfson, M., & Marcus, S. C. (2010). National trends in outpatient psychotherapy. *American Journal of Psychiatry*, *167*(12), 1456–1463. DOI: 10.1176/appi.ajp.2010.10040570.

13 **a incidência de problemas de saúde mental aumentou**: Mad in American, o

site de Robert Whitaker, apresenta inúmeras informações sobre essa questão, as quais considero bastante responsáveis. Seu livro de mesmo título está um pouco ultrapassado, mas é um bom começo.

13 **Amigos e família também se sentem menos otimistas**: Atualmente, essa é uma literatura muito ampla e, sem dúvida, os diagnósticos de condições mentais são estigmatizantes, mesmo que proporcionem alívio inicial. Considero o trabalho de Pat Corrigan e colegas convincente. Por exemplo, consulte Ben-Zeev, D., Young, M. A., & Corrigan, P. W. (2010). DSM-V and the stigma of mental illness. *Journal of Mental Health, 19,* 318–327. DOI: 10.3109/09638237.2010.492484. Estudos experimentais, não apenais correlacionais, corroboram o mesmo ponto. Por exemplo, confira Eisma, M. C. (2018). Public stigma of prolonged grief disorder: An experimental study. *Psychiatry Research, 261,* 173–177. DOI: 10.1016/j.psychres.2017.12.064.

22 **Elas promovem a prosperidade**: Bohlmeijer, E. T., Lamers, S. M. A., & Fledderus, M. (2015). Flourishing in people with depressive symptomatology increases with Acceptance and Commitment Therapy. Post-hoc analyses of a randomized controlled trial. *Behaviour Research and Therapy,* 65, 101–106. DOI:10.1016/j.brat.2014.12.014.

23 **transformaram a recuperação da doença em um ativo**: Hawkes, A. L., Chambers, S. K., Pakenham, K. I., Patrao, T. A., Baade, P. D., Lynch, B. M., Aitken, J. F., Meng, X. Q., & Courneya, K. S. (2013). Effects of a telephone-delivered multiple health behavior change intervention (CanChange) on health and behavioral outcomes in survivors of colorectal cancer: A randomized controlled trial. *Journal of Clinical Oncology, 31,* 2313–2321. Consulte também Hawkes, A. L., Pakenham, K. I., Chambers, S. K., Patrao, T. A., & Courneya, K. S. (2014). Effects of a multiple health behavior change intervention for colorectal cancer survivors on psychosocial outcomes and quality of life: A randomized controlled trial. *Annals of Behavioral Medicine,* 48, 359–370. DOI: 10.1007/s12160-014-9610-2).

23 **poliusuários de drogas**: Hayes, S. C., Wilson, K. G., Gifford, E. V., Bissett, R., Piasecki, M., Batten, S. V., Byrd, M., & Gregg, J. (2004). A randomized controlled trial of twelve-step facilitation and acceptance and commitment therapy with polysubstance abusing methadone maintained opiate addicts. *Behavior Therapy,* 35, 667–688.

23 **dezenas de estudos sobre o uso de substâncias**: Um resumo recente dessa área de trabalho pode ser encontrado em Lee, E. B., An, W., Levin, M. E., & Twohig, M. P. (2015). An initial meta-analysis of Acceptance and Commitment Therapy for treating substance use disorders. *Drug and Alcohol Dependence, 155,* 1–7. DOI: 10.1016/j.drugalcdep.2015.08.004.

24 **Medidas psicológicas específicas preveem**: Novamente, documentarei isso ao longo do livro. O Capítulo 1 não é o momento de detalhar descobertas como essa, mas uma lista de metanálise da ACT (sínteses da literatura da ACT) está disponível em http://bit.ly/ACTmetas (digite com cuidado — as letras maiúsculas são importantes). Talvez a ideia mais ousada desse parágrafo mereça uma documentação: profissionais de hóquei psicologicamente flexíveis psicológica são mais proveitosos para o desempenho de equipe. É

verdade. Consulte Lundgren, T., Reinebo, G., Löf, P.-O., Näslund, M., Svartvadet, P., & Parling, T. (2018). The Values, Acceptance, and Mindfulness Scale for Ice Hockey: A psychometric evaluation. *Frontiers in Psychology*, 9, 1794. DOI: 10.3389/ fpsyg.2018.01794. Por quê? Se um jogador inflexível comete um erro, ele se envolve em sua reação emocional e autocrítica. Adivinha? Enquanto o fazem, não se concentram plenamente no jogo, falhando em apoiar seus colegas de time. Em outras palavras, outro erro! Constatações contraintuitivas como essa são apresentadas por todo o livro.

24 **estudos clínicos randomizados**: É possível acessar a lista atual em http://www.contextualscience.org e pesquisar por "randomized trials" [conteúdo em inglês] ou acessar http://bit.ly/ACTRCTs.

25 **o nível de flexibilidade psicológica que as pessoas com sobrepeso apresentam**: Lillis, J., Hayes, S. C., Bunting, K., & Masuda, A. (2009). Teaching acceptance and mindfulness to improve the lives of the obese: A preliminary test of a theoretical model. *Annals of Behavioral Medicine*, 37, 58–69.

25 **cairia cem vezes em um único dia**: Adolph, K. et al. (2012). How do you learn to walk? Thousands of steps and dozens of falls per day. *Psychological Science*, 23, 1387–1394.

26 **foi demonstrado reiteradamente**: Alguns céticos da ciência perceberão, com razão, que este livro não foi testado por sua capacidade de produzir tais mudanças. Isso é justo, mas não é a verdade absoluta, pois há vários testes de livros, gravações, aplicativos e sites da ACT, e a maioria mostrou resultados úteis. Há uma lista em: https://contextualscience.org/act_studies_based_on_computers_phones_smartphones_and_books. Além disso, é mais provável que os leitores procurem um terapeuta da ACT, uma vez que a importância central dos processos de flexibilidade for compreendida. Assim, não considero este livro em si como terapia, mas como uma história com embasamento científico preciso que possibilita abrir caminhos positivos para ajudá-lo a melhorar sua vida se você se dedicar a aprender e aplicar as habilidades de flexibilidade, e explorar os muitos recursos gratuitos disponíveis online, a fim de aprofundar seu aprendizado e superar as dificuldades. Particularmente, recomendo a lista de discussões abertas do Yahoo Groups para apoio e ideias adicionais.

Capítulo 2: O Ditador Interno

31 **Questionário de Pensamentos Automáticos**: O ATQ foi desenvolvido por Steve Hollon e Phil Kendall (Hollon, S. D., & Kendall, P. C. [1980]. Cognitive self-statements in depression: Development of an Automatic Thoughts Questionnaire. *Cognitive Therapy and Research*, *4*, 383–395). Os pesquisadores da ACT aprimoraram o ATQ com o questionamento do quão plausíveis eram os pensamentos, em vez de com que frequência ocorriam. Para determinados fins, essa é uma pergunta melhor. Por exemplo, consulte Zettle, R. D., Rains, J. C., & Hayes, S. C. (2011). Processes of change in Acceptance and Commitment Therapy and Cognitive Therapy for depression: A mediational reanalysis of Zettle and Rains (1989). *Behavior Modification*, 35, 265–283. DOI: 10.1177/0145445511398344.

31 **resultados insatisfatórios mentais e físicos**: Por exemplo, eles se correlacio-

nam com níveis mais baixos de bem-estar e satisfação com o trabalho. Confira Judge, T. A., & Locke, E. A. (1993). Effect of dysfunctional thought processes on subjective well-being and job-satisfaction. *Journal of Applied Psychology, 78*, 475–490. DOI: 10.1037/0021-9010.78.3.475; em relação à menor satisfação de vida, consulte Netemeyer, R. G., Williamson, D. A., Burton, S., Biswas, D., Jindal, S., Landreth, S., Mills, G., & Primeaux, S. (2002). Psychometric properties of shortened versions of the Automatic Thoughts Questionnaire. *Educational and Psychological Measurement, 62*, 111–129. DOI: 10.1177/0013164402062001008.

40 **Essas conclusões**: Abordo todas essas questões posteriormente, fornecendo referências amplas para documentar essas alegações.

40 **dos três últimos**: Os requisitos lineares de um livro fazem com que isso pareça mais sequencial do que é — consiste mais em uma questão de ênfase. Por exemplo, a ação comprometida está presente desde o início, porém, acabamos por presumi-la mais do que estudá-la. Da mesma forma, a atenção flexível ao agora está implícita na aplicação dos exercícios de atenção plena, mas, aos poucos, foi mais considerada como um objeto de pesquisa. O mesmo se aplica aos valores.

Capítulo 3: Encontrando uma Saída

44 **um dos estudiosos mais citados**: É possível conferir os principais nomes da lista neste link: http://www.webometrics.info/en/node/58. Em dezembro de 2018, na última vez que verifiquei, Freud ocupava o terceiro lugar. Também estou nessa lista, mas na posição 1.740 e descendo rapidamente à medida que muitos jovens avançam. David Barlow, meu orientador, ocupa a posição 695 — duvido que o alcançarei. É difícil superar esse homem excêntrico e incrível!

46 **trabalhos subsequentes conduzidos por outros pesquisadores**: Baumeister, R. F., Dale, K., & Sommer, K. L. (1998). Freudian defense mechanisms and empirical findings in modern social psychology: Reaction formation, projection, displacement, undoing, isolation, sublimation, and denial. *Journal of Personality, 66*, 1081–1124. DOI: 10.1111/1467-6494.00043.

46 **A maioria dos novos métodos enfatizou**: É possível encontrar esses dados em pesquisas como: Blagys, M., & Hilsenroth, M. (2000). Distinctive features of short-term psychodynamic interpersonal psychotherapy: A review of the comparative psychotherapy process literature. *Clinical Psychology: Science and Practice, 7*, 167–188; Weissman, M. M., Markowitz, J. C., & Klerman, G. L. (2007). *Clinician's quick guide to interpersonal psychotherapy*. Nova York: Oxford University Press; Allen, J. G., Fonagy, P., & Bateman, A. W. (2008). *Mentalizing in clinical practice*. Arlington, VA: American Psychiatric.

47 **Maslow argumentava que**: Maslow, A. H. (1970). *The psychology of science: A reconnaissance*. Chicago: Henry Regnery.

47 **Rogers afirmava que a pesquisa**: Rogers, C. R. (1955). Persons or science? A philosophical question. *American Psychologist, 10*, 267–278. A citação está na página 273.

47 **Ocasionalmente, a ACT é incluída em muitos livros sobre terapia huma-**

nista: Por exemplo, consulte Schneider, K. J., Pierson, J. F., & Bugental, J. F. T. (Eds.). (2014). *The handbook of humanistic psychology: Theory, research, and practice* (2nd ed.). Los Angeles: Sage.

49 **a parte de relaxamento do tratamento não fazia diferença**: Há inúmeros estudos sobre o "motivo" da dessensibilização, razão pela qual ela é tão importante na história da psicoterapia. Pesquisas cuidadosas, como a do incrível e já falecido Gordon Paul mostraram que a dessensibilização não é eficaz, pois consiste em um placebo. Porém, à medida que os estudos progrediram, descobriu-se que a hierarquia de cenas a serem imaginadas poderia ser feita de forma invertida — Jon Krapfl e Mike Nawas demonstraram isso em 1970 (DOI: 10.1037/h0029351). O relaxamento não faria diferença contanto que houvesse uma boa justificativa. Os estudos sobre o "motivo" foram realizados, pois o desenvolvedor da dessensibilização, Joseph Wolpe, foi muito específico sobre como o método deveria ser realizado e por que era eficaz. Conheci Joe Wolpe, e meu orientador de graduação, Irving Kessler, era um grande admirador dele. Joe pensava que a eficácia da dessensibilização era explicada pelo que ele denominava *inibição recíproca* — chegou até mesmo a conduzir estudos engenhosos com animais para testar o princípio. Revelou-se que ele estava errado, mas todas as teorias científicas são um pouco equivocadas se você tiver tempo suficiente para averiguar. É um imenso mérito o fato de que ele tentou responder à pergunta sobre o "motivo", e não apenas à do "qual".

49 **essa era do behaviorismo**: A primeira vez que empreguei esse termo foi em Hayes, S. C. (2004). Acceptance and Commitment Therapy, Relational Frame Theory, and the third wave of behavioral and cognitive therapies. *Behavior Therapy, 35,* 639–665. DOI: 10.1016/S0005-7894(04)80013-3.

50 **o tema da minha dissertação**: Publicada em Hayes, S. C., & Cone, J. D. (1981). Reduction in residential consumption of electricity through simple monthly feedback. *Journal of Applied Behavior Analysis, 14,* 81–88. DOI: 10.1901/jaba.1981.14-81.

52 **um aspecto que a TCC não conseguiria explicar de imediato**: Avaliações criteriosas dessa questão concluíram que "havia poucas evidências de que intervenções cognitivas específicas aumentam significativamente a eficácia da terapia" (p. 173). Longmore, R. J., & Worrell, M. (2007). Do we need to challenge thoughts in cognitive behavior therapy? *Clinical Psychology Review, 27,* 173–187. Amplos estudos minuciosos chegaram à mesma conclusão; consulte Dimidjian, S., Hollon, S. D., Dobson, K. S., Schmaling, K. B., Kohlenberg, R. J., Addis, M. E., et al. (2006). Randomized trial of behavioral activation, cognitive therapy, and antidepressant medication in the acute treatment of adults with major depression. *Journal of Consulting and Clinical Psychology, 74*(4), 658–670. DOI: 10.1037/0022-006X.74.4.658.

52 **posso ficar no escuro**: Kanfer, F. H., & Karoly, P. (1972). Self-control: A behavioristic excursion into the lion's den. *Behavior Therapy, 3,* 398–416.

54 **a TCC costuma não funcionar da maneira que foi originalmente postulada**: Chawla, N., & Ostafin, B. D. (2007). Experiential avoidance as a functional dimensional approach to psychopathology:

An empirical review. *Journal of Clinical Psychology, 63*, 871–890.

54 **podem até *reduzir***: Jacobson, N. S., Dobson, K. S., Truax, P. A., Addis, M. E., Koerner, K., Gollan, J. K., Gortner, E., & Prince, S. E. (1996). A component analysis of cognitive-behavioral treatment for depression. *Journal of Consulting and Clinical Psychology, 64*, 295–304. DOI: 10.1037/0022-006X.64.2.295; Dimidjian, S., et al. (2006). Randomized trial of behavioral activation, cognitive therapy, and antidepressant medication in the acute treatment of adults with major depression. *Journal of Consulting and Clinical Psychology, 74*, 658–670. DOI: 10.1037/0022-006X.74.4.658.

54 **começou a ocorrer uma significativa e rápida transição**: É possível acessar a primeira apresentação completa que acarretou essa mudança no artigo que foi meu discurso presidencial para a Associação de Terapias Cognitivo-Comportamentais (ainda bem que foi meu artigo presidencial, pois seria árduo publicá-lo de outra forma; mesmo nessa situação, alguns avaliadores se esforçaram para alterá-lo). A referência está na nota anterior intitulada “essa era do behaviorismo”.

56 **décadas de 1960 e 1970**: Paul Emmelkamp, um genial pesquisador da TCC na Bélgica que tem mais ou menos a minha idade, diz com bom humor que a “terceira onda” significa apenas que os hippies cresceram e os malucos agora estão no banco do motorista. Dou risada, mas há mais do que um fundo de verdade nisso.

58 **seu epigenoma é diferente**: Um livro excelente e acessível sobre processos epigenéticos que analisa as descobertas da coorte holandesa de inverno é *Evolution in Four Dimensions*, de Eva Jablonka e Marian Lamb. (2nd ed, 2014, Cambridge, MA: Bradford).

58 **fluxo de serotonina no cérebro**: Caspi, A., et al. (2003). Influence of life stress on depression: Moderation by a polymorphism in the 5-HTT gene. *Science, 301*, 386–389.

58 **Após o momento “Eureka!” inicial**: Brown, G. W., & Harris, T. O. (2008). Depression and the serotonin transporter 5-HTTLPR polymorphism: a review and a hypothesis concerning gene-environment interaction. *Journal of Affective Disorders, 111*, 1– 12.

58 **vários outros fatores influenciavam**: Atualmente, essa é uma literatura bastante ampla, mas alguns exemplos incluem Barr, C. S., et al. (2004). Rearing condition and rh5-HTTLPR interact to influence limbic-hypothalamic-pituitary--adrenal axis response to stress in infant macaques. *Biological Psychiatry, 55*, 733–738. Outros estudos integram Neumeister, A., et al. (2002). Association between serotonin transporter gene promoter polymorphism (5HTTLPR) and behavioral responses to tryptophan depletion in healthy women with and without family history of depression. *Archives of General Psychiatry, 59*, 613–620.

59 **alteração da metilação**: Dusek, J. A., Otu, H. H., Wohlhueter, A. L., Bhasin, M., Zerbini, L. F., Joseph, M. G., Benson, H., & Libermann, T. A. (2008). Genomic counter-stress changes induced by the relaxation response. *PLoS ONE, 3*, 1–8.

59 **a dor terá uma influência menor**: Esse aspecto foi demonstrado por alguns estudos. Um exemplo é Smallwood, R. F., Potter, J. S., & Robin, D. A. (2016).

Neurophysiological mechanisms in acceptance and commitment therapy in opioid-addicted patients with chronic pain. *Psychiatry Research: Neuroimaging, 250*, 12–14.

Capítulo 4: Por que Nossos Pensamentos São Tão Automáticos e Persuasivos

64 **meu laboratório foi um dos primeiros a mostrar essa transição**: Lipkens, G., Hayes, S. C., & Hayes, L. J. (1993). Longitudinal study of derived stimulus relations in an infant. *Journal of Experimental Child Psychology, 56*, 201–239. DOI: 10.1006/ jecp.1993.1032.

64 **comecei a pesquisar com Aaron Brownstein**: Aaron foi quem me apresentou à base da RFT pela primeira vez: um fenômeno conhecido como equivalência de estímulos, inicialmente identificado por Murray Sidman, um dos grandes nomes da psicologia comportamental que considero um herói. Se crianças aprenderem a escolher o estímulo B quando é mostrado A, e C quando é apresentado A, elas escolherão todas as combinações (A face B, B face C etc.). Esse resultado não origina o sentido comportamental — as contingências se movem em uma direção, não duas. A maravilhosa semana que originou a RFT foi baseada em contemplar essa descoberta e perceber que ela era somente um exemplo de um fenômeno comportamental muito maior do aprendizado relacional. A ideia de que relacionar era operante consistia apenas em um palpite — mas tinha aquele "estalo" de que tudo se encaixava. A aprovação dessa ideia por Aaron foi essencial para mim, e ele teria participado de todos os trabalhos iniciais sobre RFT, mas, infelizmente, faleceu antes do primeiro artigo. Aaron era um homem adorável e um dos melhores psicólogos comportamentais que já conheci. Os analistas do comportamento em geral não recepcionaram a RFT tão rapidamente quanto Aaron — ele demorou alguns minutos para fazê-lo, enquanto a área da análise comportamental levou quatro décadas. Felizmente, esse momento decisivo já foi alcançado. A RFT está rapidamente se tornando a teoria comportamental de cognição mais estudada da história.

68 **As crianças geralmente as aprendem na seguinte ordem**: McHugh, L., Barnes-Holmes, Y., & Barnes- Holmes, D. (2004). Perspective-taking as relational responding: A developmental profile. *Psychological Record, 54*, 115–144.

70 **vivíamos em pequenos grupos, nos quais a cooperação recompensava:** Wilson, D. S., & Wilson, E. O. (2008). Evolution "for the good of the group". *American Scientist, 96*, 380–389.

70 **a criança colocará o brinquedo na caixa:** Liebal, K., Behne, T., Carpenter, M., & Tomasello, M. (2009). Infants use shared experience to interpret a pointing gesture. *Developmental Science, 12*, 264–271.

71 **A maioria das pessoas não é mentirosa prolífica**: Para exemplos da literatura que apoia as alegações desse e do próximo parágrafo, consulte Halevy, R., Shalvi, S., & Verschuere, B. (2014), Being honest about dishonesty: Correlating self-reports and actual lying. *Human Communication Research, 40*, 54–72. DOI: 10.1111/ hcre.12019; and DePaulo, B., et al. (1996). Lying in everyday life. *Journal of Personality and Social Psychology, 70*, 984. Veja também Levine, T. R., Serota,

K. B., Carey, F., & Messer, D. (2013). Teenagers lie a lot: A further investigation into the prevalence of lying. *Communication Research Reports*, 30, 211–220. DOI: 10.1080/08824096.2013.806254. E confira Panasiti, M. S., et al. (2014). The motor cost of telling lies: Electrocortical signatures and personality foundations of spontaneous deception. *Social Neuroscience*, 9, 573–589. DOI: 10.1080/17470919.2014.934394.

73 **Como ressalta um especialista nessa área**: Bouton, M. E. (2004). Context and behavioural processes in extinction. *Learning and Memory*, *11*, 485–494. DOI: 10. 1101/lm.78804. A citação está na página 485.

74 **Anos atrás, realizou-se um estudo clássico**: Nisbett, R. E., & Wilson, T. D. (1977). Telling more than we can know: Verbal reports on mental processes. *Psychological Review*, *84*(3), 231–259. DOI: 10.1037/0033-295X.84.3.231.

74 **Pesquisas que utilizam testes de IRAP**: Há estudos que mostram que a versão IRAP para avaliar a evitação experiencial com afirmações como "a ansiedade é ruim" prevê como a instigação afeta o comportamento melhor do que medidas explícitas. Levin, M. E., Haeger, J., & Smith, G. S. (2017). Examining the role of implicit emotional judgments in social anxiety and experiential avoidance. *Journal of Psychopathology and Behavioral Assessment*, 39, 264–278. DOI: 10.1007/s10862-016-9583-5. O exemplo mais conhecido de medidas implícitas tradicionais é o Teste de Associação Implícita (TAI), desenvolvido por Tony Greenwald. Em um confronto direto, os dados mostram que o IRAP é bem melhor que o TAI, o que é de se esperar caso a RFT esteja correta. O IRAP é eficaz como uma medida implícita; consulte Carpenter, K. M., et al. (2012). Measures of attentional bias and relational responding are associated with behavioral treatment outcome for cocaine dependence. *American Journal of Drug and Alcohol Abuse*, 38, 146–154.

74 **pessoas que enfrentam problemas com drogas**: Acontece, no entanto, que as pessoas com maior desfusão e atenção plena revelam um impacto psicológico mais fraco da cognição implícita; confira Ostafin, B. D., Kassman, K. T, & Wessel, I. (2013). Breaking the cycle of desire: Mindfulness and executive control weaken the relation between an implicit measure of alcohol valence and preoccupation with alcohol-related thoughts. *Psychology of Addictive Behaviors*, 27, 1153–1158. DOI: 10.1037/a0032621.

75 **introduzido há cerca de um século por Edward Titchener**: Titchener, E. B. (1916). *A text-book of psychology*. Nova York: Macmillan. O exercício de repetição de palavras está na página 425.

76 **diga a palavra *peixe* repetidamente**: Tyndall, I., Papworth, R., Roche, B., & Bennett, M. (2017). Differential effects of word-repetition rate on cognitive defusion of believability and discomfort of negative self-referential thoughts postintervention and at one-month follow-up. *Psychological Record*, 67(10), 377–386. DOI: 10.1007/s40732-017-0227-2.

77 **vergonha em uma unidade de internação para usuários de drogas**: Luoma, J. B., Kohlenberg, B. S., Hayes, S. C., & Fletcher, L. (2012). Slow and steady wins the race: A randomized clinical trial of Acceptance and Commitment Therapy targeting shame in substance use disorders. *Journal of Consulting and Clinical*

Psychology, 80, 43–53. DOI: 10.1037/a0026070.

Capítulo 5: O Problema da Solução de Problemas

82 **Nesses experimentos**: Uma análise extensa de toda essa linha de pesquisa está disponível em Hayes, S. C. (Ed.). (1989). *Rule-governed behavior: Cognition, contingencies, and instructional control*. Nova York: Plenum Press. Deliberadamente alterei alguns detalhes desses experimentos para torná-los mais compreensíveis. Por exemplo, geralmente as "consequências" são pontos em um contador que valem dinheiro ou possibilidades de ganhar dinheiro, e não moedas reais. As tarefas costumam ser mais complicadas do que apenas apertar um botão — por exemplo, em nosso laboratório, pedíamos que os participantes movessem uma luz por um labirinto pressionando botões. O leitor assíduo pode conferir os estudos originais — a minha intenção aqui é alcançar a essência.

83 **Aos poucos, os pesquisadores comportamentais reduziram**: Um exemplo inicial de estudos como esse é Matthews, B. A., Shimoff, E., Catania, A. C., & Sagvolden, T. (1977). Uninstructed human responding: Sensitivity to ratio and interval contingencies. *Journal of the Experimental Analysis of Behavior, 27*, 453–467. DOI: 10.1901/ jeab.1977.27-453.

83 **No meu laboratório**: Confira o livro na nota anterior intitulada "Nesses experimentos".

83 **Grande parte das pessoas avançava**: Hayes, S. C., Brownstein, A. J., Zettle, R. D., Rosenfarb, I., & Korn, Z. (1986). Rule-governed behavior and sensitivity to changing consequences of responding. *Journal of the Experimental Analysis of Behavior, 45*, 237–256. DOI: 10.1901/ jeab.1986.45-237.

85 **Há mais de sessenta anos**: Hefferline, R., Keenan, B., & Harford, R. (1959). Escape and avoidance conditioning in human subjects without their observation of the response. *Science, 130*(3385), 1338–1339. A propósito, se tiver interesse em terapia Gestalt, você talvez reconheça esse nome. E deveria, visto que Ralph ajudou a criá-la e foi coautor do primeiro grande texto na área: Perls, F., Hefferline, R. F., & Goodman, P. (1951). *Gestalt therapy: Excitement and growth in the human personality*. Nova York: Delta. Ironia: um analista comportamental ajudou a desenvolver a terapia Gestalt, mas 99% dos adeptos da Gestalt consideram os behavioristas como inimigos.

87 **Para os adultos, o *pliance* é outra questão**: Não é que pessoas com transtornos clínicos seguem regras e outras não. É mais sutil do que isso. A razão pela qual as pessoas seguem as regras é fundamental... mas o rótulo de diagnóstico confunde a questão porque reúne diferentes tipos de processos sob um rótulo genérico. Com essa precaução em mente, segue um exemplo dos tipos de estudos disponíveis: McAuliffe, D., Hughes, S., & Barnes-Holmes, D. (2014). The dark-side of rule governed behavior: An experimental analysis of problematic rule- following in an adolescent population with depressive symptomatology. *Behavior Modification, 38*, 587–613.

88 **se tornam tão arraigadas que não conseguimos enxergar**: Descobrimos que a insensibilidade baseada em regras está associada a medidas de rigidez psicológica conhecidas por prenunciar a psico-

patologia. Wulfert, E., Greenway, D. E., Farkas, P., Hayes, S. C., & Dougher, M. J. (1994). Correlation between a personality test for rigidity and rule-governed insensitivity to operant contingencies. *Journal of Applied Behavior Analysis*, 27, 659–671. DOI: 10.1901/jaba.1994.27-659.

89 **Uma delas era um breve exercício**: Hayes, S. C., Bissett, R., Korn, Z., Zettle, R. D., Rosenfarb, I., Cooper, L., & Grundt, A. (1999). The impact of acceptance versus control rationales on pain tolerance. *Psychological Record*, *49*, 33–47.

90 **quanto mais as pessoas acreditassem em suas próprias justificativas mentais**: Addis, M. E., & Carpenter, K. M. (1999). Why, why, why?: Reason-giving and rumination as predictors of response to activation and insight-oriented treatment rationales. *Journal of Clinical Psychology*, 55, 881–894.

Capítulo 6: De Encontro ao Dinossauro

94 **o cérebro ativa as mesmas áreas**: Para um exemplo de um estudo desse tipo, confira Kim, H., Shimojo, S., & O'Doherty, J. P. (2006). Is avoiding an aversive outcome rewarding? Neural substrates of avoidance learning in the human brain. *PLoS Biology* 4(8): e233. DOI: 10.1371/journal. pbio.0040233.

102 **dispostos a passar pela experiência novamente**: Eifert, G. H., & Heffner, M. (2003). The effects of acceptance versus control contexts on avoidance of panic-related symptoms. *Journal of Behavior Therapy and Experimental Psychiatry*, *34*, 293–312. DOI: 10.1016/j.jbtep.2003.11.001.

102 **Jill Levitt, aluna de David Barlow**: Levitt, J. T., Brown, T. A., Orsillo, S. M., & Barlow, D. H. (2004). The effects of acceptance versus suppression of emotion on subjective and psychophysiological response to carbon dioxide challenge in patients with panic disorder. *Behavior Therapy*, *35*, 747–766. DOI: 10.1016/S0005- 7894(04)80018-2.

102 **As conclusões foram confirmadas**: Por exemplo, confira Arch, J. J., Eifert, G. H., Davies, C., Vilardaga, J., Rose, R. D., & Craske, M. G. (2012). Randomized clinical trial of cognitive behavioral therapy (CBT) versus acceptance and commitment therapy (ACT) for mixed anxiety disorders. *Journal of Consulting and Clinical Psychology*, *80*, 750–765. DOI: 10.1037/a0028310.

Capítulo 7: Comprometendo-se com um Novo Curso de Ação

109 **nosso pensamento frequentemente se afasta**: Pesquisas mostram que nossa mente divaga cerca de um terço do tempo, mas, nesses estudos, alguns participantes estão mentalmente afastados mais de 95% do tempo. Consulte McVay, J. C., Kane, M. J., & Kwapil, T. R. (2009). Tracking the train of thought from the laboratory into everyday life: An experience- sampling study of mind wandering across controlled and ecological contexts. *Psychonomic Bulletin & Review*, *16*, 857–863. Another similar study is Poerio,G. L., Totterdell, P., & Miles, R. (2013). Mind-wandering and negative mood: Does one thing really lead to another? *Consciousness and Cognition*, 22, 1412–1421. DOI: 10.1016/j.concog.2013.09.012.

110 **essa prática tem efeitos benéficos**: Para uma análise recente, confira Khoury, B., et al. (2013). Mindfulness-based therapy: A comprehensive meta- analysis. *Clinical Psychology Review, 33*, 763–771.

110 **Alterações na estrutura e na reatividade cerebral**: Fletcher, L. B., Schoendorff, B., & Hayes, S. C. (2010). Searching for mindfulness in the brain: A process-oriented approach to examining the neural correlates of mindfulness. *Mindfulness, 1*, 41–63. DOI: 10.1007/s12671-010-0006-5.

110 **alterações epigenéticas que aumentam ou diminuem**: Dusek, J. A., Otu, H. H., Wohlhueter, A. L., Bhasin M., Zerbini L. F., Joseph, M. G., Benson, H., & Libermann, T. A. (2008). Genomic counterstress changes induced by the relaxation response. *PLoS ONE*, 3, 1–8.

110 **acreditava que poderíamos adaptar alguns outros processos clássicos de atenção plena**: Meus alunos e eu escrevemos extensivamente sobre maneiras de abordar a atenção plena como um processo, em vez de apenas como um método de meditação e contemplação. Fornecemos uma definição funcional de atenção plena baseada na RFT em Fletcher, L., & Hayes, S. C. (2005). Relational Frame Theory, Acceptance and Commitment Therapy, and a functional analytic definition of mindfulness. *Journal of Rational Emotive and Cognitive Behavioral Therapy, 23*, 315–336; e Hayes, S. C., & Plumb, J. C. (2007). Mindfulness from the bottom up: Providing an inductive framework for understanding mindfulness processes and their application to human suffering. *Psychological Inquiry, 18*, 242–248. Elaboramos alguns dos detalhes de nossa abordagem baseada em processos nos seguintes artigos: Hayes, S. C., & Shenk, C. (2004). Operationalizing mindfulness without unnecessary attachments. *Clinical Psychology: Science and Practice, 11*, 249–254; Hayes, S. C., & Wilson, K. G. (2003). Mindfulness: Method and process. *Clinical Psychology: Science and Practice, 10*, 161–165; Hayes, S. C. (2002). Acceptance, mindfulness, and science. *Clinical Psychology: Science and Practice, 9*, 101–106; e Hayes, S. C. (2002). Buddhism and Acceptance and Commitment Therapy. *Cognitive and Behavioral Practice, 9*, 58–66.

111 **Este exercício e outros semelhantes foram estudados**: Exemplos de alguns estudos são Takahashi, M., Muto, T., Tada, M., & Sugiyama, M. (2002). Acceptance rationale and increasing pain tolerance: Acceptance-based and FEAR-based practice. *Japanese Journal of Behavior Therapy*, 28, 35–46; Marcks, B. A., & Woods, D. W. (2005). A comparison of thought suppression to an acceptance-based technique in the management of personal intrusive thoughts: A controlled evaluation. *Behaviour Research and Therapy, 43*, 433–445; Marcks, B. A., & Woods, D. W. (2007). Role of thought-related beliefs and coping strategies in the escalation of intrusive thoughts: An analog to obsessive-compulsive disorder. *Behaviour Research and Therapy, 45*, 2640–2651; Forman, E. M., Hoffman, K. L., McGrath, K. B., Herbert, J. D., Brandsma, L. L., & Lowe, M. R. (2007). A comparison of acceptance-and control-based strategies for coping with food cravings: An analog study. *Behaviour Research and Therapy, 45*, 2372–2386. Não basta justificar esse tipo de exercício — as pessoas precisam praticá-lo para se beneficiarem. Ele parece ajudar a controlar pensamentos intrusivos, aumentar a tolerância à dor e redu-

zir o impacto de impulsos, entre outras vantagens.

112 **reconstruído — no presente**: Loftus, E. F. (2004). Memories of things unseen. *Current Directions in Psychological Science, 13*(4), 145–147. DOI: 10.1111/j.0963-7214.2004.00294.x.

118 **recebeu o treinamento breve de valores baseado na ACT**: Chase, J. A., Houmanfar, R., Hayes, S. C., Ward, T. A., Vilardaga, J. P., & Follette, V. M. (2013). Values are not just goals: Online ACT-based values training adds to goal-setting in improving undergraduate college student performance. *Journal of Contextual Behavioral Science*, 2, 79–84. DOI: 10.1016/j.jcbs. 2013.08.002.

120 **versões incompletas da ACT**: Villatte, J. L., Vilardaga, R., Villatte, M., Vilardaga, J. C. P., Atkins, D. A., & Hayes, S. C. (2016). Acceptance and Commitment Therapy modules: Differential impact on treatment processes and outcomes. *Behaviour Research & Therapy*, 77, 52–61. DOI: 10.1016/j.brat.2015.12.001.

120 **Realizamos mais de setenta estudos**: Levin, M. E., Hildebrandt, M. J., Lillis, J., & Hayes, S. C. (2012). The impact of treatment components suggested by the psychological flexibility model: A meta-analysis of laboratory-based component studies. *Behavior Therapy, 43*, 741–756. DOI: 10.1016/j.beth.2012.05.003.

Capítulo 8: Todos Nós Temos a Capacidade de Pivotar

124 **David Sloan Wilson, importante cientista evolucionista, concorda**: É possível se aprofundar um pouco em Wilson, D. S., & Hayes, S. C. (Eds.). (2018). *Evolution and contextual behavioral science: An integrated framework for understanding, predicting, and influencing human behavior.* Oakland, CA: Context Press.

126 **O processo de evolução pode ser guiado**: Hersh, M. N., Ponder, R. G., Hastings, P. J., & Rosenberg, S. M. (2004). Adaptive mutation and amplification in Escherichia coli: Two pathways of genome adaptation under stress. *Research in Microbiology, 155*, 353–359. DOI: 10.1016/j. resmic.2004.01.020.

126 **É nesse ponto que as habilidades de flexibilidade atuam**: Se pesquisar meu nome entre parênteses ("Steven C. Hayes") com a palavra evolução no Google Acadêmico, você encontrará os tipos de aspectos aos quais me refiro. As notas seguintes também contêm algumas referências.

127 **o trabalhador médio de saúde pública**: Dahl, J., Wilson, K. G., & Nilsson, A. (2004). Acceptance and Commitment Therapy and the treatment of persons at risk for long-term disability resulting from stress and pain symptoms: A preliminary randomized trial. *Behavior Therapy*, 35, 785–802.

128 **cópias da seguinte figura para preenchimento**: Essa figura é uma versão modificada e expandida.

129 **analisarem mais atentamente a auto-história que elaboram**: Foram realizados estudos sobre os valores revelados nos obituários e nas lápides. Confira, por exemplo, Alfano, M., Higgins, A., & Le-

vernier, J. (2018). Identifying virtues and values through obituary data-mining. *Journal of Value Inquiry, 52,* 59–79. DOI: 10.1007/s10790-017-9602-0. Não é de se surpreender que questões como caráter e família sejam dominantes.

130 **Três anos depois, a porcentagem era quase idêntica**: Vowles, K. E., McCracken, L. M., & O'Brien, J. Z. (2011). Acceptance and values-based action in chronic pain: A three-year follow-up analysis of treatment effectiveness and process. *Behaviour Research and Therapy, 49,* 748–755. DOI: 10.1016/j.brat.2011.08.002. Em três anos, algumas das outras medidas apresentaram queda, mas os ganhos ainda eram predominantemente significativos e clinicamente relevantes. Em todas as medidas, uma mudança confiável foi observada em 46,2% dos pacientes (variação: 45,0–46,9%) no acompanhamento de três meses em 35,8% (variação: 29,1–38,0%) no de três anos.

130 **Outro estudo acompanhou 57 pessoas**: Kohtala, A., Muotka, J., & Lappalainen, R. (2017). What happens after five years? The long-term effects of a four-session Acceptance and Commitment Therapy delivered by student therapists for depressive symptoms. *Journal of Contextual Behavioral Science, 6,* 230–238. DOI: 10.1016/j.jcbs.2017.03.003.

130 **Esses resultados podem parecer surpreendentes**: Existem estudos da ACT sobre dor com resultados semelhantes a outros tratamentos, mas geralmente outros recursos precisam ser analisados com mais cuidado. Por exemplo, nesse estudo, os resultados foram semelhantes no acompanhamento, mas o tratamento com a ACT foi interrompido e os medicamentos mantidos: Wicksell, R. K., Melin, L., Lekander, M., & Olsson, G. L. (2009). Evaluating the effectiveness of exposure and acceptance strategies to improve functioning and quality of life in longstanding pediatric pain — A randomized controlled trial. *Pain, 141,* 248–257. Outros estudos mostraram resultados semelhantes, mas a um custo menor. Não existe dor crônica propriamente dita, mas um estudo recente pareceu mostrar que, em algumas medidas, a ACT não era tão boa quanto um modelo mais elaborado para ajudar a reduzir a ausência no trabalho devido a problemas de saúde mental: Finnes, A., Ghaderi, A., Dahl, J., Nager, A., & Enebrink, P. (no prelo). Randomized controlled trial of Acceptance and Commitment Therapy and a workplace intervention for sickness absence due to mental disorders. *Journal of Occupational Health Psychology.* DOI: 10.1037/ocp0000097. No entanto, posteriormente, quando a relação custo-benefício foi considerada, a ACT foi declarada a grande vencedora: Finnes, A., Enebrink, P., Sampaio, F., Sorjonen, K., Dahl, J., Ghaderi, A., Nager, A., & Feldman, I. (2017). Cost-effectiveness of Acceptance and Commitment Therapy and a workplace intervention for employees on sickness absence due to mental disorders. *Journal of Occupational and Environmental Medicine, 59,* 1211–1220. DOI: 10.1097/JOM.0000000000001156. Especialmente na área de dor crônica, o modelo da ACT está emergindo como um modelo psicossocial com intenso apoio geral. Menciono essas precauções porque, embora ainda seja cedo e tenhamos muito a aprender, acredito que o tema central deste livro — a flexibilidade psicológica é o segredo para uma mudança saudável — é bem corroborado. Isso não significa que não haja variação de estudo para estudo. A ciência nunca é tão simples.

Capítulo 9: O Primeiro Pivot Desfusão — Controlando Sua Mente

143 **Os métodos de desfusão desenvolvidos pela comunidade da ACT**: A necessidade de considerar a flexibilidade cognitiva como envolvendo a desfusão é apoiada por descobertas de que medidas tradicionais de pensamento mais flexível, como Martin, M. M., & Rubin, R. B. (1995). A new measure of cognitive flexibility. *Psychological Reports, 76*, 623–626, são úteis, principalmente, quando em prol da flexibilidade psicológica em geral. Por exemplo, consulte Palm, K. M., & Follette, V. M. (2011). The roles of cognitive flexibility and experiential avoidance in explaining psychological distress in survivors of interpersonal victimization. *Journal of Psychopathology and Behavioral Assessment, 33*, 79–86.

147 **As partes cerebrais envolvidas em divagações**: Essas descobertas estão disponíveis em Christoff, K., Gordon, A. M., Smallwood, J., Smith, R., & Schooler, J. W. (2009). Experience sampling during fMRI reveals default network and executive system contributions to mind wandering. *Proceedings of the National Academy of Sciences, 106*, 8719–8724. DOI: 10.1073/ pnas.0900234106.

148 **exercícios de desfusão enfraquecem o vínculo**: Esses dados estão resumidos em um artigo de revisão: Levin, M. E., Luoma, J. B., & Haeger, J. A. (2015). Decoupling as a mechanism of change in mindfulness and acceptance: A literature review. *Behavior Modification, 39*, 870–911. DOI: 10.1177/0145445515603707.

148 **Sue e Liz focam a fusão cognitiva com métodos de atenção plena**: Um exemplo de sua pesquisa na área é Roemer, L., Orsillo, S. M., & Salters-Pedneault, K. (2008). Efficacy of an acceptance-based behavior therapy for generalized anxiety disorder: Evaluation in a randomized controlled trial. *Journal of Consulting and Clinical Psychology, 76*, 1083–1089.

150 **Ela descreveu sua eficácia da seguinte forma**: O link para a coluna dela: https://www.nbcnews.com/better/health/mental-trick-helped-me-claw-way-back-debilitating-anxiety-ncna834751.

151 **Questionário de Fusão Cognitiva**: Gillanders, D. T., et al. (2014). The development and initial validation of the Cognitive Fusion Questionnaire. *Behavior Therapy, 45*, 83–101. DOI: 10.1016/j.beth.2013.09.001.

154 **uma das medidas mais comuns de flexibilidade cognitiva**: Guilford, J. P. (1967). Creativity: Yesterday, today and tomorrow. *Journal of Creative Behavior, 1*, 3–14. DOI: 10.1002/j.2162- 6057.1967.tb00002.x.

157 **afirmarem algo e fazerem o oposto da afirmação**: McMullen, J., Barnes-Holmes, D., Barnes-Holmes, Y., Stewart, I., Luciano, C., & Cochrane, A. (2008). Acceptance versus distraction: Brief instructions, metaphors, and exercises in increasing tolerance for self-delivered electric shocks. *Behaviour Research and Therapy, 46*, 122–129.

Capítulo 10: O Segundo Pivot Eu — A Arte da Tomada de Perspectiva

166 **Ter autoestima alta é uma meta digna**: Baumeister, R. F., Campbell, J. D., Krueger, J. I., & Vohs, K. D. (2003). Does high self-esteem cause better performan-

ce, interpersonal success, happiness, or healthier lifestyles? *Psychological Science in the Public Interest, 4*, 1–44. Para mais informações sobre esse assunto, consulte Leary, M. R., & Baumeister, R. F. (2000). The nature and function of self-esteem: Sociometer theory. In M. P. Zanna (Ed.), *Advances in experimental social psychology* (Vol. 32, pp. 1–62). San Diego, CA: Academic Press.

166 **Pesquisas revelam que, quando as pessoas se concentram**: Uma ampla quantidade de estudos realizados por pesquisadores da teoria da autodeterminação mostra isso, incluindo Deci, E. L., & Ryan, R. M. (1995). Human autonomy: The basis for true self-esteem. In M. H. Kernis (Ed.), *Efficacy, agency, and self-esteem* (pp. 31–49). Nova York: Plenum Press; e Deci, E. L., & Ryan, R. M. (2000). The "what" and "why" of goal pursuits: Human needs and the self-determination of behavior. *Psychological Inquiry, 11*, 227–268. Para outros assuntos dessa parte, confira Crocker, J., Karpinski, A., Quinn, D. M., & Chase, S. K. (2003). When grades determine self-worth: Consequences of contingent self-worth for male and female engineering and psychology majors. *Journal of Personality and Social Psychology, 85*, 507–516; e Brown, J. D. (1986). Evaluations of self and others: Self-enhancement biases in social judgments. *Social Cognition, 4*, 353–376.

166 **Com satisfação, os anunciantes vendem produtos**: Escalas, J. E., & Bettman, J. R. (2005). Self-construal, reference groups, and brand meaning. *Journal of Consumer Research*, 32, 378–389. DOI: 10.1086/497549.

166 **podemos tentar provar nosso valor**: Baumeister, R. F., Heatherton, T. F., & Tice, D. M. (1993). When ego threats lead to self-regulation failure — negative consequences of high self-esteem. *Journal of Personality and Social Psychology, 64*, 141–156. DOI: 10.1037/0022-3514.64.1.141. Consulte também Crocker, J., & Park, L. E. (2004). The costly pursuit of self-esteem. *Psychological Bulletin, 130*, 392–414. DOI: 10.1037/0033-2909.130.3.392.

169 **programas completos estão sendo estabelecidos**: Se quiser conferir um exemplo de tais programas, digite "PEAK autism" no Google para encontrar a versão de Mark Dixon. Ele também é autor de livros consistentes sobre a ACT e a RFT para crianças com autismo. Consulte Belisle, J., Dixon, M. R., Stanley, C. R., Munoz, B., & Daar, J. H. (2016). Teaching foundational perspective- taking skills to children with autism using the PEAK-T curriculum: Single-reversal "I-you" deictic frames. *Journal of Applied Behavior Analysis, 49*, 965–969. DOI: 10.1002/jaba.324.

170 **Você percebe uma idosa**: Escrevi sobre um momento exatamente assim neste breve artigo: Hayes, S. C. (2012). The women pushing the grocery cart. In R. Fields (Ed.), *Fifty-two quotes and weekly mindfulness practices: A year of living mindfully* (pp. 18–20). Tucson, AZ: FACES Conferences.

171 **Agora, leia lentamente cada uma das afirmações**: Algumas dessas ideias foram retidas do meu trabalho com Matthieu e Jennifer Villatte, disponível em Villatte, M. (2016). *Mastering the clinical conversation*. Nova York: Guilford Press.

178 **Em seguida, reitere a experiência de três modos**: Esse exercício costumava incluir apenas as duas primeiras etapas,

mas a pesquisa da RFT mostrou claramente que é importante incluir relações de contenção ou hierarquia, não apenas relações de distinção. Por exemplo, confira Foody, M., Barnes-Holmes, Y., Barnes-Holmes, D., & Luciano, C. (2013). An empirical investigation of hierarchical versus distinction relations in a self-based ACT exercise. *International Journal of Psychology and Psychological Therapy, 13*(3), 373–388. Aprecio o fato de que pesquisas básicas continuem modificando os métodos da ACT. É assim que deve ser.

Capítulo 11: O Terceiro Pivot Aceitação — Aprendendo com a Dor

186 **Pesquisas genéticas revelaram que**: Essa literatura está crescendo rapidamente. O estudo mostrou que o impacto epigenético do abuso estava envolvido até mesmo em quem posteriormente se suicidaria: McGowan, P. O. et al. (2009). Epigenetic regulation of the glucocorticoid receptor in human brain associates with childhood abuse. *Nature Neuroscience, 12*, 342–348. Esse estudo demonstra como o abuso está relacionado à doença física: Yanh, B.-Z., et al. (2013). Child abuse and epigenetic mechanisms of disease risk. *American Journal of Preventive Medicine, 44*, 101–107. DOI: 10.1016/j.amepre.2012.10.012.

186 **Também podemos apresentar instabilidade emocional**: Biglan, A. (2015). *The nurture effect*. Oakland, CA: New Harbinger.

188 **Uma das consequências terríveis para crianças que sofreram abuso**: Messman-Moore, T. L., Walsh, K. L., & DiLillo, D. (2010). Emotion dysregulation and risky sexual behavior in revictimization. *Child Abuse & Neglect, 34*, 967–976. DOI: 10.1016/j. chiabu.2010.06.004.

189 **É especialmente triste**: Fiorillo, D., Papa, A., & Follette, V. M. (2013). The relationship between child physical abuse and victimization in dating relationships: The role of experiential avoidance. *Psychological Trauma: Theory, Research, Practice, and Policy*, 5(6), 562–569. DOI: 10.1037/a0030968.

189 **Quando coisas favoráveis acontecem**: Todd e sua equipe fizeram uma série de estudos como esse. Um bom exemplo é: Machell, K. A., Goodman, F. R., & Kashdan, T. B. (2015). Experiential avoidance and well-being: A daily diary analysis. *Cognition and Emotion, 29*, 351–359. DOI: 10.1080/02699931.2014.911143.

191 **A comunidade dominante da TCC agora alcançou**: É possível encontrar minha alegação no meu primeiro artigo considerável sobre a ACT: Hayes, S. C. (1987). A contextual approach to therapeutic change. In Jacobson, N. (Ed.), *Psychotherapists in clinical practice: Cognitive and behavioral perspectives* (pp. 327–387). Nova York: Guilford Press. A comunidade dominante da TCC alcançou uma visão semelhante por volta de 2008. Veja, por exemplo, o diálogo com Michelle Craske sobre o assunto em Hayes, S. C. (2008). Climbing our hills: A beginning conversation on the comparison of ACT and traditional CBT. *Clinical Psychology: Science and Practice, 15*, 286–295.

Capítulo 12: O Quarto Pivot Atenção — Vivendo no Agora

206 **níveis maiores de aceitação emocional**: Teper, R., & Inzlicht, M. (2013). Meditation, mindfulness and executive control: The importance of emotional acceptance and brain-based performance monitoring. *Social Cognitive and Affective Neuroscience*, 8, 85–92. DOI: 10.1093/scan/nss045. Há outros exemplos de estudo desse tipo, como Riley, B. (2014). Experiential avoidance mediates the association between thought suppression and mindfulness with problem gambling. *Journal of Gambling Studies*, *30*, 163–171. DOI: 10.1007/s10899-012-9342-9.

206 **observar o que está presente pode acarretar *mais* ruminação**: Royuela-Colomer, E., & Calvete, E. (2016). Mindfulness facets and depression in adolescents: Rumination as a mediator. *Mindfulness*, *7*, 1092–1102. DOI: 10.1007/s12671-016-0547-3.

209 **pesquisas sobre a meditação**: Parsons, C. E., Crane, C., Parsons, L. J., Fjorback, L. O., & Kuyken, W. (2017). Home practice in Mindfulness-Based Cognitive Therapy and Mindfulness-Based Stress Reduction: A systematic review and meta-analysis of participants' mindfulness practice and its association with outcomes. *Behaviour Research and Therapy*, 95, 29–41. DOI: 10.1016/j.brat.2017.05.004.

209 **A *qualidade* da prática é mais importante**: Hafenbrack, A. C., Kinias, Z., & Barsade, S. G. (2013). Debiasing the mind through meditation. *Psychological Science*, 25, 369–376. DOI: 10.1177/0956797613503853. A pesquisadora citada nesse parágrafo é Zoe Kinias, professora assistente de comportamento organizacional do INSEAD. A citação está disponível em: https://www.sciencedaily.com/releases/2014/02/140212112745.htm.

210 **um método incrivelmente descomplicado de meditação**: Hardy, R. R. (2001). *Zen master: Practical Zen by an American for Americans.* Tucson, AZ: Hats Off Books.

212 **Essa é uma versão de um dos exercícios de atenção plena mais eficazes e, ainda assim, mais simples**: Uma boa descrição está disponível em Singh, N. N., Lancioni, G. E., Manikam, R., Winton, A. W., Singh, A. A., Singh, J., & Singh, A. A. (2011). A mindfulness-based strategy for self-management of aggressive behavior in adolescents with autism. *Research in Autism Spectrum Disorders*, 5, 1153–1158. DOI: 10.1016/j.rasd.2010.12.012. Exemplos de estudos que demonstram esses efeitos e são apresentados por mim incluem Singh, N. N., Lancioni, G. E., Winton, A. W., Adkins, A. D., Wahler, R. G., Sabaawi, M., & Singh, J. (2007). Individuals with mental illness can control their aggressive behavior through mindfulness training. *Behavior Modification*, *31*, 313–328. DOI: 10.1177/0145445506293585; Singh, N. N., Lancioni, G. E., Myers, R. E., Karazsia, B. T., Winton, A. W., & Singh, J. (2014). A randomized controlled trial of a mindfulness-based smoking cessation program for individuals with mild intellectual disability. *International Journal of Mental Health and Addiction*, *12*, 153–168. DOI: 10.1007/s11469-013-9471-0; e Singh, N. N., Lancioni, G. E., Singh, A. N., Winton, A. W., Singh, J., McAleavey, K. M., & Adkins, A. D. (2008). A mindfulness-based health wellness program for an adolescent with Prader-Willi syndrome. *Behavior Modification*, 32, 167–181.

DOI: 10.1177/0145445507308582. Como mencionado no parágrafo seguinte, o treinamento atencional como esse é um núcleo da Terapia Metacognitiva (TMC), desenvolvida por Adrian Wells. Aprecio seu trabalho e sugiro a TMC como um conjunto de métodos digno de explorar. Há uma base crescente de apoio à TMC. Confira Wells, A. (2011). *Metacognitive therapy for anxiety and depression*. Nova York: Guilford Press.

213 **é igualmente importante ampliar a atenção**: Essa abordagem foi desenvolvida por Les Fehmi. Nunca conheci Les, mas ele é o motivo de eu ser psicólogo. Recebi uma carta ruim do presidente do meu departamento na Loyola Marymount — o falecido padre Ciklic. Fui um dos primeiros hippies do campus e o bom padre Ciklic não ficou satisfeito. Sem que eu soubesse, ele escreveu em sua carta de recomendação para meu ingresso na pós-graduação que eu era viciado em drogas (a propósito, não era... eu era apenas um hippie comum). Nem preciso dizer que não entrei em lugar algum. Após dois anos, decidi tentar uma última vez. Um amigo de meu irmão pediu a um novo membro do corpo docente da Universidade Estadual de Nova York em Stony Brook (onde eu havia me inscrito para a pós-graduação), para procurar no meu arquivo. Ele gentilmente transmitiu as informações sobre a carta ruim. Não pedi para que o padre Ciklic escrevesse uma terceira carta e entrei em vários programas de doutorado. Finalmente, minha educação pôde começar. Qual era o nome do psicólogo em Stony Brook que fez esse favor? Você pode adivinhar agora: Les Fehmi. Escrevi uma carta de agradecimento há alguns anos. Ele não se lembrava do incidente, mas isso mudou minha vida. Pense nisso: as pequenas gentilezas que você faz hoje podem alterar profundamente a vida das pessoas, mas você pode nunca saber, ou mesmo se lembrar! Legal, não?

214 **meu chefe me disse que eu nunca alcançaria nada na vida**: De fato, isso aconteceu — comigo! Em meados da década de 1980, o já falecido Gilbert Gottlieb (um homem genial que realizou um trabalho fundamental sobre evolução e experiência inicial) me disse isso. Ele analisou a amplitude dos meus interesses e disse categoricamente que eu era diletante. Magoou — muito —, mas não mudei de rumo. Para ser sincero, em retrospecto, eu era difícil de lidar... e meus interesses *eram* abrangentes. Ironicamente, se esse não fosse o caso, eu não alcançaria nada, pois essa amplitude acabou por se interligar, ajudando a criar a ciência comportamental contextual. Não permaneci na Universidade da Carolina do Norte em Greensboro por muito tempo após essa conversa. Aaron Brownstein faleceu e, secretamente (e de forma um pouco injusta) culpei Gottlieb por ter feito algo semelhante com Aaron, o que o causou imenso estresse. Um ano depois, fui para a Universidade de Nevada, em Reno, onde estou desde então. É irônico, pois o trabalho de Gottlieb agora é uma parte importante do meu raciocínio. Tenho um livro dele na minha pasta enquanto escrevo esta nota! Gostaria de ter outra conversa com ele apenas para explorar interesses. No entanto, na época, tudo o que Gottlieb podia ver em mim era um jovem insensato que, segundo ele, jamais faria a diferença.

Capítulo 13: O Quinto Pivot Valores — Afeto por Opção

218 **evitamos a liberdade que a vida nos concede**: Pode parecer estranho para um behaviorista falar sobre "evitar a liberdade", mas podemos empregar essas palavras sem transformá-las em coisas que existem como objetos — ou seja, em ontologia. Até mesmo palavras como *espírito* têm significados comportamentais sensatos; confira Hayes, S. C. (1984). Making sense of spirituality. *Behaviorism, 12*, 99–110. Essa compreensão faz parte de como a pesquisa da ACT começou (conto a história desse artigo no capítulo sobre espiritualidade). Porém, retornando à liberdade, há muito tempo realizei uma pesquisa que mostrava que mesmo os animais não humanos (que geralmente preferem muito a escolha) evitam a liberdade se você propiciar experiências que os façam temer suas próprias escolhas, *mesmo que não seja a inadequada*: Hayes, S. C., Kapust, J., Leonard, S. R., & Rosenfarb, I. (1981). Escape from freedom: Choosing not to choose in pigeons. *Journal of the Experimental Analysis of Behavior, 36*, 1–7. DOI: 10.1901/jeab.1981.36-1. Os seres humanos têm razões extremamente ampliadas para temer escolhas que residem na linguagem simbólica e nas redes cognitivas que ela suscita.

218 **Considere os efeitos do materialismo**: Richins, M. L. (2004). The Material Values Scale: Measurement properties and development of a short form. *Journal of Consumer Research, 31*, 209–219. DOI: 10.1086/383436.

219 **Fama, poder, gratificação sensorial**: Um bom resumo desse trabalho está disponível em Ryan, R. M., Huta, V., & Deci, E. L. (2008). Living well: A self- determination theory perspective on eudaimonia. *Journal of Happiness Studies, 9*, 139–170. DOI: 10.1007/s10902-006-9023-4.

219 **o que é necessário para se ter dinheiro suficiente**: Dizem que John Paul Getty respondeu a uma pergunta semelhante exatamente dessa forma, apesar de ser mais rico do que qualquer outra pessoa viva.

222 **Porque eu *escolhi***: Não estou argumentando a favor ou contra o "livre-arbítrio" em sentido literal. Sou um behaviorista e, no topo do Monte Olimpo, presumo que existem "razões" para fazermos tudo. Porém, não vivemos lá e a linguagem da liberdade retorna a capacidade de resposta (em outras palavras, responsabilidade) para seu lugar. Fazemos o que fazemos e, com base nisso, obtemos o que obtemos. Esse é o conhecimento que realmente precisamos e ele está aqui, dentro de nossa experiência. Se a linguagem da liberdade nos ajuda a perceber isso, sou a favor dela.

224 **Nossa sede por significado e propósito escolhidos se torna insaciável**: Um estudo que evidencia esse aspecto é Kashdan, T. B., & Breen, W. E. (2007). Materialism and diminished well–being: Experiential avoidance as a mediating mechanism. *Journal of Social and Clinical Psychology, 26*, 521–539. DOI: 10.1521/jscp.2007.26.5.521.

226 **Questionário de Valores de Vida**: Wilson, K. G., Sandoz, E. K., Kitchens, J., & Roberts, M. (2010). The Valued Living Questionnaire: Defining and measuring valued action within a behavioral framework. *Psychological Record, 60*, 249–272. A versão que utilizo inclui estética e questões ambientais, áreas adicionadas posteriormente.

231 **a escrita de valores tem mais efeitos**: Sandoz, E., & Hebert, E. R. (2016). Meaningful, reminiscent, and evocative: An initial examination of four methods of selecting idiographic values-relevant stimuli. *Journal of Contextual Behavioral Science, 4*, 277–280. DOI: 10.1016/j.jcbs.2015.09.001.

231 **tornando-nos mais receptivos a informações**: Crocker, J., Niiya, Y., & Mischkowski, D. (2008). Why does writing about important values reduce defensiveness? Self-affirmation and the role of positive other-directed feelings. *Psychological Science, 19*, 740–747. DOI: 10.1111/j.1467- 9280.2008.02150.x.

Capítulo 14: O Sexto Pivot Compromisso — Ação Comprometida com a Mudança

237 **elas se combinam em uma habilidade única**: Uma razão pela qual afirmo isso é a dificuldade de separá-las na avaliação. Se elas forem dissociadas, ocorrerá o que se chama de *variável latente* (uma estrutura subjacente profunda) que perpassa todas elas. Utilizei a metáfora dos seis lados de uma caixa para explicar isso. Eles são aspectos de um todo. Você não olha para um pedaço quadrado de madeira e diz: "É o lado de uma caixa", mas, uma vez que a viu montada e desmontada, essa seria sua afirmação exata, e com razão. Os seis pivots são assim.

237 **Todo esse trabalho se concretiza**: Existem dados para sustentar essa ideia. Por exemplo, um estudo recente mostrou que a aceitação da dor prenuncia resultados positivos para pacientes com dor crônica, mas principalmente se ela estivesse ligada a uma mudança de comportamento real: Jeong, S., & Cho, S. (2017). Acceptance and patient functioning in chronic pain: The mediating role of physical activity. *Quality of Life Research, 26*, 903–911. DOI: 10.1007/s11136-016-1404-5. Veja também Villatte, J. L., Vilardaga, R., Villatte, M., Vilardaga, J. C. P., Atkins, D. A., & Hayes, S. C. (2016). Acceptance and Commitment Therapy modules: Differential impact on treatment processes and outcomes. *Behaviour Research and Therapy, 77*, 52–61. DOI: 10.1016/j.brat.2015.12.001, que constatou que, se as habilidades de flexibilidade fossem descartadas, os métodos de mudança de comportamento às vezes levavam as pessoas a áreas angustiantes sem as ferramentas necessárias.

239 **se sentar em frente a um marshmallow**: O estudo original foi realizado em meados da década de 1970. Ele e uma ampla série de estudos subsequentes que confirmaram o efeito estão resumidos no livro do já falecido Walter Mischel: Mischel, M. (2015). *The marshmallow test: Why self-control is the engine of success.* Nova York: Back Bay Books. Eu conhecia Mischel, mas não muito bem — ele era um importante nome da área.

241 **alguns tipos de persistência são, na verdade, formas de evitação**: Muitos estudos mostram isso. Por exemplo, consulte Shimazu, A., Schaufeli, W. B., & Taris, T. W. (2010). How does workaholism affect worker health and performance? The mediating role of coping. *International Journal of Behavioral Medicine, 17*, 154. DOI: 10.1007/s12529-010-9077-x.

249 **a reversão de hábitos é ainda mais poderosa**: Meu ex-aluno Mike Twohig e Douglas Woods realizaram várias pesquisas sobre reversão de hábitos e como combiná-la com métodos comportamentais

relacionados à ACT. Eles escreveram um livro para o público sobre esses métodos aplicados ao ato de arrancar cabelos, por exemplo: Woods, D., & Twohig, M. P. (2008). *Trichotillomania: An ACT-enhanced behavior therapy approach workbook*. Nova York: Oxford University Press. Um exemplo de pesquisa nessa área é Twohig, M. P., Woods, D. W., Marcks, B. A., & Teng, E. J. (2003). Evaluating the efficacy of habit reversal: Comparison with a placebo control. *Journal of Clinical Psychiatry, 64*, 40–48.

250 **compromissos públicos ou compartilhados sejam mantidos**: Por exemplo, confira Lyman, R. D. (1984). The effect of private and public goal setting on classroom on-task behavior of emotionally-disturbed children. *Behavior Therapy, 15*, 395–402.

250 **é maior a probabilidade de que uma mudança semelhante ocorra nos seus amigos**: Christakis, N., & Fowler, J. H. (2009). *Connected: The surprising power of our social networks and how they shape our lives*. Nova York: Little, Brown.

Parte Três: Introdução

255 **Dê aos Sentimentos Difíceis uma Cor, um Peso, uma Velocidade e um Formato**: Esse está em um livro que coescrevi com Spencer Smith: Hayes, S. C., with Smith, S. (2005). *Get out of your mind and into your life: The new acceptance and commitment therapy*. Oakland, CA: New Harbinger.

255 **Organize Seus Valores**: Existem sites e cartões comercialmente disponíveis para organizar seus valores. Você pode pesquisá-los no Google ou acessar a lista de fontes em http://www.stevenchayes.com [conteúdo em inglês].

256 **Você não precisa ficar entediado**: Emprestei a ideia do conjunto de métodos de Kirk Strosahl (um membro do ACT for the Public chamado Bill me ajudou a perceber o quão útil isso era: obrigado, Bill!). Para obter mais ajuda, acesse http://www.stevenchayes.com [conteúdo em inglês] ou consulte os outros livros da ACT mencionados, ou apenas siga as orientações que forneci antes do Capítulo 1.

262 **Somos *Homo prosocialis***: Acredito que seja por isso que Elinor Ostrom venceu o Prêmio Nobel em 2009. Ela mostrou que há um "meio-termo" entre as economias de comando e a "mão invisível" do *Homo economicus* — designadamente a evolução de grupos pró-sociais que protegiam seus recursos comuns por meio da cooperação. Princípios específicos são necessários para fazer isso. Se quiser conferir como estamos combinando os princípios de Ostrom com a ACT, acesse http://www.prosocial.world [conteúdo em inglês]. Abordarei essa questão no último capítulo, mas tenho um livro que a explica: Atkins, P., Wilson, D. S., & Hayes, S. C. (2019). *Prosocial: Using evolutionary science to build productive, equitable, and collaborative groups*. Oakland, CA: Context Press.

263 **a OMS criou um projeto de autoajuda da ACT**: O projeto se chama "Self-Help Plus". No link a seguir, ele é descrito em um formato de acesso aberto com possibilidade de download: Epping-Jordan, J. E., Harris, R., Brown, F. L., Carswell, K., Foley, C., García-Moreno, C. , Kogan, C., & van Ommeren, M. (2016). Self-Help Plus (SH+): A new WHO stress management package. *World Psychiatry,*

15, 295–296. DOI: 10.1002/wps.20355. Atualmente, ele está sendo testado a nível mundial, principalmente com refugiados. A União Europeia fez uma grande contribuição para possibilitar isso com o RE-DEFINE (http://re-defineproject.eu [conteúdo em inglês]) e a OMS está aplicando-o a refugiados do Sudão do Sul em Uganda: Brown, F., Carswell, K., Augustinavicius, J., Adaku, A., Leku, M., White, R.,... Tol, W. (2018). Self Help Plus: Study protocol for a cluster-randomised controlled trial of guided self-help with South Sudanese refugee women in Uganda. *Global Mental Health, 5*, E27. DOI: 10.1017/gmh.2018.17.

Capítulo 15: Adotando Comportamentos Saudáveis

265 **cerca de dois terços dos problemas de saúde ocorrem devido ao comportamento**: Esses dados estão disponíveis em Forouzanfar, M. H., et al. (2013). Global, regional, and national comparative risk assessment of 79 behavioural, environmental and occupational, and metabolic risks or clusters of risks in 188 countries, 1990–2013: A systematic analysis for the Global Burden of Disease Study. *Lancet*, 386, 2287–2323. De certa forma, essa análise — por mais impressionante que seja — na verdade subestima a importância do comportamento para a saúde, pois aspectos como a exposição a toxinas ambientais também são causados por nosso comportamento. Por exemplo, a poluição do ar provém do uso excessivo de energia e das políticas que a incentivam. Comecei minha carreira como ativista ambiental, mostrando formas de mudar comportamentos ambientalmente relevantes: Cone, J. D., & Hayes, S. C. (1980). *Environmental problems/behavioral solutions*. Monterey, CA: Brooks/Cole. (Republicado em 1986 pela Cambridge University Press; reimpresso em 2011.) Mudei de área quando percebi que os dados produzidos seriam ignorados, a menos que me tornasse membro de grandes organizações industriais e trabalhasse internamente. Meus objetivos eram muito abrangentes para que isso fizesse sentido para mim.

265 **Apenas para citar alguns:** Existem estudos da ACT em todas essas áreas. Sim, até em limpeza dos dentes (de fato, existem dois!). Um que aprecio foi feito com jovens adultos: Wide, U., Hagman, J., Werner, H., & Hakeberg, M. (2018). Can a brief psychological intervention improve oral health behavior? A randomized controlled trial. *BCM Oral Health, 18(163)*, 1-8. DOI: 10.1186/s12903-018-0627-y; e o grupo da ACT cuidou bem melhor de seus dentes. Acredito que o trabalho com valores é especialmente importante em áreas como essa, embora a tomada de perspectiva e a receptividade emocional também ajudem. Meu dentista, Todd Sala, é muito inovador. Ele tenta ajudar adolescentes e jovens adultos descuidados, pedindo (segundo ele, "geralmente os homens mais jovens precisam mais disso") que imaginem como é estar interessado em uma pessoa com odor corporal forte ou dentes sujos. Nossa... Um pouco de tomada de perspectiva da saúde.

266 **é praticamente uma crueldade**: Claro, em segredo, os pesquisadores marcaram os chocolates para se certificarem de que ninguém trapaceou, comendo um e repondo. O estudo está disponível em Moffitt, R., Brinkworth, G., Noakes, M., & Mohr, P. (2012). A comparison of

cognitive restructuring and cognitive defusion as strategies for resisting a craved food. *Psychology & Health*, 27, 77–94. DOI: 10.1080/08870446.2012.694436.

266 **mesmo os melhores e mais abrangentes programas baseados na ciência**: MacLean, P. S., Wing, R. R., Davidson, T., et al. (2015). NIH working group report: Innovative research to improve maintenance of weight loss. *Obesity*, 23, 7–15.

267 **Considere um dos mais eficazes**: Brownell, K. D. (2000). *The LEARN program for weight management*. Dallas, TX: American Health.

267 **A vergonha também é um problema comum**: Nossa medida de flexibilidade nessa área é discutida em Lillis, J., & Hayes, S. C. (2008). Measuring avoidance and inflexibility in weight related problems. *International Journal of Behavioral Consultation and Therapy*, 4, 348–354; nossa medida de peso relacionado à vergonha e à autoestigmatização é abordada em Lillis, J., Luoma, J. B., Levin, M. E., & Hayes, S. C. (2010). Measuring weight self-stigma: The weight self-stigma questionnaire. *Obesity*, 18, 971–976. DOI: 10.1038/oby.2009.353. Dados sobre a insatisfação corporal podem ser conferidos em Fallon, E. A., Harris, B. S., & Johnson, P. (2014). Prevalence of body dissatisfaction among a United States adult sample. *Eating Behaviors*, 15, 151–158. DOI: 10.1016/j.eatbeh.2013.11.007. Dados sobre médicos que humilham pacientes com sobrepeso estão disponíveis em Harris, C. R., & Darby, R. S. (2009). Shame in physician-patient interactions: Patient perspectives. *Basic and Applied Social Psychology*, 31, 325–334. DOI: 10.1080/01973530903316922.

268 **Para avaliar com precisão o papel da vergonha**: consulte a nota anterior para referências.

268 **nossa equipe de pesquisa conduziu um estudo**: Diminuir a angústia e a vergonha em si é um benefício físico, pois elas tendem a acarretar desgaste físico e problemas de saúde: Mereish, E. H., & Poteat, V. P. (2015). A relational model of sexual minority mental and physical health: The negative effects of shame on relationships, loneliness, and health. *Journal of Counseling Psychology*, 62, 425–437.

268 **atletas podem ter um desempenho melhor ao focarem sua disposição**: Emily Leeming constatou isso em 2016, na sua tese sobre resistência mental, descrita no Capítulo 18: Leeming, E. (2016). *Mental toughness: An investigation of verbal processes on athletic performance*. Tese de doutorado não publicada. Universidade de Nevada, Reno. Espero que seja publicada em breve. Os dados sobre vício em exercícios são apresentados em Alcaraz-Ibanez, M., Aguilar-Parra, J., & Alvarez-Hernandez, J. F. (2018). Exercise addiction: Preliminary evidence on the role of psychological inflexibility. *International Journal of Mental Health and Addiction*, 16, 199–206. DOI: 10.1007/s11469-018-9875-y.

269 **O trabalho com valores também ajuda com a vergonha**: Vartanian, L. R., & Shaprow, J. G. (2008). Effects of weight stigma on exercise motivation and behavior: A preliminary investigation among college-aged females. *Journal of Health Psychology*, 13, 131–138. DOI: 10.1177/1359105307084318.

270 **livros dedicados a aplicar a ACT à alimentação e à atividade física**: Alguns

desses livros são citados na nota posterior intitulada "É possível fazer tudo isso sem agir de acordo com seu desejo".

271 ***constatei com meu próprio corpo***: Hoje, esses dois aspectos mencionados até que são bem suportados empiricamente, mas, no início, os realizei mais por tentativa e erro. Para encontrar esses dados específicos, pesquise online estudos sobre "alimentação com restrição de tempo" e "como evitar farinha". No entanto, nunca faço coisas arriscadas por tentativa e erro. Você precisa de um médico inteligente, orientado pela pesquisa, que esteja disposto a conversar com você, ou da capacidade de pesquisar a literatura médica antes de se aventurar. Meu clínico geral, Dr. Shaheen Ali, é incrível e eu consigo ler grande parte da literatura médica — mas, se você não tiver esse tipo de apoio, seja cauteloso e pratique a tentativa e erro dentro de limites mais normais. Este não é o lugar para iniciativas tolas (jejuns longos e sem supervisão; comer apenas cenouras; o que for).

271 **ACT associados com (espere) nozes**: Tapsell, L. C., Lonergan, M., Batterham, M. J., Neale, E. P., Martin, A., Thorne, R., Deane, F., & Peoples, G. (2017). Effect of interdisciplinary care on weight loss: a randomised controlled trial. *BMJ Open*, 7:e014533. DOI: 10.1136/bmjopen-2016-014533.

272 **É possível fazer tudo isso sem agir de acordo com seu desejo**: Existem livros consistentes da ACT para ajudar na dieta, embora eu não conheça nenhum que tenha sido avaliado em formato de livro, portanto, embora a teoria seja conhecida por ser útil, você precisa ficar de olho em como ela se desenrola mais especificamente (este livro é assim também, como já afirmei). Dois bons são Lillis, J., Dahl, J., & Weineland, S. M. (2014). *The diet trap: Feed your psychological needs and end the weight loss struggle using Acceptance and Commitment Therapy*. Oakland, CA: New Harbinger; and Bailey, A., Ciarrochi, J., & Harris, R. (2014). *The weight escape: How to stop dieting and start living*. Boulder, CO: Shambala.

272 **realize rosca bíceps ou tríceps**: Adoro o trabalho de Rick Winett, um psicólogo (ainda forte) da minha época que faz exercícios por partes. Uma referência que explica por que algumas sessões curtas e adequadamente realizadas de treinamento de resistência têm grandes benefícios à saúde é Winett, R. A., & Carpinelli, R. N. (2001). Potential health-related benefits of resistance training. *Preventive Medicine*, 33, 503–513. DOI: 10.1006/pmed.2001.0909.

274 **uma pesquisa pioneira sobre a aplicação da ACT ao trabalho**: Um livro dele que aprecio nessa área é Flaxman, P. E., Bond, F. W., & Livheim, F. (2013). *The mindful and effective employee: An acceptance and commitment therapy training manual for improving well-being and performance*. Oakland, CA: New Harbinger.

274 **primeiro estudo que a ACT realizou sobre o estresse no local de trabalho**: Bond, F. W., & Bunce, D. (2000). Mediators of change in emotion-focused and problem-focused worksite stress management interventions. *Journal of Occupational Health Psychology*, 5, 156–163.

278 **apreensão devido à necessidade de adormecer**: Nota, J. A., & Coles, M. E. (2015). Duration and timing of sleep are associated with repetitive negative thinking. *Cognitive Therapy and*

Research, *39*, 253–261. DOI: 10.1007/s10608-014-9651-7.

278 **Pessoas com padrões de sono insatisfatório**: Kapur, V. K., Redline, S., Nieto, F., Young, T. B., Newman, A. B., & Henderson, J. A. (2002). The relationship between chronically disrupted sleep and healthcare use. *Sleep*, *25*, 289–296.

278 **Estudos da ACT sobre dor crônica e depressão**: Há vários exemplos de estudos da ACT com benefícios colaterais no sono, incluindo McCracken, L. M., Williams, J. L., & Tang, N. K. Y. (2011). Psychological flexibility may reduce insomnia in persons with chronic pain: A preliminary retrospective study. *Pain Medicine*, *12*, 904–912. DOI: 10.1111/j.1526-4637.2011.01115.x; Westin, V. Z., et al. (2011). Acceptance and Commitment Therapy versus Tinnitus Retraining Therapy in the treatment of tinnitus: A randomised controlled trial. *Behaviour Research and Therapy*, *49*, 737–747. DOI: 10.1016/j.brat.2011.08.001; e Kato, T. (2016). Impact of psychological inflexibility on depressive symptoms and sleep difficulty in a Japanese sample. *Springerplus*, 5, 712. DOI: 10.1186/s40064-016-2393-0. Um estudo da ACT nessa área que foca (com sucesso) diretamente a insônia é Zetterqvist, V., Grudina, R., Rickardsson, J., Wicksell, R. K., & Holmström, L. (in press). Acceptance-based behavioural treatment for insomnia in chronic pain: A clinical pilot study. *Journal of Contextual Behavioral Science*. DOI: 10.1016/j.jcbs.2018.07.003.

279 **uma associação do treinamento da ACT com uma forma modificada da TCC-I**: Dalrymple, K. L., Fiorentino, L., Politi, M. C., & Posner, D. (2010). Incorporating principles from Acceptance and Commitment Therapy into Cognitive-Behavioral Therapy for insomnia: A case example. *Journal of Contemporary Psychotherapy*, *40*, 209–217. DOI: 10.1007/s10879-010-9145-1.

Capítulo 16: Saúde Mental

281 **O grupo de psiquiatras e psicólogos incumbidos**: Essas citações são provenientes do grupo de trabalho que desenvolveu a estratégia para o novo *Manual Diagnóstico e Estatístico de Transtornos Mentais*: Kupfer, D. J., et al. (2002). *A research agenda for DSM-V*. Washington, DC: American Psychiatric Association.

281 **uma transição para uma abordagem mais orientada ao processo**: Confira meu texto sobre a TCC baseada em processos, que escrevi com meu colega Stefan Hofmann: Hayes, S. C., & Hofmann, S. (2018). *Process-based CBT: The science and core clinical competencies of cognitive behavioral therapy*. Oakland, CA: Context Press/New Harbinger.

282 **considere uma pessoa que está geneticamente preparada a reagir a eventos negativos**: Muitos estudos mostram que a genética interage com o ambiente de maneiras que podem levar o mesmo fator genético em uma direção positiva ou negativa. Aprecio este estudo e o considero um bom exemplo: Gloster, A. T., Gerlach, A. L., Hamm, A., Höfler, M., Alpers, G. W., Kircher, T., et al. (2015). 5HTT is associated with the phenotype psychological flexibility: Results from a randomized clinical trial. *European Archives of Psychiatry and Clinical Neuroscience*, *265*(5), 399–406.

282 **excessos de comportamento que podem ser adaptativos em alguns contextos**: O grupo de trabalho do DSM-V

(confira Kupfer et al. 2002, citado na nota anterior intitulada "O grupo de psiquiatras e psicólogos incumbidos") disse isso claramente: "Muitos, senão a maioria, dos sintomas e das condições representam um excesso patológico, de certa forma definido arbitrariamente, de comportamentos e processos cognitivos normais." Concordo.

282 **uma em cada cinco pessoas vivenciará uma condição de saúde mental comum**: Uma razão pela qual tenho paciência com pesquisadores que denominam essas condições de "doenças cerebrais" é que, embora possam saber que estão equivocados, eles pretendem que isso diminua o estigma. Infelizmente, em longo prazo, essa denominação parece *aumentar* alguns aspectos do estigma. Essa pesquisa demorou um pouco para ser divulgada, mas agora que foi, espero que isso comece a mudar. Corrigan, P. W. & Watson, A. C. (2004). At issue: Stop the stigma: Call mental illness a brain disease. *Schizophrenia Bulletin, 30*, 477–479.

283 **Aquelas que sofrem de transtornos mentais são classificadas**: Confira Corrigan, P. W., & Watson, A. C. (2002). Understanding the impact of stigma on people with mental illness. *World Psychiatry 1*(1), 16–20. https:// www.ncbi.nlm.nih.gov/pmc/articles/PMC1489832/; e Corrigan, P. W., Larson, J. E., & Rusch, N. (2009). Self-stigma and the "why try" effect: impact on life goals and evidence-based practices. *World Psychiatry 8*(2), 75–81. https:// www.ncbi.nlm.nih.gov/pmc/articles/PMC2694098/ [conteúdo em inglês].

283 **uma em cada cinco procurará assistência**: Centro de Controle e Prevenção de Doenças et al. (2012). *Attitudes toward mental illness: results from the Behavioral Risk Factor Surveillance System*. Atlanta: Centers for Disease Control and Prevention. https:// www.cdc.gov/hrqol/Mental_Health_Reports/pdf/BRFSS_Full%20 Report.pdf.

284 **350 milhões de pessoas em todo mundo**: MacGill, M. (2017). What is depression and what can I do about it?? *Medical News Today* (última atualização em 30 de novembro). https://www.medicalnewstoday.com/kc/depression-causes-symptoms-treatments-8933; acesse também https://www.cdc.gov/nchs/fastats/depression.htm [conteúdo em inglês].

284 **o uso em longo prazo ou em altas doses acarreta o risco**: Uma metanálise dos efeitos colaterais sexuais está disponível em: Serretti, A., & Chiesa, A. (2009). Treatment-emergent sexual dysfunction related to antidepressants: A meta-analysis. *Journal of Clinical Psychopharmacology, 29*, 259–266. DOI: 10.1097/JCP.0b013e3181a5233f. Dados de reincidência em longo prazo são demonstrados em muitos estudos, sendo significativamente maiores para medicamentos do que para psicoterapia. Consulte, por exemplo, Hollon, S. D., et al. (2005). Prevention of relapse following cognitive therapy vs medications in moderate to severe depression. *Archives of General Psychiatry, 62*, 417–422. DOI: 10.1001/archpsyc.62.4.417. Ambos são problemas sérios que a indústria farmacêutica não reconheceu adequadamente.

284 **para depressão menor, essa combinação não é significativamente mais eficaz**: Khan, A., Faucett, J., Lichtenberg, P., Kirsch, I., & Brown, W. A. (2012) A systematic review of comparative efficacy of treatments and controls for depression. *PLoS ONE, 7*(7): e41778. DOI: 10.1371/

journal. pone.0041778. Confira a nota anterior para um conjunto mais amplo de trabalhos.

285 **os benefícios da TCC se devem em grande parte aos elementos comportamentais**: Cito esses estudos em notas anteriores. Por exemplo, consulte Chawla, N., & Ostafin, B. D. (2007). Experiential avoidance as a functional dimensional approach to psychopathology: An empirical review. *Journal of Clinical Psychology*, 63, 871–890.

285 **conhecemos melhor o motivo de sua eficácia**: Há muitos estudos mediacionais bem-sucedidos sobre a ACT. Uma lista está disponível em https://contextualscience.org/act_studies_with_mediational_data [conteúdo em inglês]. Confira também o resumo do artigo em http://bit.ly/ACTmediation2018 [conteúdo em inglês].

285 **ruminavam para evitar emoções difíceis**: Eisma, M. C., et al. (2013). Avoidance processes mediate the relationship between rumination and symptoms of complicated grief and depression following loss. *Journal of Abnormal Psychology, 122*, 961–970. DOI: 10.1037/a0034051.

285 **Ativação Comportamental (BA, na sigla em inglês), um dos melhores tipos de terapia para depressão**: Carlbring, P., et al. (2013). Internet-based behavioral activation and acceptance-based treatment for depression: A randomized controlled trial. *Journal of Affective Disorders, 148*, 331–337. DOI: 10.1016/j. jad.2012.12.020.

286 **uma condição de ansiedade ao longo da vida**: Craske, M. G., & Stein, M. B. (2016). Anxiety. *Lancet*, 388 (10063), 3048–3059. DOI: 10.1016/S0140-6736(16)30381-6.

287 **o grupo da ACT mostrou um progresso muito maior**: Arch, J. J., Eifert, G. H., Davies, C., Vilardaga, J., Rose, R. D., & Craske, M. G. (2012). Randomized clinical trial of cognitive behavioral therapy (CBT) versus acceptance and commitment therapy (ACT) for mixed anxiety disorders. *Journal of Consulting and Clinical Psychology, 80*, 750–765. DOI: 10.1037/a0028310.

288 **vários estudos satisfatórios**: Lee, E. B., An, W., Levin, M. E., & Twohig, M. P. (2015). An initial meta-analysis of Acceptance and Commitment Therapy for treating substance use disorders. *Drug and Alcohol Dependence, 155*, 1–7. DOI: 10.1016/j.drugalcdep.2015.08.004.

289 **Essa internalização é intensificada pela inflexibilidade psicológica**: Meus colegas e eu exploramos esse aspecto em vários estudos. Confira, por exemplo, Luoma, J. B., Rye, A., Kohlenberg, B. S., & Hayes, S. C. (2013). Self-stigma in substance abuse: Development of a new measure. *Journal of Psychopathology and Behavioral Assessment, 35*, 223–234. DOI: 10.1007/s10862-012-9323-4; e Luoma, J. B., Kohlenberg, B. S., Hayes, S. C., Bunting, K., & Rye, A. K. (2008). Reducing the self stigma of substance abuse through acceptance and commitment therapy: Model, manual development, and pilot outcomes. *Addiction Research & Therapy, 16*, 149–165. DOI: 10.1080/16066350701850295.

289 **A aceitação pode ajudar a se manter abstinente**: Hayes, S. C., Wilson, K. G., Gifford, E. V., Bissett, R., Piasecki, M., Batten, S. V., Byrd, M., & Gregg, J. (2004). A randomized controlled trial of twelve-step facilitation and acceptance and commitment therapy with polysubstance abusing methadone maintained opiate

addicts. *Behavior Therapy, 35,* 667–688. DOI: 10.1016/S0005-7894(04)80014-5.

290 **seu cérebro reage com uma liberação de dopamina**: Volkow, N. D., Fowler, J. S., Wang, G. J., Baler, R., & Telang, F. (2009). Imaging dopamine's role in drug abuse and addiction. *Neuropharmacology,* 56 (Suppl. 1), 3–8. DOI: 10.1016/j.neuropharm.2008.05.022.

291 **o dobro de probabilidade de se tornarem dependentes químicas**: Recovery First. "The Connection between Depression and Substance Abuse". https://www.recoveryfirst.org/co-occuring-disorders/depression-and-substance-abuse/ [conteúdo em inglês].

291 **a aplicação do treinamento da ACT especificamente à vergonha**: Luoma, J. B., Kohlenberg, B. S., Hayes, S.C., & Fletcher, L. (2012). Slow and steady wins the race: A randomized clinical trial of Acceptance and Commitment Therapy targeting shame in substance use disorders. *Journal of Consulting and Clinical Psychology,* 80, 43–53. DOI: 10.1037/a0026070.

292 **a mensagem da ACT para a dependência**: Essa citação está na página 13 do livro da ACT de Kelly Wilson e Troy Dufrene sobre dependência: Wilson, K., & Dufrene, T. (2012). *The wisdom to know the difference.* Oakland, CA: New Harbinger.

292 **Cerca de 20 milhões de mulheres**: Wade, T. D., Keski-Rahkonen, A., & Hudson J. (2011). Epidemiology of eating disorders. Em M. Tsuang and M. Tohen (Eds.), *Textbook in psychiatric epidemiology* (3ªed., pp. 343–360). Nova York: Wiley. Para dados sobre o aumento de TA, consulte Sweeting, H., Walker, L., MacLean, A., Patterson, C., Räisänen, U., & Hunt, K. (2015). Prevalence of eating disorders in males: A review of rates reported in academic research and UK mass media. *International Journal of Men's Health* 14(2). https://www.ncbi.nlm.nih.gov/pmc/articles/PMC4538851/. Para dados sobre etiologia, confira National Eating Disorders Association. "What Are Eating Disorders? Risk Factors." https://www.nationaleatingdisorders.org/factors-may-contribute-eating-disorders [conteúdo em inglês].

292 **desejo de evitar pensamentos e sentimentos difíceis**: Um grande número de estudos corrobora esse aspecto e os outros mencionados nesse parágrafo. Um bom começo é consultar Juarascio, A., Shaw, J., Forman, E., Timko, C. A., Herbert, J., Butryn, M.,… Lowe, M. (2013). Acceptance and commitment therapy as a novel treatment for eating disorders: An initial test of efficacy and mediation. *Behavior Modification,* 37, 459–489. DOI: 10.1177/0145445513478633; e Bluett, E. J., et al. (2016). The role of body image psychological flexibility on the treatment of eating disorders in a residential facility. *Eating Behaviors, 23,* 150–155. DOI: 10.1016/j.eatbeh.2016.10.002. Confira também Ferreira, C., Palmeira, L., Trindade, I. A., & Catarino, F. (2015). When thought suppression backfires: Its moderator effect on eating psychopathology. *Eating and Weight Disorders— Studies on Anorexia Bulimia and Obesity,* 20, 355–362. DOI: 10.1007/s40519-015-0180-5; e Cowdrey, F. A., & Park, R. J. (2012). The role of experiential avoidance, rumination and mindfulness in eating disorders. *Eating Behavior,* 13, 100–105. DOI: 10.1016/j.eatbeh.2012.01.001. Por fim, consulte Pearson, A. N., Follette, V. M., & Hayes, S. C. (2012). A pilot study of Acceptance and Commitment The-

rapy (ACT) as a workshop intervention for body dissatisfaction and disordered eating attitudes. *Cognitive and Behavioral Practice, 19*, 181–197. DOI: 0.1016/j.cbpra.2011.03.001.

293 **dois terços das pessoas com TA também têm um transtorno de ansiedade**: Kaye, W. H., Bulik, C. M., Thornton, L., Barbarich, N., & Masters, K. (204). Comorbidity of anxiety disorders with anorexia and bulimia nervosa. *American Journal of Psychiatry, 161*, 2215–2221.

294 **O trabalho com valores da ACT foi incluído**: Strandskov, S. W., Ghaderi, A., Andersson, H., Parmskog, N., Hjort, E., Warn, A. S., Jannert, M., & Andersson, G. (2017). Effects of tailored and ACT-influenced Internet-based CBT for eating disorders and the relation between knowledge acquisition and outcome: A randomized controlled trial. *Behavior Therapy, 48*, 624–637.

294 **resultados de seiscentos pacientes**: Walden, K., Manwaring, J., Blalock, D. V., Bishop, E., Duffy, A., & Johnson, C. (2018). Acceptance and psychological change at the higher levels of care: A naturalistic outcome study. *Eating Disorders, 26*, 311–325. DOI: 10.1080/10640266.2017.1400862.

295 **Para determinar seu nível de flexibilidade**: Manwaring, J., Hilbert, A., Walden, K., Bishop, E. R. & Johnson, C. (2018). Validation of the acceptance and action questionnaire for weight-related difficulties in an eating disorder population. *Journal of Contextual Behavioral Science, 7*, 1–7. A escala original que desenvolvemos está disponível em Lillis, J., & Hayes, S. C. (2008). Measuring avoidance and inflexibility in weight related problems. *International Journal of Behavioral Consultation and Therapy, 4*, 348–354.

296 **uma redução significativa na reinternação**: Bach, P., Gaudiano, B. A., Hayes, S. C., & Herbert, J. D. (2013). Acceptance and Commitment Therapy for psychosis: Intent to treat hospitalization outcome and mediation by believability. *Psychosis, 5*, 166–174. É possível prever quem provavelmente terá dificuldade em lidar com suas alucinações. Para tanto, criamos uma medida que funciona razoavelmente bem: Shawyer, F., Ratcliff, K., Mackinnon, A., Farhall, J., Hayes, S. C., & Copolov, D. (2007). The Voices Acceptance and Action Scale: Pilot data. *Journal of Clinical Psychology, 63*, 593–606. DOI: 10.1002/jclp.20366. As intervenções da ACT também podem desviar a depressão que geralmente sucede surtos psicóticos, principalmente o primeiro: Gumley, A., White, R., Briggs, A., Ford, I., Barry, S., Stewart, C., Beedie, S., McTaggart, J., Clarke, C., MacLeod, R., Lidstone, E., Salgado Riveros, B., Young, R., & McLeod, H. (2017). A parallel group randomised open blinded evaluation of acceptance and commitment therapy for depression after psychosis: Pilot trial outcomes (ADAPT). *Schizophrenia Research, 183*, 143–150.

Capítulo 17: Desenvolvendo Relações

298 **comunicação cuidadosa e zelosa**: Sprecher, S., & Regan, P. C. (2002). Liking some things (in some people) more than others: Partner preferences in romantic relationships and friendships. *Journal of Social and Personal Relationships, 19*, 463–481. DOI: 10.1177/0265407502019004048.

298 **expressar esses sentimentos para os outros**: Uysal, A., Lin, H. L., Knee, C. R., & Bush, A. L. (2012). The association between self-concealment from one's partner and relationship well-being. *Personality and Social Psychology Bulletin, 38*, 39–51. DOI: 10.1177/0146167211429331.

299 **capacidade de se apegar de modo saudável**: La Guardia, J. G., Ryan, R. M., Couchman, C. E., Deci, E. L. (2000). Within-person variation in security of attachment: A self-determination theory perspective on attachment, need fulfillment, and well-being. *Journal of Personality and Social Psychology, 79*, 367–384. DOI: 10.1037//0022-3514.79.3.367.

299 **ações que desenvolvam os relacionamentos**: A quantidade de toda essa literatura sobre a ACT para casais é pequena, mas está crescendo. A ACT também tem muitas semelhanças com a terapia de casal comportamental integrativa (TCCI) e a terapia focada nas emoções (TFE), ambos métodos de intervenção baseados em evidências. Uma revisão recente da TCCI é Christensen, A., & Doss, B. D. (2017). Integrative behavioral couple therapy. *Current Opinion in Psychology, 13*, 111–114. DOI: 10.1016/j.copsyc.2016.04.022. A literatura sobre TFE é analisada em Johnson, S. (2019). *Attachment theory in practice*. Nova York: Guilford Press. Existem vários estudos randomizados da ACT para dificuldades conjugais, mas a maioria deles é reduzida e foi realizada no Irã (por mais estranho que pareça).

299 **A prática do compromisso auxilia essas ações**: Vohs, K. D., Finkenauer, C., & Baumeister, R. F. (2011). The sum of friends' and lovers' self-control scores predicts relationship quality. *Social Psychological and Personality Science, 2*, 138–145. DOI: 10.1177/1948550610385710.

304 **Quando o pequeno Stevie for para a faculdade**: Tive imensa ajuda para criar esses pestinhas de minhas três esposas, Angle, Linda e Jacque; da vovó amorosa e honorária de Stevie, Inge Skeans; e outros que os amam e cuidam deles.

304 **a inflexibilidade psicológica dificulta a interação saudável com nossos filhos**: Existem vários estudos desse tipo. Consulte Brockman, C., et al. (2016). Relationship of service members' deployment trauma, PTSD symptoms, and experiential avoidance to post-deployment family reengagement. *Journal of Family Psychology, 30*, 52–62. DOI: 10.1037/fam0000152; e Shea, S. E., & Coyne, L. W. (2011). Maternal dysphoric mood, stress, and parenting practices in mothers of head start preschoolers: The role of experiential avoidance. *Child and Family Behavior Therapy, 33*, 231–247. DOI: 10.1080/07317107.2011.596004. Confira também estes três estudos: Brassell, A. A., Rosenberg, E., Parent, J., Rough, J. N., Fondacaro, K., & Seehuus, M. (2016). Parent's psychological flexibility: Associations with parenting and child psychosocial well-being. *Journal of Contextual Behavioral Science, 5*, 111–120. DOI: 10.1016/j.jcbs.2016.03.001; Whittingham, K., Sanders, M., McKinlay, L., & Boyd, R. N. (2014). Interventions to reduce behavioral problems in children with cerebral palsy: An RCT. *Pediatrics, 133*, E1249–E1257. DOI: 10.1542/peds.2013-3620; e Brown, F. L., Whittingham, K., Boyd, R. N., McKinlay, L., & Sofronoff, K. (2014). Improving child and parenting outcomes following paediatric acquired brain injury: A randomised controlled trial of Stepping Stones Triple P plus

Acceptance and Commitment Therapy. *Journal of Child Psychology and Psychiatry, 55*, 1172–1183. DOI: 10.1111/jcpp.12227.

304 **as que têm pais inflexíveis**: Polusny, M. A., et al. (2011). Effects of parents' experiential avoidance and PTSD on adolescent disaster-related posttraumatic stress symptomatology. *Journal of Family Psychology, 25*, 220–229; Cheron, D. M., Ehrenreich, J. T., & Pincus, D. B. (2009). Assessment of parental experiential avoidance in a clinical sample of children with anxiety disorders. *Child Psychiatry and Human Development, 40*, 383–403. DOI: 10.1007/s10578-009-0135-z.

304 **estudo recente realizado por pesquisadores da ACT na Austrália acompanhou 750 crianças**: Williams, K. E., Ciarrochi, J., & Heaven, P. C. L. (2012). Inflexible parents, inflexible kids: A 6-year longitudinal study of parenting style and the development of psychological flexibility in adolescents. *Journal of Youth and Adolescence, 41*, 1053–1066. DOI: 10.1007/s10964-012-9744-0.

305 **a maioria dos estudantes de ensino médio**: Os dados são um pouco antigos, mas um estudo bem conhecido é Friedman, J. M. H., Asnis, G. M., Boeck, M., & DiFiore, J. (1987). Prevalence of specific suicidal behaviors in a high school sample. *American Journal of Psychiatry, 144*, 1203–1206. É preciso fazer a pergunta de uma maneira bastante aberta para obter índices tão altos, mas ainda assim mostra que, até certo ponto, nossas crianças estão pensando nisso. Por que não? Você já teve esse pensamento?

306 **a melhor forma de abordar a suicidalidade**: Um bom resumo desses dados e orientações sobre a melhor forma de abordar a suicidalidade com base em evidências é um livro do psiquiatra John Chiles e do codesenvolvedor da ACT Kirk Strosahl: Chiles, J. A., & Strosahl, K. (2005). *Clinical manual for assessment and treatment of suicidal patients*. Washington, D.C.: Associação Americana de Psiquiatria. A segunda edição já foi lançada e conta com Laura Weiss Roberts, renomada professora de Stanford, como a terceira autora. Considero esse livro como o mais respeitável atualmente disponível sobre suicidalidade, e ele é totalmente compatível com o modelo da ACT. Inúmeros estudos mostraram que a ACT ajuda com a suicidalidade — um bom exemplo é Ducasse, D., et al. (2018). Acceptance and Commitment Therapy for the management of suicidal patients: A randomized controlled trial. *Psychotherapy and Psychosomatics, 87*, 211–222. DOI: 10.1159/000488715.

308 **nossos parceiros ficam mais satisfeitos quando aceitamos**: Lenger, K. A., Gordon, C. L., & Nguyen, S. P. (2017). Intra-individual and cross-partner associations between the five facets of mindfulness and relationship satisfaction. *Mindfulness, 8*, 171–180. DOI: 10.1007/s12671-016-0590-0.

308 **na comunicação de seus próprios sentimentos e valores**: Wachs, K., & Cordova, J. V. (2007). Mindful relating: Exploring mindfulness and emotion repertoires in intimate relationships. *Journal of Marital and Family Therapy, 33*, 464–481. DOI: 10.1111/j.1752-0606.2007.00032.x.

310 **Em todo o planeta, 30% das mulheres**: Devries, K. M., et al. (2013). The global prevalence of intimate partner violence against women. *Science, 340*, 1527–1528. DOI: 10.1126/ science.1240937. Confira também Ellsberg, M., et al.

(2008). Intimate partner violence and women's physical and mental health in the WHO multi-country study on women's health and domestic violence: An observational study. *Lancet, 371,* 1165–1172. DOI: 10.1016/S0140-6736(08)60522-X.

310 **usando um programa online baseado em um livro**: O estudo que avalia o livro é Fiorillo, D., McLean, C., Pistorello, J., Hayes, S. C., & Follette, V. M. (2017). Evaluation of a web-based Acceptance and Commitment Therapy program for women with trauma related problems: A pilot study. *Journal of Contextual Behavioral Science, 6,* 104–113. DOI: 10.1016/j.jcbs.2016.11.003. O livro em si é Follette, V. M., & Pistorello, J. (2007). *Finding life after trauma.* Oakland, CA: New Harbinger. A versão online do livro está disponível no site https://elearning.newharbinger.com.

311 **A OMS concluiu**: Harvey, A., Garcia- Moreno, C., & Butchart, A. (2007). *Primary prevention of intimate-partner violence and sexual violence.* Genebra: Organização Mundial da Saúde.

311 **ambas mostraram apenas uma pequena redução**: Babcock, J. C., Green, C. E., & Robie, C. (2004). Does batterers' treatment work? A meta-analytic review of domestic violence treatment. *Clinical Psychology Review,* 23, 1023–1053. DOI: 10.1016/j. cpr.2002.07.001.

312 **O primeiro teste dessa abordagem**: Zarling, A., Lawrence, E., & Marchman, J. (2015). A randomized controlled trial of acceptance and commitment therapy for aggressive behavior. *Journal of Consulting and Clinical Psychology,* 83, 199–212. DOI: 10.1037/a0037946.

312 **No estudo seguinte que Zarling conduziu**: Zarling, A., Bannon, S., & Berta, M. (2017). Evaluation of Acceptance and Commitment Therapy for domestic violence offenders. *Psychology of Violence.* DOI: 10.1037/vio0000097. O estudo não foi totalmente randomizado, porque os homens selecionaram seus grupos com base no cronograma, sem saber em que tipo de grupo ficariam. Pesquisas futuras precisarão testar essa constatação em um estudo um pouco mais rigorosamente controlado.

313 **o quão profunda e completamente os seres humanos são iguais**: Posth, C., et al. (2016). Pleistocene mitochondrial genomes suggest a single major dispersal of non-Africans and a late glacial population turnover in Europe. *Current Biology, 26,* 827–833. DOI: 10.1016/j.cub.2016.01.037.

313 **um estudo amplo sobre o impacto da diversidade**: Putnam, R. (2007). E pluribus unum: Diversity and community in the twenty-first century — the 2006 Johan Skytte Prize Lecture. *Scandinavian Political Studies, 30,* 137–174. DOI: 10.1111/j.1467-9477.2007.00176.x.

314 **os melhores testes de vieses implícitos**: Existem outras medidas mais populares de cognição implícita, mas a medida baseada na RFT, o Procedimento de Avaliação Relacional Implícita (IRAP), demonstrou empiricamente ser a melhor medida disponível. Consulte, por exemplo, Barnes-Holmes, D., Waldron, D., Barnes-Holmes, Y., & Stewart, I. (2009). Testing the validity of the Implicit Relational Assessment Procedure and the Implicit Association Test: Measuring attitudes toward Dublin and country life in Ireland. *Psychological Record, 59,* 389–406. DOI: 10.1007/ BF03395671. Essa superioridade é o motivo pelo qual estou me referindo à RFT quase como se fosse

a única medida de viés implícito. Não é, e outros métodos são mais populares, mas, em termos empíricos, ela é a melhor. Um exemplo de como o IRAP é usado é Power, P. M., Harte, C., Barnes-Holmes, D., & Barnes-Holmes, Y. (2017). Exploring racial bias in a European country with a recent history of immigration of black Africans. *Psychological Record, 67*, 365–375. DOI: 10.1007/s40732-017-0223-6.

314 **mas o revelador Ruth Esther:** O nome do meio da minha filha é Esther Marlena. Ela é uma artista, assim como sua avó; seu nome é uma junção do nome do meio de minha mãe com o de minha avó materna. Minha mãe, Ruth, disse que seus olhos lacrimejaram quando ela ouviu o nome da neném pela primeira vez — foi como fechar um círculo doloroso que durou gerações.

316 **tentar suprimir pensamentos preconceituoso**: Hooper, N., Villatte, M., Neofotistou, E., & McHugh, L. (2010). The effects of mindfulness versus thought suppression on implicit and explicit measures of experiential avoidance. *International Journal of Behavioral Consultation and Therapy*, 6(3), 233–244. DOI: 10.1037/h0100910.

317 **quais fatores psicológicos levavam algumas pessoas a se apegarem mais ao distanciamento autoritário**: Levin, M. E., Luoma, J. B., Vilardaga, R., Lillis, J., Nobles, R., & Hayes, S. C. (2016). Examining the role of psychological inflexibility, perspective taking and empathic concern in generalized prejudice. *Journal of Applied Social Psychology, 46*, 180–191. DOI: 10.1111/jasp.12355.

Capítulo 18: Aplicando a Flexibilidade ao Desempenho

324 **a procrastinação é prenunciada pela inflexibilidade psicológica**: Gagnon, J., Dionne, F., & Pychyl, T. A. (2016). Committed action: An initial study on its association to procrastination in academic settings. *Journal of Contextual Behavioral Science*, 5, 97–102. DOI: 10.1016/j.jcbs.2016.04.002. Consulte também Glick, D. M., Millstein, D. J., & Orsillo, S. M. (2014). A preliminary investigation of the role of psychological inflexibility in academic procrastination. *Journal of Contextual Behavioral Science*, 3, 81–88. DOI: 10.1016/j.jcbs.2014.04.002.

324 **Programas da ACT para procrastinação**: Scent, C. L., & Boes, S. R. (2014). Acceptance and Commitment Training: A brief intervention to reduce procrastination among college students. *Journal of College Student Psychotherapy*, 28, 144–156. DOI: 10.1080/87568225.2014.883887.

326 **essa habilidade cognitiva se correlaciona consideravelmente com as pontuações tradicionais de QI**: Um de muitos exemplos é O'Hora, D., et al. (2008). Temporal relations and intelligence: Correlating relational performance with performance on the WAIS-III. *Psychological Record*, 58, 569–583. DOI: 10.1007/BF03395638. Um estudo mais recente e elaborado é Colbert, D., Dobutowitsch, M., Roche, B., & Brophy, C. (2017). The proxy-measurement of intelligence quotients using a relational skills abilities index. *Learning and Individual Differences*, 57, 114–122. DOI: 10.1016/j.lindif.2017.03.010. Ainda outro é O'Toole, C., & Barnes-Holmes, D. (2009). Three chronometric indices of relational responding as predictors of performance on

a brief intelligence test: The importance of relational flexibility. *Psychological Record, 59*, 119–132.

326 **Ao longo de vários meses, alguns estudos mostraram um aumento**: Esse trabalho foi iniciado com um modesto estudo-piloto: Cassidy, S., Roche, B., & Hayes, S. C. (2011). A relational frame training intervention to raise intelligence quotients: A pilot study. *Psychological Record, 61*, 173–198. Desde então, estudos mais elaborados e controlados surgiram, incluindo Hayes, J., & Stewart, I. (2016). Comparing the effects of derived relational training and computer coding on intellectual potential in school-age children. *British Journal of Educational Psychology, 86*, 397–411. DOI: 10.1111/bjep.12114.

326 **Seu funcionamento cognitivo melhorou de forma moderada**: Presti, G., Torregrosssa, S., Migliore, D., Roche, B., & Cumbo, E. (2017). Relational Training Intervention as add-on therapy to current specific treatments in patients with mild-to-moderate Alzheimer's disease. *International Journal of Psychology and Neuroscience*, 3(2), 89–97.

329 **Pesquisas de opinião mostram**: Exemplos incluem Mann, A., & Harter, J. (2016). The worldwide employee engagement crisis. Gallup. http://news.gallup.com/businessjournal/188033/worldwide-employee-engagement-crisis.aspx; Zenger, J., & Folkman, J. (2012). How damaging is a bad boss, exactly? *Harvard Business Review.* https://hbr.org/2012/07/how-damaging-is-a-bad-boss-exa.

329 **O termo *job sculpting***: Uma discussão recente sobre seu trabalho está disponível em: Butler, T., & Waldroop, J. "Job Sculpting: The Art of Retaining Your Best People." Harvard Business School. https://hbswk.hbs.edu/archive/job-sculpting-the-art-of-retaining-your-best-people.

330 **líderes que gerenciam com flexibilidade psicológica**: Peng, J., Chen, Y. S., Xia, Y., & Ran, Y. X. (2017). Workplace loneliness, leader-member exchange and creativity: The cross-level moderating role of leader compassion. *Personality and Individual Differences, 104*, 510–515. DOI: 10.1016/j.paid.2016.09.020. Muitos estudos revelam esses tipos de resultados. Consulte Reb, J., Narayanan, J., & Chaturvedi, S. (2014). Leading mindfully: Two studies on the influence of supervisor trait mindfulness on employee well-being and performance. *Mindfulness*, 5, 36–45. DOI: 10.1007/s12671-012-0144-z. Confira também Leroy, H., Anseel, F., Dimitrova, N. G., & Sels, L. (2013). Mindfulness, authentic functioning, and work engagement: A growth modeling approach. *Journal of Vocational Behavior,* 82, 238–247. DOI: 10.1016/j.jvb.2013.01.012; Park, R., & Jang, S. J. (2017). Mediating role of perceived supervisor support in the relationship between job autonomy and mental health: moderating role of value-means fit. *International Journal of Human Resource Management*, 28, 703–723. DOI: 10.1080/09585192.2015.1109536.

331 **Quando os líderes utilizam recompensas individuais como incentivos**: Uma metanálise desse tipo é disponibilizada por Judge, T. A., & Piccolo, R. F. (2004). Transformational and transactional leadership: A meta-analytic test of their relative validity. *Journal of Applied Psychology, 89*, 755–768. Uma metanálise posterior e mais ampla chegou à mesma constatação, mas acrescentou que a recompensa contingente auxiliou o nível ou

a pessoa e a liderança transformacional da equipe: Wang, G., Oh, I. S., Courtright, S. H., & Colbert, A. E. (2011). Transformational leadership and performance across criteria and levels: A meta-analytic review of 25 years of research. *Group and Organization Management, 36*, 223–270. DOI: 10.1177/1059601111401017. Consulte também King, E., and Haar, J. M. (2017). Mindfulness and job performance: A study of Australian leaders. *Asia Pacific Journal of Human Resources, 55*, 298–319. DOI: 10.1111/1744-7941.12143.

331 **Matrix**: Essa é uma ferramenta conceituada da ACT. Minha versão está invertida, mas Kevin a aprovou — isso possibilitou usar a metáfora de fácil entendimento de mente e coração versus mãos e pés. Gostaria de agradecer a Crissa Levin, Mike Levin e Jacque Pistorello pelo raciocínio subjacente a essa mudança.

333 **o fluxo do jogo**: Zhang, C. Q., et al. (2016). The effects of mindfulness training on beginners' skill acquisition in dart throwing: A randomized controlled trial. *Psychology of Sport and Exercise, 22*, 279–285. DOI: 10.1016/j.psychsport.2015.09.005. Consulte também Gross, M., et al. (2016) An empirical examination comparing the Mindfulness-Acceptance-Commitment approach and Psychological Skills Training for the mental health and sport performance of female student athletes. *International Journal of Sport and Exercise Psychology, 16*, 431-451. DOI: 10.1080/1612197X.2016.1250802.

333 **não auxilia apenas o esporte físico, mas outros tipos de competição esportiva ou situações de desempenho**: Alguns exemplos são Salazar, M. C. R., & Ballesteros, A. P. V. (2015). Effect of an ACT intervention on aerobic endurance and experiential avoidance in walkers. *Revista Costarricense de Psicologia, 34*, 97–111. Consulte também Ruiz, F. J., & Luciano, C. (2012). Improving international-level chess players' performance with an acceptance-based protocol: Preliminary findings. *Psychological Record, 62*, 447–461. DOI: 10.1007/BF03395813; e Ruiz, F. J., & Luciano, C. (2009). Acceptance and commitment therapy (ACT) and improving chess performance in promising young chess-players. *Psicothema, 21*, 347–352. Também há estudos iniciais da ACT sobre desempenho musical: Juncos, D. G., & Markman, E. J. (2017). Acceptance and Commitment Therapy for the treatment of music performance anxiety: A single subject design with a university student. *Psychology of Music, 44*, 935–952.

334 **atletas de competição do CrossFit**: Leeming, E. (2016). *Mental toughness: An investigation of verbal processes on athletic performance.* Tese de doutorado não publicada. Universidade de Nevada, Reno.

334 **Do contrário, eles correm o risco de lesão**: Timpka, T., Jacobsson, J., Dahlström, Ö., et al. (2015). The psychological factor "self-blame" predicts overuse injury among top-level Swedish track and field athletes: A 12-month cohort study. *British Journal of Sports Medicine, 49*, 1472–1477. DOI: 10.1136/ bjsports-2015-094622. Consulte também Nicholls, A. R., Polman, R. C. J., Levy, A. R., & Backhouse, S. H. (2008). Mental toughness, optimism, pessimism, and coping among athletes. *Personality and Individual Differences, 44*, 1182–1192. DOI: 10.1016/j.paid.2007.11.011.

334 **a eficácia da reabilitação é mais provável**: DeGaetano, J. J., Wolanin, A. T., Marks, D. R., & Eastin, S. M. (2016). The role of psychological flexibility in injury rehabilitation. *Journal of Clinical Sport Psychology, 10*, 192–205. DOI: 10.1123/jcsp.2014-0023.

Capítulo 19: Cultivando o Bem-estar Espiritual

337 **O bem-estar espiritual é um importante contribuinte**: Esse estudo bastante citado é um de muitos exemplos: McClain, C. S., Rosenfeld, B., & Breitbart, W. (2003). Effect of spiritual well-being on end-of-life despair in terminally-ill cancer patients. *Lancet, 361*, 1603–1607. DOI: 10.1016/S0140-6736(03)13310-7. Um exemplo da saúde física real é Carmody, J., Reed, G., Kristeller, J., & Merriam, P. (2008). Mindfulness, spirituality, and health-related symptoms. *Journal of Psychosomatic Research, 64*, 393–403. DOI: 10.1016/j.jpsychores.2007.06.015.

337 **não exista uma definição universal de bem-estar espiritual**: Um exemplo de medida nessa área que se encaixa nessa definição ampla é a Escala de Bem-Estar Espiritual: Ellison, C. W. (1983). Spiritual well-being: Conceptualization and measurement. *Journal of Psychology and Theology, 11*, 330–340). Outro exemplo é o Functional Assessment of Chronic Illness Therapy-Spiritual Well-Being (FACIT-Sp): Peterman, A. H., Fitchett, G., Brady, M. J., Hernandez, L., & Cella, D. (2002). *Annals of Behavioral Medicine, 24*, 49–58. DOI: 10.1207/S15324796ABM2401_06.

339 **entre um terço e quatro quintos de todos os adultos**: Um exemplo de uma série de estudos como esse é Thomas, L. E., Cooper, P. E., & Suscovich, D. J. (1983). Incidence of near-death and intense spiritual experiences in an intergenerational sample: An interpretation. *OMEGA—Journal of Death and Dying, 13*, 35–41. DOI: 10.2190/G260-EWY3-6V4H-EJU3.

339 **até parece errado**: Davis, J., Lockwood, L., & Wright, C. (1991). Reasons for not reporting peak experiences. *Journal of Humanistic Psychology, 31*, 86–94. DOI: 10.1177/0022167891311008.

339 **o primeiro artigo que redigi**: Hayes, S. C. (1984). Making sense of spirituality. *Behaviorism, 12*, 99–110.

339 **um senso de conexão mais duradouro com esse lugar de transcendência**: Atualmente, existe uma exploração ativa dos psicodélicos como uma forma de obter essas experiências, não da maneira caótica pela qual essa forma de autoexploração se espalhou pelo mundo nas décadas de 1960 e 1970, mas de um modo que se encaixa mais em seu uso como parte de uma jornada espiritual. O livro de Michael Poolan resume essa nova área de estudo: Poolan, M. (2018). *How to change your mind: What the new science of psychedelics teaches us about consciousness, dying, addiction, depression, and transcendence.* Nova York: Penguin. Se devidamente usados, os psicodélicos podem de fato abrir as "portas da percepção" (como Aldous Huxley intitulou seu livro sobre o tema), mas a utilização recorrente não significa repetidas experiências transformacionais. A comunidade da ACT estabeleceu um grupo de interesse especial para analisar o uso da ACT e dos psicodélicos. Uma edição especial sobre o assunto no *Journal of Contextual Beha-*

vioral Science foi planejada para 2019 sob a orientação de Jason Luoma.

340 **o pensamento divergente** ***ambos/e*** **é crucial para essas experiências**: O interesse pelos psicodélicos está possibilitando o estudo empírico de profundas experiências espirituais, para que possamos avaliar se a relação do estilo de pensamento com a experiência espiritual é mais do que uma mera correlação. Um exemplo que sustenta minha afirmação é Kuypers, K., Riba, J., de la Fuente Revenga, M., Barker, S., Theunissen, E., and Ramaekers, J. (2016). Ayahuasca enhances creative divergent thinking while decreasing conventional convergent thinking. *Psychopharmacology* 233, 3395–3403. DOI: 10.1007/s00213-016-4377-8.

347 **a ACT foi adotada por vários líderes religiosos**: O programa referido no parágrafo começou em 2013 e se espalhou por todo o mundo. As outras intervenções específicas em que os capelães são treinados consistem em entrevista motivacional e terapia de solução de problemas: "Mental Health Integration for Chaplain Services (MHICS)". https://www.mirecc.va.gov/mentalhealthandchaplaincy/docs/MHICS%20 Brochure%20(2017-18).pdf [conteúdo em inglês]. É possível acessar uma descrição do treinamento no site do programa Mental Health Integration for Chaplain Services do Departamento de Assuntos de Veteranos dos Estados Unidos: https://www.mirecc.va.gov/mentalhealthandchaplaincy/MHICS.asp [conteúdo em inglês].

347 **um livro sobre a ACT para ser utilizado por clérigos e conselheiros pastorais**: Para uma análise de toda essa área de trabalho da ACT, consulte Nieuwsma, J. A., Walser, R. D., & Hayes, S. C. (Eds.). (2016). *ACT for clergy and pastoral counselors: Using Acceptance and Commitment Therapy to bridge psychological and spiritual care.* Oakland, CA: Context Press.

348 **associar seu aprendizado da ACT à sua prática religiosa**: Editei um livro para clérigos e conselheiros pastorais. Ele foi mencionado na nota anterior. Livros sobre a ACT para cristãos também foram elaborados, como Knabb, J. (2016). *Faith-based ACT for Christian clients: An integrative treatment approach.* Nova York: Routledge; o livro de exercícios que o acompanha é *Acceptance and commitment therapy for Christian clients: A faith-based workbook*. Outro livro desse tipo é Ord, I. (2014). *ACT with faith. D.F. Mexico: Compass Publishing.* Vários serão publicados — pesquise online para conferi-los.

348 **Uma devota cristã cipriota grega**: Karekla, M., & Constantinou, M. (2010). Religious coping and cancer: Proposing an Acceptance and Commitment Therapy approach. *Cognitive and Behavioral Practice, 17,* 371–381. DOI: 10.1016/j.cbpra.2009.08.003.

Capítulo 20: Lidando com Doenças e Invalidez

351 **Mesmo sob a responsabilidade de um especialista**: Em termos gerais, integro a comunidade da TCC, mas a ACT decorre da preocupação com pensamentos desafiadores. Metanálises (resumos de conjuntos completos de estudos) concluem que isso não é muito útil; confira Longmore, R. J., & Worrell, M. (2007). Do we need to challenge thoughts in cognitive behavior therapy? *Clinical*

Psychology Review, 27, 173–187. Além disso, quando você retira esses elementos da TCC e deixa apenas os aspectos comportamentais, os resultados são iguais ou melhores. O estudo clássico desse tipo é Dimidjian, S., et al. (2006). Randomized trial of behavioral activation, cognitive therapy, and antidepressant medication in the acute treatment of adults with major depression. *Journal of Consulting and Clinical Psychology*, 74(4), 658–670. DOI: 10.1037/0022-006X.74.4.658.

352 **mas não são *suficientes***: A literatura varia, mas uma metanálise do impacto da educação na hemoglobina glicada chamou a melhoria de "modesta"; consulte Ellis, S. E., Speroff, T., Dittus, R. S., Brown, A., Pichert, J. W., & Elasy, T. A. (2004). Diabetes patient education: A meta-analysis and meta-regression. *Patient Education and Counseling*, 52, 97–105. DOI: 10.1016/S0738-3991(03)00016-8. Os benefícios de tais esforços educacionais superam os custos de sua implementação; confira Boren, S. A., Fitzner, K. A., Panhalkar, P. S., & Specker, J. E. (2009). Costs and benefits associated with diabetes education: A review of the literature. *Diabetes Educator*, 35, 72–96. DOI: 10.1177/0145721708326774.

352 **Meu bom amigo Kirk Strosahl**: Kirk e Patti têm inúmeros livros e artigos sobre esse tema. Consulte, por exemplo, Robinson, P. J., Gould, D. A., & Strosahl, K. D. (2011). *Real behavior change in primary care: Improving patient outcomes and increasing job satisfaction*. Oakland, CA: New Harbinger.

352 **sobreviventes de câncer colorretal**: Este estudo mostrou os principais resultados: Hawkes, A. L., Chambers, S. K., Pakenham, K. I., Patrao, T. A., Baade, P. D., Lynch, B. M., Aitken, J. F., Meng, X. Q., & Courneya, K. S. (2013). Effects of a telephone-delivered multiple health behavior change intervention (CanChange) on health and behavioral outcomes in survivors of colorectal cancer: A randomized controlled trial. *Journal of Clinical Oncology*, *31*, 2313–2321. Um segundo estudo relatou resultados psicossociais, como qualidade de vida: Hawkes, A. L., Pakenham, K. I., Chambers, S. K., et al. (2014). Effects of a multiple health behavior change intervention for colorectal cancer survivors on psychosocial outcomes and quality of life: A randomized controlled trial. *Annals of Behavioral Medicine*, *48*, 359–370.

353 **Estudos mostraram resultados semelhantemente promissores**: Essa literatura é volumosa. Qualquer um pode verificar a veracidade da minha alegação ao pesquisar "flexibilidade psicológica" ou "inflexibilidade psicológica" e [insira áreas da saúde física] no Google Acadêmico. Para uma análise recente, consulte Graham, C. D., Gouick, J., Krahé, C., & Gillanders, D. (2016). A systematic review of the use of Acceptance and Commitment Therapy (ACT) in chronic disease and long-term conditions. *Clinical Psychology Review*, *46*, 46–58.

353 **uma rara *amostra representativa***: Gloster, A. T., Meyer, A. H., & Lieb, R. (2017). Psychological flexibility as a malleable public health target: Evidence from a representative sample. *Journal of Contextual Behavioral Science*, *6*, 166–171. DOI: 10.1016/j.jcbs.2017.02.003.

354 **Pesquisas mostraram que os idosos**: Davis, E. L., Deane, F. P., Lyons, G. C. B., & Barclay, G. D. (2017). Is higher acceptance associated with less anticipatory grief among patients in palliative care? *Journal of Pain and Symptom Ma-*

nagement, 54, 120–125. DOI: 10.1016/j.jpainsymman.2017.03.012; Romero- Moreno, R., Losada, A., Marquez-Gonzalez, M., & Mausbach, B. T. (2016). Stressors and anxiety in dementia caregiving: Multiple mediation analysis of rumination, experiential avoidance, and leisure. *International Psychogeriatrics,* 28, 1835–1844. DOI: 10.1017/S1041610216001009; e Losada, A., Márquez-González, M., Romero-Moreno, R., & López, J. (2014). Development and validation of the Experiential Avoidance in Caregiving Questionnaire (EACQ). *Aging & Mental Health, 18,* 293.

354 **os países escandinavos dedicaram**: Organização para a Cooperação e Desenvolvimento Econômico. "Public Spending on Incapacity". https://data.oecd.org/socialexp/public-spending-on--incapacity.htm [conteúdo em inglês].

354 **Os custos médicos da dor crônica**: Reuben, D. B., et al. (2015). National Institutes of Health pathways to prevention workshop: The role of opioids in the treatment of chronic pain. *Annals of Internal Medicine, 162,* 295–300.

354 **mais da metade da população norte-americana sofreu com a dor**: Nahin, R. L. (2015). Estimates of pain prevalence and severity in adults: United States, 2012. *Journal of Pain, 16,* 769–780. DOI: 10.1016/j.jpain.2015.05.002.

355 **o quinto sinal vital**: Em janeiro de 2018, a Joint Commission, que credencia hospitais, alegou não ter afirmado isso (http://www.jointcommission.org/joint_commission_statement_on_pain_management/ [conteúdo em inglês]) —, mas se equivocaram. Uma leitura cuidadosa revela que eles *utilizaram* o termo e *sugeriram* que todos os pacientes recebessem uma avaliação da dor. Quando combinada com a comercialização de empresas farmacêuticas, isso foi suficiente para dar força ao uso problemático de opiáceos. Todos querem se eximir da responsabilidade pela crise de opiáceos, mas muitos têm sua parcela de culpa, e a Joint Commission desempenhou um papel crucial, mesmo que acidentalmente.

355 ***rede de memória aversiva persistente***: De Ridder, D., Elgoyhen, A. B., Romo, R., & Langguth, B. (2011). Phantom percepts: Tinnitus and pain as persisting aversive memory networks. *Proceedings of the National Academy of Sciences of the United States of America, 108,* 8075–8080. DOI: 10.1073/pnas.1018466108. O caso de um membro fantasma é uma poderosa demonstração dessa rede. Consulte Nikolajsen, L., & Christensen, K. F. (2015). Phantom limb pain. In R. S. Tubbs et al. (Eds.), *Nerves and nerve injuries. Vol. 2: Pain, treatment, injury, disease and future directions* (pp. 23–34). London: Academic Press. DOI: 10.1016/B978-0-12-802653-3.00051-8; e Flor, H. (2008). Maladaptive plasticity, memory for pain and phantom limb pain: Review and suggestions for new therapies. *Expert Review of Neurotherapeutics,* 8.

355 **há quase 80% de chance de que se mantenha**: Elliott, A. M., Smith, B. H., Hannaford, P. C., Smith, W. C., & Chambers, W. A. (2002). The course of chronic pain in the community: Results of a 4-year follow-up study. *Pain,* 99, 299–307. DOI: 10.1016/ S0304-3959(02)00138-0.

356 **Vários centros de dor de nível mundial**: Wicksell, R. K., et al. (2009). Evaluating the effectiveness of exposure and acceptance strategies to improve functioning and quality of life in longstanding pediatric pain–a randomized

controlled trial. *Pain, 141*, 248–257. Consulte também Thorsell, J., et al. (2011). A comparative study of 2 manual-based self-help interventions, Acceptance and Commitment Therapy and applied relaxation, for persons with chronic pain. *Clinical Journal of Pain, 27*, 716–723.

356 **se a ACT for implementada no momento apropriado**: Dindo, L., Zimmerman, M. B., Hadlandsmyth, K., St. Marie, B., Embree, J., Marchman, J., Tripp-Reimer, B., & Rakel, B. (2018). Acceptance and Commitment Therapy for prevention of chronic post-surgical pain and opioid use in at-risk veterans: A pilot randomized controlled study. *Journal of Pain, 19*, 1211–1221. DOI: 10.1016/j.jpain.2018.04.016.

357 **os limites da abordagem-padrão**: As taxas de diabetes são mostradas em Guariguata, L. et al. (2014). Global estimates of diabetes prevalence for 2013 and projections for 2035. *Diabetes Research and Clinical Practice, 103*, 137–149. DOI: 10.1016/j.diabres.2013.11.002. As taxas de diabetes não diagnosticado são apresentadas em Beagley, J., Guariguata, L., Weil, C., & Motalab, A. A. (2014). Global estimates of undiagnosed diabetes in adults. *Diabetes Research and Clinical Practice, 103*, 150–160. DOI: 10.1016/j.diabres.2013.11.001. Consulte também Shi, Y., & Hu, F. B. (2014). The global implications of diabetes and cancer. *Lancet* 383(9933): 1947–1948. DOI: 10.1016/S0140-6736(14)60886-2. Para estimativas de despesas, confira Zhang, P., Zhang, X., Brown, J., et al. (2010). Global healthcare expenditure on diabetes for 2010 and 2030. *Diabetes Research and Clinical Practice, 87*, 293–301.

357 **os pacientes não aderem rigorosamente aos regimes apropriados**: O diabetes é uma doença com uma das menores taxas de adesão do paciente às recomendações médicas. DiMatteo, M. R. (2004). Variations in patients' adherence to medical recommendations: A quantitative review of 50 years of research. *Medical Care, 42*, 200–209.

357 **ajudasse os pacientes a controlarem melhor sua doença**: Gregg, J. A., Callaghan, G. M., Hayes, S. C., & Glenn-Lawson, J. L. (2007). Improving diabetes self-management through acceptance, mindfulness, and values: A randomized controlled trial. *Journal of Consulting and Clinical Psychology, 75*(2), 336–343. O protocolo está disponível em formato de livro: Gregg, J., Callaghan, G., & Hayes, S. C. (2007). *The diabetes lifestyle book: Facing your fears and making changes for a long and healthy life*. Oakland, CA: New Harbinger.

357 **Jennifer e eu desenvolvemos uma avaliação da flexibilidade psicológica**: Se tiver interesse em realizá-la, acesse http://www.stevenchayes.com [conteúdo em inglês].

358 **os resultados foram totalmente replicados**: Shayeghian, Z., Hassanabadi, H., Aguilar-Vafaie, M. E., Amiri, P., & Besharat, M. A. (2016). A randomized controlled trial of Acceptance and Commitment Therapy for Type 2 diabetes management: The moderating role of coping styles. *PLoS ONE, 11*(12), e0166599. DOI: 10.1371/journal.pone.0166599.

359 **40% da população será diagnosticada com câncer**: Adler, N. E., & Page, A. E. K. (Eds.). (2008). *Cancer care for the whole patient: Meeting psychosocial health needs*. Washington, D.C.: National Academies Press.

359 **O treinamento das habilidades da ACT**: Evidências estão disponíveis em Páez, M. B., Luciano, C., & Gutiérrez, O. (2007). Tratamiento psicológico para el afrontamiento del cáncer de mama. Estudio comparativo entre estrategias de aceptación y de control cognitivo. *Psicooncología, 4,* 75–95; e Arch, J. J., & Mitchell, J. L. (2016). An Acceptance and Commitment Therapy (ACT) group intervention for cancer survivors experiencing anxiety at re-entry. *Psycho-Oncology,* 25, 610–615. DOI: 10.1002/pon.3890.

360 **O terapeuta perguntou**: Angiola, J. E., & Bowen, A. M. (2013). Quality of life in advanced cancer: An Acceptance and Commitment Therapy approach. *Counseling Psychologist, 41,* 313–335. DOI: 10.1177/0011000012461955.

361 **a inflexibilidade psicológica transforma a intensidade do ruído**: O questionário foi publicado em Westin, V., Hayes, S. C., & Andersson, G. (2008). Is it the sound or your relationship to it? The role of acceptance in predicting tinnitus impact. *Behaviour Research and Therapy, 46,* 1259–1265. DOI: 10.1016/j.brat.2008.08.008. Dados adicionais sobre seu papel no sofrimento decorrente do tinnitus estão disponíveis em Hesser, H., Bankestad, E., & Andersson, G. (2015). Acceptance of tinnitus as an independent correlate of tinnitus severity. *Ear and Hearing,* 36, e176–e182. DOI: 10.1097/AUD.0000000000000148. É possível conferir a medida de aceitação do zumbido em http://www.stevenchayes.com [conteúdo em inglês].

361 **Gerhard e sua equipe conduziram um teste:** Westin, V. Z., Schulin, M., Hesser, H., Karlsson, M., Noe, R. Z., Olofsson, U., Stalby, M., Wisung, G., & Andersson, G. (2011). Acceptance and Commitment Therapy versus Tinnitus Retraining Therapy in the treatment of tinnitus distress: A randomized controlled trial. *Behaviour Research and Therapy, 49,* 737–747.

361 **Monitoramos a frequência com que eles faziam afirmações**: Hesser, H., Westin, V., Hayes, S. C., & Andersson, G. (2009). Clients' in-session acceptance and cognitive defusion behaviors in acceptance-based treatment of tinnitus distress. *Behaviour Research and Therapy, 47,* 523–528. DOI: 10.1016/j.brat.2009.02.002.

362 **ajudar as pessoas com um diagnóstico de doença terminal:** Rost, A. D., Wilson, K. G., Buchanan, E., Hildebrandt, M. J., & Mutch, D. (2012). Improving psychological adjustment among late-stage ovarian cancer patients: Examining the role of avoidance in treatment. *Cognitive and Behavioral Practice, 19,* 508–517.

Capítulo 21: Transformação Social

366 **Quase três quartos da sua população:** Departamento de Estado dos EUA, Bureau of Economic and Business Affairs. "2013 Investment Climate Statement–Sierra Leone". Março de 2013.

369 **Uma avaliação da Universidade de Glasgow:** Stewart, C., White, R. G., Ebert, B., Mays, I., Nardozzi, J., & Bockarie, H. (2016). A preliminary evaluation of Acceptance and Commitment Therapy (ACT) training in Sierra Leone. *Journal of Contextual Behavioral Science, 5,* 16–22. DOI: 10.1016/j.jcbs.2016.01.001.

369 **a combinação dos princípios de Ostrom com a ACT:** É possível explorar esse protocolo gratuitamente e, se ele se aplicar a grupos com os quais se importa, você pode obter ajuda para aplicá-lo. Acesse http://www.prosocial.world [conteúdo em inglês].

Epílogo

375 ***Estenda a Sua Mão*:** Esse lindo poema foi publicado com a autorização da autora. Julia tem um livro disponível de seus poemas chamado (apropriado para mim e para última página deste livro) *On the Other Side of Fear* (Balboa Press, 2012). Para conferir seus e-books, acesse http://www.etsy.com/shop/juliafeh [conteúdo em inglês].

ÍNDICE

Q

R

S

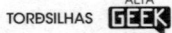

Este livro foi impresso nas oficinas gráficas da Editora Vozes Ltda.,
Rua Frei Luís, 100 – Petrópolis, RJ.